卓越系列·国家示范性高等职业院校特色教材

高 等 数 学

主 编 毕燕丽
副主编 武颖静 姜成建

天津大学出版社
TIANJIN UNIVERSITY PRESS

内 容 提 要

本书是根据《高职高专教育高等数学课程教学基本要求》的精神,本着"必需、够用"的原则而编写的. 本书注重基本概念和基本方法,适当增加了解决实际问题的例子,以培养学生用数学原理和方法解决问题的能力. 此外,本书还淡化了理论上的严密性,强化了几何说明,这样更显直观,降低了学生学习高等数学的难度.

全书内容包括函数与极限、导数与微分、导数的应用、不定积分、定积分、定积分的应用、常微分方程、多元函数微分学、二重积分、级数、拉普拉斯变换、矩阵及其应用和概率论初步. 书后附有初等数学常用公式、常用平面曲线及其方程、习题参考答案.

本书可作为高职高专高等数学课程的通用教材.

图书在版编目(CIP)数据

高等数学/毕燕丽主编. —天津:天津大学出版社,
2008.9(2016.9重印)
 ISBN 978 - 7 - 5618 - 2778 - 9

Ⅰ. 高… Ⅱ. 毕… Ⅲ. 高等数学 Ⅳ. O13

中国版本图书馆 CIP 数据核字(2008)第 136787 号

出版发行	天津大学出版社	
地　　址	天津市卫津路 92 号天津大学内(邮编:300072)	
电　　话	发行部:022 - 27403647	
印　　刷	昌黎太阳红彩色印刷有限责任公司	
经　　销	全国各地新华书店	
开　　本	169mm×239mm	
印　　张	21.5	
字　　数	475 千	
版　　次	2008 年 9 月第 1 版	
印　　次	2016 年 9 月第 16 次	
定　　价	34.00 元	

前　言

　　高等数学是高职高专院校各专业必修的一门重要基础课,它对培养学生的思维素质、创造能力、科学精神、治学态度以及用数学解决实际问题的能力,都有着重要作用.

　　本书贯彻《高职高专教育高等数学课程教学基本要求》的精神,本着"必需、够用"的原则而编写的.

　　本书具有以下特点:

　　1. 每章都以一个实例或一个能反映数学应用的例子作为开篇,让学生在学习本章之前,就对数学知识的应用有一个了解,这样会让学生带着好奇心去学习;

　　2. 每一章结束时,将本章的知识结构用图形表示出来,以帮助学生系统地总结本章知识结构;

　　3. 每章篇后有一篇数学史或中外数学家的小故事,可以开阔学生的眼界,增加知识面;

　　4. 每一章给学生制定出学习目标,指出学习重点及难点,使学生有目的地进行学习;

　　5. 注重以实例引入概念,并最终回到数学应用的思想;

　　6. 注重基本概念和基本方法,适当增加了解决实际问题的例子,培养学生用数学原理和方法解决问题的能力;

　　7. 遵循基础课教学"以必需、够用为度"的原则,淡化了理论上的严密性,强化了几何说明,这样更显直观,减小了学生学习高等数学的难度.

　　全书内容包括:函数与极限、导数与微分、导数的应用、不定积分、定积分、定积分的应用、常微分方程、多元函数微分学、二重积分、级数、拉普拉斯变换、矩阵及其应用和概率论初步. 书后附有初等数学常用公式、常用平面曲线及其方程、习题参考答案.

　　本书可以作为高职高专理工科类及经济管理类各专业高等数学教材,不同的专业,可根据其专业的需要,选用不同的章节. 建议理工类学习全部内容,总课时不少于150学时;经济管理类学习第 1,2,3,4,5,6,7,8,12,13 章内容,总课时不少于 130 学时. 标＊号的内容要另行安排课时.

　　本书由毕燕丽任主编,武颖静、姜成建任副主编.参加本书编写的有:范琳琳、林静、吴英.分工如下:毕燕丽编写第1章,第3章的3.6节,第8章;武颖静编写第13章;姜成建编写第5,6,7,10章;范琳琳编写第2,3章;林静编写第4,9章;吴英编写第11,12章.毕燕丽、武颖静、姜成建在审稿的过程中,做了大量的工作.全书框架结构安排、定稿由毕燕丽承担.

　　由于水平有限,时间比较仓促,本书难免有不足之处,敬请批评指正.

编　者

2008年6月

目　录

1　函数与极限 ……………………………………………………………（1）

1.1　函数 …………………………………………………………………（1）

1.2　极限的概念与性质 …………………………………………………（6）

1.3　极限的运算 …………………………………………………………（14）

1.4　函数的连续性 ………………………………………………………（18）

本章知识结构图 …………………………………………………………（23）

复习题1 ……………………………………………………………………（23）

2　导数与微分 ……………………………………………………………（27）

2.1　导数的概念 …………………………………………………………（27）

2.2　求导法则 ……………………………………………………………（33）

2.3　高阶导数 ……………………………………………………………（41）

2.4　微分 …………………………………………………………………（43）

本章知识结构图 …………………………………………………………（48）

复习题2 ……………………………………………………………………（48）

3　导数的应用 ……………………………………………………………（52）

3.1　中值定理 ……………………………………………………………（53）

3.2　洛必达法则 …………………………………………………………（56）

3.3　函数的单调性 ………………………………………………………（58）

3.4　函数的极值与最值 …………………………………………………（61）

3.5　函数的作图 …………………………………………………………（65）

3.6　导数在经济学中的应用 ……………………………………………（69）

本章知识结构图 …………………………………………………………（73）

复习题3 ……………………………………………………………………（74）

4　不定积分 ………………………………………………………………（77）

4.1　不定积分的概念及性质 ……………………………………………（77）

4.2　换元积分法 …………………………………………………………（81）

4.3　分部积分法 …………………………………………………………（87）

4.4　简单有理函数积分法 ………………………………………………（90）

本章知识结构图 ··· (92)

复习题 4 ··· (93)

5 定积分 ··· (96)

5.1 定积分的概念与性质 ································· (97)

5.2 牛顿-莱布尼茨公式 ································· (102)

5.3 定积分的换元积分法与分部积分法 ············· (105)

5.4 广义积分 ·· (108)

本章知识结构图 ··· (113)

复习题 5 ··· (113)

6 定积分的应用 ··· (117)

6.1 定积分的几何应用 ································· (117)

6.2 定积分在物理及经济方面的应用举例 ············ (124)

本章知识结构图 ··· (129)

复习题 6 ··· (129)

7 常微分方程 ··· (132)

7.1 常微分方程的基本概念 ···························· (133)

7.2 一阶微分方程 ······································· (135)

7.3 二阶常系数线性微分方程 ························· (139)

本章知识结构图 ··· (144)

复习题 7 ··· (145)

8 多元函数微分学 ··· (148)

8.1 空间解析几何简介 ································· (149)

8.2 多元函数的概念 ···································· (156)

8.3 二元函数的极限与连续性 ························· (159)

8.4 偏导数 ··· (160)

8.5 全微分 ··· (163)

8.6 多元复合函数微分法 ······························ (165)

8.7 多元函数的极值 ···································· (169)

本章知识结构图 ··· (173)

复习题 8 ··· (173)

9 二重积分 ··· (177)

9.1 二重积分 ·· (177)

9.2 二重积分的应用举例 ······························ (186)

本章知识结构图 ··· (189)

复习题 9 ··· (189)

10 级数 ·· (193)

10.1 数项级数 ·· (194)

10.2　幂级数 ·· (203)

*10.3　傅里叶级数 ·· (215)

本章知识结构图 ·· (221)

复习题 10 ·· (221)

11　拉普拉斯变换 ··· (225)

11.1　拉普拉斯变换的概念 ·· (225)

11.2　拉普拉斯变换的性质 ·· (227)

11.3　拉普拉斯变换的逆变换 ·· (231)

11.4　拉普拉斯变换的应用举例 ·· (234)

本章知识结构图 ·· (236)

复习题 11 ·· (236)

12　矩阵及其应用 ··· (239)

12.1　n 阶行列式 ··· (239)

12.2　矩阵 ·· (248)

12.3　矩阵的初等变换与矩阵的秩 ·· (260)

12.4　线性方程组 ·· (263)

本章知识结构图 ·· (270)

复习题 12 ·· (271)

13　概率论初步 ··· (274)

13.1　随机事件与概率 ·· (275)

13.2　概率的基本性质与公式 ·· (280)

13.3　事件的独立性 ·· (284)

13.4　随机变量及其分布 ·· (287)

13.5　随机变量的数字特征——数学期望与方差 ······························ (299)

本章知识结构图 ·· (303)

复习题 13 ·· (303)

附录 A　初等数学常用公式 ·· (307)

附录 B　常用平面曲线及其方程 ·· (311)

附录 C　泊松分布数值表 ·· (313)

附录 D　标准正态分布数值表 ·· (315)

附录 E　习题参考答案 ·· (316)

参考文献 ··· (335)

1　函数与极限

兔子追不上乌龟

　　话说兔子又要与乌龟赛跑,挽回上次输给乌龟的面子.

　　兔子说:"这次我还让你先跑一半的路程,但这次我不会再睡觉而输给你了."乌龟说:"你还是追不上我的."兔子说:"怎么会呢?"乌龟就认真地给兔子分析道:"当我跑了一半的路程时,你才开始跑.你跑的同时,我也在跑,当你跑到路程的一半时,我又跑了一段路程,你没有追上我;你又继续追我,但同时我也在继续跑啊,你跑完咱俩之间距离的一半,我又跑了一段距离,你又没追上我,咱俩之间总是有一定的距离;这样继续下去,我跑到了终点,你我之间的距离还不是零,你还是追不上我."

　　读者朋友,乌龟用了什么原理得出了这样的结论?

(一)学习目标

　　1. 了解函数的几个特性;反函数、基本初等函数、无穷小、无穷大的概念;闭区间上连续函数的性质.

　　2. 理解复合函数、初等函数、分段函数、极限、连续的概念.

　　3. 掌握复合函数的复合过程、无穷小的性质、极限的运算.

　　4. 会比较无穷小量;求函数的极限;判断函数的连续性.

(二)学习重点和难点

重点　求函数的定义域;极限的计算.

难点　分析复合函数的结构;两个重要极限;判断分段函数的连续性.

　　函数是客观世界中变量与变量之间相互依赖关系的反映,是微积分学的主要研究对象.极限又是研究微积分的工具,它作为重要的思想方法始终贯穿于高等数学之中.

　　本章先对中学学过的函数进行复习和补充,然后,重点研究极限的概念与性质,极限的运算及函数的连续性.

1.1　函数

　　在中学里已经学过函数的概念,这里不是进行简单的复习,而是要从全新的视角来对它进行描述并重新分类.

1.1.1　函数的概念

客观世界的事物、现象是无穷无尽的,它们的形态和种类是多种多样的,但它们之间都是相互联系、相互制约的. 这是物质世界的普遍规律,这种规律在数学中就表现为量与量之间的相互关系,这种量与量之间的相互关系,就是函数关系.

1. 函数的定义

定义 1.1　设有两个变量 x 和 y,D 是一非空实数集,当变量 x 在集合 D 内任意取定一个数值时,变量 y 按照一定的对应规律 f,有唯一确定的值与之对应,则称 f 为定义在集合 D 上的一个**函数**,记为

$$y = f(x) \quad x \in D,$$

其中 x 称为**自变量**,y 称为**因变量**,自变量的取值范围 D 称为函数的**定义域**.

当自变量 x 在定义域内取定某确定值 x_0 时,因变量 y 按照函数关系 $y = f(x)$ 求出的对应值 y_0 叫做函数 $y = f(x)$ 在 x_0 处的函数值,记作

$$y_0 = y\big|_{x=x_0} = f(x_0).$$

函数值的集合称为函数的**值域**.

若函数在某一区间上的每一点都有定义,则称这个函数在该区间上有定义.

2. 有关函数的几点说明

1)函数的记号

在定义 1.1 中,函数的记号 f 表示变量之间的对应规律,而等式 $y = f(x)$,只是表示变量 x 和 y 之间具有确定的对应关系. 具体含义要根据表达式确定. 例如 $y = f(x) = x^2 + 3x - 5$,说明函数 f 是通过算式 $(\quad)^2 + 3(\quad) - 5$,得到变量 x 所对应的函数值的. 如,当 $x = 2$ 时,$y\big|_{x=2} = f(2) = 2^2 + 3 \times 2 - 5 = 5$;当 $x = 5$ 时,$y\big|_{x=5} = f(5) = 5^2 + 3 \times 5 - 5 = 35$. 可以看出,符号 $f(x)$ 表示函数 f 对应于自变量 x 的函数值.

这里字母"f"是可以任意采用的,如"g"、"φ"、"Ψ"等等。在同时考察几个不同的函数时,为了避免混淆,不要用同一个字母来表示不同的函数.

2)函数的单值性

因为定义 1.1 中有"当变量 x 在集合 D 内任意取定一个数值时,变量 y 按照一定的对应规律 f,有唯一确定的值与之对应"这样的表述,所以定义 1.1 中定义的函数为**单值函数**,如果定义中没有"唯一"这一限制,即变量 x 取某个值时有不止一个 y 值与之对应,则称这样的函数为**多值函数**.

本书只讨论单值函数.

3. 函数的两个要素

函数的定义域和对应规律是函数的两个要素.

1)定义域

例 1.1　求下列函数定义域:

(1) $f(x) = \dfrac{\sqrt{x+1}}{x^2-4}$;　　　　　　　(2) $y = \sqrt{9-x^2} + \arcsin(2x-5)$.

解 (1)要使函数有意义,则必须满足 $\begin{cases} x^2-4\neq 0, \\ x+1\geqslant 0, \end{cases}$

即
$$x\geqslant -1 \text{ 且 } x\neq 2,$$

故函数的定义域为 $[-1,2)\bigcup(2,+\infty)$.

(2)该函数是有由两个函数相加而得,这两个函数都有意义,则须 $\begin{cases} 9-x^2\geqslant 0, \\ |2x-5|\leqslant 1, \end{cases}$

解得 $2\leqslant x\leqslant 3$,故所求函数定义域是 $[2,3]$.

2)对应规律

例 1.2 函数 $f(x)=5x^2-8x+1$ 就是一个具体的函数,这里 f 确定的对应规律为
$$f(\quad)=5(\quad)^2-8(\quad)+1.$$

例 1.3 已知 $f(x)=\dfrac{1-x}{1+x}$,求 $f(\frac{1}{2}),f(\frac{1}{x}),f(x+1)$.

解 $f(\frac{1}{2})=\dfrac{1-\frac{1}{2}}{1+\frac{1}{2}}=\dfrac{1}{3}, f(\frac{1}{x})=\dfrac{1-\frac{1}{x}}{1+\frac{1}{x}}=\dfrac{x-1}{x+1}, f(x+1)=\dfrac{1-(x+1)}{1+(x+1)}=\dfrac{-x}{2+x}.$

3)两个函数相等

如果两个函数的定义域相同,对应规律也相同,则将这两个函数视为同一个函数或称这**两个函数相等**.

例 1.4 下列函数是否相等:

(1)$y=\ln x^2$ 与 $y=2\ln x$;   (2)$y=2x+1$ 与 $s=2t+1$.

解 (1)$y=\ln x^2$ 与 $y=2\ln x$ 是不相同的函数,因为定义域不同.

(2)$y=2x+1$ 与 $s=2t+1$ 是相同的函数,因为定义域和对应规律都相同.

注:两个函数是否相同,只需判断定义域及对应规律是否相同,与函数中的变量用什么字母表示无关.

4. 函数的表示法

函数有三种表示法:解析法、表格法和图像法.

5. 分段函数

有些函数,在其定义域内不能由一个解析式表示,而需要在定义域中不同的区间用不同的解析式表示出来,这样的函数称为**分段函数**.

例 1.5 脉冲发生器产生一个如图 1-1 所示的三角波,它的电压 u 与时间 t 的函数关系为:

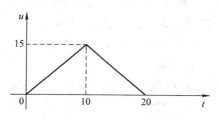

图 1-1

$$u = \begin{cases} \dfrac{3}{2}t, & 0 \leqslant t \leqslant 10, \\[2mm] -\dfrac{3}{2}(t-20), & 10 < t \leqslant 20. \end{cases}$$

注：分段函数是由几个式子合起来表示一个函数，而不是表示几个函数．

6. 隐函数

有些函数的因变量是用自变量的表达式表示出来的，这样的函数称为**显函数**．例如 $y = x^2 + 1$，$y = \log_3(5x-1)$ 等．

有些函数，它的因变量与自变量的对应法则是用一个方程 $F(x,y) = 0$ 表示的，这样的函数称为**隐函数**．例如 $3x + 2y - 4 = 0$，$x^2 + y^2 = 9$ 等．

1.1.2　函数的几种特性

1. 奇偶性

设 I 为关于原点对称的区间，若对于任意 $x \in I$，都有 $f(-x) = f(x)$，则称 $f(x)$ 为定义在区间 I 上的**偶函数**；若 $f(-x) = -f(x)$，则称 $f(x)$ 为定义在区间 I 上的**奇函数**．

2. 周期性

若存在不为零的数 T，使得对任意 $x \in I$ 都有 $x + T \in I$，且 $f(x+T) = f(x)$，则称 $f(x)$ 为**周期函数**．通常所说的周期函数的周期是指它的最小正周期．

3. 单调性

设函数 $f(x)$ 在区间 I 上有定义，若对区间 I 内任意两点 x_1, x_2，当 $x_1 < x_2$ 时，有 $f(x_1) \leqslant f(x_2)$，则称 $f(x)$ 在 I 上单调增加，区间 I 称为**单调增区间**；若 $f(x_1) \geqslant f(x_2)$，则称 $f(x)$ 在 I 上单调减少，区间 I 称为**单调减区间**．单调增区间或单调减区间统称为**单调区间**．

4. 有界性

设函数 $f(x)$ 定义在区间 I 上，若存在正数 M，使得对任意 $x \in I$，都有 $|f(x)| \leqslant M$，则称 $f(x)$ 在 I 上有界．

1.1.3　反函数

定义 1.2　设函数 $y = f(x)$ 在集合 D 上有定义，若对于任意两点 $x_1, x_2 \in D$，且 $x_1 \neq x_2$，有 $f(x_1) \neq f(x_2)$，则称函数 $y = f(x)$ 在 D 上一一对应．

定义 1.3　设函数 $y = f(x)$ 在 D 上一一对应．如果把 y 当作自变量，x 当作因变量，则由关系式 $y = f(x)$ 所确定的函数 $x = \varphi(y)$ 称为函数 $y = f(x)$ 的**反函数**，而 $y = f(x)$ 称为直接函数．习惯上用 x 表示自变量，用 y 表示因变量，因此往往把 $x = \varphi(y)$ 改写成 $y = \varphi(x)$，称为 $y = f(x)$ 的矫形反函数，记作 $y = f^{-1}(x)$．函数 $y = f(x)$ 与其反函数 $y = f^{-1}(x)$ 的图象关于直线 $y = x$ 对称．

1.1.4　基本初等函数

定义 1.4　通常把常函数、幂函数、指数函数、对数函数、三角函数、反三角函数这六类函数统称为**基本初等函数**．

其函数名称与解析表达式如下：

常 函 数 　　　　$y=C(C$ 为常数$)$；

幂 函 数 　　　　$y=x^{\mu}(\mu\neq0)$；

指数函数 　　　　$y=a^x(a>0,a\neq1,a$ 为常数$)$；

对数函数 　　　　$y=\log_a x(a>0,a\neq1,a$ 为常数$)$；

三角函数 　　　　$y=\sin x,y=\cos x,y=\tan x,y=\cot x,y=\sec x,y=\csc x$；

反三角函数 　$y=\arcsin x,y=\arccos x,y=\arctan x,y=\text{arccot } x.$

1.1.5　复合函数

很多实际问题中,两个变量的联系有时不是直接的,例如:质量为 m 的物体,以初速度 v_0 向上抛,则动能 E_k 是速度 v 的函数:$E_k=f(v)=\dfrac{1}{2}mv^2$,而速度是时间的函数(略去空气阻力)$v=v_0-gt$,其中 g 是重力加速度. 这样,动能可通过变量 v 表示成时间 t 的函数.

定义 1.5　设 $y=f(u)$,其中 $u=\varphi(x)$,且 $\varphi(x)$ 的值域全部或部分落在 $f(u)$ 的定义域内,则称 $y=f[\varphi(x)]$ 为 x 的**复合函数**,u 称为**中间变量**.

例 1.6　设 $y=f(u)=\sqrt{u},u\in[0,+\infty),u=\varphi(x)=1-x^2,x\in[-1,1]$,则 $y=f[\varphi(x)]=\sqrt{1-x^2}$ 便是定义在 $[-1,1]$ 上的复合函数,并说 $y=\sqrt{1-x^2}$ 是由 $y=\sqrt{u}$ 与 $u=1-x^2$ 复合而成的.

例 1.7　分析下列复合函数的结构:

(1)$y=\sin^3 x$;　　　　　(2)$y=e^{\tan\frac{x}{2}}$.

解　(1)$y=u^3,u=\sin x$.

(2)$y=e^u,u=\tan v,v=\dfrac{x}{2}$.

注:(1)不是任何两个函数都能够复合成复合函数的. 例如:$y=\arcsin u,u=5+x^2$ 是不能复合成一个函数的;

(2)一个复合函数的中间变量可以有多个. 例 1.7(2)中的中间变量就有两个;

(3)由基本初等函数经过有限次四则运算而得到的函数,称为**简单函数**.

1.1.6　初等函数

定义 1.6　由基本初等函数经过有限次四则运算及有限次复合步骤构成,且可以用一个解析式表示的函数,称为**初等函数**,否则称为非初等函数.

例如:$y=\sin^3 x$;$y=\sqrt{1-x^2}$;$T=2\pi\sqrt{\dfrac{l_0(1+\alpha\tau)}{g}}$ 都是初等函数.

注:分段函数一般不是初等函数.

今后我们讨论的函数,绝大部分都是初等函数.

习题　1-1

1. 在下列各对函数中,哪两个是相同的函数,为什么?

(1) $y=\ln x^3$ 与 $y=3\ln x$;

(2) $y=\ln x^4$ 与 $y=4\ln x$;

(3) $y=\dfrac{x^2-1}{x+1}$ 与 $y=x-1$;

(4) $y=\sqrt{x}$ 与 $u=\sqrt{v}$.

2. 设 $f(x)=x^2+1,\varphi(x)=\cos 2x$,求 $f(0),f\left(\dfrac{1}{x}\right),f(2t),f[\varphi(x)],\varphi[f(x)]$.

3. 求下列函数定义域:

(1) $y=\sqrt{x^2-3x+2}$;　　　　(2) $y=\ln(x+2)-1$;

(3) $y=\sqrt{4-x^2}+\dfrac{1}{\lg(x-1)}$;　　(4) $y=\dfrac{\sqrt{3-x}}{x}+\arcsin\dfrac{3-2x}{5}$.

4. 设 $y=\begin{cases}3x,x<0,\\2,\ \ x=0,\\x^2,0<x\leqslant 4,\end{cases}$ 求 $f(x)$ 的定义域及 $f(-2)$ 和 $f(2)$ 的值,并作出它的图形.

5. 判断下列函数的奇偶性:

(1) $f(x)=x^{-5}$;　　　　(2) $f(x)=\left(\dfrac{1}{3}\right)^x$;　　　　(3) $f(x)=\lg\dfrac{1-x}{1+x}$;

(4) $f(x)=x\sin x$;　　　(5) $f(x)=\dfrac{e^x+e^{-x}}{2}$;　　　(6) $f(x)=x+3^x$.

6. 下列函数能否构成复合函数? 若能构成,写出 $y=f[\varphi(x)]$,并求其定义域.

(1) $y=\sqrt{u},u=1-3x$;　　　　(2) $y=\sqrt{-u},u=x^3$;

(3) $y=\ln u,u=1-x^2$;　　　　(4) $y=\sqrt{u},u=-1-x^2$.

7. 下列函数是由哪些简单函数复合而成的?

(1) $y=3^{\sin x}$;　　　　(2) $y=\sqrt[3]{3x-1}$;　　　　(3) $y=\sin^2(5x+1)$;

(4) $y=\cos\sqrt{2x-1}$;　(5) $y=[\arcsin(1-x^2)]^3$;　(6) $y=e^{\tan\frac{1}{x}}$.

8. 用铁皮做一个无盖容积为 V 的圆柱形铁桶,求出表面积与底面半径的函数关系.

9. 某厂生产某产品 1 000 t,每吨定价为 130 元,销售量在 700 t 以内时,按原价出售,超出 700 t 时,超出的部分打 9 折出售,试给出销售量总收益与总销售量的关系.

1.2　极限的概念与性质

在日常生活中会有这样的描述:从企业的发展趋势来判断它未来的收益;从市场变

化趋势来预测产品的需求状况等等,这些从数学上看便是极限思想.极限描述的就是变量在变化过程中的变化趋势.

再看两个例子.

例 1.8 一部正在运行的电动机,当切断电源后,其转速 ω 是时间 t 的函数,在时间 t 逐渐增加时,ω 逐渐变小,逐渐趋近于零.

例 1.9 海拔在 5 500 m 以下时,水的沸点 $t(\text{℃})$ 和高度 $h(\text{m})$ 的函数关系为

$$t = -\frac{h}{297} + 100,$$

当高度 h 趋向于 0 时,温度 t 趋向于 100 ℃.

以上两个问题说明在自变量的某一变化过程中,因变量趋于某个常数.这个常数就是函数在这一变化过程中的极限.

1.2.1 数列的极限

1. 数列的概念

数列是按照一定次序排列的一列数

$$u_1, u_2, \cdots, u_n, \cdots$$

简记为 $\{u_n\}$.数列也可以看作是定义在正整数集合上的函数

$$u_n = f(n) \quad (n = 1, 2, 3, \cdots),$$

u_n 称为数列的通项或一般项.

2. 数列的极限

观察下列几个数列:

(1) $\{u_n\} = \left\{\dfrac{1}{n}\right\}$,即 $1, \dfrac{1}{2}, \dfrac{1}{3}, \cdots, \dfrac{1}{n}, \cdots$;

(2) $\{u_n\} = \{C\}$,即 $C, C, C, \cdots, C, \cdots$;

(3) $\{u_n\} = \left\{\dfrac{n}{n+1}\right\}$,即 $\dfrac{1}{2}, \dfrac{2}{3}, \dfrac{3}{4}, \cdots, \dfrac{n}{n+1}, \cdots$;

(4) $\{u_n\} = \{(-1)^n\}$,即 $-1, 1, -1, 1, \cdots, (-1)^n, \cdots$.

观察上述几个例子可以发现,当 n 无限增大时,数列(1)无限趋近于 0;数列(2)无限趋近于 C,数列(3)无限趋于 1.

一般地,我们给出下列定义.

定义 1.7 对于数列 $\{u_n\}$,如果当 n 无限增大时,通项 u_n 无限接近于一个常数 A,则称该数列以 A 为极限,或称数列 $\{u_n\}$ 收敛于 A,记作

$$\lim_{n \to \infty} u_n = A, \text{或 } u_n \to A(n \to \infty).$$

否则,称数列 $\{u_n\}$ 发散.

由此可知,数列(1)收敛于 0;数列(2)收敛于 C;数列(3)收敛于 1;而数列(4)是发散数列.

例 1.10 观察下列数列的变化趋势,并写出收敛数列的极限:

(1) $\{u_n\} = \left\{\dfrac{1}{2^n}\right\}$;   (2) $\{u_n\} = \left\{\dfrac{n + (-1)^{n-1}}{n}\right\}$;

(3) $\{u_n\} = \left\{ \dfrac{1+(-1)^n}{2} \right\}$;　　　　(4) $\{u_n\} = \{n\}$.

解　(1) $\{u_n\} = \left\{ \dfrac{1}{2^n} \right\}$，即 $\dfrac{1}{2}, \dfrac{1}{2^2}, \dfrac{1}{2^3}, \cdots, \dfrac{1}{2^n}, \cdots$，所以 $\lim\limits_{n \to \infty} \dfrac{1}{2^n} = 0$.

（2）$\{u_n\} = \left\{ \dfrac{n+(-1)^{n-1}}{n} \right\}$，即 $2, \dfrac{1}{2}, \dfrac{4}{3}, \dfrac{3}{4}, \cdots, \dfrac{n+(-1)^{n-1}}{n}, \cdots$，所以

$\lim\limits_{n \to \infty} \dfrac{n+(-1)^{n-1}}{n} = 1$.

（3）$\{u_n\} = \left\{ \dfrac{1+(-1)^n}{2} \right\}$，即 $0, 1, 0, 1, \cdots, \dfrac{1+(-1)^n}{2}, \cdots$，所以极限不存在.

（4）$\{u_n\} = \{n\}$，即 $1, 2, 3, \cdots, n, \cdots$，所以极限不存在.

如果数列 $\{u_n\}$ 对于每一个正整数 n，都有 $u_n \leqslant u_{n+1}$，则称数列 $\{u_n\}$ 为**单调递增数列**；类似地，如果数列 $\{u_n\}$ 对于每一个正整数 n，都有 $u_n \geqslant u_{n+1}$，则称数列 $\{u_n\}$ 为**单调递减数列**. 单调递增或递减数列简称为**单调数列**. 如果对于数列 $\{u_n\}$，存在一个正常数 M，对于任意项 n，都有 $|u_n| \leqslant M$，则称数列 $\{u_n\}$ 为**有界数列**. 例如：数列 $\left\{ \dfrac{n}{n+1} \right\}$ 为单调递增数列，且有上界；数列 $\left\{ \dfrac{1}{2^n} \right\}$ 为单调递减数列，且有下界. 一般地，我们有

定理 1.1（单调有界原理）　单调有界数列必有极限.

1.2.2　函数的极限

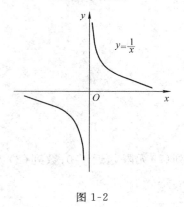

图 1-2

为方便起见，我们将自变量变化过程用下列方式表示：

$x \to \infty$ 表示"当 $|x|$ 无限增大时"；

$x \to +\infty$ 表示"当 x 无限增大时"；

$x \to -\infty$ 表示"当 x 无限减小时"；

$x \to x_0$ 表示"当 x 从 x_0 的左右两侧无限接近于 x_0 时"；

$x \to x_0^+$ 表示"当 x 从 x_0 的右侧无限接近于 x_0 时"；

$x \to x_0^-$ 表示"当 x 从 x_0 的左侧无限接近于 x_0 时"；

下面我们根据自变量的变化过程讨论函数的极限.

1. 当 $x \to \infty$ 时，函数 $f(x)$ 的极限

定义 1.8　如果当 $|x|$ 无限增大时，函数 $f(x)$ 的值无限趋近于某一常数 A，则称 A 为函数 $f(x)$ 当 $x \to \infty$ 时的极限，记作

$$\lim_{x \to \infty} f(x) = A, \text{或} f(x) \to A(x \to \infty).$$

例如，由图 1-2 知　$\lim\limits_{x \to \infty} \dfrac{1}{x} = 0$.

2. 当 $x \to +\infty$ 时，函数 $f(x)$ 的极限

定义 1.9 如果 $x > 0$，当 x 无限增大时，函数 $f(x)$ 的值无限趋近于某一常数 A，则称 A 为函数 $f(x)$ 当 $x \to +\infty$ 时的极限，记作

$$\lim_{x \to +\infty} f(x) = A, \text{ 或 } f(x) \to A (x \to +\infty).$$

例如，由图 1-3 知，$\lim\limits_{x \to +\infty} \mathrm{e}^{-x} = 0$.

3. 当 $x \to -\infty$ 时，函数 $f(x)$ 的极限

定义 1.10 如果 $x < 0$，当 x 无限减小时，函数 $f(x)$ 的值无限趋近于某一确定的常数 A，则称 A 为函数 $f(x)$ 当 $x \to -\infty$ 时的极限，记作

$$\lim_{x \to -\infty} f(x) = A, \text{ 或 } f(x) \to A (x \to -\infty).$$

例如，由图 1-4 知，$\lim\limits_{x \to -\infty} \arctan x = -\dfrac{\pi}{2}$.

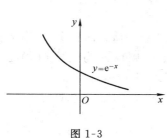

图 1-3

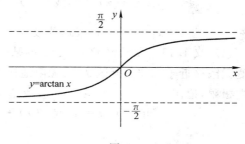

图 1-4

4. 当 $x \to x_0$ 时，函数 $f(x)$ 的极限

我们先介绍邻域的概念.

邻域：开区间 $(x - \delta, x + \delta)$ 称为以 x 为中心，以 $\delta (\delta > 0)$ 为半径的邻域，记为 $N(x, \delta)$.

去心邻域：$(x - \delta, x) \bigcup (x, x + \delta)$ 称为以 x 为中心，以 $\delta (\delta > 0)$ 为半径的去心邻域，记为 $N(\hat{x}, \delta)$.

为考察当 $x \to x_0$ 时，函数 $f(x)$ 的极限，我们先看下面的例子.

例 1.11 考察当 $x \to 1$ 时，函数 $f(x) = \dfrac{x^2 - 1}{x - 1}$ 及函数 $g(x) = x + 1$ 的变化趋势.

由图 1-5 及图 1-6 可见，当 $x \to 1$ 时，$f(x) \to 2$（$f(x)$ 在点 $x = 1$ 处没有定义），

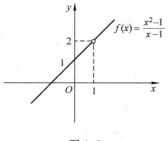

图 1-5

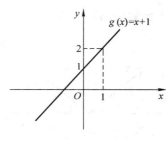

图 1-6

$g(x) \to 2$($g(x)$在点 $x=1$ 处有定义). 即当 $x \to x_0$ 时, $f(x)$ 的变化趋势与 $f(x)$ 在点 x_0 处有无定义无关.

定义 1.11 设函数 $f(x)$ 在 x_0 的某一去心邻域 $N(\hat{x}_0, \delta)$ 内有定义, 当 x 无限接近于 x_0 时, 函数 $f(x)$ 无限地接近于某常数 A, 则称 A 为函数 $f(x)$ 当 $x \to x_0$ 时的极限, 记作

$$\lim_{x \to x_0} f(x) = A, \text{ 或 } f(x) \to A (x \to x_0).$$

由定义 1.11 可见, $\lim\limits_{x \to 1} \dfrac{x^2-1}{x-1} = 2, \lim\limits_{x \to 1}(x+1) = 2.$

5. 当 $x \to x_0^+$ 时, 函数 $f(x)$ 的极限

定义 1.12 设函数 $f(x)$ 在 x_0 的某一右半邻域 $(x_0, x_0+\delta)$ 内有定义, 当 x 从 x_0 右侧无限接近于 x_0 时, 函数 $f(x)$ 无限地接近于某常数 A, 则称 A 为函数 $f(x)$ 在 x_0 处的**右极限**, 记作

$$\lim_{x \to x_0^+} f(x) = A, \text{ 或 } f(x) \to A (x \to x_0^+), \text{ 或 } f(x_0+0) = A.$$

6. 当 $x \to x_0^-$ 时, 函数 $f(x)$ 的极限

定义 1.13 设函数 $f(x)$ 在 x_0 的某一左半邻域 $(x_0-\delta, x_0)$ 内有定义, 当 x 从 x_0 左侧无限接近于 x_0 时, 函数 $f(x)$ 无限地接近于某常数 A, 则称 A 为函数 $f(x)$ 在 x_0 处的**左极限**, 记作

$$\lim_{x \to x_0^-} f(x) = A, \text{ 或 } f(x) \to A (x \to x_0^-), \text{ 或 } f(x_0-0) = A.$$

例 1.12 设 $f(x) = |x| = \begin{cases} -x, & x<0, \\ 0, & x=0, \\ x, & x>0, \end{cases}$ 画出该函数的图形, 求 $\lim\limits_{x \to 0^-} f(x)$, $\lim\limits_{x \to 0^+} f(x)$, 并讨论 $\lim\limits_{x \to 0} f(x)$ 是否存在.

解 函数的图形为图 1-7. 由图 1-7 可以看出

$$\lim_{x \to 0^-} f(x) = 0, \lim_{x \to 0^+} f(x) = 0, \lim_{x \to 0} f(x) = 0.$$

例 1.13 设 $f(x) = \begin{cases} x-1, & x<0, \\ 0, & x=0, \\ x+1, & x>0, \end{cases}$ 画出该函数的图形, 求 $\lim\limits_{x \to 0^-} f(x)$, $\lim\limits_{x \to 0^+} f(x)$, 并讨论 $\lim\limits_{x \to 0} f(x)$ 是否存在.

解 函数的图形为图 1-8.

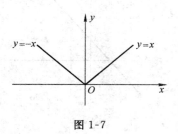

图 1-7

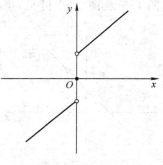

图 1-8

由图 1-8 可以看出 $\lim\limits_{x\to 0^-} f(x)=-1$，$\lim\limits_{x\to 0^+} f(x)=1$，而 $\lim\limits_{x\to 0} f(x)$ 不存在．

不难看出，函数的极限与左、右极限有如下的关系：

定理 1.2　$\lim\limits_{x\to x_0} f(x)=A$ 的充要条件是 $\lim\limits_{x\to x_0^-} f(x)=\lim\limits_{x\to x_0^+} f(x)=A$.

1.2.3　无穷小与无穷大

1. 无穷小

定义 1.14　以零为极限的变量称为无穷小量，简称无穷小．一般用 α,β,γ，或 $\alpha(x),\beta(x),\gamma(x)$ 等表示无穷小．

例如，$\lim\limits_{x\to\infty}\dfrac{1}{x}=0$，则 $\dfrac{1}{x}$ 是 $x\to\infty$ 时的无穷小；

$\lim\limits_{x\to 2}(3x-6)=0$，则 $3x-6$ 是 $x\to 2$ 时的无穷小．

注：(1)无穷小不是一个很小很小的数；

(2)0 是唯一可以作为无穷小的数；

(3)无穷小是相对于自变量的变化过程的，如 $\dfrac{1}{x}$ 是 $x\to\infty$ 时的无穷小，但 $\dfrac{1}{x}$ 不是 $x\to 2$ 时的无穷小．

2. 无穷小的性质

在同一变化过程中，无穷小有以下性质：

性质 1　有限个无穷小的代数和仍是无穷小；

性质 2　有限个无穷小的积仍是无穷小；

性质 3　有界变量与无穷小的积仍是无穷小．

注：(1)无限个无穷小之和不一定是无穷小．

如：$\lim\limits_{n\to\infty}\left(\dfrac{1}{n^2}+\dfrac{2}{n^2}+\cdots+\dfrac{n}{n^2}\right)=\lim\limits_{n\to\infty}\dfrac{\frac{n(n+1)}{2}}{n^2}=\lim\limits_{n\to\infty}\dfrac{n+1}{2n}=\dfrac{1}{2}.$

(2)无穷小的商不一定是无穷小．如：$x\to 0$ 时，$x,2x,x^2$ 都是无穷小，但 $\lim\limits_{x\to 0}\dfrac{x}{2x}=\dfrac{1}{2}$，$\lim\limits_{x\to 0}\dfrac{x^2}{2x}=0$，$\lim\limits_{x\to 0}\dfrac{2x}{x^2}=\infty$. 即两个无穷小商的极限可能存在，也可能不存在，如果存在它的值也不一定是多少，因此称这类型的极限为"$\dfrac{0}{0}$"型未定式．

例 1.14　求 $\lim\limits_{x\to\infty}\dfrac{1}{x}\sin x$.

解　因为 $\lim\limits_{x\to\infty}\dfrac{1}{x}=0$，又 $|\sin x|\leqslant 1$，根据无穷小的性质 3 可知，$\lim\limits_{x\to\infty}\dfrac{1}{x}\sin x=0$.

3. 极限与无穷小之间的关系

定理 1.3　$\lim\limits_{x\to x_0} f(x)=A$ 的充要条件是 $f(x)=A+\alpha(x)$，其中 $\alpha(x)$ 是 $x\to x_0$ 时的无穷小．

注:定理 1.3 中自变量的变化过程换成其他任何一种情形后仍然成立.

4. 无穷大

定义 1.15 当 $x \to +\infty$ 时(自变量 x 的变化过程可以是其他情形),如果 $|f(x)|$ 无限增大,则称 $f(x)$ 为这一变化过程中的**无穷大量**,简称**无穷大**,记作

$$\lim_{x \to x_0} f(x) = \infty, \text{ 或 } f(x) \to +\infty (x \to x_0).$$

当 $x \to x_0$ 时,如果 $f(x)$ 无限增大(减小),则称 $f(x)$ 为这一变化过程中的正(负)无穷大,记作

$$\lim_{x \to x_0} f(x) = +\infty, \text{ 或 } f(x) \to +\infty (x \to x_0),$$
$$(\lim_{x \to x_0} f(x) = -\infty, \text{ 或 } f(x) \to -\infty (x \to x_0)).$$

注:(1)无穷大不是一个很大很大的数;

(2)无穷大是相对于自变量的变化过程的;

(3)"极限为 ∞"说明这个极限不存在,但极限不存在不一定是"极限为 ∞".

例如 $\lim\limits_{x \to 0} \dfrac{1}{x} = \infty$,即 $\dfrac{1}{x}$ 是 $x \to 0$ 时的无穷大,极限不存在;而 $\lim\limits_{x \to \infty} \sin x$ 不存在,但 $\sin x$ 不是 $x \to \infty$ 时的无穷大.

5. 无穷小与无穷大的关系

在自变量的同一变化过程中,若 $f(x)$ 为无穷大,则 $\dfrac{1}{f(x)}$ 为无穷小;反之,若 $f(x)$ 为无穷小时,且 $f(x) \neq 0$,则 $\dfrac{1}{f(x)}$ 为无穷大.

6. 无穷小的比较

由前面的讨论知,无穷小的商(即无穷小之比)的极限不一定存在,即使存在也不一定是多少,这是因为虽然无穷小都是以零为极限的变量,但不同的无穷小趋于零的速度是不同的,有时差别可能很大.例如,从表 1.1 可以看出 $x, 2x, x^2$ 在 $x \to 0^+$ 时,趋于零的速度是不同的.

表 1.1

x	$\cdots$	0.5	0.1	0.01	0.001	$\cdots$
$2x$	$\cdots$	1	0.2	0.02	0.002	$\cdots$
x^2	$\cdots$	0.25	0.01	0.000 1	0.000 001	$\cdots$

为了比较无穷小趋于零的快慢,下面引入无穷小的阶的概念.以 $x \to x_0$ 的过程为例,其他过程有同样结论.

定义 1.16 设 $\alpha = \alpha(x)$,$\beta = \beta(x)$ 都是无穷小,即 $\lim\limits_{x \to x_0} \alpha(x) = 0$,$\lim\limits_{x \to x_0} \beta(x) = 0$,

(1)如果 $\lim\limits_{x \to x_0} \dfrac{\beta}{\alpha} = 0$,则称 β 是比 α **高阶无穷小**(或 α 是比 β **低阶无穷小**),记作 $\beta = o(\alpha)$;

(2)如果 $\lim\limits_{x \to x_0} \dfrac{\beta}{\alpha}=\infty$,则称 β 是比 α **低阶无穷小**(α 是比 β **高阶无穷小**);

(3)如果 $\lim\limits_{x \to x_0} \dfrac{\beta}{\alpha}=C\neq 0$,则称 β 与 α 是**同阶无穷小**.特别地,当 $C=1$ 时,则称 β 与 α 是**等价无穷小**,记作 $\beta \sim \alpha$.

由定义 1.16 知,在 $x \to 0$ 时,x 与 $2x$ 是同阶无穷小;x^2 是比 $2x$ 高阶无穷小;$2x$ 是比 x^2 低阶无穷小.

1.2.4　极限的性质

下面以 $x \to x_0$ 为例,给出函数极限的性质,其他情形类似.

性质 1(唯一性)　若 $\lim\limits_{x \to x_0} f(x)=A,\lim\limits_{x \to x_0} f(x)=B$,则 $A=B$.

性质 2(有界性)　若 $\lim\limits_{x \to x_0} f(x)=A$,则存在 x_0 的某一去心邻域 $N(\hat{x}_0,\delta)$,在 $N(\hat{x}_0,\delta)$ 内函数 $f(x)$ 有界.

性质 3(保号性)　若 $\lim\limits_{x \to x_0} f(x)=A$,且 $A>0$(或 $A<0$),则存在 x_0 的某一去心邻域 $N(\hat{x}_0,\delta)$,在 $N(\hat{x}_0,\delta)$ 内 $f(x)>0$(或 $f(x)<0$).

推论　若存在 x_0 的某一去心邻域 $N(\hat{x}_0,\delta)$,在 $N(\hat{x}_0,\delta)$ 内 $f(x)\geqslant 0$(或 $f(x)\leqslant 0$),且 $\lim\limits_{x \to x_0} f(x)=A$,则 $A\geqslant 0$(或 $A\leqslant 0$).

性质 4(夹逼定理)　若在 x_0 的某一去心邻域内有 $f(x)\leqslant g(x)\leqslant h(x)$,且 $\lim\limits_{x \to x_0} f(x)=\lim\limits_{x \to x_0} h(x)=A$,则 $\lim\limits_{x \to x_0} g(x)=A$.

习题　1-2

1. 观察下列数列的变化趋势,如有极限,写出他们的极限:

(1)$\{u_n\}=\left\{\dfrac{(-1)^n}{n}\right\}$; (2)$\{u_n\}=\left\{\dfrac{3n-1}{4n+2}\right\}$;

(3)$\{u_n\}=\{(-1)^n n\}$; (4)$\{u_n\}=\left\{2+\dfrac{1}{n^2}\right\}$.

2. 下列极限是否存在? 为什么?

(1)$\lim\limits_{x \to x_0} \dfrac{x}{x}$; (2)$\lim\limits_{x \to 1} \dfrac{|x-1|}{x-1}$; (3)$\lim\limits_{x \to 0} e^{\frac{1}{x}}$; (4)$\lim\limits_{x \to \infty} \cos x$.

3. 设 $f(x)=\begin{cases} x^2, & x \leqslant 0, \\ 0, & x>0, \end{cases}$ 求 $\lim\limits_{x \to 0^+} f(x),\lim\limits_{x \to 0^-} f(x)$,并讨论 $\lim\limits_{x \to 0} f(x)$ 是否存在.

4. 设 $f(x)=\begin{cases} 3x, & -1<x<1, \\ 2, & x=1, \\ 3x^2, & 1<x<3, \end{cases}$ 求 $\lim\limits_{x \to 0} f(x),\lim\limits_{x \to 1} f(x),\lim\limits_{x \to 2} f(x)$.

5. 指出下列各题中,哪些是无穷小,哪些是无穷大?

(1)$\left(-\dfrac{2}{3}\right)^n$ ($n \to \infty$); (2)$\dfrac{1+2x}{x}$ ($x \to 0$);

(3) $\dfrac{x+1}{x^2-4}$　$(x\to 2)$；　　　　　　　(4) $\lg x$　$(x\to 0^+)$；

(5) e^{-x}　$(x\to +\infty)$；　　　　　　　(6) $2^{\frac{1}{x}}$　$(x\to 0^-)$．

6. 下列函数在什么情况下为无穷小? 在什么情况下为无穷大?

(1) $\dfrac{1}{x-1}$；　　(2) $2x-1$；　　(3) 2^x；　　(4) $\left(\dfrac{1}{4}\right)^x$．

7. 求下列函数极限:

(1) $\lim\limits_{x\to 0} x^2\cos\dfrac{1}{x}$；　　(2) $\lim\limits_{x\to\infty}\dfrac{\arctan x}{x}$；　　(3) $\lim\limits_{n\to\infty}\dfrac{\sin n}{n}$．

8. 试比较下列各对无穷小的阶:

(1) x^3 与 x　$(x\to 0)$；　　(2) $\dfrac{1}{x}$ 与 $\dfrac{1}{x^2}$　$(x\to\infty)$；　　(3) x 与 $x\cos x$　$(x\to 0)$．

1.3　极限的运算

1.3.1　极限的四则运算法则

对于复杂函数来说,用观察的方法来寻求函数的极限是很困难的,因此要引入极限的运算法则,下面以 $x\to x_0$ 为例,其他情形也有同样的结论.

定理 1.4　若 $\lim\limits_{x\to x_0} f(x)=A$, $\lim\limits_{x\to x_0} g(x)=B$,则

(1) $\lim\limits_{x\to x_0}[f(x)\pm g(x)]=\lim\limits_{x\to x_0} f(x)\pm\lim\limits_{x\to x_0} g(x)=A\pm B$；

(2) $\lim\limits_{x\to x_0}[f(x)g(x)]=\lim\limits_{x\to x_0} f(x)\cdot\lim\limits_{x\to x_0} g(x)=AB$,

特别地, $\lim\limits_{x\to x_0} Cf(x)=C\lim\limits_{x\to x_0} f(x)=CA$ (C 为常数)；

$\lim\limits_{x\to x_0}[f(x)]^n=[\lim\limits_{x\to x_0} f(x)]^n=A^n$ $(n>0)$；

(3) $\lim\limits_{x\to x_0}\dfrac{f(x)}{g(x)}=\dfrac{\lim\limits_{x\to x_0} f(x)}{\lim\limits_{x\to x_0} g(x)}=\dfrac{A}{B}$ $(B\neq 0)$．

注:上述法则也适合数列极限的情况．

例 1.15　求 $\lim\limits_{x\to 3}(2x^2-3x+1)$．

解　$\lim\limits_{x\to 3}(2x^2-3x+1)=\lim\limits_{x\to 3} 2x^2-\lim\limits_{x\to 3} 3x+\lim\limits_{x\to 3} 1=10$．

注:设 $p(x)$ 为多项式,则 $\lim\limits_{x\to x_0} p(x)=p(x_0)$．

例 1.16　求 $\lim\limits_{x\to 2}\dfrac{x^2-3x+1}{x^3-2}$．

解　$\lim\limits_{x\to 2}\dfrac{x^2-3x+1}{x^3-2}=\dfrac{\lim\limits_{x\to 2}(x^2-3x+1)}{\lim\limits_{x\to 2}(x^3-2)}=-\dfrac{1}{6}$．

注:设 $p(x)$、$q(x)$ 都是多项式,且 $q(x_0)\neq 0$,则 $\lim\limits_{x\to x_0}\dfrac{p(x)}{q(x)}=\dfrac{p(x_0)}{q(x_0)}$．

例 1.17   求 $\lim\limits_{x\to 3}\dfrac{2x+1}{x^2-9}$.

解   因为分母 x^2-9 在 $x\to 3$ 时趋于 0,因此先求 $\lim\limits_{x\to 3}\dfrac{x^2-9}{2x+1}=0$,所以 $\lim\limits_{x\to 3}\dfrac{2x+1}{x^2-9}=\infty$.

注:分子不是无穷小,而分母是无穷小,先求其倒数的极限,再利用无穷小与无穷大的关系求之.

例 1.18   求 $\lim\limits_{x\to 1}\dfrac{x^2-4x+3}{x^2-5x+4}$.

解 $\lim\limits_{x\to 1}\dfrac{x^2-4x+3}{x^2-5x+4}=\lim\limits_{x\to 1}\dfrac{(x-3)(x-1)}{(x-4)(x-1)}=\lim\limits_{x\to 1}\dfrac{x-3}{x-4}=\dfrac{2}{3}$.

注:$x\to x_0$ 时,分子、分母都是无穷小,是"$\dfrac{0}{0}$"型未定式,先将分子、分母分解因式,约去公因式 $(x-x_0)$,再求解.

例 1.19   求 $\lim\limits_{x\to\infty}\dfrac{2x^2+5x+3}{5x^2-4x+1}$.

解 $\lim\limits_{x\to\infty}\dfrac{2x^2+5x+3}{5x^2-4x+1}=\lim\limits_{x\to\infty}\dfrac{2+5\cdot\dfrac{1}{x}+\dfrac{3}{x^2}}{5-4\cdot\dfrac{1}{x}+\dfrac{1}{x^2}}=\dfrac{2}{5}$.

注:当 $x\to\infty$ 时,分子、分母都是无穷大量,为"$\dfrac{\infty}{\infty}$"型未定式,所以不能直接用商的极限运算法则,此时可以将分子分母同除以分母的最高次幂,再求解.

一般地,设 $a_0\neq 0,b_0\neq 0,m,n$ 为正整数,则有

$$\lim_{x\to\infty}\frac{a_0x^n+a_1x^{n-1}+\cdots+a_n}{b_0x^m+b_1x^{m-1}+\cdots+b_m}=\begin{cases}\dfrac{a_0}{b_0}, & \text{当 }m=n\text{ 时,}\\ 0, & \text{当 }m>n\text{ 时,}\\ \infty, & \text{当 }m<n\text{ 时.}\end{cases}$$

例 1.20   求下列极限

$(1)\lim\limits_{x\to 1}\left(\dfrac{3}{x^3-1}-\dfrac{1}{x-1}\right)$; $(2)\lim\limits_{x\to 0}\dfrac{\sqrt{1+x}-1}{x}$.

解 $(1)\lim\limits_{x\to 1}\left(\dfrac{3}{x^3-1}-\dfrac{1}{x-1}\right)=\lim\limits_{x\to 1}\dfrac{3-(x^2+x+1)}{(x-1)(x^2+x+1)}=\lim\limits_{x\to 1}\dfrac{(1-x)(2+x)}{(x-1)(x^2+x+1)}$

$=\lim\limits_{x\to 1}\dfrac{-(2+x)}{x^2+x+1}=-1$.

注:当 $x\to 1$ 时,$\dfrac{3}{x^3-1}$ 及 $\dfrac{1}{x-1}$ 都是无穷大,则 $\dfrac{3}{x^3-1}-\dfrac{1}{x-1}$ 为"$\infty-\infty$"型未定式,所以不能用差的极限运算法则,一般地,先通分,再求解.

$(2)\lim\limits_{x\to 0}\dfrac{\sqrt{1+x}-1}{x}=\lim\limits_{x\to 0}\dfrac{(\sqrt{1+x}-1)(\sqrt{1+x}+1)}{x(\sqrt{1+x}+1)}=\lim\limits_{x\to 0}\dfrac{x}{x(\sqrt{1+x}+1)}$

$=\lim\limits_{x\to 0}\dfrac{1}{\sqrt{1+x}+1}=\dfrac{1}{2}$.

注: $x \to x_0$ 时,分子、分母都是无穷小,是"$\dfrac{0}{0}$"型未定式,且含有无理式,则先有理化,再求解.

1.3.2 两个重要极限

1. $\lim\limits_{x \to 0} \dfrac{\sin x}{x} = 1$

证 因为 $\dfrac{\sin(-x)}{-x} = \dfrac{-\sin x}{-x} = \dfrac{\sin x}{x}$,即 x 改变符号时,$\dfrac{\sin x}{x}$ 的值不变,所以只讨论 $x > 0$ 的情形就可以了.

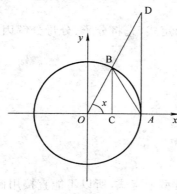

图 1-9

作单位圆,如图 1-9,设 $\angle AOB = x$,

则 $S_{\triangle OAB} < S_{扇形 OAB} < S_{\triangle OAD}$($S$ 表示面积),

即 $\dfrac{1}{2}\sin x < \dfrac{1}{2}x < \dfrac{1}{2}\tan x$,

得 $\sin x < x < \tan x$

从而有 $\cos x < \dfrac{\sin x}{x} < 1$,

因为 $\lim\limits_{x \to 0} \cos x = 1, \lim\limits_{x \to 0} 1 = 1$,由极限的夹逼定理知

$$\lim\limits_{x \to 0} \dfrac{\sin x}{x} = 1.$$

注:对这个重要极限作以下几点说明:

(1)该极限是"$\dfrac{0}{0}$"型未定式;

(2)该极限可以表示为 $\lim\limits_{(\ ) \to 0} \dfrac{\sin(\ )}{(\ )} = 1$,其中( )代表同一变量(或同一表达式),且在自变量 x 的变化过程中,( )$\to 0$.

(3) $\lim\limits_{(\ ) \to 0} \dfrac{(\ )}{\sin(\ )} = 1$.

例 1.21 求下列极限:

(1) $\lim\limits_{x \to 0} \dfrac{\sin 5x}{2x}$;   (2) $\lim\limits_{x \to 0} \dfrac{\sin 3x}{\sin 7x}$;   (3) $\lim\limits_{x \to 0} \dfrac{\tan x}{x}$;

(4) $\lim\limits_{x \to \infty} x\sin \dfrac{1}{x}$;   (5) $\lim\limits_{x \to 0} \dfrac{1-\cos x}{x^2}$.

解 (1) $\lim\limits_{x \to 0} \dfrac{\sin 5x}{2x} = \lim\limits_{x \to 0}\left[\dfrac{5}{2} \cdot \dfrac{\sin 5x}{5x}\right] = \dfrac{5}{2}\lim\limits_{x \to 0} \dfrac{\sin 5x}{5x} = \dfrac{5}{2}$.

(2) $\lim\limits_{x \to 0} \dfrac{\sin 3x}{\sin 7x} = \lim\limits_{x \to 0}\left[\dfrac{3}{7} \cdot \dfrac{7x}{3x} \cdot \dfrac{\sin 3x}{\sin 7x}\right] = \dfrac{3}{7} \cdot \dfrac{\lim\limits_{x \to 0} \dfrac{\sin 3x}{3x}}{\lim\limits_{x \to 0} \dfrac{\sin 7x}{7x}} = \dfrac{3}{7}$.

(3) $\lim\limits_{x \to 0} \dfrac{\tan x}{x} = \lim\limits_{x \to 0}\left[\dfrac{\sin x}{x} \cdot \dfrac{1}{\cos x}\right] = \lim\limits_{x \to 0} \dfrac{\sin x}{x}\lim\limits_{x \to 0} \dfrac{1}{\cos x} = 1.$

(4) $\lim\limits_{x\to\infty} x\sin\dfrac{1}{x} = \lim\limits_{\frac{1}{x}\to 0}\dfrac{\sin\dfrac{1}{x}}{\dfrac{1}{x}} = 1.$

(5) $\lim\limits_{x\to 0}\dfrac{1-\cos x}{x^2} = \lim\limits_{x\to 0}\dfrac{2\sin^2\dfrac{x}{2}}{x^2} = \dfrac{1}{2}\lim\limits_{x\to 0}\left[\dfrac{\sin\dfrac{x}{2}}{\dfrac{x}{2}}\right]^2 = \dfrac{1}{2}.$

2. $\lim\limits_{x\to\infty}\left(1+\dfrac{1}{x}\right)^x = e$

当 $x\to\infty$ 时,$f(x) = \left(1+\dfrac{1}{x}\right)^x$ 的值的变化情况列表如下.

表 1.2

x	...	10	10^2	10^3	10^4	10^5	10^6	...
$\left(1+\dfrac{1}{x}\right)^x$	...	2.593 74	2.704 81	2.716 92	2.718 15	2.718 27	2.718 28	...

x	...	-10	-10^2	-10^3	-10^4	-10^5	-10^6	...
$\left(1+\dfrac{1}{x}\right)^x$	...	2.867 92	2.732 00	2.719 64	2.718 41	2.718 30	2.718 28	...

从表1.2中看出,当 $x\to\infty$ 时,$f(x) = \left(1+\dfrac{1}{x}\right)^x$ 的值无限趋近于一个常数 2.718 28…,这个常数记为 e,e 是无理数,也就是自然对数的底.

注:对这个重要极限作以下几点说明:

(1)该极限为"1^∞"型未定式;

(2)该极限可以表示成 $\lim\limits_{(\ )\to\infty}\left(1+\dfrac{1}{(\ )}\right)^{(\ )} = e$,其中( )代表同一变量(或同一表达式),且在自变量 x 的变化过程中,( )$\to\infty$,括号内两项中间为"$+$",括号内第一项为"1",第二项为"$\dfrac{1}{(\ )}$";

(3)如果令 $t = \dfrac{1}{(\ )}$,当( )$\to\infty$时,$t\to 0$,则这个重要极限又可以写成

$$\lim\limits_{t\to 0}(1+t)^{\frac{1}{t}} = e.$$

例 1.22 求下列极限:

(1) $\lim\limits_{x\to\infty}\left(1+\dfrac{2}{x}\right)^x$;(2) $\lim\limits_{x\to\infty}\left(1-\dfrac{3}{x}\right)^{x+5}$;(3) $\lim\limits_{x\to\infty}\left(\dfrac{2x+3}{2x+1}\right)^x$.

解 (1) $\lim\limits_{x\to\infty}\left(1+\dfrac{2}{x}\right)^x = \lim\limits_{x\to\infty}\left[1+\dfrac{1}{\dfrac{x}{2}}\right]^{\frac{x}{2}\cdot 2} = \lim\limits_{x\to\infty}\left[\left(1+\dfrac{1}{\dfrac{x}{2}}\right)^{\frac{x}{2}}\right]^2 = e^2.$

(2) $\lim\limits_{x\to\infty}\left(1-\dfrac{3}{x}\right)^{x+5} = \lim\limits_{x\to\infty}\left[\left(1-\dfrac{3}{x}\right)^x \cdot \left(1-\dfrac{3}{x}\right)^5\right] = \lim\limits_{x\to\infty}\left(1-\dfrac{3}{x}\right)^x \cdot \lim\limits_{x\to\infty}\left(1-\dfrac{3}{x}\right)^5$

$$=\lim_{x\to\infty}\left(1-\frac{3}{x}\right)^{x}=\lim_{x\to\infty}\left(1+\frac{1}{-\frac{x}{3}}\right)^{-\frac{x}{3}\cdot(-3)}$$

$$=\lim_{x\to\infty}\left[\left(1+\frac{1}{-\frac{x}{3}}\right)^{-\frac{x}{3}}\right]^{-3}=e^{-3}.$$

$$(3)\lim_{x\to\infty}\left(\frac{2x+3}{2x+1}\right)^{x}=\lim_{x\to\infty}\left(1+\frac{2}{2x+1}\right)^{x}=\lim_{x\to\infty}\left(1+\frac{1}{x+\frac{1}{2}}\right)^{(x+\frac{1}{2})-\frac{1}{2}}$$

$$=\lim_{x\to\infty}\left(1+\frac{1}{x+\frac{1}{2}}\right)^{(x+\frac{1}{2})}\cdot\left(1+\frac{1}{x+\frac{1}{2}}\right)^{-\frac{1}{2}}$$

$$=\lim_{x\to\infty}\left(1+\frac{1}{x+\frac{1}{2}}\right)^{(x+\frac{1}{2})}\cdot\lim_{x\to\infty}\left(1+\frac{1}{x+\frac{1}{2}}\right)^{-\frac{1}{2}}=e.$$

习题　1-3

1. 求下列极限：

$(1)\lim\limits_{x\to2}(4x^{2}-3x+5)$;　$(2)\lim\limits_{x\to3}\dfrac{x-3}{x^{2}+x+1}$;　　　$(3)\lim\limits_{x\to2}\dfrac{x^{2}-3}{x-2}$;

$(4)\lim\limits_{x\to2}\dfrac{x^{2}-5x+6}{x^{2}-4}$;　　$(5)\lim\limits_{x\to\infty}\dfrac{3x^{2}+4x-1}{4x^{3}-x^{2}+3}$;　　$(6)\lim\limits_{n\to\infty}\dfrac{(2n-3)^{10}(3n+2)^{20}}{(5n+1)^{30}}$;

$(7)\lim\limits_{x\to\infty}\dfrac{2x^{3}+x}{x^{2}-3x+4}$;　　$(8)\lim\limits_{n\to\infty}\left(1+\dfrac{1}{2}+\dfrac{1}{4}+\cdots+\dfrac{1}{2^{n}}\right)$;　$(9)\lim\limits_{x\to1}\dfrac{\sqrt{x+2}-\sqrt{3}}{x-1}$;

$(10)\lim\limits_{x\to\infty}\dfrac{\sin2x}{x^{2}}$;　　　$(11)\lim\limits_{x\to1}\left(\dfrac{2}{x^{2}-1}-\dfrac{1}{x-1}\right)$;　　$(12)\lim\limits_{n\to\infty}\left[1+\dfrac{(-1)^{n}}{n}\right]$.

2. 求下列极限：

$(1)\lim\limits_{x\to0}\dfrac{\sin5x}{x}$;　　$(2)\lim\limits_{x\to\infty}\dfrac{x}{2}\sin\dfrac{2\pi}{x}$;　　$(3)\lim\limits_{x\to0}\dfrac{\sin2x}{\sin3x}$;　　$(4)\lim\limits_{x\to0}\dfrac{\tan3x}{x}$;

$(5)\lim\limits_{x\to\pi}\dfrac{\sin(\pi-x)}{\pi-x}$;$(6)\lim\limits_{x\to\infty}\left(1+\dfrac{3}{x}\right)^{x-2}$;　　$(7)\lim\limits_{x\to0}(1-2x)^{\frac{1}{x}}$;

$(8)\lim\limits_{n\to\infty}\left(1+\dfrac{1}{n+1}\right)^{n}$;$(9)\lim\limits_{x\to0}(1+\tan x)^{\cot x}$;　$(10)\lim\limits_{x\to\infty}\left(\dfrac{1+x}{x}\right)^{2x}$.

1.4　函数的连续性

　　现实生活中,有很多变量的变化是连续不断的,如气温的变化;物体的运动;植物的生长等等,都是连续变化的,这些现象在函数关系上反映的就是函数的连续性. 函数的连续性是微积分中的又一重要概念.

1.4.1　函数连续性的概念

1. 函数的增量

定义 1.17　若变量 u 从它的初值 u_0 变到终值 u_1，则终值与初值之差 u_1-u_0 就叫作变量 u 的增量，又叫作改变量，记作 Δu，即

$$\Delta u=u_1-u_0.$$

注：增量可以是正的，也可以是负的．当 $u_1>u_0$ 时，Δu 为正，当 $u_1<u_0$ 时，Δu 为负．

如果函数 $y=f(x)$ 在 x_0 的某个邻域内有定义，当自变量 x 在 x_0 处有一改变量 Δx 时，函数 $y=f(x)$ 的相应改变量为 $\Delta y=f(x_0+\Delta x)-f(x_0)$．

2. 函数连续性的概念

从图 1-10 中可以看出，函数 $y=f(x)$ 的图形是连续不断的，而图 1-11 中，函数 $y=g(x)$ 的图形在点 $x=x_0$ 处断开了．我们说函数 $y=f(x)$ 在点 $x=x_0$ 处是连续的，而函数 $y=g(x)$ 在点 $x=x_0$ 处是间断的，那么如何用数学语言来描述这种不同呢？

对比两个图形发现：在图 1-10 中，当自变量 x 的改变量 $\Delta x\to 0$ 时，函数的相应改变量 $\Delta y\to 0$；在图 1-11 中，当自变量 x 的改变量 $\Delta x\to 0^+$ 时，函数的相应改变量 Δy 不能趋于 0．于是可以用增量来定义函数的连续性．

定义 1.18　设函数 $y=f(x)$ 在点 x_0 的某邻域内有定义，如果当自变量的改变量 Δx 趋近于零时，相应函数的改变量 Δy 也趋于零，即

$$\lim_{\Delta x\to 0}\Delta y=\lim_{\Delta x\to 0}[f(x_0+\Delta x)-f(x_0)]=0,$$

则称函数 $y=f(x)$ 在点 x_0 处连续．

令 $x_0+\Delta x=x$，则当 $\Delta x\to 0$ 时，$x\to x_0$，于是

$$\lim_{\Delta x\to 0}\Delta y=\lim_{\Delta x\to 0}[f(x_0+\Delta x)-f(x_0)]=\lim_{x\to x_0}[f(x)-f(x_0)]=0,$$

即 $\lim\limits_{x\to x_0}f(x)=f(x_0)$．

因此，函数 $y=f(x)$ 在点 x_0 处连续的定义又可叙述为定义 1.19．

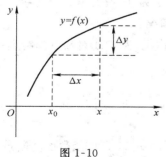

图 1-10

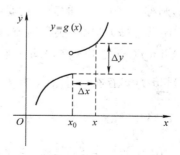

图 1-11

定义 1.19　设函数 $y=f(x)$ 在点 x_0 的某邻域内有定义，若 $\lim\limits_{x\to x_0}f(x)=f(x_0)$，则

称函数 $f(x)$ 在点 x_0 处连续.

由定义 1.19 可以看出,函数 $f(x)$ 在点 x_0 处连续,必须同时满足以下三个条件:

(1)函数 $f(x)$ 在点 x_0 处有定义;

(2)函数 $f(x)$ 在点 x_0 处的极限 $\lim\limits_{x \to x_0} f(x)$ 存在;

(3)这个极限值等于函数值 $f(x_0)$.

如果函数 $f(x)$ 在开区间 (a,b) 内每一点都连续,则称**函数 $f(x)$ 在开区间 (a,b) 内连续**;如果函数 $f(x)$ 在开区间 (a,b) 内连续,且在端点 a 处右连续,b 处左连续,即 $\lim\limits_{x \to a^+} f(x) = f(a)$,$\lim\limits_{x \to b^-} f(x) = f(b)$,则称**函数 $f(x)$ 在闭区间 $[a,b]$ 上连续**.

例 1.23 讨论函数 $f(x) = \begin{cases} x+1, & x \leqslant 0, \\ \dfrac{\sin x}{x}, & x > 0 \end{cases}$ 在 $x=0$ 处的连续性.

解 (1)$f(0) = 1$;

(2)$\lim\limits_{x \to 0^-} f(x) = \lim\limits_{x \to 0^-} (x+1) = 1$,$\lim\limits_{x \to 0^+} f(x) = \lim\limits_{x \to 0^+} \dfrac{\sin x}{x} = 1$,所以 $\lim\limits_{x \to 0} f(x) = 1$;

(3)$\lim\limits_{x \to 0} f(x) = 1 = f(0)$.

综上所述,函数 $f(x)$ 在 $x=0$ 处连续.

3. 函数的间断点及其分类

定义 1.20 函数 $f(x)$ 在点 $x=x_0$ 处不连续,则称 x_0 为函数 $f(x)$ 的**不连续点或间断点**.

显然,如果函数 $f(x)$ 在点 x_0 处有下列三种情形之一,则点 x_0 是 $f(x)$ 的间断点:

(1)函数 $f(x)$ 在点 x_0 处没有定义;

(2)函数 $f(x)$ 在点 x_0 处的极限 $\lim\limits_{x \to x_0} f(x)$ 不存在;

(3)函数 $f(x)$ 在点 x_0 处有定义,且 $\lim\limits_{x \to x_0} f(x)$ 存在,但 $\lim\limits_{x \to x_0} f(x) \neq f(x_0)$.

定义 1.21 设 x_0 为函数 $f(x)$ 的一个间断点,如果当 $x \to x_0$ 时,$f(x)$ 的左、右极限都存在,则称 x_0 为 $f(x)$ 的**第一类间断点**;否则,称 x_0 为 $f(x)$ 的**第二类间断点**.

若 x_0 为 $f(x)$ 的第一类间断点,则有以下两种情况:

(1)$\lim\limits_{x \to x_0^-} f(x)$ 与 $\lim\limits_{x \to x_0^+} f(x)$ 均存在,但不相等,则称 x_0 为 $f(x)$ 的**跳跃间断点**;

(2)$\lim\limits_{x \to x_0} f(x)$ 存在,则称 x_0 为 $f(x)$ 的**可去间断点**.

例 1.24 讨论 $f(x) = \dfrac{x^2-1}{x-1}$ 在 $x=1$ 处的连续性.

解 因为 $f(x) = \dfrac{x^2-1}{x-1}$ 在 $x=1$ 处没有定义,所以 $x=1$ 是该函数的间断点.

而 $\lim\limits_{x \to 1} f(x) = \lim\limits_{x \to 1} \dfrac{x^2-1}{x-1} = \lim\limits_{x \to 1} (x+1) = 2$,即 $x \to 1$ 时,极限存在,所以 $x=1$ 为该函数的第一类间断点,且为可去间断点.

例 1.25　讨论 $f(x)=\begin{cases}\dfrac{\sin 3x}{x},x\neq 0,\\ 2,\quad x=0\end{cases}$ 在 $x=0$ 处的连续性.

解　(1)$f(0)=2$；

(2)$\lim\limits_{x\to 0}f(x)=\lim\limits_{x\to 0}\dfrac{\sin 3x}{x}=3$；

(3)$\lim\limits_{x\to 0}f(x)=3\neq f(0)=2$，

所以 $f(x)$ 在 $x=0$ 处不连续，即 $x=0$ 为 $f(x)$ 的第一类间断点，且为可去间断点.

例 1.26　讨论函数 $f(x)=\begin{cases}x-1,x<0,\\ 0,\quad x=0,\\ x+1,x>0\end{cases}$ 在点 $x=0$ 处的连续性.

解　(1)$f(0)=0$；

(2)$\lim\limits_{x\to 0^-}f(x)=\lim\limits_{x\to 0^-}(x-1)=-1,\lim\limits_{x\to 0^+}f(x)=\lim\limits_{x\to 0^+}(x+1)=1$，

所以 $\lim\limits_{x\to 0}f(x)$ 不存在，即 $f(x)$ 在 $x=0$ 处不连续，$x=0$ 为第一类间断点，且为跳跃间断点.

例 1.27　求 $f(x)=\dfrac{1}{x-1}$ 间断点.

解　因为 $x=1$ 处，函数无定义，且 $\lim\limits_{x\to 1}\dfrac{1}{x-1}=\infty$，所以 $x=1$ 是 $f(x)$ 的第二类间断点，又称为无穷间断点.

1.4.2　初等函数的连续性

1. 初等函数的连续性

基本初等函数在其定义域内是连续的；初等函数在其定义域内都是连续的.（证明略）

由此可知，求初等函数的连续区间就是求其定义域. 关于分段函数的连续性，除按上述结论考虑每一段函数的连续性外，还必须讨论分段点处的连续性.

2. 利用函数的连续性求极限

若 $f(x)$ 在 x_0 处连续，则 $\lim\limits_{x\to x_0}f(x)=f(x_0)$，即把连续函数求极限的问题转化为求函数值.

例 1.28　求极限 $\lim\limits_{x\to\frac{\pi}{4}}\ln(\tan x)$.

解　$\lim\limits_{x\to\frac{\pi}{4}}\ln(\tan x)=\ln\left(\tan\dfrac{\pi}{4}\right)=\ln 1=0$.

3. 复合函数求极限的方法

定理 1.5　设有复合函数 $y=f[\varphi(x)]$，若 $\lim\limits_{x\to x_0}\varphi(x)=a$，而函数 $f(u)$ 在点 $u=a$ 连续，则

$$\lim_{x \to x_0} f[\varphi(x)] = f[\lim_{x \to x_0} \varphi(x)] = f(a).$$

例 1.29   求极限 $\lim\limits_{x \to 0} \dfrac{\ln(1+x)}{x}$.

解 $\lim\limits_{x \to 0} \dfrac{\ln(1+x)}{x} = \lim\limits_{x \to 0}\left[\dfrac{1}{x}\ln(1+x)\right]$

$$= \lim_{x \to 0} \ln(1+x)^{\frac{1}{x}} = \ln \lim_{x \to 0}(1+x)^{\frac{1}{x}} = \ln e = 1.$$

1.4.3 闭区间上连续函数的性质

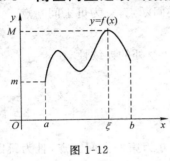

图 1-12

定理 1.6（最大值最小值定理）   如果函数 $f(x)$ 在闭区间 $[a,b]$ 上连续,则函数 $f(x)$ 在区间 $[a,b]$ 上必有最大值与最小值.(如图 1-12)

定理 1.7（介值定理）   如果函数 $f(x)$ 在闭区间 $[a,b]$ 上连续,m 和 M 分别为 $f(x)$ 在区间 $[a,b]$ 上的最小值与最大值,则对于满足 $m < \mu < M$ 的任何实数 μ,至少存在一点 $\xi \in (a,b)$,使得 $f(\xi) = \mu$.(如图 1-13)

推论（方程实根的存在定理）   如果函数 $f(x)$ 在闭区间 $[a,b]$ 上连续,且 $f(a)$ 与 $f(b)$ 异号,则至少存在一点 $\xi \in (a,b)$,使得 $f(\xi) = 0$.(如图 1-14)

例 1.30   证明方程 $x - 2\sin x = 1$ 至少有一个正根小于 3.

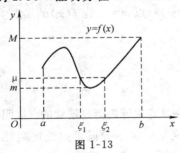

图 1-13

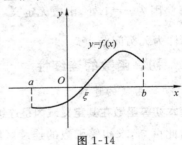

图 1-14

证明   设 $f(x) = x - 2\sin x - 1$,因为 $f(x)$ 是初等函数,定义域是 $(-\infty, +\infty)$,因此它在闭区间 $[0,3]$ 上连续,又 $f(0) = -1 < 0$,$f(3) = 3 - 2\sin 3 - 1 = 2(1 - \sin 3) > 0$,由方程实根的存在定理知,至少存在一点 $\xi \in (0,3)$,使得 $f(\xi) = 0$,即方程 $x - 2\sin x = 1$ 至少有一个正根小于 3.

习题   1-4

1. 求下列函数的极限:

(1) $\lim\limits_{x \to 0}(e^{2x} + 2^x + 1)$;

(2) $\lim\limits_{x \to \frac{\pi}{4}}(\sin 2x)^3$;

(3) $\lim\limits_{x \to \infty} \dfrac{\sin x}{x}$;

(4) $\lim\limits_{x \to \infty} e^{\frac{1}{x}}$;

(5) $\lim\limits_{x \to 0} \ln \dfrac{\sqrt{x+1} - 1}{x}$;

(6) $\lim\limits_{x \to \infty}\left(\dfrac{12x^2+1}{3x^2-2}\right)^{\frac{1}{3}}$.

2. 设 $f(x)=\begin{cases}\mathrm{e}^x,x<0,\\a+x,x\geq0,\end{cases}$ 问 a 为何值时函数 $f(x)$ 在 $x=0$ 处连续?

3. 求下列函数的间断点,并指出间断点的类型:

$(1)f(x)=\begin{cases}\dfrac{\sin x}{x},x\neq0,\\[2mm]\dfrac{1}{2},x=0;\end{cases}$ $\qquad(2)f(x)=\dfrac{x^2-1}{(x-1)x}.$

本章知识结构图

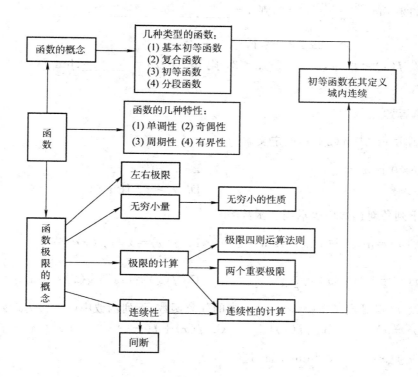

复 习 题 1

1. 填空题

(1)函数 $y=\dfrac{\sqrt{x^2-1}}{x-1}$ 的定义域是_____.

(2)如果函数 $f(x)$ 的定义域为 $[0,1]$,那么函数 $f(x^2)$ 的定义域是_____.

(3)设 $f(x)=\begin{cases}2x,x\leq0,\\1,\ \ x>0,\end{cases}$ 则 $f(-x)=$_____.

(4)设 $f(x)=\begin{cases} x+1, & x>0, \\ \pi, & x=0, \\ 0, & x<0, \end{cases}$ 则 $f(f(f(-1)))=\underline{\hspace{2cm}}$.

(5)若 $\lim\limits_{x\to 0}\dfrac{3\sin kx}{2x}=\dfrac{2}{3}$,则 $k=\underline{\hspace{2cm}}$.

(6)当 $\underline{\hspace{2cm}}$ 时,函数 $y=\dfrac{1}{x^2-1}$ 是无穷大量;当 $\underline{\hspace{2cm}}$ 时,函数 $y=\dfrac{1}{x^2-1}$ 是无穷小量.

(7)如果 $\lim\limits_{n\to\infty}\dfrac{an^2+bn-5}{3n-2}=2$,则 $a=\underline{\hspace{2cm}}$;$b=\underline{\hspace{2cm}}$.

(8)设 $f(x)=\begin{cases} x^2+2x-3, & x\leqslant 1, \\ x, & 1<x<2, \\ 2x-2, & x\geqslant 2, \end{cases}$ 则 $\lim\limits_{x\to 1}f(x)=\underline{\hspace{2cm}}$;$\lim\limits_{x\to 2}f(x)=\underline{\hspace{2cm}}$.

2. 选择题

(1)函数 $y=\dfrac{1}{x}\ln(2+x)$ 的定义域为(　　).

A. $x\neq 0$ 且 $x\neq 2$ 　　　　　　　B. $x>0$

C. $x>-2$ 　　　　　　　　　　　D. $x>-2$ 且 $x\neq 0$

(2)下列各对函数中表示同一函数的是(　　).

A. $f(x)=\ln x^2$ 与 $g(x)=2\ln x$ 　　B. $f(x)=x$ 与 $g(x)=\dfrac{x^2}{x}$

C. $f(x)=1$ 与 $g(x)=\dfrac{x}{x}$ 　　　　D. $f(x)=|x|$ 与 $g(x)=\sqrt{x^2}$

(3)设 $f(x)$ 是定义在 $(-\infty,+\infty)$ 内的任意函数,下列函数中(　　)为奇函数.

A. $f(-x)$ 　　B. $|f(x)|$ 　　C. $f(x)+f(-x)$ 　　D. $f(x)-f(-x)$

(4)设 $f(x)=\dfrac{|x|}{x}$,则 $\lim\limits_{x\to 0}f(x)$ 是(　　).

A. 0 　　　　　B. -1 　　　　　C. 1 　　　　　　D. 不存在

(5)下列各式中极限值为 1 的是(　　).

A. $\lim\limits_{x\to\infty}\dfrac{\sin x}{x}$ 　　B. $\lim\limits_{x\to 1}\dfrac{\sin x}{x}$ 　　C. $\lim\limits_{x\to\infty}x\sin\dfrac{1}{x}$ 　　D. $\lim\limits_{x\to 0}x\sin\dfrac{1}{x}$

(6)若函数 $y=f(x)$ 在点 x_0 处间断,则(　　).

A. $\lim\limits_{x\to x_0}f(x)$ 不存在 　　　　B. $f(x_0)$ 不存在

C. $\lim\limits_{x\to x_0}f(x)\neq f(x_0)$ 　　　　D. 以上三种情况至少有一种

(7)下列等式正确的是(　　).

A. $\lim\limits_{x\to 0^+}(1+x)^{\frac{1}{x}}=e$ 　　　　B. $\lim\limits_{x\to 0^+}(1-x)^{\frac{1}{x}}=e$

C. $\lim\limits_{x\to+\infty}\left(1-\dfrac{1}{x}\right)^{-x}=\dfrac{1}{e}$　　　　D. $\lim\limits_{x\to-\infty}\left(1+\dfrac{1}{x}\right)^{x}=1$

(8)若 $f(x)=\dfrac{x-1}{x+1}$，$g(x)=1-\sqrt{x}$，则 $x\to1$ 时，有（　　）.

A. $f(x)=o(g(x))$　　　　　　B. $g(x)=o(f(x))$

C. $f(x)$ 与 $g(x)$ 是等价无穷小　　D. $f(x)$ 与 $g(x)$ 是同阶无穷小

3. 求下列函数的定义域：

(1)$y=\ln\dfrac{x-2}{3-x}$；　　　　　　(2)$y=\sqrt{x^2-4}+\arcsin\dfrac{x}{2}$.

4. 已知 $f(x)=x^2+2x+1$，求 $f(x-1)$，$f(0)$.

5. 求极限：

(1)$\lim\limits_{x\to2}\dfrac{x^2+x-4}{x-1}$；　　　(2)$\lim\limits_{n\to\infty}\left(1-\dfrac{1}{n}\right)^{n+5}$；　　　(3)$\lim\limits_{x\to-2}\dfrac{\sin(x+2)}{x+2}$；

(4)$\lim\limits_{\Delta x\to0}\dfrac{\sqrt{x+\Delta x}-\sqrt{x}}{\Delta x}$；　(5)$\lim\limits_{n\to\infty}\dfrac{2^n+3^n}{2^{n+1}+3^{n+1}}$；　(6)$\lim\limits_{x\to\infty}\dfrac{\cos x}{x^2}$.

6. 设 $f(x)=\begin{cases}0,&x>0\\1+x^2,&x\leqslant0\end{cases}$ 求 $\lim\limits_{x\to0}f(x)$.

7. 设 $f(x)=\begin{cases}2a-x,&x>0,\\1+x^2,&x\leqslant0,\end{cases}$ 问当 a 为何值时，$f(x)$ 在 $x=0$ 处连续？

8. 证明方程 $\sin x-x+1=0$ 在 0 与 π 之间有实根.

中外数学家

刘徽

刘徽（约公元225—295），数学家，三国后期魏国人．籍贯、生卒年月不详．

刘徽在数学上的主要成就之一，是为《九章算术》做了注释，书名叫《九章算术注》，此书于魏景元四年（公元263年）成书，共九卷，是我国最可贵的数学遗产之一．刘徽的《九章算术注》整理了《九章算术》中各种解题方法的思想体系，旁征博引，纠正了其中某些错误，提高了《九章算术》的学术水平．他善于用文字讲清道理，用图形说明问题，便于读者学习、理解、掌握；而且，在他的注释中提出了很多独到的见解．例如，他创造了用"割圆术"来计算圆周率的方法，从而开创了我国数学发展中圆周率研究的新纪元．他从圆的内接正六边形算起，依次将边数加倍，一直算到内接正192边形的面积，从而得到圆周率π的近似值为3.14．后人为了纪念刘徽，称这个数值为"徽率"．后来，他又算到圆内接正3 072边形的面积，从而得到圆周率的近似值为3.141 6，比外国的早200多年．

若无限增加圆内接正多边形的边数，刘徽认为："割之弥细，所失弥少．割之又割，以至于不可割，则与圆周合体，而无所失矣"．可见，他已把极限的思想应用于近似值的计算，他的方法除了缺少极限表达式外，与现代方法相差无几．他的割圆术只需要计算内接多边形而不需要计算外切多边形，这与阿基米德的方法相比可以说是事半功倍．此外他的极限思想还反映在"少广"章开方术的注释中，以及"商功"章棱锥体体积的计算的注释中．例如，在棱锥体的研究中，他把立方体进行分解，以求棱锥的体积．"若为数以无穷之．置余高表、广之数各半之，则四分之三又可知也．半之弥少，其细弥细，至细曰微，微则无形．由是言之，安取余哉？"就是逐次分割棱锥体，并求出它们的体积，分割到无穷次，问题就解决了．刘徽堪称中国第一个创造性地把极限观念运用于数学的人，而且运用得相当自如．

对于曲体体积的求法，他指出，在一立方体中作两内切圆柱体，其交叉部分形成的特异曲体体积的确定乃是求曲体体积的关键．他经过周密的思考，虽未能解决，但他采取了严肃的态度，决定把它留给后人．他说："敢下阙疑，以待能言者．"刘徽的敏锐观察被继承下来，到公元5世纪时，终于被祖暅圆满地解决了，祖暅获得了一个普遍原理："幂势既同，则积不容异"．后来卡瓦列利也发现了这个原理，因此又称此原理为"卡瓦列利原理"．

刘徽还推广了陈子（公元前6、7世纪的中国数学家）的测日法，撰写了《重差》和《九章重差图》，又名《海岛算经》．这是一部运用几何知识测量远处目标的高、远、深、广的数学著作．书中对汉代天文学家测量太阳高度和距离的方法进行了论述．他还主张用十进分数来表示无理的立方根近似值．

刘徽是中国古典数学理论的奠基人之一，他的著作堪称中国传统数学理论的精华．

2 导数与微分

最优定价

一切事物都在不停的变化,人们总希望在找到变化规律的同时,能更深入地了解变化规律的特性,从而找到解决问题的最佳处理方法. 例如:

工厂生产某种产品准备销售,当然首先要根据产品的成本和可能的销售量规定一个切实可行的价格. 如何定价呢? 价格定的很高,每单位产品的利润会很高,但是价高了,销售量会减少,因而总的利润不会高;反过来,价格定的很低,每单位产品的利润减少,但销售量会增大,利润也可能增大,如果定价过低,利润可能会减少. 那么怎样的价格会使利润达到最大呢? 这就是最优价格问题.

在解决该问题时,就会用到变化率的思想,而变化率思想反映在数学上就是导数问题.

(一)学习目标

1. 了解导数、微分的几何意义;微分在近似计算中的应用.
2. 理解导数和微分的概念,可导和连续的关系.
3. 掌握导数和微分的基本公式与运算法则;掌握复合函数求导法;隐函数求导法;对数求导法.

(二)学习重点和难点

重点 导数的概念;可导性与连续性的关系;复合函数求导法;隐函数求导法.

难点 复合函数求导法和隐函数求导法.

导数与微分是微积分中两个基本的、重要的概念. 导数反映的是函数相对于自变量的变化率问题,微分与导数有着密切的关系,它研究的是当自变量有微小变化时,函数值增量的近似值问题.

在本章,我们主要讨论导数与微分的概念和计算方法.

2.1 导数的概念

2.1.1 实例

1. 变速直线运动的瞬时速度

由物理学的知识知道,物体作等速直线运动时,它在任何时刻的速度可以用公式

$$v = \frac{s(路程)}{t(时间)}$$

来计算. 但是,在实际问题中,物体所作的运动往往是变速的,而上述公式只能反映物体在一段时间内的平均速度,不能反映物体在某一时刻的速度,即瞬时速度. 现在我们就来讨论如何精确地刻画物体作变速直线运动时任一时刻的瞬时速度.

设物体作变速直线运动,其运动方程(即路程 s 与 t 之间的函数关系)为 $s = s(t)$,考察物体在 t_0 时刻的瞬时速度.

当时间由 t_0 变到 $t_0 + \Delta t$ 时,物体经过的路程为

$$\Delta s = s(t_0 + \Delta t) - s(t_0),$$

两端同除以 Δt,得物体在 Δt 这段时间内的平均速度为

$$\bar{v} = \frac{\Delta s}{\Delta t} = \frac{s(t_0 + \Delta t) - s(t_0)}{\Delta t}.$$

显然,这个平均速度 $\bar{v}$ 是随 Δt 的变化而变化的. 在很小的一段时间 Δt 内,物体运动的快慢变化不大,可以近似地看作是等速的. 因此当 $|\Delta t|$ 很小时,就可以用平均速度 $\bar{v}$ 来近似地描述物体在 t_0 时刻的运动快慢. 可以想象, $|\Delta t|$ 越小,这种描述越精确. 在 Δt 趋于 0 的过程中,这种描述越来越精确. 当 $\Delta t \to 0$ 时,平均速度 $\bar{v}$ 的极限叫作物体在 t_0 时刻的速度(或瞬时速度)即

$$v(t_0) = \lim_{\Delta t \to 0} \bar{v} = \lim_{\Delta t \to 0} \frac{\Delta s}{\Delta t} = \lim_{\Delta t \to 0} \frac{s(t_0 + \Delta t) - s(t_0)}{\Delta t}.$$

换言之,物体在 t_0 时刻的速度为物体在 t_0 时刻路程的增量 Δs 与时间增量 Δt 的比值在 $\Delta t \to 0$ 时的极限.

2. 平面曲线切线的斜率

设曲线 C 的方程为 $y = f(x)$, $M(x_0, f(x_0))$ 是曲线 C 上的一个定点,在曲线 C 上另取一点 $N(x, f(x))$,作割线 MN. 当动点 N 沿曲线 C 向定点 M 移动时,割线 MN 绕 M 点旋转,其极限位置 MT 就称为曲线 C 在 M 点的切线(如图 2-1). 下面求切线 MT 的斜率 k.

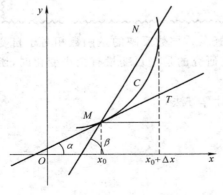

图 2-1

割线 MN 的斜率为 $\tan\beta = \frac{f(x) - f(x_0)}{x - x_0}$.

设 $\Delta x = x - x_0$, $\Delta y = f(x) - f(x_0)$,

则
$$\tan\beta = \frac{\Delta y}{\Delta x} = \frac{f(x) - f(x_0)}{x - x_0}$$
$$= \frac{f(x_0 + \Delta x) - f(x_0)}{\Delta x}.$$

当动点 N 沿曲线 C 向定点 M 移动时, $\Delta x \to 0$,割线 MN 逐渐变到切线 MT 的位置.

所以切线 MT 的斜率为

$$\tan\alpha=\lim_{\Delta x\to 0}\frac{\Delta y}{\Delta x}=\lim_{\Delta x\to 0}\frac{f(x_0+\Delta x)-f(x_0)}{\Delta x},$$

即切线 MT 的斜率为曲线 $y=f(x)$ 在点 M 处的纵坐标的增量 Δy 与横坐标的增量 Δx 的比值在 $\Delta x\to 0$ 时的极限.

2.1.2 导数的概念

上面我们研究了变速直线运动的瞬时速度和平面曲线切线的斜率,虽然他们的实际意义不同,但是它们表达式的形式是完全相同的,即函数值的增量与自变量增量的比值在自变量增量趋于零时的极限,我们把这一数学结构抽象出来就是函数导数的概念.

1. 函数 $y=f(x)$ 在点 x_0 处导数的定义

定义 2.1　设函数 $y=f(x)$ 在点 x_0 的某邻域内有定义,当自变量 x 在点 x_0 处有改变量 $\Delta x(\Delta x\neq 0,x_0+\Delta x$ 仍在该邻域内)时,相应的函数值在点 x_0 处的改变量 $\Delta y=f(x_0+\Delta x)-f(x_0)$,比值 $\dfrac{\Delta y}{\Delta x}=\dfrac{f(x_0+\Delta x)-f(x_0)}{\Delta x}$ 称为函数 $f(x)$ 从点 x_0 变化到 $x_0+\Delta x$ 的平均变化率.

当 $\Delta x\to 0$ 时,如果平均变化率的极限存在,即

$$\lim_{\Delta x\to 0}\frac{\Delta y}{\Delta x}=\lim_{\Delta x\to 0}\frac{f(x_0+\Delta x)-f(x_0)}{\Delta x}$$

存在,则称此极限值为**函数** $y=f(x)$**在点** x_0 **处的导数**(亦称变化率),记作 $f'(x_0)$,即

$$f'(x_0)=\lim_{\Delta x\to 0}\frac{\Delta y}{\Delta x}=\lim_{\Delta x\to 0}\frac{f(x_0+\Delta x)-f(x_0)}{\Delta x},$$

并称函数 $y=f(x)$ 在点 x_0 处可导. 如果极限不存在,则称函数 $y=f(x)$ 在点 x_0 处不可导.

$$f'(x_0)\text{也可记作}\ y'\Big|_{x=x_0},\frac{\mathrm{d}y}{\mathrm{d}x}\Big|_{x=x_0}\text{或}\frac{\mathrm{d}f(x)}{\mathrm{d}x}\Big|_{x=x_0}.$$

如果令 $\Delta x=x-x_0$,当 $\Delta x\to 0$ 时,有 $x\to x_0$,则函数在点 x_0 处的导数还可以表示为

$$f'(x_0)=\lim_{x\to x_0}\frac{f(x)-f(x_0)}{x-x_0}.$$

根据导数的定义,上述两个问题可以叙述为:

(1)变速直线运动在 t_0 时刻的瞬时速度就是路程函数 $s=s(t)$ 在 t_0 处对时间 t 的导数,$v(t_0)=\dfrac{\mathrm{d}s}{\mathrm{d}t}\Big|_{t=t_0}$;

(2)过平面曲线上点 $(x_0,f(x_0))$ 处切线的斜率就是曲线 $y=f(x)$ 在该点对 x 的导数,即 $k=\tan\alpha=\dfrac{\mathrm{d}y}{\mathrm{d}x}\Big|_{x=x_0}$.

例 2.1　求函数 $y=x^2$ 在任意点 x 处的导数.

解　设在 x 处自变量的改变量为 Δx,则

$$\Delta y=f(x+\Delta x)-f(x)=(x+\Delta x)^2-x^2=2x\Delta x+(\Delta x)^2,$$

$$\frac{\Delta y}{\Delta x}=2x+\Delta x,$$

$$\lim_{\Delta x \to 0} \frac{\Delta y}{\Delta x} = \lim_{\Delta x \to 0}(2x + \Delta x) = 2x.$$

即 $(x^2)' = 2x$. 一般地, 对于幂函数 x^μ 的导数, 有公式 $(x^\mu)' = \mu x^{\mu-1}$.

2. 函数 $y = f(x)$ 在点 x_0 处的左、右导数

定义 2.2 设 $y = f(x)$ 在点 x_0 的某邻域内有定义, 当 $\Delta x \to 0^-$ 时, 如果平均变化率的极限存在, 即

$$\lim_{\Delta x \to 0^-} \frac{\Delta y}{\Delta x} = \lim_{\Delta x \to 0^-} \frac{f(x_0 + \Delta x) - f(x_0)}{\Delta x}$$

存在, 则此极限值称为函数 $y = f(x)$ 在点 x_0 处的**左导数**, 记作 $f'_-(x_0)$, 即

$$f'_-(x_0) = \lim_{\Delta x \to 0^-} \frac{\Delta y}{\Delta x} = \lim_{\Delta x \to 0^-} \frac{f(x_0 + \Delta x) - f(x_0)}{\Delta x}.$$

当 $\Delta x \to 0^+$ 时, 如果平均变化率的极限存在, 即

$$\lim_{\Delta x \to 0^+} \frac{\Delta y}{\Delta x} = \lim_{\Delta x \to 0^+} \frac{f(x_0 + \Delta x) - f(x_0)}{\Delta x}$$

存在, 则此极限值称为函数 $y = f(x)$ 在点 x_0 处的**右导数**, 记作 $f'_+(x_0)$, 即

$$f'_+(x_0) = \lim_{\Delta x \to 0^+} \frac{\Delta y}{\Delta x} = \lim_{\Delta x \to 0^+} \frac{f(x_0 + \Delta x) - f(x_0)}{\Delta x}.$$

左导数也可以定义为: $f'_-(x_0) = \lim_{x \to x_0^-} \frac{f(x) - f(x_0)}{x - x_0}$.

右导数也可以定义为: $f'_+(x_0) = \lim_{x \to x_0^+} \frac{f(x) - f(x_0)}{x - x_0}$.

定理 2.1 函数 $y = f(x)$ 在点 x_0 处可导的充要条件是 $f(x)$ 在点 x_0 处的左、右导数存在且相等.

3. 导函数的定义

若函数 $y = f(x)$ 在区间 (a,b) 内每一点都可导, 则称函数 $y = f(x)$ **在区间 (a,b) 内可导**. 这时函数 $y = f(x)$ 对每一个 $x \in (a,b)$, 都有一个确定的导数值与之对应, 这就构成了 x 的一个新的函数, 叫做函数 $y = f(x)$ 对 x 的**导函数**, 记作

$$f'(x), y', \frac{dy}{dx} \text{或} \frac{df(x)}{dx},$$

即 $f'(x) = \lim_{\Delta x \to 0} \frac{\Delta y}{\Delta x} = \lim_{\Delta x \to 0} \frac{f(x + \Delta x) - f(x)}{\Delta x}$.

显然, 函数 $y = f(x)$ 在点 x_0 处的导数 $f'(x_0)$ 就是导函数 $f'(x)$ 在 $x = x_0$ 处的函数值.

在不发生混淆的情况下, 导函数也称为导数.

2.1.3 利用导数定义求导数

由导数定义可知, 求函数 $y = f(x)$ 的导数 $f'(x)$ 可分为以下三个步骤:

(1) 求函数的增量 $\Delta y = f(x + \Delta x) - f(x)$;

(2) 算比值 $\frac{\Delta y}{\Delta x} = \frac{f(x + \Delta x) - f(x)}{\Delta x}$;

（3）取极限　$y'=\lim\limits_{\Delta x\to 0}\dfrac{\Delta y}{\Delta x}$．

下面我们根据这三个步骤来求一些简单函数的导数．

例 2.2　求函数 $y=C$（C 为常数）的导数．

解　（1）求函数的增量　因为 $y=C$，不论 x 取什么值，y 的值总是 C，所以 $\Delta y=0$；

（2）算比值　$\dfrac{\Delta y}{\Delta x}=0$；

（3）取极限　$y'=\lim\limits_{\Delta x\to 0}\dfrac{\Delta y}{\Delta x}=\lim\limits_{\Delta x\to 0}\dfrac{\Delta y}{\Delta x}=\lim\limits_{\Delta x\to 0}0=0$，

即 $(C)'=0$，常数的导数是零．

例 2.3　求函数 $y=\sin x$ 的导数．

解　（1）求函数的增量　$\Delta y=f(x+\Delta x)-f(x)=\sin(x+\Delta x)-\sin x$

$$=2\sin\frac{x+\Delta x-x}{2}\cos\frac{x+\Delta x+x}{2}$$

$$=2\sin\frac{\Delta x}{2}\cos\left(x+\frac{\Delta x}{2}\right);$$

（2）算比值　$\dfrac{\Delta y}{\Delta x}=\dfrac{2\sin\dfrac{\Delta x}{2}\cos\left(x+\dfrac{\Delta x}{2}\right)}{\Delta x}=\dfrac{\sin\dfrac{\Delta x}{2}}{\dfrac{\Delta x}{2}}\cos\left(x+\dfrac{\Delta x}{2}\right);$

（3）取极限　$y'=\lim\limits_{\Delta x\to 0}\dfrac{\Delta y}{\Delta x}=\lim\limits_{\Delta x\to 0}\dfrac{\sin\dfrac{\Delta x}{2}}{\dfrac{\Delta x}{2}}\cos\left(x+\dfrac{\Delta x}{2}\right)$

$$=\lim\limits_{\Delta x\to 0}\frac{\sin\dfrac{\Delta x}{2}}{\dfrac{\Delta x}{2}}\cdot\lim\limits_{\Delta x\to 0}\cos\left(x+\frac{\Delta x}{2}\right)=\cos x,$$

即 $(\sin x)'=\cos x$．

同理可得，余弦函数的导数为 $(\cos x)'=-\sin x$．

例 2.4　求函数 $y=\log_a x$（$a>0,a\neq 1,x>0$）的导数．

解　（1）求函数的增量

$$\Delta y=f(x+\Delta x)-f(x)=\log_a(x+\Delta x)-\log_a x=\log_a\left(1+\frac{\Delta x}{x}\right);$$

（2）算比值　$\dfrac{\Delta y}{\Delta x}=\dfrac{\log_a\left(1+\dfrac{\Delta x}{x}\right)}{\Delta x}=\dfrac{1}{\Delta x}\log_a\left(1+\dfrac{\Delta x}{x}\right)=\log_a\left(1+\dfrac{\Delta x}{x}\right)^{\frac{1}{\Delta x}};$

（3）取极限　$y'=\lim\limits_{\Delta x\to 0}\dfrac{\Delta y}{\Delta x}=\lim\limits_{\Delta x\to 0}\log_a\left(1+\dfrac{\Delta x}{x}\right)^{\frac{1}{\Delta x}}$

$$=\lim\limits_{\Delta x\to 0}\log_a\left[\left(1+\frac{\Delta x}{x}\right)^{\frac{x}{\Delta x}}\right]^{\frac{1}{x}}$$

$$= \lim_{\Delta x \to 0} \frac{1}{x} \log_a \left(1 + \frac{\Delta x}{x}\right)^{\frac{x}{\Delta x}} = \frac{1}{x} \log_a \mathrm{e} = \frac{1}{x \ln a},$$

即 $\qquad (\log_a x)' = \frac{1}{x \ln a}.$

特别地,当 $a = \mathrm{e}$ 时,$(\ln x)' = \frac{1}{x}.$

2.1.4 导数的几何意义

函数 $y = f(x)$ 在 x_0 处的导数 $f'(x_0)$ 在几何上表示曲线 $y = f(x)$ 在点 $(x_0, f(x_0))$ 处的切线斜率.

根据导数的几何意义,曲线 $y = f(x)$ 在点 $(x_0, f(x_0))$ 处的切线方程为

$$y - f(x_0) = f'(x_0)(x - x_0).$$

当 $f'(x_0) \neq 0$ 时,曲线 $y = f(x)$ 在点 $(x_0, f(x_0))$ 处的法线方程为

$$y - f(x_0) = \frac{-1}{f'(x_0)}(x - x_0).$$

当 $f'(x_0) = 0$ 时,曲线 $y = f(x)$ 在点 $(x_0, f(x_0))$ 处的切线方程为 $y = f(x_0)$,法线方程为 $x = x_0.$

当 $f'(x_0) = \infty$ 时,曲线 $y = f(x)$ 在点 $(x_0, f(x_0))$ 处的切线方程为 $x = x_0$,法线方程为 $y = f(x_0).$

例 2.5 求曲线 $y = \frac{1}{\sqrt{x}}$ 在点 $(1,1)$ 处的切线方程及法线方程.

解 $y' = \left(\frac{1}{\sqrt{x}}\right)' = (x^{-\frac{1}{2}})' = -\frac{1}{2} x^{-\frac{3}{2}},$

切线斜率 $k = y'|_{x=1} = -\frac{1}{2} x^{-\frac{3}{2}} \Big|_{x=1} = -\frac{1}{2},$

法线斜率为 $k' = 2,$

切线方程为 $\quad y - 1 = -\frac{1}{2}(x-1)$,整理得 $\quad x + 2y - 3 = 0,$

法线方程为 $\quad y - 1 = 2(x-1)$,整理得 $\quad 2x - y - 1 = 0.$

2.1.5 可导与连续的关系

设函数 $y = f(x)$ 在点 x 处可导,即极限 $\lim\limits_{\Delta x \to 0} \frac{\Delta y}{\Delta x} = f'(x)$ 存在,则根据函数的极限与无穷小的关系得

$$\frac{\Delta y}{\Delta x} = f'(x) + \alpha \qquad (\alpha \text{ 为当 } \Delta x \to 0 \text{ 时的无穷小}),$$

两端同乘以 Δx,得 $\Delta y = f'(x)\Delta x + \alpha \Delta x.$

由此可见,当 $\Delta x \to 0$ 时,$\Delta y \to 0$,这就是说,函数 $y = f(x)$ 在 x 连续,即函数 $y = f(x)$ 在点 x 可导,则函数在该点必连续.

反之,如果函数 $y=f(x)$ 在某一点连续,但 $y=f(x)$ 不一定在该点可导.

例如,函数 $f(x)=|x|$ 在点 $x=0$ 处连续,但在 $x=0$ 处不可导.

因为 $\lim\limits_{x\to 0}f(x)=\lim\limits_{x\to 0}|x|=0=f(0)$,所以 $f(x)=|x|$ 在点 $x=0$ 处连续.

在 $x=0$ 处,$\dfrac{\Delta y}{\Delta x}=\dfrac{|0+\Delta x|-|0|}{\Delta x}=\dfrac{|\Delta x|}{\Delta x}$,

$$\lim_{\Delta x\to 0^+}\frac{\Delta y}{\Delta x}=\lim_{\Delta x\to 0^+}\frac{|\Delta x|}{\Delta x}=\lim_{\Delta x\to 0^+}\frac{\Delta x}{\Delta x}=1$$

$$\lim_{\Delta x\to 0^-}\frac{\Delta y}{\Delta x}=\lim_{\Delta x\to 0^-}\frac{|\Delta x|}{\Delta x}=\lim_{\Delta x\to 0^-}\frac{-\Delta x}{\Delta x}=-1,$$

即

$$\lim_{\Delta x\to 0^+}\frac{\Delta y}{\Delta x}\neq\lim_{\Delta x\to 0^-}\frac{\Delta y}{\Delta x},$$

由导数的定义可知,$f(x)=|x|$ 在 $x=0$ 处不可导.

由上面的讨论可知,函数连续是函数可导的必要条件,但不是充分条件.

习题　2-1

1. 用定义求下列函数的导数:

(1) $f(x)=x^3-1$,求 $f'(x),f'(4)$;　　　　(2) $f(x)=\sqrt{x}$,求 $f'(x),f'(4)$.

2. 设函数 $f(x)$ 在点 x_0 可导,求下列极限:

(1) $\lim\limits_{\Delta x\to 0}\dfrac{f(x_0+2\Delta x)-f(x_0)}{\Delta x}$;　　　　(2) $\lim\limits_{h\to 0}\dfrac{f(x_0-h)-f(x_0)}{h}$.

3. 求下列函数的导数:

(1) $y=x^4$;　　　　(2) $y=\sqrt[3]{x^2}$;　　　　(3) $y=x^{-3}$;　　　　(4) $y=\dfrac{x^2\sqrt{x}}{\sqrt[4]{x}}$.

4. 设 $f(x)=\cos x$,求 $f'\left(\dfrac{\pi}{6}\right)$、$f'\left(\dfrac{\pi}{3}\right)$.

5. 求曲线 $y=\dfrac{1}{x}$ 在点 $(1,1)$ 处的切线方程和法线方程.

6. 设函数 $f(x)$ 在点 x_0 处可导,且 $f(x_0)=1$,则 $\lim\limits_{x\to x_0}f(x)$ 的值是多少?

7. 函数在某点没有导数,函数所表示的曲线在该点是不是就没有切线? 举例说明.

2.2　求导法则

上一节我们根据导数的定义求出了一些简单函数的导数.但是,对于比较复杂的函数,直接根据定义来求它们的导数往往比较困难.本节,我们将介绍导数的几个基本求导法则和基本初等函数的导数公式.借助这些法则和公式,可以比较方便地求出一些常见函数的导数.

2.2.1 导数的四则运算法则

定理 2.2 若函数 $u=u(x)$ 与 $v=v(x)$ 在点 x 处可导,则函数 $u\pm v、uv、\dfrac{u}{v}(v\neq 0)$ 在点 x 处可导,并且

(1) $(u\pm v)'=u'\pm v'$;

(2) $(uv)'=u'v+uv'$;

(3) $\left(\dfrac{u}{v}\right)'=\dfrac{u'v-uv'}{v^2}(v\neq 0)$.

证明略.

注:(1)法则(1)可推广到有限个可导函数代数和的情形,例如

$$(u+v-w)'=u'+v'-w'.$$

(2)法则(2)可推广到有限个可导函数之积的情形,例如

$$(uvw)'=u'vw+uv'w+uvw'.$$

(3)在法则(2)中,如果 $v(x)=C$(C 为常数),则因 $(C)'=0$,故有

$$(Cu)'=Cu'.$$

(4)在法则(3)中,如果 $u(x)=C$(C 为常数,$v\neq 0$),则

$$\left(\dfrac{C}{v}\right)'=-\dfrac{Cv'}{v^2}.$$

例 2.6 设 $y=4x^3-5x^2+2x-10$,求 y'

解 $y'=(4x^3-5x^2+2x-10)'=(4x^3)'-(5x^2)'+(2x)'-(10)'$

$=4(x^3)'-5(x^2)'+2(x)'+0=4\cdot 3x^2-5\cdot 2x+2=12x^2-10x+2$

例 2.7 求 $y=(1-x^2)\ln x$ 的导数.

解 $y'=(1-x^2)'\ln x+(1-x^2)(\ln x)'$

$=-2x\ln x+(1-x^2)\dfrac{1}{x}=-2x\ln x+\dfrac{1}{x}-x.$

例 2.8 求 $y=\tan x$ 的导数.

解 $y'=(\tan x)'=\left(\dfrac{\sin x}{\cos x}\right)'=\dfrac{(\sin x)'\cos x-\sin x(\cos x)'}{\cos^2 x}$

$=\dfrac{\cos^2 x+\sin^2 x}{\cos^2 x}=\dfrac{1}{\cos^2 x}=\sec^2 x,$

即 $(\tan x)'=\sec^2 x.$

类似地,可得 $(\cot x)'=-\csc^2 x.$

例 2.9 求 $y=\sec x$ 的导数.

解 $y'=(\sec x)'=\left(\dfrac{1}{\cos x}\right)'=-\dfrac{(\cos x)'}{\cos^2 x}=\dfrac{\sin x}{\cos^2 x}=\sec x\tan x,$

即 $(\sec x)'=\sec x\tan x.$

类似地,可得　$(\csc x)' = -\csc x \cot x.$

例 2.10　设 $f(x) = \dfrac{\cos x}{1 + \sin x}$,求 $f'\left(\dfrac{\pi}{2}\right).$

解　$f'(x) = \dfrac{(\cos x)'(1 + \sin x) - \cos x (1 + \sin x)'}{(1 + \sin x)^2}$

$\qquad\quad = \dfrac{-\sin x (1 + \sin x) - \cos x \cos x}{(1 + \sin x)^2}$

$\qquad\quad = \dfrac{-(1 + \sin x)}{(1 + \sin x)^2} = \dfrac{-1}{1 + \sin x},$

所以　$f'\left(\dfrac{\pi}{2}\right) = \dfrac{-1}{1 + \sin \dfrac{\pi}{2}} = -\dfrac{1}{2}.$

2.2.2 复合函数的求导法则

到目前为止,我们能利用函数的四则运算和基本初等函数的导数公式求一些简单函数的导数. 但是,对于 $\ln \tan x$、e^{x^3}、$\sqrt{1 - 2x^2}$ 这样的复合函数,我们还不知道它们是否可导,若可导,如何求导数. 为此下面给出复合函数的求导法则.

定理 2.3　若函数 $u = \varphi(x)$ 在点 x 处可导,函数 $y = f(u)$ 在对应点 u 处可导,则复合函数 $y = f[\varphi(x)]$ 在点 x 处可导,且有

$$(f[\varphi(x)])' = f'(u)\varphi'(x) \text{ 或 } \frac{\mathrm{d}y}{\mathrm{d}x} = \frac{\mathrm{d}y}{\mathrm{d}u}\frac{\mathrm{d}u}{\mathrm{d}x}.$$

证明略.

注:(1)复合函数的求导公式也可推广到任意有限个函数复合的情形. 例如,设 $y = f(u)$,$u = \varphi(v)$,$v = \Psi(x)$ 都可导,则 $\{f[\varphi(\Psi(x))]\}' = f'(u)\varphi'(v)\Psi'(x)$ 或

$$\frac{\mathrm{d}y}{\mathrm{d}x} = \frac{\mathrm{d}y}{\mathrm{d}u}\frac{\mathrm{d}u}{\mathrm{d}v}\frac{\mathrm{d}v}{\mathrm{d}x}.$$

因此,复合函数的求导法则又称为链式法则.

(2)$(f[\varphi(x)])'$ 表示函数 $f[\varphi(x)]$ 对自变量 x 求导,而 $f'[\varphi(x)]$ 表示函数 $f[\varphi(x)]$ 对中间变量 $u = \varphi(x)$ 求导.

例 2.11　设 $y = \ln \tan x$,求 $y'.$

解　因函数 $y = \ln \tan x$ 可以看作由函数 $y = \ln u$ 与 $u = \tan x$ 复合而成,所以

$$\frac{\mathrm{d}y}{\mathrm{d}x} = \frac{\mathrm{d}y}{\mathrm{d}u}\frac{\mathrm{d}u}{\mathrm{d}x} = (\ln u)'(\tan x)' = \frac{1}{u}\sec^2 x = \frac{1}{\tan x}\sec^2 x = \frac{1}{\sin x \cos x}.$$

例 2.12　设 $y = \sqrt{1 - 2x^2}$,求 $y'.$

解　因函数 $y = \sqrt{1 - 2x^2}$ 可以看作由函数 $y = \sqrt{u}$ 与 $u = 1 - 2x^2$ 复合而成,所以

$$\frac{\mathrm{d}y}{\mathrm{d}x} = \frac{\mathrm{d}y}{\mathrm{d}u}\frac{\mathrm{d}u}{\mathrm{d}x} = (\sqrt{u})'(1 - 2x^2)' = \frac{1}{2\sqrt{u}}(-4x) = -\frac{2x}{\sqrt{1 - 2x^2}}.$$

例 2.13 设 $y=x^\mu$（μ 为实数），求 y'.

解 因 $y=x^\mu=e^{\mu\ln x}$ 可以看作由指数函数 $y=e^u$ 与对数函数 $u=\mu\ln x$ 复合而成，所以

$$\frac{dy}{dx}=\frac{dy}{du}\frac{du}{dx}=(e^u)'(\mu\ln x)'=e^u\mu\;\frac{1}{x}=e^{\mu\ln x}\mu\;\frac{1}{x}=x^\mu\mu\;\frac{1}{x}=\mu x^{\mu-1},$$

即 $(x^\mu)'=\mu x^{\mu-1}$.

从以上例子可以看出，应用复合函数求导法则的关键在于把复合函数分解成基本初等函数或简单函数，然后再运用求导法则进行计算. 复合函数求导后必须把引进的中间变量代换成原来的自变量. 在对复合函数的分解比较熟练以后，就不必再写出中间变量，只要把中间变量所代替的函数表达式记在心里，由外向里，一层一层的逐个求导即可.

例 2.14 求 $y=\cos^2\dfrac{x}{2}$ 的导数.

解
$$y'=\left(\cos^2\frac{x}{2}\right)'=2\cos\frac{x}{2}\left(\cos\frac{x}{2}\right)'$$
$$=-2\cos\frac{x}{2}\sin\frac{x}{2}\left(\frac{x}{2}\right)'$$
$$=-\cos\frac{x}{2}\sin\frac{x}{2}.$$

计算函数的导数时，有时需要同时运用函数的和、差、积、商的求导法则和复合函数的求导法则.

例 2.15 求 $y=x\sqrt{1-x}$ 的导数.

解
$$y'=(x\sqrt{1-x})'=(x)'\sqrt{1-x}+x(\sqrt{1-x})'$$
$$=\sqrt{1-x}+x\;\frac{1}{2\sqrt{1-x}}(1-x)'=\sqrt{1-x}-\frac{x}{2\sqrt{1-x}}=\frac{2-3x}{2\sqrt{1-x}}\;.$$

例 2.16 求 $y=\ln|f(x)|$ 的导数.

解 (1) 当 $f(x)>0$ 时，$y'=[\ln|f(x)|]'=[\ln f(x)]'=\dfrac{1}{f(x)}f'(x)=\dfrac{f'(x)}{f(x)}$；

(2) 当 $f(x)<0$ 时，$y'=[\ln|f(x)|]'=[\ln(-f(x))]'=\dfrac{1}{-f(x)}[-f'(x)]=\dfrac{f'(x)}{f(x)}$.

综上所述，$y'=[\ln|f(x)|]'=\dfrac{f'(x)}{f(x)}$.

2.2.3 反函数的求导法则

定理 2.4 如果单调连续函数 $x=\varphi(y)$ 在点 y 处可导，而且 $\varphi'(y)\neq0$，那么它的反函数 $y=f(x)$ 在对应的点 x 处可导，且有

$$f'(x)=\frac{1}{\varphi'(y)} \text{ 或 } \frac{\mathrm{d}y}{\mathrm{d}x}=\frac{1}{\dfrac{\mathrm{d}x}{\mathrm{d}y}}.$$

例 2.17　求 $y=a^x(a>0,a\neq1)$ 的导数.

解　$y=a^x$ 是 $x=\log_a y$ 的反函数,且 $x=\log_a y$ 在 $(0,+\infty)$ 内单调、可导,又 $\dfrac{\mathrm{d}x}{\mathrm{d}y}=\dfrac{1}{y\ln a}\neq0$,所以 $y'=\dfrac{1}{\dfrac{\mathrm{d}x}{\mathrm{d}y}}=y\ln a=a^x\ln a$. 即　$(a^x)'=a^x\ln a$.

特别地,$(\mathrm{e}^x)'=\mathrm{e}^x$.

例 2.18　求 $y=\arcsin x$ 的导数.

解　因为 $y=\arcsin x$ 是 $x=\sin y$ 的反函数,$x=\sin y$ 在区间 $\left(-\dfrac{\pi}{2},\dfrac{\pi}{2}\right)$ 内单调、可导,且 $\dfrac{\mathrm{d}x}{\mathrm{d}y}=\cos y>0$,所以 $y'=\dfrac{1}{\dfrac{\mathrm{d}x}{\mathrm{d}y}}=\dfrac{1}{\cos y}=\dfrac{1}{\sqrt{1-\sin^2 y}}=\dfrac{1}{\sqrt{1-x^2}}$,

即　$(\arcsin x)'=\dfrac{1}{\sqrt{1-x^2}}$.

类似地,有 $(\arccos x)'=-\dfrac{1}{\sqrt{1-x^2}}$.

例 2.19　求 $y=\arctan x$ 的导数.

解　因为 $y=\arctan x$ 是 $x=\tan y$ 的反函数,$x=\tan y$ 在区间 $\left(-\dfrac{\pi}{2},\dfrac{\pi}{2}\right)$ 内单调、可导,且 $\dfrac{\mathrm{d}x}{\mathrm{d}y}=\sec^2 y\neq0$,所以　$y'=\dfrac{1}{\dfrac{\mathrm{d}x}{\mathrm{d}y}}=\dfrac{1}{\sec^2 y}=\dfrac{1}{1+\tan^2 y}=\dfrac{1}{1+x^2}$,

即　$(\arctan x)'=\dfrac{1}{1+x^2}$.

类似地,有 $(\operatorname{arccot} x)'=-\dfrac{1}{1+x^2}$.

例 2.20　求函数 $y=\arctan(1+x^2)$ 的导数.

解　$y'=\dfrac{1}{1+(1+x^2)^2}(1+x^2)'=\dfrac{2x}{1+1+2x^2+x^4}=\dfrac{2x}{x^4+2x^2+2}$.

2.2.4　初等函数的求导公式

前面我们推导了所有基本初等函数的导数公式,及函数的和、差、积、商的求导法则和复合函数的求导法则.因为初等函数是由基本初等函数经过有限次四则运算和复合构成的,所以求初等函数的导数的问题就可以顺利解决了.基本初等函数的求导公式和各种求导法则是初等函数求导运算的基础,读者必须熟练掌握,为了便于查阅,我们

把这些导数公式和求导法则归纳如下:

1. 基本初等函数的导数公式

(1) $(C)'=0$ (2) $(x^\mu)'=\mu x^{\mu-1}$

(3) $(\sin x)'=\cos x$ (4) $(\cos x)'=-\sin x$

(5) $(\tan x)'=\sec^2 x$ (6) $(\cot x)'=-\csc^2 x$

(7) $(\sec x)'=\sec x\tan x$ (8) $(\csc x)'=-\csc x\cot x$

(9) $(a^x)'=a^x\ln a$ (10) $(\mathrm{e}^x)'=\mathrm{e}^x$

(11) $(\log_a x)'=\dfrac{1}{x\ln a}$ (12) $(\ln x)'=\dfrac{1}{x}$

(13) $(\arcsin x)'=\dfrac{1}{\sqrt{1-x^2}}$ (14) $(\arccos x)'=-\dfrac{1}{\sqrt{1-x^2}}$

(15) $(\arctan x)'=\dfrac{1}{1+x^2}$ (16) $(\operatorname{arccot} x)'=-\dfrac{1}{1+x^2}$

2. 函数四则运算的求导法则

(1) $(u\pm v)'=u'\pm v'$ (2) $uv'=u'v+uv'$

(3) $\left(\dfrac{u}{v}\right)'=\dfrac{u'v-uv'}{v^2}(v\neq 0)$ (4) $(Cu)'=Cu'$(C 为常数)

(5) $\left(\dfrac{C}{v}\right)'=-\dfrac{Cv'}{v^2}$ (C 为常数)

3. 复合函数求导法则

设 $y=f(u),u=\varphi(x)$,则复合函数 $y=f[\varphi(x)]$ 的导数为

$$(f[\varphi(x)])'=f'[\varphi(x)]\varphi'(x) \text{ 或} \frac{\mathrm{d}y}{\mathrm{d}x}=\frac{\mathrm{d}y}{\mathrm{d}u}\frac{\mathrm{d}u}{\mathrm{d}x}.$$

4. 反函数的求导法则

设 $y=f(x)$ 是 $x=\varphi(y)$ 的反函数,则

$$f'(x)=\frac{1}{\varphi'(y)} \quad (\varphi'(y)\neq 0), \text{ 或} \frac{\mathrm{d}y}{\mathrm{d}x}=\frac{1}{\dfrac{\mathrm{d}x}{\mathrm{d}y}}.$$

2.2.5 隐函数的导数

对于由方程 $F(x,y)=0$ 所确定的隐函数,有的能化成显函数,叫作隐函数的显化,例如由方程 $x+y-1=0$,解出 $y=-x+1$,就把隐函数化成了显函数. 但是,有些隐函数化显函数则很困难,甚至不可能. 因此,我们希望找到一种不需要把隐函数化为显函数,而能够直接由方程求出导数 $\dfrac{\mathrm{d}y}{\mathrm{d}x}$ 的方法,下面我们通过具体例子来说明这种方法.

例 2.21 求由方程 $x^2+y^2=R^2(y>0)$ 所确定的隐函数的导数 $\dfrac{\mathrm{d}y}{\mathrm{d}x}$.

解　方程 $x^2+y^2=R^2$ 两边同时对 x 求导,并注意 y 是 x 的函数,y^2 是 x 的复合函数,按复合函数的求导法则,得 $\dfrac{\mathrm{d}}{\mathrm{d}x}(x^2)+\dfrac{\mathrm{d}}{\mathrm{d}x}(y^2)=\dfrac{\mathrm{d}}{\mathrm{d}x}(R^2)$,即 $2x+2y\dfrac{\mathrm{d}y}{\mathrm{d}x}=0$,于是有 $x+y\dfrac{\mathrm{d}y}{\mathrm{d}x}=0$,解得 $\dfrac{\mathrm{d}y}{\mathrm{d}x}=-\dfrac{x}{y}$.

这个结果中,分母 y 仍然是由方程 $x^2+y^2=R^2$ 所确定的 x 的隐函数.

一般地,由方程 $F(x,y)=0$ 所确定的隐函数的导数 $\dfrac{\mathrm{d}y}{\mathrm{d}x}$ 中允许含有 y.

例 2.22　求由方程 $\mathrm{e}^{x+y}+xy=0$ 所确定的隐函数的导数 $\dfrac{\mathrm{d}y}{\mathrm{d}x}$.

解　方程 $\mathrm{e}^{x+y}+xy=0$ 两边同时对 x 求导,并注意 y 是 x 的函数,按复合函数的求导法则,得 $(\mathrm{e}^{x+y})'+(xy)'=0$,即 $\mathrm{e}^{x+y}(x+y)'+y+xy'=0$,于是得 $\mathrm{e}^{x+y}(1+y')+y+xy'=0$,化简得 $y'=-\dfrac{\mathrm{e}^{x+y}+y}{\mathrm{e}^{x+y}+x}$.

从以上两个例子可以看出,在求隐函数的导数 y' 时,总是在方程两边同时对自变量 x 求导,这时 y 是 x 的函数,遇到 y 的函数时先对 y 求导,再乘以 y 对 x 的导数,然后从所得关系式中解出 y',就是所求的隐函数的导数.

2.2.6　对数求导法

在求导的过程中还会遇到这样的情形,即所给的函数是显函数,但是直接求它的导数很困难,或者很麻烦.如 $y=x^x(x>0)$,$y=\dfrac{\sqrt[3]{(3x+1)^2(2x-3)}}{x-5}$ 等.这时采用先对所给函数两边分别取对数,然后利用隐函数求导法求导,这种求导方法叫做对数求导法.

例 2.23　设 $y=x^x(x>0)$,求 y'.

解　对等式两边取对数,得 $\ln y=x\ln x$,

两边对 x 求导,得 $\dfrac{1}{y}\cdot y'=\ln x+1$,所以 $y'=y(\ln x+1)=x^x(\ln x+1)$.

例 2.24　求 $y=\dfrac{\sqrt[3]{(3x+1)^2(2x-3)}}{x-5}$ 的导数.

解　先在等式两边取绝对值,再取对数,得

$$\ln|y|=\frac{2}{3}\ln|3x+1|+\frac{1}{3}\ln|2x-3|-\ln|x-5|,$$

两边对 x 求导,得 $\dfrac{1}{y}\cdot y'=\dfrac{2}{3}\cdot\dfrac{3}{3x+1}+\dfrac{1}{3}\cdot\dfrac{2}{2x-3}-\dfrac{1}{x-5}$,所以

$$y'=y\left(\frac{2}{3}\cdot\frac{3}{3x+1}+\frac{1}{3}\cdot\frac{2}{2x-3}-\frac{1}{x-5}\right)$$

$$=\frac{\sqrt[3]{(3x+1)^2(2x-3)}}{x-5}\left(\frac{2}{3x+1}+\frac{2}{3(2x-3)}-\frac{1}{x-5}\right).$$

对数求导法一般适用于以下情形的函数求导:幂指函数;由几个因式通过乘、除、乘方、开方所构成的比较复杂的函数.

2.2.7 由参数方程所确定的函数的求导法

在很多实际问题中,常常用参数方程来表示物体运动的规律. 例如,研究抛射体的运动问题时,如果空气阻力忽略不计,则抛射体的运动轨迹可表示为

$$\begin{cases} x = v_1 t, \\ y = v_2 t - \dfrac{1}{2} g t^2, \end{cases}$$

其中 v_1, v_2 分别是抛射体初速的水平、垂直分量,g 是重力加速度,t 是飞行时间,x 和 y 分别是飞行中抛射体的垂直平面上的位置的横坐标和纵坐标. (如图 2-2)

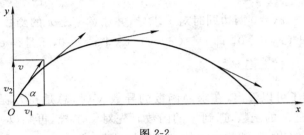

图 2-2

在上式中 x,y 都是 t 的函数. 如果把对应于同一个 t 值的 y 与 x 的值看作是对应的,这样就得到 y 与 x 之间的函数关系. 消去上式中的参数 t,有

$$y = \frac{v_2}{v_1} x - \frac{g}{2 v_1^2} x^2,$$

这就是以上参数方程所确定的函数的显式表示.

一般地,由参数方程 $\begin{cases} x = \varphi(t), \\ y = \psi(t) \end{cases}$ 所确定的 y 与 x 之间的函数关系,称为由参数方程确定的函数. 如果参数方程比较复杂,消去参数 t 比较困难,怎样计算该函数的导数呢?

如果函数 $x = \varphi(t)$ 和 $y = \psi(t)$ 都可导,且 $x = \varphi'(t) \neq 0$,又 $x = \varphi(t)$ 具有单调连续的反函数 $t = \varphi^{-1}(x)$,则参数方程确定的函数可以看成 $y = \psi(t)$ 与 $t = \varphi^{-1}(x)$ 复合而成的函数,根据复合函数与反函数的求导法则,有

$$\frac{dy}{dx} = \frac{dy}{dt} \cdot \frac{dt}{dx} = \frac{dy}{dt} \cdot \frac{1}{\dfrac{dx}{dt}} = \psi'(t) \frac{1}{\varphi'(t)} = \frac{\psi'(t)}{\varphi'(t)}.$$

例 2.25 求摆线 $\begin{cases} x = a(t - \sin t), \\ y = a(1 - \cos t), \end{cases}$ $(0 \leqslant t \leqslant 2\pi)$,

(1)在任何点的切线斜率; (2)在 $t = \dfrac{\pi}{2}$ 处的切线方程.

解 (1)摆线在任意点的切线斜率为 $\dfrac{dy}{dx} = \dfrac{a \sin t}{a(1 - \cos t)} = \cot \dfrac{t}{2}.$

(2)当 $t = \dfrac{\pi}{2}$ 时,摆线上对应点为 $\left(a\left(\dfrac{\pi}{2} - 1 \right), a \right)$,在此点的切线斜率为

$$\frac{\mathrm{d}y}{\mathrm{d}x}\Big|_{t=\frac{\pi}{2}}=\cot\frac{t}{2}\Big|_{t=\frac{\pi}{2}}=1,$$

于是,切线方程为 $y-a=x-a(\frac{\pi}{2}-1)$,即 $y=x-a(\frac{\pi}{2}-2)$.

习题　2-2

1. 求下列函数的导数:

(1) $y=x^3+2\sin x+\log_2 5$;　　(2) $y=x^4-\dfrac{4}{x^3}$;　　　　(3) $y=a^x+\mathrm{e}^x$;

(4) $y=\sqrt{x}+\ln x-4$;　　　　(5) $y=\log_3 x+2\cos x$;　　(6) $y=\dfrac{1}{2}\arctan x-\sqrt{\sqrt{x}}$.

2. 求下列各函数的导数:

(1) $y=\sqrt{2-4x}$;　(2) $y=\ln\cos\dfrac{1}{x}$;　(3) $y=\sin^5 x$;　(4) $y=\sin x^5$;

(5) $y=\mathrm{e}^{\sqrt{\sin 2x}}$;　(6) $y=\sqrt[3]{1+\mathrm{e}^{2x}}$;　(7) $y=\mathrm{e}^{-x}\cos\mathrm{e}^x$;　(8) $y=x\arcsin\dfrac{x}{2}+\sqrt{4-x^2}$.

3. 求由下列方程所确定的隐函数的导数 $\dfrac{\mathrm{d}y}{\mathrm{d}x}$:

(1) $\mathrm{e}^x-\mathrm{e}^y=\sin(xy)$;　　　　(2) $y^2\cos x=x^2\sin y$;　　(3) $x^3+y^3-3xy=0$.

4. 求下列函数的导数:

(1) $y=x^{\ln x}$;　　　　　　(2) $y=x^5\sqrt{\dfrac{1-x}{1+x^2}}$.

5. 求由下列参数方程所确定的函数的导数 $\dfrac{\mathrm{d}y}{\mathrm{d}x}$:

(1) $\begin{cases}x=\theta(1-\sin\theta),\\ y=\theta\cos\theta;\end{cases}$　　　　(2) $\begin{cases}x=\mathrm{e}^t\sin t,\\ y=\mathrm{e}^t\cos t.\end{cases}$

2.3　高阶导数

一般地,函数 $y=f(x)$ 的导数 $f'(x)$ 仍然是 x 的函数,如果 $f'(x)$ 也可导,那么我们把 $y'=f'(x)$ 的导数叫作函数 $y=f(x)$ 的二阶导数,记作 y'', $f''(x)$ 或 $\dfrac{\mathrm{d}^2 y}{\mathrm{d}x^2}$,即

$$y''=(y')', \quad f''(x)=(f'(x))' \text{或} \dfrac{\mathrm{d}^2 y}{\mathrm{d}x^2}=\dfrac{\mathrm{d}}{\mathrm{d}x}\left(\dfrac{\mathrm{d}y}{\mathrm{d}x}\right).$$

相应地,把 $y=f(x)$ 的导数 $f'(x)$ 叫作函数 $y=f(x)$ 的一阶导数.

类似地,二阶导数的导数叫作三阶导数,三阶导数的导数叫作四阶导数,…。一般地,函数 $f(x)$ 的 $n-1$ 阶导数的导数叫作 $f(x)$ 的 n 阶导数,分别记作

$$y''', y^{(4)}, \cdots, y^{(n)} \text{或} \dfrac{\mathrm{d}^3 y}{\mathrm{d}x^3}, \dfrac{\mathrm{d}^4 y}{\mathrm{d}x^4}, \cdots, \dfrac{\mathrm{d}^n y}{\mathrm{d}x^n}.$$

二阶及二阶以上的导数统称为高阶导数. 根据高阶导数的概念,求高阶导数仍可用前面的求导方法进行计算.

例 2.26 求函数 $y = \cos x \ln x$ 的二阶导数.

解 $y' = -\sin x \cdot \ln x + \cos x \cdot \dfrac{1}{x}$,

$y'' = -\cos x \cdot \ln x - \sin x \cdot \dfrac{1}{x} - \sin x \cdot \dfrac{1}{x} - \cos x \cdot \dfrac{1}{x^2} = -\cos x \left(\ln x + \dfrac{1}{x^2} \right) - \dfrac{2 \sin x}{x}$.

例 2.27 求下列函数的 n 阶导数:

$(1) f(x) = \dfrac{1}{x-a}$; $(2) y = \ln(ax+b)$.

解 先求出一阶导数、二阶导数、三阶导数等等,从中找出一般规律,写出 $y^{(n)}$ 的表示式.

$(1) y' = \left(\dfrac{1}{x-a} \right)' = \dfrac{-1}{(x-a)^2}$,

$y'' = \left[\dfrac{-1}{(x-a)^2} \right]' = \dfrac{(-1)(-2)}{(x-a)^3} = (-1)^2 \dfrac{1 \cdot 2}{(x-a)^3}$,

$y''' = \left[\dfrac{(-1)(-2)}{(x-a)^3} \right] = \dfrac{(-1)(-2)(-3)}{(x-a)^4} (-1)^3 \dfrac{1 \cdot 2 \cdot 3}{(x-a)^4}$,

依次类推,可得 $y^{(n)} = (-1)^n \dfrac{n!}{(x-a)^{n+1}}$.

$(2) y' = [\ln(ax+b)]' = \dfrac{a}{(ax+b)}$,

$y'' = \left(\dfrac{a}{ax+b} \right)' = \dfrac{(-1)a^2}{(ax+b)^2}$,

$y''' = \left[\dfrac{(-1)a^2}{(ax+b)^2} \right] = \dfrac{(-1)(-2)a^3}{(ax+b)^3} = (-1)^2 \dfrac{1 \cdot 2 \cdot a^3}{(ax+b)^3}$,

依次类推,可得 $y^{(n)} = (-1)^{n-1} \dfrac{(n-1)! \, a^n}{(ax+b)^n}$.

二阶导数有着明显的力学意义,设质点做变速直线运动,其运动方程为 $s = s(t)$,则速度 v 是路程 s 对时间 t 的导数,即 $v = s'(t)$,而 v 对时间 t 的导数就是加速度 a,

$$a = v'(t) = s''(t),$$

即质点运动的加速度 a 是路程 s 对时间 t 的二阶导数.

习题 2-3

1. 求下列函数的二阶导数:

$(1) y = e^{2x-1}$; $(2) y = (1+x^2)\arctan x$; $(3) f(x) = \dfrac{2x^3 + \sqrt{x} + 4}{x}$; $(4) f(x) = \dfrac{e^x}{x}$.

2. 设函数 $f(x) = \ln \dfrac{2-x}{2+x}$,求 $f''(1)$.

3. 验证函数 $y=\dfrac{1}{2}x^2 e^x$ 满足方程 $y''-2y'+y=e^x$.

4. 设函数 $f(x)$ 二阶可导,求下列函数的二阶导数:

(1)$y=\ln x \cdot f(x^2)$;　(2)$y=f(e^x)$;　(3)$y=f(\sin x)$;　(4)$y=\dfrac{1}{f(x)}$.

5. 求下列函数的 n 阶导数:

(1)$y=x\ln x$;　　　　　(2)$y=\sin x$.

2.4　微分

通过前面的学习,我们知道导数 $f'(x_0)$ 是函数 $f(x)$ 在 x_0 处的变化率,反映的是在 x_0 处因变量 y 随自变量 x 变化的快慢. 在实际中还会遇到另外一类问题:当自变量 x 取得相应的增量 Δx 时,用 $\Delta y=f(x+\Delta x)-f(x)$ 来计算函数的增量比较精确,但是有时相当困难,所以需要寻求一种简单的方法来计算它的近似值. 为此,我们引入微分学的另一个重要的概念——微分.

2.4.1　引例

例 2.28　一块金属正方形薄片,当受冷热影响时,其边长由 x_0 变化到 $x_0+\Delta x$,问此薄片的面积 A 改变了多少?

解　设正方形的边长为 x,面积为 A,则 $A=x^2$,薄片面积的增量

$$\Delta A=(x_0+\Delta x)^2-x_0^2=2x_0\Delta x+(\Delta x)^2.$$

式中 ΔA 由两部分组成,第一部分是 $2x_0\Delta x$,即图 2-3 中带有斜线的两个矩形面积之和;另外一部分是 $(\Delta x)^2$,即图 2-3 中有交叉斜线的小正方形的面积.

当 $\Delta x\to 0$ 时,$2x_0\Delta x$ 是与 Δx 同阶的无穷小量,而 $(\Delta x)^2$ 是比 Δx 高阶的无穷小量. 也就是说当 $\Delta x\to 0$ 时,$(\Delta x)^2$ 比 $2x_0\Delta x$ 趋于 0 的速度要快. 所以当 $|\Delta x|$ 很小时,$2x_0\Delta x$ 是面积增量 ΔA 的主要部分,而 $(\Delta x)^2$ 就是次要部分.

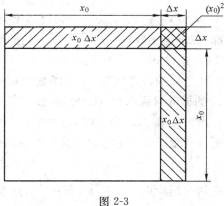

图 2-3

如果略去 $(\Delta x)^2$ 这部分,取 $2x_0\Delta x$ 作为 ΔA 的近似值,即得

$$\Delta A\approx 2x_0\Delta x.$$

显然,$|\Delta x|$ 越小,这个值近似程度越好.

因为 $A'(x_0)=(x^2)'\Big|_{x=x_0}=2x_0$,所以 $\Delta A\approx A'(x_0)\Delta x$.

从上式看出,函数增量 ΔA 和自变量增量 Δx 之间建立了一个简单的线性近似关系式,其中 Δx 的系数恰好是函数在点 x_0 处的导数,这是一个比较精确又便于计算的

函数增量的近似表达式. 那么,这个结论对于一般函数 $y=f(x)$ 是否也成立呢?

设函数 $y=f(x)$ 在点 x 处可导,对于 x 处的改变量 Δx,相应地有改变量 Δy.

因为 $\lim\limits_{\Delta x \to 0} \dfrac{\Delta y}{\Delta x}=f'(x)$,根据极限与无穷小的关系有 $\dfrac{\Delta y}{\Delta x}=f'(x)+\alpha$,其中 α 为 $\Delta x \to 0$ 时无穷小,即 $\lim\limits_{\Delta x \to 0}\alpha=0$,所以 $\Delta y=f'(x)\Delta x+\alpha \Delta x$.

上式右端的第一部分 $f'(x)\Delta x$ 是 Δx 的线性函数;因为 $\lim\limits_{\Delta x \to 0}\dfrac{\alpha \Delta x}{\Delta x}=0$,所以第二部分是 Δx 的高阶无穷小,当 $|\Delta x|$ 很小时可以忽略. 这样第一部分就成了 Δy 的主要部分,从而有近似公式 $\Delta y \approx f'(x)\Delta x$. 通常称 $f'(x)\Delta x$ 为 Δy 的线性主部.

反之,如果函数的改变量 Δy 可以表示成 $\Delta y=A\Delta x+o(\Delta x)$(其中 $\lim\limits_{\Delta x \to 0}\dfrac{o(\Delta x)}{\Delta x}=0$)则有

$$\frac{\Delta y}{\Delta x}=A+\frac{o(\Delta x)}{\Delta x},$$

进而有

$$\lim\limits_{\Delta x \to 0}\frac{\Delta y}{\Delta x}=\lim\limits_{\Delta x \to 0}\left(A+\frac{o(\Delta x)}{\Delta x}\right)=A=f'(x).$$

下面我们给出微分的概念.

2.4.2 微分的概念

定义 2.3   若函数 $y=f(x)$ 在点 x 处的改变量 $\Delta y=f(x+\Delta x)-f(x)$ 可以表示成
$$\Delta y=A\Delta x+o(\Delta x)$$
其中 $o(\Delta x)$ 为比 $\Delta x(\Delta x \to 0)$ 高阶的无穷小,则称函数 $f(x)$ 在点 x 处**可微**,并称其线性主部 $A\Delta x$ 为函数 $y=f(x)$ 在点 x 处的**微分**,记为 $\mathrm{d}y$ 或 $\mathrm{d}f(x)$,即 $\mathrm{d}y=A\Delta x$ 且有 $A=f'(x)$,这样 $\mathrm{d}y=f'(x)\Delta x$.

从上面的讨论可知,一元函数的可微和可导是等价的两个概念. 而且,计算函数 $f(x)$ 的微分只需求出 $f(x)$ 的导数 $f'(x)$ 之后,再乘以自变量的增量 Δx 即可.

因为函数 $f(x)=x$ 时,函数的微分 $\mathrm{d}f(x)=\mathrm{d}x=x'\Delta x=\Delta x$,即 $\mathrm{d}x=\Delta x$. 所以通常把自变量 x 的增量 Δx 称为自变量的微分,记作 $\mathrm{d}x$. 因此函数的微分又可以写作
$$\mathrm{d}y=f'(x)\mathrm{d}x,$$
上式两边同除以 $\mathrm{d}x$,有 $f'(x)=\dfrac{\mathrm{d}y}{\mathrm{d}x}$,这就是说函数的导数等于函数的微分与自变量微分之商,因此又称导数为微商.

例 2.29   求函数 $y=x^2-x$ 在 $x=2,\Delta x=0.1$ 时的增量及微分.

解 $\Delta y=[(x+\Delta x)^2-(x+\Delta x)]-(x^2-x)=2x\Delta x+(\Delta x)^2-\Delta x,$

$\Delta y|_{\substack{x=2 \\ \Delta x=0.1}}=2\times 2\times 0.1+(0.1)^2-0.1=0.31,$

$\mathrm{d}y=(x^2-x)'\mathrm{d}x=(2x-1)\mathrm{d}x,$

$\mathrm{d}y|_{\substack{x=2 \\ \Delta x=0.1}}=(2\times 2-1)\times 0.1=0.3.$

例 2.30   半径为 r 的球,其体积 $V=\dfrac{4}{3}\pi r^3$,当半径增大 Δr 时,求体积的改变量及

微分.

解 体积的改变量

$$\Delta V = \frac{4}{3}\pi(r+\Delta r)^3 - \frac{4}{3}\pi r^3 = 4\pi r^2 \Delta r + 4\pi r(\Delta r)^2 + \frac{4}{3}\pi(\Delta r)^3,$$

体积的微分为 $\quad \mathrm{d}V = 4\pi r^2 \Delta r.$

2.4.3 微分的几何意义

设函数 $y = f(x)$ 的图形如图 2-4 所示. $M(x,y)$ 为曲线上的定点, $N(x+\Delta x, y+\Delta y)$ 为与 M 相邻的点,过点 M 作曲线的切线 MT,其倾斜角为 α,则 MT 的斜率为 $\tan\alpha = f'(x)$,从图 2-4 可知,

$$MQ = \Delta x, \quad NQ = \Delta y$$
$$QT = MQ \cdot \tan\alpha = f'(x)\Delta x = \mathrm{d}y$$

由此可见,当自变量在点 x 处有改变量 Δx 时, Δy 是曲线 $y = f(x)$ 上点的纵坐标改变量 NQ, TN 是 Δy 与 $\mathrm{d}y$ 之差,当 $\Delta x \to 0$ 时,它是 Δx 的高阶无穷小量. 故微分的几何意义是:曲线在点 M 处切线的纵坐标的增量.

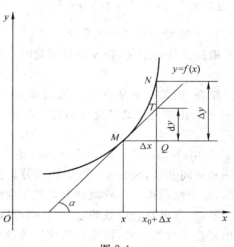

图 2-4

2.4.4 微分的运算法则

函数的微分,可以用求导公式来求得,在计算时,只要求出导数 $f'(x)$,再乘以自变量的微分 $\mathrm{d}x$ 即得微分,反之若已经求出函数的微分 $\mathrm{d}y$,两边除以 $\mathrm{d}x$ 即可求出函数的导数 $f'(x)$,所以在计算上求导与求微分是一样的. 故通常将求导数与求微分的运算统称为微分法. 前面给出的求导基本公式与求导法则完全适用于微分的计算,下面给出微分公式及微分法则.

1. 微分基本公式

(1) $\mathrm{d}C = 0$

(2) $\mathrm{d}(x^\mu) = \mu x^{\mu-1}\mathrm{d}x$

(3) $\mathrm{d}(\sin x) = \cos x\,\mathrm{d}x$

(4) $\mathrm{d}(\cos x) = -\sin x\,\mathrm{d}x$

(5) $\mathrm{d}(\tan x) = \sec^2 x\,\mathrm{d}x$

(6) $\mathrm{d}(\cot x) = -\csc^2 x\,\mathrm{d}x$

(7) $\mathrm{d}(\sec x) = \sec x\tan x\,\mathrm{d}x$

(8) $\mathrm{d}(\csc x) = -\csc x\cot x\,\mathrm{d}x$

(9) $\mathrm{d}(a^x) = a^x\ln a\,\mathrm{d}x$

(10) $\mathrm{d}(\mathrm{e}^x) = \mathrm{e}^x\,\mathrm{d}x$

(11) $\mathrm{d}(\log_a x) = \frac{1}{x\ln a}\mathrm{d}x$

(12) $\mathrm{d}(\ln x) = \frac{1}{x}\mathrm{d}x$

(13) $\mathrm{d}(\arcsin x) = \frac{1}{\sqrt{1-x^2}}\mathrm{d}x$

(14) $\mathrm{d}(\arccos x) = -\frac{1}{\sqrt{1-x^2}}\mathrm{d}x$

(15) $\mathrm{d}(\arctan x) = \dfrac{1}{1+x^2}\mathrm{d}x$ (16) $\mathrm{d}(\mathrm{arccot}\, x) = -\dfrac{1}{1+x^2}\mathrm{d}x$

2. 微分的四则运算法则

(1) $\mathrm{d}(u \pm v) = \mathrm{d}u \pm \mathrm{d}v$ (2) $\mathrm{d}(uv) = v\mathrm{d}u + u\mathrm{d}v$

(3) $\mathrm{d}\left(\dfrac{u}{v}\right) = \dfrac{v\mathrm{d}u - u\mathrm{d}v}{v^2}\,(v \neq 0)$ (4) $\mathrm{d}(Cu) = C\mathrm{d}u\,(C\ 为常数)$

(5) $\mathrm{d}\left(\dfrac{C}{v}\right) = -\dfrac{C\mathrm{d}v}{v^2}\,(C\ 为常数)$

3. 一阶微分形式的不变性

根据微分的定义,当 u 是自变量时,函数 $y = f(u)$ 的微分是

$$\mathrm{d}y = f'(u)\mathrm{d}u. \qquad (2.1)$$

现在,如果 u 不是自变量而是 x 的可微函数 $u = \varphi(x)$,那么对于复合函数 $y = f[\varphi(x)]$,由微分定义和复合函数的求导法则得

$$\mathrm{d}y = y'\mathrm{d}x = f'(u)\varphi'(x)\mathrm{d}x.$$

但 $\varphi'(x)\mathrm{d}x = \mathrm{d}u$,故得 $\mathrm{d}y = f'(u)\mathrm{d}u$,此式和 (2.1) 式完全一样。这表明:无论 u 是自变量还是中间变量,函数 $y = f(u)$ 的微分总保持一种形式,就是用 $f'(u)$ 与 $\mathrm{d}u$ 的乘积来表示,这个性质称为一阶微分形式的不变性。

所以,在求复合函数的微分时,既可以根据微分的定义,先利用复合函数求导公式求出复合函数的导数,再乘以自变量的微分;也可以利用一阶微分形式的不变性,直接用公式 (2.1) 进行计算。

例 2.31   求 $y = \sin(2x+1)$ 的微分 $\mathrm{d}y$.

解   法 1 $\mathrm{d}y = [\sin(2x+1)]'\mathrm{d}x = \cos(2x+1)2\mathrm{d}x = 2\cos(2x+1)\mathrm{d}x.$

法 2 $\mathrm{d}y = \mathrm{d}\sin(2x+1) = \cos(2x+1)\mathrm{d}(2x+1) = 2\cos(2x+1)\mathrm{d}x.$

例 2.32   求 $y = (\mathrm{e}^{\arctan x})$ 的微分 $\mathrm{d}y$.

解   法 1 $\mathrm{d}y = (\mathrm{e}^{\arctan x})'\mathrm{d}x = \mathrm{e}^{\arctan x}\dfrac{1}{1+x^2}\mathrm{d}x.$

法 2 $\mathrm{d}y = \mathrm{d}\mathrm{e}^{\arctan x} = \mathrm{e}^{\arctan x}\mathrm{d}(\arctan x) = \dfrac{\mathrm{e}^{\arctan x}}{1+x^2}\mathrm{d}x.$

例 2.33   在下列等式的括号中填入适当的函数,使之成立:

(1) $\mathrm{d}(\quad) = 3x\mathrm{d}x$;   (2) $\mathrm{d}(\quad) = \cos \omega t\mathrm{d}t$;

(3) $\mathrm{d}(\quad) = \mathrm{e}^{x^2}\mathrm{d}(x^2)$;   (4) $\mathrm{d}(\quad) = \dfrac{1}{\sqrt{x}}\mathrm{d}x$;

(5) $\mathrm{d}[\ln(2x+3)] = (\quad)\mathrm{d}(2x+3) = (\quad)\mathrm{d}x.$

解   (1) $\mathrm{d}\left(\dfrac{3}{2}x^2\right) = 3x\mathrm{d}x.$ (2) $\mathrm{d}\left(\dfrac{\sin \omega t}{\omega}\right) = \cos \omega t\mathrm{d}t.$

(3) $\mathrm{d}(\mathrm{e}^{x^2}) = \mathrm{e}^{x^2}\mathrm{d}(x^2).$ (4) $\mathrm{d}(2\sqrt{x}) = \dfrac{1}{\sqrt{x}}\mathrm{d}x.$

(5) $\mathrm{d}[\ln(2x+3)] = \left(\dfrac{1}{2x+3}\right)\mathrm{d}(2x+3) = \left(\dfrac{2}{2x+3}\right)\mathrm{d}x.$

注：(1)(2)(3)(4)小题也可加任意常数 C.

2.4.5　微分在近似计算中的应用

我们知道当函数 $f(x)$ 在点 x_0 处的导数 $f'(x_0)\neq 0$，且 $|\Delta x|$ 很小时，有 $\Delta y\approx \mathrm{d}y$

即
$$f(x_0+\Delta x)-f(x_0)\approx f'(x_0)\Delta x. \tag{2.2}$$

上式可用来求函数增量的近似值. 将它变形为
$$f(x_0+\Delta x)\approx f(x_0)+f'(x_0)\mathrm{d}x. \tag{2.3}$$

在(2.3)式中，令 $x_0+\Delta x=x$，则
$$f(x)\approx f(x_0)+f'(x_0)(x-x_0). \tag{2.4}$$

当 $|x|$ 很小时，在(2.4)式中，取 $x_0=0$ 得
$$f(x)\approx f(0)+f'(0)x \tag{2.5}$$

式(2.3),(2.4),(2.5)可用来求函数的近似值,利用(2.5)式可以建立以下几个常用的近似公式.

(1) $\sqrt[n]{1+x}\approx 1+\dfrac{x}{n}$　　　　(2) $\sin x\approx x$　(x 为弧度)

(3) $\tan x\approx x$　(x 为弧度)　　(4) $\mathrm{e}^x\approx 1+x$

(5) $\ln(1+x)\approx x$

例 2.34　计算 $\ln 1.01$ 的近似值.

解　设 $f(x)=\ln x$，由式(2.3)有 $\ln(x_0+\Delta x)\approx \ln x_0+\dfrac{1}{x_0}\Delta x$，

取 $x_0=1,\Delta x=0.01$ 有
$$\ln(1+0.01)=\ln 1.01\approx \ln 1+\dfrac{1}{1}\times 0.01=0.01.$$

例 2.35　求 $\sqrt[3]{126}$ 的近似值.

解　$\sqrt[3]{126}=\sqrt[3]{125+1}=5\times\sqrt[3]{1+\dfrac{1}{125}}$，由 $\sqrt[n]{1+x}\approx 1+\dfrac{x}{n}$ 得
$$\sqrt[3]{126}\approx 5\times(1+\dfrac{1}{3}\times\dfrac{1}{125})\approx 5.013.$$

习题　2-4

1. 已知函数 $y=x^2+2x+1$，计算当 x 由 2 变到 1.99 时的 Δy 及 $\mathrm{d}y$.

2. 求下列函数在指定点的微分：

(1) $y=\dfrac{x}{1+x^2}$，$x=0$；　　　　(2) $y=\tan^2(1+2x^2)$，$x=1$.

3. 求下列函数的微分：

(1) $y=\mathrm{e}^{1-3x}\cos 2x$；　　　　(2) $y=[\ln(1+\sin 2x)]^2$；

(3) $y=\arctan\dfrac{1-x^2}{1+x^2}$；　　　(4) $y=\dfrac{x}{\sqrt{x^2+1}}$.

4. 计算下列各题的近似值:

(1) $\sqrt{25.04}$;　　　　　　　　(2) $\cos 29°$.

本章知识结构图

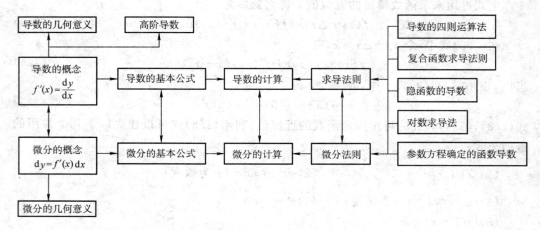

复 习 题 2

1. 填空题

(1) 设函数 $f(x)$ 在点 x_0 处可导,则 $\lim\limits_{h \to 0} \dfrac{f(x_0+h)-f(x_0-h)}{h} =$ _____.

(2) 设函数 $f(x)=(x^3-a^3)h(x)$,且 $h(x)$ 在点 $x=a$ 处连续,则 $f'(a)=$ _____.

(3) 设函数 $f\left(\dfrac{1}{x}\right)=x^2+\dfrac{1}{x}+1$,则 $f'(x)=$ _____.

(4) 设曲线 $y=x\ln x$,则该曲线平行于直线 $l:2x+3y+3=0$ 的切线方程为 _____.

(5) 设质点沿直线作非匀速运动,其运动方程为 $s=t^2+2t$,当时间 $t=1$ 时的速度为 _____,加速度为 _____.

2. 选择题

(1) 下列函数中,在 $x=0$ 处可导的是(　　).

A. $y=\ln x$　　　　B. $y=|\cos x|$　　　　C. $|x|$　　　　D. $y=\begin{cases} x^2, & x \leqslant 0, \\ x, & x > 0 \end{cases}$

(2) 若 $y=f(u)$ 在 u 处可导,且 $u=\sin x$,则 $\mathrm{d}y$ 等于(　　).

A. $f'(\sin x)\mathrm{d}x$　　　　　　　　B. $[f(\sin x)]'\mathrm{d}\sin x$

C. $f'(\sin x)\cos x\mathrm{d}x$　　　　　　D. $[f(\sin x)]'\cos x\mathrm{d}x$

(3) 若 $y=\mathrm{e}^{f(x)}$,其中 $f(x)$ 二阶可导,则 $y''=$(　　).

A. $\mathrm{e}^{f(x)}$　　　　　　　　　　B. $\mathrm{e}^{f(x)}f''(x)$

C. $\mathrm{e}^{f(x)}[f'(x)+f''(x)]$　　　D. $\mathrm{e}^{f(x)}\{[f'(x)]^2+f''(x)\}$

(4)设 $f(x)=x(x-1)(x-2)\cdots(x-99)(x-100)$，则 $f'(0)$ 等于（　　）．

A. -100 B. 0 C. 100 D. $100!$

(5)半径为 R 的金属圆片，加热后，半径伸长了 ΔR，则面积 S 的微分 $\mathrm{d}S$ 是（　　）．

A. $\pi R\Delta R$ B. $2\pi R\Delta R$ C. $\pi\Delta R$ D. $2\pi\Delta R$

3．计算下列函数的导数：

(1) $y=\dfrac{1+x}{\sqrt{1-x}}$；　　　　　(2) $y=x\sec^2 x-\tan x$；　　　　　(3) $y=x\sin x\ln x$；

(4) $y=\sqrt{1-x^2}\arcsin x$；　(5) $y=\arccos\dfrac{1-x}{2}$；　　　　(6) $y=2^{\frac{x}{\ln x}}$．

4．求下列隐函数的导数 $\dfrac{\mathrm{d}y}{\mathrm{d}x}$：

(1) $x^3+y^3-3axy=0$；　(2) $xy=\mathrm{e}^{x+y}$；　(3) $y=\tan(x+y)$；　(4) $y\sin x=\cos(x-y)$．

5．利用对数求导法求下列函数的导数：

(1) $y=(1+x^2)^{\sin x}$；　(2) $y=\dfrac{\sqrt{x+2}(3-x)^4}{(x+1)^5}$；　(3) $x^y=y^x$；　(4) $y=\sqrt{\dfrac{x(x+2)}{x-1}}$．

6．求下列函数的微分 $\mathrm{d}y$：

(1) $y=\mathrm{e}^{-x}\cos(3-x)$；　　　　　(2) $y=\mathrm{e}^{x^2}\cos x$；

(3) $y=f(\sin^2 x)$；　　　　　　　　(4) $y=f^2(\cos\sqrt{x})$．

7．设函数 $f(x)=\begin{cases}ax+1, & x\leqslant 2,\\ x^2+b, & x>2\end{cases}$ 在 $x=2$ 处可导，试确定常数 a,b 的值．

8．计算下列各式的近似值：

(1) $\tan 136°$；　　　　　　　　(2) $\sqrt[3]{996}$．

数学天地

无穷小是零吗？

数学史上有三次危机，第一次是"无理数的发现"，第二次是"无穷小是零吗？"，第三次是"罗素悖论"．

第二次数学危机发生在 17 世纪．微积分的诞生，给数学界带来革命性变化，在各个科学领域得到广泛应用，但微积分在理论上存在矛盾的地方．在推敲微积分的理论基础的过程中，数学界出现了混乱局面．无穷小量是微积分的基础概念之一，微积分的主要创始人牛顿在一些典型的推导过程中，第一步用了无穷小量作分母进行除法，当然无穷小量不能为零；第二步牛顿又把无穷小量看作零，去掉那些包含它的项，从而得到所要的公式．力学和几何学的应用证明了这些公式是正确的，但它的数学推导过程却在逻辑上自相矛盾．焦点是：无穷小量是零还是非零？如果是零，怎么能用它做除法？如果不是零，又怎么能把包含着无穷小量的那些项去掉呢？

1734 年，英国哲学家、大主教贝克莱发表《分析学家；或者，向一个不信正教数学家的进言》，矛头指向微积分的基础——无穷小的问题，对牛顿的导数定义进行了批判，提出了所谓贝克莱悖论．

现在我们知道导数的定义是这样的：函数 $y=f(x)$ 对 x 的导数定义为极限

$$\lim_{\Delta x \to 0} \frac{\Delta y}{\Delta x}.$$

而当时牛顿的导数定义（他当时称为流数）是这样的：

当 x 增长为 $x+t$ 时，幂 x^3 成为 $(x+t)^3$ 或 $x^3+3x^2t+3xt^2+t^3$，x 与 x^3 的增量分别为 t 和 $3x^2t+3xt^2+t^3$，这两个增量与 x 的增量 t 的比分别为 1 与 $3x^2+3xt+t^2$，然后让增量消失，则它们的最后比将为 1 与 $3x^2$，从而 x^3 对 x 的变化率为 $3x^2$．我们知道这个结果是正确的，但是推导过程确实存在明显的偷换假设的错误：在论证的前一部分假设 t 是不为 0 的，而在论证的后一部分又被取为 0．那么到底 t 是不是 0 呢？这就是著名的"贝克莱悖论"．

不仅当时导数的定义中出现了悖论，在无穷级数的理论中也出现了许多悖论．如级数

$$S=1-1+1-1+1-1+\cdots,$$

那么 $S=$？如果我们把级数以一种方法分组，我们有

$$S=(1-1)+(1-1)+(1-1)+\cdots=0.$$

如果按另一种方法分组，我们有

$$S=1-(1-1+1-1+1-1+\cdots)=1-0=1.$$

格兰迪说，因为 0 和 1 是等可能的，所以级数的和应为平均数 1/2．

这样的悖论日益增多，数学家们在研究无穷级数的时候，作出许多错误的证明，并由此得到许多错误的结论．

因此在 18 世纪结束之际，微积分和建立在微积分基础之上的分析的其他分支的逻辑处于一种完全混乱的状态之中．事实上，可以说微积分在基础方面的状况比 17 世纪

更差. 数学巨匠,尤其是欧拉和拉格朗日给出了不正确的逻辑基础,因为他们是权威,所以他们的错误就被其他的数学家不加批评地接受了,甚至作了进一步的发展.

进入 19 世纪,数学陷入了更加矛盾的境地. 虽然它在描述和预测物理现象方面所取得的成就远远超出人们的预料,但是大量的数学结构没有逻辑基础,因此不能保证数学是正确无误的. 历史要求给微积分以严格的基础.

第一个为补救第二次数学危机提出真正有见地的意见的是达朗贝尔. 他在 1754 年指出,必须用可靠的理论去代替当时使用的粗糙的极限理论. 但是他本人未能提供这样的理论. 拉格朗日为了避免使用无穷小推理和当时还不明确的极限概念,曾试图把整个微积分建立在泰勒展式的基础上. 但是,这样一来,考虑的函数的范围太窄了,而且不用极限概念也无法讨论无穷级数的收敛问题,所以,拉格朗日的以幂级数为工具的代数方法也未能解决微积分的奠基问题.

到了 19 世纪,出现了一批杰出的数学家,他们积极为微积分的奠基工作而努力. 首先要提到的是捷克的哲学家和数学家波尔查诺,他开始将严格的论证引入到数学分析中. 1816 年,他在二项展开公式的证明中,明确提出了级数收敛的概念,同时对极限、连续和变量有了较深入的理解.

分析学的奠基人,公认是法国数学家柯西,他在数学分析和置换群理论方面作了开拓性的工作,是最伟大的近代数学家之一. 他在 1821 到 1823 年间出版的《分析教程》和《无穷小计算讲义》是数学史上划时代的著作,在那里,他给出了数学分析一系列基本概念的精确定义. 例如,他给出了精确的极限定义,然后用极限定义连续性、导数、微分、定积分和无穷级数的收敛性. 接着,魏尔斯特拉斯引进了精确的"$\varepsilon-\delta$"的极限定义. 这样,微积分就建立在严格的极限理论的基础上了. 今天我们微积分课本中使用的定义,基本上就是柯西的,不过现在写得更加严格一点. 由于严格的极限理论的建立,数学上的第一次危机和第二次危机得到了解决.

3　导数的应用

(一)厂长的醒悟

某厂为了扩大再生产,准备进口一套先进设备.据查,有好几个国家能够生产这种设备,价格相差数百万美元.

厂长首先找到某国供应商,打算开出最低的价格,如果不行,争取中等价位成交.岂知,第一次谈判,供应商就同意了以最低价格供给,并表示可以立即签订合同.厂长心里直打鼓,害怕有诈,但看来看去,货真价实,无可挑剔,便拍板搞定.

这套设备运行一年以后,许多易损配件需要更换,厂长便要求供应商按照合同供货.供应商表示可以,但由于"成本增加"等原因,价格得提高一倍.厂长一听就火了:合同刚订一年,怎么价格就变了? 这显然是"敲竹杠",我何必"在一棵树上吊死".便向其他生产同类设备的国家求购.这些企业表示:这套设备的配件都是专用的,必须另做摸具,价格会贵好几倍.没办法,厂长不得不以高价向供应商继续购买配件.几年下来,这比当初花最高价购买这套设备还要贵.

几年以后,这位厂长有机会学到价格弹性,才恍然大悟:成套设备的主机价格富有弹性,而配件价格则缺乏弹性.营销商总是先在主机上让价,把你套住以后再在配件上提价.厂长说要能早些学到这些知识,就不会这么傻了.所以,在管理岗位上,具备一定的数学知识是非常有必要的.

价格弹性便是导数在经济分析中的重要应用之一.

(二)为什么水桶的直径和高相等?

你是否注意过你用过的水桶(或桶状容器),它的底的直径与桶的高度有一定的关系,一般的是直径等于高(不妨你可以做一个调查统计).这是为什么呢? 因为这样制作出来的桶,用料最少体积最大.这是一个最优问题,利用导数就能加以解释.

（一）学习目标

1. 了解罗尔定理、拉格朗日中值定理和柯西中值定理．

2. 理解函数极值的概念．

3. 会用洛必达法则求极限；判断函数的单调性、凹凸性；求函数的极值、最值．

（二）学习重点和难点

重点　未定式的极限，函数的单调性、凹凸性、极值，导数在实际中的应用．

难点　导数在实际中的应用．

在建立了导数的概念之后，本章将介绍中值定理，利用导数求未定式的极限（即洛必达法则），利用导数判断函数的单调区间、凹向区间及求一元函数的极值和作函数图形的方法．

3.1　中值定理

这里介绍的中值定理是微分中值定理，微分中值定理是微积分学的重要理论基础．

3.1.1　罗尔定理

定理 3.1（罗尔定理）　若函数 $f(x)$ 满足下列条件：

（1）在闭区间 $[a,b]$ 上连续；

（2）在开区间 (a,b) 内可导；

（3）在区间端点的函数值相等，即 $f(a)=f(b)$，

则在开区间 (a,b) 内至少存在一点 ξ，使得 $f'(\xi)=0$．

证明从略，仅考察定理的几何意义．

如图 3-1，设曲线弧 AB 的方程为 $y=f(x)(a\leqslant x\leqslant b)$，罗尔定理的条件在几何上表示

（1）AB 是一条连续的曲线弧；

（2）除端点外处处都有不垂直于 x 轴的切线；

（3）两端点的纵坐标相等．

定理的结论在几何上表示为在曲线弧 AB 上至少有一点 ξ，在该点处曲线切线是水平的．

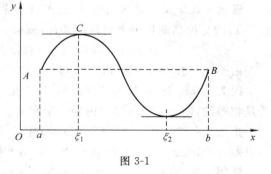

图 3-1

3.1.2　拉格朗日中值定理

定理 3.2（拉格朗日中值定理）　如果函数 $f(x)$ 满足下列条件：

（1）在闭区间 $[a,b]$ 上连续；

（2）在开区间 (a,b) 内可导，

则在开区间 (a,b) 内至少存在一点 ξ,使得

$$f(b)-f(a)=f'(\xi)(b-a). \tag{3.1}$$

再来看定理的几何意义.

把(3.1)式改写成 $\dfrac{f(b)-f(a)}{b-a}=f'(\xi)$,由图 3-2 可以看出 $\dfrac{f(b)-f(a)}{b-a}$ 为弦 AB 的斜率,而 $f'(\xi)$ 为曲线在该点处切线的斜率.因此,拉格朗日中值定理的几何意义是:

连续曲线 $y=f(x)$ 在 AB 上除端点外处处有不垂直于 X 轴的切线,那么在 AB 上至少有一点 ξ,使得曲线在该点处的切线平行于弦 AB.

注:(1)在罗尔定理的几何意义中(图 3-1),我们看到由于 $f(a)=f(b)$,弦 AB 是水平的,因此,此点处的切线实际上也平行于弦 AB.由此可见,罗尔定理是拉格朗日中值定理的特殊情形.

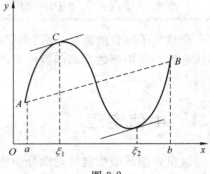

图 3-2

(2)(3.1)式也叫拉格朗日中值公式,如果令 $x=a,\Delta x=b-a$,则(3.1)式又可写成

$$f(x+\Delta x)-f(x)=f'(\xi)\Delta x,$$

其中 ξ 介于 x 与 $x+\Delta x$ 之间.如果将 ξ 表示成 $\xi=x+\theta\Delta x(0<\theta<1)$,上式也可写成

$$f(x+\Delta x)-f(x)=f'(x+\theta\Delta x)\Delta x \quad (0<\theta<1). \tag{3.2}$$

由拉格朗日中值定理可得到两个重要推论.

推论 1 如果函数 $f(x)$ 在区间 (a,b) 内满足 $f'(x)\equiv0$,则在 (a,b) 内 $f(x)=C(C$ 为常数).

证明 设 x_1,x_2 是区间 (a,b) 内的任意两点,且 $x_1<x_2$,于是在区间 $[x_1,x_2]$ 上函数 $f(x)$ 满足拉格朗日中值定理的条件,故得

$$f(x_2)-f(x_1)=f'(\xi)(x_2-x_1) \quad (x_1<\xi<x_2),$$

由于 $f'(\xi)=0$,所以 $f(x_2)-f(x_1)=0$,即 $f(x_1)=f(x_2)$.

因为 x_1,x_2 是 (a,b) 内的任意两点,于是上式表明 $f(x)$ 在 (a,b) 内任意两点函数值总是相等的,即 $f(x)$ 在 (a,b) 内是一个常数.

推论 2 如果对 (a,b) 内任意 x,均有 $f'(x)=g'(x)$,则在 (a,b) 内 $f(x)$ 与 $g(x)$ 之间只差一个常数,即 $f(x)=g(x)+C(C$ 为常数).

证明 令 $F(x)=f(x)-g(x)$,则 $F'(x)\equiv0$,由推论 1 知,$F(x)$ 在 (a,b) 内为一常数,即 $f(x)-g(x)=C,x\in(a,b)$.

3.1.3 柯西中值定理

定理 3.3(柯西中值定理) 若函数 $f(x)$ 与 $F(x)$ 满足下列条件:

(1)在闭区间上 $[a,b]$ 连续;

(2)在开区间 (a,b) 内可导;

(3)$F'(x)$在(a,b)内的每一点均不为零,则在(a,b)内至少有一点ξ,使得

$$\frac{f(b)-f(a)}{F(b)-F(a)}=\frac{f'(\xi)}{F'(\xi)}.$$

考察定理的几何意义.

如图 3-3,设 AB 由参数方程 $\begin{cases}X=F(x),\\Y=f(x)\end{cases}(a<x<b)$ 表示,其中 x 为参数,那么曲线上点(X,Y)处的切线的斜率为 $\dfrac{\mathrm{d}Y}{\mathrm{d}X}=\dfrac{f'(x)}{F'(x)}$,弦 AB 的斜率为 $\dfrac{f(b)-f(a)}{F(b)-F(a)}.$ 假定点 C 对应于参数 $x=\xi$,那么曲线上点 C 处的切线平行于弦 AB,可表示为

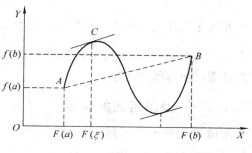

图 3-3

$$\frac{f(b)-f(a)}{F(b)-F(a)}=\frac{f'(\xi)}{F'(\xi)}. \tag{3.3}$$

所以,柯西中值定理的几何意义表示为,由参数方程 $\begin{cases}X=F(x),\\Y=f(x)\end{cases}(a<x<b)$ 表示的曲线 AB,在连续且除端点外处处有不垂直于 X 轴的切线时,在曲线 AB 弧上至少存在一点 C,在该点处切线平行于两端点的连线.

注:若取 $F(x)=x$,那么 $F(b)-F(a)=b-a,F'(x)=1$,(3.3)式就可以写成 $f(b)-f(a)=f'(\xi)(b-a)(a<\xi<b)$,这就变成了拉格朗日中值公式了. 由此可见,拉格朗日中值定理是柯西中值定理的特殊情形.

习题　3-1

1. 下列函数中在给定的区间上满足罗尔中值定理条件的是( ).

A. $f(x)=(x-1)^{\frac{2}{3}}$ $[0,2]$ 　　　　B. $f(x)=x^2-4x+3$ $[1,3]$

C. $f(x)=x\cos x$ $[0,\pi]$ 　　　　D. $f(x)=\begin{cases}x+1,&x<3,\\1,&x\geqslant3,\end{cases}$ $[0,4]$

2. 函数 $f(x)=x\ln x$ 在$[1,2]$上满足拉格朗日定理条件的ξ是( ).

A. $\dfrac{e}{4}$　　B. $\dfrac{4}{e}$　　C. $2\ln 2$　　D. 1

3. 函数 $f(x)=x^3$ 与 $g(x)=1+x^2$ 在区间上$[0,2]$满足柯西定理条件的 ξ 是( ).

A. $\dfrac{2}{3}$　　B. $\dfrac{3}{2}$　　C. $\dfrac{3}{4}$　　D. $\dfrac{4}{3}$

4. 证明 $\arcsin x+\arccos x=\dfrac{\pi}{2}$.

3.2 洛必达法则

在第 1 章我们就知道,"$\dfrac{0}{0}$"、"$\dfrac{\infty}{\infty}$"型的未定式的极限可能存在,也可能不存在. 对于未定式的极限,不能直接用极限的运算法则求得,下面我们介绍的洛必达法则就是求这类极限简便有效的方法.

3.2.1 "$\dfrac{0}{0}$"型未定式的极限

定理 3.4(洛必达法则 Ⅰ)   若

(1)$\lim\limits_{x\to x_0} f(x)=0$,$\lim\limits_{x\to x_0} g(x)=0$;

(2)$f(x)$和 $g(x)$在 x_0 的某邻域内(点 x_0 可除外)可导,且 $g'(x)\neq0$;

(3)$\lim\limits_{x\to x_0} \dfrac{f'(x)}{g'(x)}=A$(或$\infty$),

则
$$\lim_{x\to x_0} \frac{f(x)}{g(x)}=\lim_{x\to x_0} \frac{f'(x)}{g'(x)}=A(或\infty).$$

证明从略.

注:对于自变量的其他变化过程,定理也成立.

例 3.1   求 $\lim\limits_{x\to 0}\dfrac{e^x-e^{-x}}{\sin x}$.

解 $\lim\limits_{x\to 0}\dfrac{e^x-e^{-x}}{\sin x}$ $\left(\dfrac{0}{0}\right)$

$=\lim\limits_{x\to 0}\dfrac{e^x+e^{-x}}{\cos x}=\dfrac{2}{1}=2.$

如果 $\lim\limits_{x\to x_0}\dfrac{f'(x)}{g'(x)}$还是"$\dfrac{0}{0}$"型未定式,且满足定理中的条件,则可继续使用洛必达法则,即有 $\lim\limits_{x\to x_0}\dfrac{f(x)}{g(x)}=\lim\limits_{x\to x_0}\dfrac{f'(x)}{g'(x)}=\lim\limits_{x\to x_0}\dfrac{f''(x)}{g''(x)}=A(或\infty).$

例 3.2   求 $\lim\limits_{x\to 0}\dfrac{x-\sin x}{x^3}$.

解 $\lim\limits_{x\to 0}\dfrac{x-\sin x}{x^3}$ $\left(\dfrac{0}{0}\right)$

$=\lim\limits_{x\to 0}\dfrac{1-\cos x}{3x^2}$ $\left(\dfrac{0}{0}\right)$

$=\lim\limits_{x\to 0}\dfrac{\sin x}{6x}=\dfrac{1}{6}\lim\limits_{x\to 0}\dfrac{\sin x}{x}=\dfrac{1}{6}.$

例 3.3   求 $\lim\limits_{x\to +\infty}\dfrac{\dfrac{\pi}{2}-\arctan x}{\dfrac{1}{x}}$.

解　$\lim\limits_{x \to +\infty} \dfrac{\dfrac{\pi}{2} - \arctan x}{\dfrac{1}{x}}$　　$\left(\dfrac{0}{0}\right)$

$$= \lim_{x \to +\infty} \frac{-\dfrac{1}{1+x^2}}{-\dfrac{1}{x^2}} = \lim_{x \to +\infty} \frac{x^2}{1+x^2} = 1.$$

3.2.2 "$\dfrac{\infty}{\infty}$"型未定式的极限

定理 3.5(洛必达法则Ⅱ)　若

(1) $\lim\limits_{x \to x_0} f(x) = \infty$，$\lim\limits_{x \to x_0} g(x) = \infty$；

(2) $f(x)$ 和 $g(x)$ 在 x_0 的某邻域内(点 x_0 可除外)可导,且 $g'(x) \neq 0$；

(3) $\lim\limits_{x \to x_0} \dfrac{f'(x)}{g'(x)} = A$(或$\infty$),则

$$\lim_{x \to x_0} \frac{f(x)}{g(x)} = \lim_{x \to x_0} \frac{f'(x)}{g'(x)} = A(\text{或}\infty).$$

证明从略.

注:对于自变量的其他变化过程,定理也成立.

例 3.4　求 $\lim\limits_{x \to \frac{\pi}{2}^+} \dfrac{\ln\left(x - \dfrac{\pi}{2}\right)}{\tan x}$.

解　$\lim\limits_{x \to \frac{\pi}{2}^+} \dfrac{\ln\left(x - \dfrac{\pi}{2}\right)}{\tan x}$　　$\left(\dfrac{\infty}{\infty}\right)$

$$= \lim_{x \to \frac{\pi}{2}^+} \frac{\dfrac{1}{x - \dfrac{\pi}{2}}}{\dfrac{1}{\cos^2 x}} = \lim_{x \to \frac{\pi}{2}^+} \frac{\cos^2 x}{x - \dfrac{\pi}{2}} \quad \left(\frac{0}{0}\right)$$

$$= \lim_{x \to \frac{\pi}{2}^+} \frac{-2\cos x \sin x}{1} = 0.$$

例 3.5　求 $\lim\limits_{x \to +\infty} \dfrac{\ln x}{x^3}$.

解　$\lim\limits_{x \to +\infty} \dfrac{\ln x}{x^3}$　　$\left(\dfrac{\infty}{\infty}\right)$.

$$= \lim_{x \to +\infty} \frac{\dfrac{1}{x}}{3x^2} = \lim_{x \to +\infty} \frac{1}{3x^3} = 0.$$

3.2.3 其他型未定式的极限

除"$\dfrac{0}{0}$"型和"$\dfrac{\infty}{\infty}$"型未定式外,还有"$0 \cdot \infty$","$\infty - \infty$","1^∞","∞^0","0^0"等型的未

定式,它们可以化为"$\frac{0}{0}$"型和"$\frac{\infty}{\infty}$"型未定式的极限问题来解决.

例 3.6　求 $\lim\limits_{x\to 0^+} x^n \ln x$　($n>0$).

解　$\lim\limits_{x\to 0^+} x^n \ln x = \lim\limits_{x\to 0^+} \dfrac{\ln x}{x^{-n}}$　$\left(\dfrac{\infty}{\infty}\right)$

$$= \lim_{x\to 0^+} \frac{\frac{1}{x}}{-nx^{-n-1}} = \lim_{x\to 0^+} \frac{-x^n}{n} = 0.$$

例 3.7　求 $\lim\limits_{x\to \frac{\pi}{2}}(\sec x - \tan x)$.

解　$\lim\limits_{x\to \frac{\pi}{2}}(\sec x - \tan x) = \lim\limits_{x\to \frac{\pi}{2}} \dfrac{1-\sin x}{\cos x}$　$\left(\dfrac{0}{0}\right)$

$$= \lim_{x\to \frac{\pi}{2}} \frac{-\cos x}{-\sin x} = 0.$$

例 3.8　求 $\lim\limits_{x\to 1} x^{\frac{1}{1-x}}$.

解　$\lim\limits_{x\to 1} x^{\frac{1}{1-x}} = \lim\limits_{x\to 1} e^{\frac{1}{1-x}\ln x} = e^{\lim\limits_{x\to 1}\frac{\ln x}{1-x}} = e^{\lim\limits_{x\to 1}\frac{\frac{1}{x}}{-1}} = e^{-1}.$

注:对于"1^∞","∞^0","0^0"型的未定式,可将其化成以 e 为底的指数函数的极限,然后利用指数函数的连续性,直接把极限取到指数上,然后再进行计算.

最后我们指出,运用洛必达法则时必须检验是否符合定理条件,当定理条件不满足时,不能说明所求极限不存在,此时可用求极限的其他方法.(见本节习题第 2 题)

习题　3-2

1. 用洛必达法则求下列极限:

(1) $\lim\limits_{x\to 1} \dfrac{x^2-3x+2}{x^3-1}$;　　(2) $\lim\limits_{x\to +\infty} \dfrac{\ln x}{x^2}$;　　(3) $\lim\limits_{x\to 0} \dfrac{e^{x^2}-1}{\cos x-1}$;　　(4) $\lim\limits_{x\to 0^+} \dfrac{\ln \tan 7x}{\ln \tan 2x}$;

(5) $\lim\limits_{x\to 1}\left(\dfrac{2}{x^2-1}-\dfrac{1}{x-1}\right)$;　(6) $\lim\limits_{x\to 0^+} x^{\sin x}$;　　(7) $\lim\limits_{x\to +\infty}\left(\dfrac{2}{\pi}\cdot \arctan x\right)^x$;

(8) $\lim\limits_{x\to \frac{\pi}{2}} \dfrac{\ln \sin x}{(\pi-2x)^2}$　　　(9) $\lim\limits_{x\to 1} \dfrac{x^2-\cos(x-1)}{\ln x}$;　　(10) $\lim\limits_{x\to \infty} x(e^{\frac{1}{x}}-1)$.

2. 验证 $\lim\limits_{x\to \infty} \dfrac{x-\sin x}{x+\sin x}$ 极限存在,但不能用洛必达法则得出.

3.3　函数的单调性

我们曾介绍了函数单调性的定义,并掌握了用定义来判断函数在区间上的单调性,本节我们将利用导数知识对函数的单调性进行研究.

如果函数 $y=f(x)$ 在 (a,b) 上单调增加(减少),那么它的图像是一条沿轴正向上升

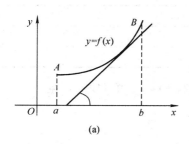
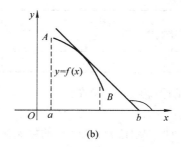

(a)   (b)

图 3-4

(下降)的曲线．如图 3-4 所示,曲线上各点处的切线的倾斜角都是锐角(钝角),其斜率 $f'(x)>0(f'(x)<0)$,由此可见,函数的单调性与导数的符号有关．

那么能否利用导数的正负号来判断函数的单调性呢?

回答是肯定的,下面给出函数单调性的判断定理．

定理 3.6 设函数 $y=f(x)$,在 (a,b) 内可导,

(1)如果 $f'(x)\geqslant 0$,则 $f(x)$ 在区间 (a,b) 单调增加;

(2)如果 $f'(x)\leqslant 0$,则 $f(x)$ 在区间 (a,b) 单调减少．

证明(仅证情况 1):

对任意的 $x_1,x_2\in(a,b)$,不妨设 $x_1<x_2$,由拉格朗日中值定理得

$$f(x_2)-f(x_1)=f'(\xi)(x_2-x_1)\quad(x_1<\xi<x_2).$$

如果 $f'(x)\geqslant 0$,必有 $f'(\xi)\geqslant 0$,又 $x_2-x_1>0$,于是有 $f(x_2)-f(x_1)\geqslant 0$,即 $f(x_2)\geqslant f(x_1)$．由 x_1,x_2 的任意性可知,函数 $f(x)$ 在区间 (a,b) 单调增加．

注:(1)把定理中的开区间 (a,b) 改为无穷区间,结论同样成立．

(2)一般来说,一个函数在定义域内不一定是单调函数,而在定义域的某些区间内是单调增加、某些区间是单调减少的．

确定函数的单调区间的步骤为:

(1)确定函数的定义域;

(2)求函数的导数,并令导数为零,求出导数为零的点(导数为零的点称为函数的驻点)及导数不存在的点(简称不可导点);

(3)列表:用驻点及不可导点将定义域分成若干个区间,在每个区间上判断导数的正负号,从而判断出函数的增减性;

(4)得出结论．

例 3.9 确定函数 $f(x)=2x^3-3x^2-12x+13$ 的单调区间．

解 (1)函数的定义域为 $(-\infty,+\infty)$;

(2)$f'(x)=6x^2-6x-12=6(x+1)(x-2)$;令 $f'(x)=0$ 得驻点 $x_1=-1,x_2=2$;

(3)列表

x	$(-\infty,-1)$	-1	$(-1,2)$	2	$(2,+\infty)$
$f'(x)$	$+$	0	$-$	0	$+$
$f(x)$	↗		↘		↗

(4)结论:函数 $f(x)$ 在区间 $(-\infty,-1)$ 与 $(2,+\infty)$ 上单调增加,在 $(-1,2)$ 上单调减少.

例 3.10　确定 $f(x)=x^3$ 的单调区间

解　函数的定义域为 $(-\infty,+\infty)$,$f'(x)=3x^2$,令 $f'(x)=0$ 得 $x=0$,但在 $(-\infty,+\infty)$ 内,除 $x=0$ 外,$f'(x)>0$,所以 $f(x)=x^3$ 在 $(-\infty,+\infty)$ 内是单调增加的.

注:一般地,可导函数在某区间内的个别点处导数等于零,其余各点处为正(或负)时,函数在该区间仍为单调增加(或单调减少)的.

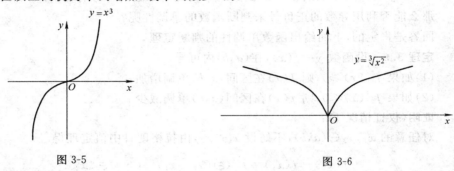

图 3-5　　　　　　　　　　　　　　　　　　　图 3-6

例 3.11　确定函数 $y=\sqrt[3]{x^2}$ 的单调区间.

解　(1)函数的定义域为 $(-\infty,+\infty)$;

(2)$f'(x)=\dfrac{2}{3\sqrt[3]{x}}$,当 $x=0$ 时,导数不存在.

(3)列表

x	$(-\infty,0)$	0	$(0,+\infty)$
$f'(x)$	$-$	不存在	$+$
$f(x)$	↘		↗

(4)结论:当 $x\in(-\infty,0)$ 时,$f'(x)<0$,函数单调减少;$x\in(0,+\infty)$ 时,$f'(x)>0$,函数单调增加.(如图 3-6 所示)

例 3.12　证明当 $x>1$ 时,$2\sqrt{x}>3-\dfrac{1}{x}$.

证明　令 $f(x)=2\sqrt{x}-(3-\dfrac{1}{x})$,则 $f'(x)=\dfrac{1}{\sqrt{x}}-\dfrac{1}{x^2}=\dfrac{1}{x^2}(x\sqrt{x}-1)$.$f(x)$ 在 $[1,+\infty)$ 上连续,在 $(1,+\infty)$ 内 $f'(x)>0$,因此在 $[1,+\infty)$ 上 $f(x)$ 单调增加,从而 $x>1$ 时,$f(x)>f(1)$.由于 $f(1)=0$,故 $f(x)>f(1)=0$,即 $2\sqrt{x}-(3-\dfrac{1}{x})>0$,亦即

$$2\sqrt{x}>3-\frac{1}{x}\quad(x>1).$$

习题　3-3

1. 求下列函数的单调区间：

(1) $y=2x^3-6x^2-18x+7$;　　　　(2) $y=x-\sin x$;

(3) $y=2x+\dfrac{8}{x}\quad(x>0)$;　　　　(4) $y=\arctan x-x$.

2. 证明下列不等式：

(1) 当 $x>0$ 时，$1+\dfrac{1}{2}x>\sqrt{1+x}$;　　　　(2) 当 $x>4$ 时，$2^x>x^2$.

3.4　函数的极值与最值

3.4.1　函数的极值

1. 极值的定义

定义 3.1　设函数 $f(x)$ 在点 x_0 某邻域内有定义，若对此邻域内任意一点 $x(x\neq x_0)$，均有 $f(x)<f(x_0)$，则称 $f(x_0)$ 是函数 $f(x)$ 的一个**极大值**；同样，若对此邻域内任意一点 $x(x\neq x_0)$，均有 $f(x)>f(x_0)$，则称 $f(x_0)$ 是函数 $f(x)$ 的一个**极小值**. 函数的极大值与极小值统称为**极值**. 使函数取得极值的点 x_0，称为**极值点**.

注：(1) 极值是一个局部的概念，而不是整体概念. 如图 3-7，$f(x_2)$、$f(x_5)$ 是函数在 $[a,b]$ 上的极小值.

(2) 函数的极大值不一定比极小值大. 如图 3-7 极大值 $f(x_1)$ 就比极小值 $f(x_5)$ 小.

(3) 函数的极值一定出现在区间内部，在区间端点处不能取得极值.

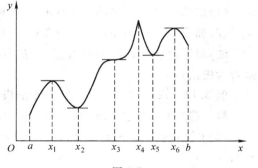

图 3-7

2. 函数极值的判定与求法

由图 3-7 可以看出，在可导函数的极值点处，曲线的切线是水平的，即可导函数的极值点是函数的驻点. 反过来，在驻点处，函数不一定取得极值. 例如，在图 3-7 中 x_3 点是驻点，但并不是极值点. 下面我们给出函数取得极值的必要条件.

定理 3.7　若函数 $f(x)$ 在点 x_0 可导，且在点 x_0 取得极值，则函数 $f(x)$ 在点 x_0 的导数 $f'(x_0)=0$.

对于一个连续函数，它的极值点还有可能是导数不存在的点，例如，$f(x)=|x|$，

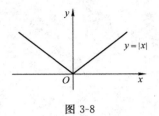

图 3-8

$f'(0)$不存在,但 $x=0$ 是极小值点.(如图 3-8)

所以,我们求得函数的驻点或不可导点后,还要判断驻点或不可导点是不是极值点,如果是,函数在该点取得极大值还是极小值? 下面我们借助图形来分析函数在极值点两侧导数的符号变化情况.

如图 3-7 所示,函数 $f(x)$在点 x_1 取得极大值,在 x_1 的左侧单调增加,有 $f'(x)>0$,在 x_1 的右侧单调减小,有 $f'(x)<0$.

对于函数 $f(x)$在点 x_2 取得极小值的情形,读者可结合图 3-7 进行讨论.

由此,我们给出函数取得极值的充分条件.

定理 3.8(极值的第一充分条件) 设 $f(x)$在点 x_0 连续,在点 x_0 的某一空心邻域内可导,当 x 由小变大经过 x_0 时,如果

(1)$f'(x)$由正变负,那么 x_0 是极大值点;

(2)$f'(x)$由负变正,那么 x_0 是极小值点;

(3)$f'(x)$不变号,x_0 不是极值点.

根据定理 3.8,我们可以按照下列步骤来求函数的极值点和极值.

(1)求函数 $f(x)$的定义域;

(2)求导数 $f'(x)$,令 $f'(x)=0$,求出 $f(x)$的全部驻点和不可导点;

(3)列表:用驻点及不可导点将定义域分成若干个区间,在每个区间上判断导数的正负号,从而判断出函数的增减性,确定极值点;

(4)把极值点代入函数 $f(x)$中求出极值.

定理 3.9(极值的第二充分条件) 设 $f(x)$在点 x_0 处有二阶导数,且 $f'(x_0)=0$,$f''(x_0)\neq 0$,

(1)如果 $f''(x_0)<0$,则 $f(x)$在点 x_0 取得极大值;

(2)如果 $f''(x_0)>0$,则 $f(x)$在点 x_0 取得极小值.

注:对于使 $f''(x_0)=0$ 的驻点 x_0 及不可导点,需用极值的第一充分条件来判断其是否为极值点.

例 3.13 求 $f(x)=(x^2-1)^3+1$ 的极值.

解 (1)$f(x)$的定义域为$(-\infty,+\infty)$;

(2)$f'(x)=3(x^2-1)^2 2x=6x(x-1)^2(x+1)^2$,令 $f'(x)=0$,得驻点 $x_1=-1,x_2=0,x_3=1$;

(3)列表

x	$(-\infty,-1)$	-1	$(-1,0)$	0	$(0,1)$	1	$(1,+\infty)$
$f'(x)$	$-$	0	$-$	0	$+$	0	$+$
$f(x)$	↘		↘	极小值 $f(0)=0$	↗		↗

(4)函数的极小值为 $f(0)=0$,驻点 $x_1=-1$ 和 $x_3=1$ 不是极值点.

例 3.14 求 $f(x)=x+(1-x)^{\frac{2}{3}}$ 的极值.

解 (1)$f(x)$ 的定义域为 $(-\infty,+\infty)$;

(2)$f'(x)=1-\dfrac{2}{3}(1-x)^{-\frac{1}{3}}=1-\dfrac{2}{3\sqrt[3]{1-x}}=\dfrac{3\sqrt[3]{1-x}-2}{3\sqrt[3]{1-x}}$,令 $f'(x)=0$,得 $f(x)$

的驻点为 $x=\dfrac{19}{27}$,不可导点为 $x=1$;

(3)列表

x	$(-\infty,\frac{19}{27})$	$\frac{19}{27}$	$(\frac{19}{27},1)$	1	$(1,+\infty)$
$f'(x)$	+	0	−	不存在	+
$f(x)$	↗	极大值 $f(\frac{19}{27})=\frac{31}{27}$	↘	极小值为 $f(1)=1$	↗

(4)极小值为 $f(1)=1$,极大值为 $f(\dfrac{19}{27})=\dfrac{31}{27}$.

例 3.15 求函数 $f(x)=x^3-3x^2-9x+1$ 的极值.

解 (1)$f(x)$ 的定义域为 $(-\infty,+\infty)$;

(2)$f'(x)=3x^2-6x-9=3(x+1)(x-3)$,$f''(x)=6x-6$. 令 $f'(x)=0$,得驻点 $x_1=-1$,$x_2=3$;

(3)当 $x_1=-1$ 时,$f''(-1)=-12<0$,所以 $x_1=-1$ 是极大值点,极大值为 $f(-1)=6$;当 $x_2=3$ 时,$f''(3)=12>0$,所以 $x_2=3$ 是极小值点,极小值为 $f(3)=-26$.

3.4.2 函数的最值

在实际生产活动中经常会遇到"产品最多","用料最少","成本最低"等问题. 解决这类问题就需要讨论函数的最大值和最小值.

设函数 $f(x)$ 在闭区间 $[a,b]$ 上连续,则由闭区间上连续函数的性质可知,$f(x)$ 在 $[a,b]$ 上一定存在最大值和最小值. 如果函数的最大值(或最小值)在区间内部取得,那么这个最大值(或最小值)一定也是函数的极大值(或极小值). 函数 $f(x)$ 的最大值和最小值也可能在区间的端点处取得. 由此,下面我们给出 $f(x)$ 在 $[a,b]$ 上最大值和最小值的求法:

(1)求出函数在 $[a,b]$ 上所有的驻点和不可导点;

(2)求出这些驻点、不可导点及区间端点的函数值;

(3)比较这些函数值的大小,其中最大的是最大值,最小的就是最小值.

例 3.16 求函数 $f(x)=3x^4-4x^3-12x^2+1$ 在 $[-3,3]$ 上的最大值及最小值.

解 $f'(x)=12x^3-12x^2-24x=12x(x+1)(x-2)$.

令 $f'(x)=0$ 得驻点 $x_1=0$,$x_2=-1$,$x_3=2$,

计算驻点的函数值 $f(-1)=-4$,$f(0)=1$,$f(2)=-31$,

两端点的函数值为 $f(-3)=244,f(3)=28,$

比较上面函数值的大小可知,$f(x)$在$[-3,3]$上的最大值为 $f(-3)=244$,最小值为$f(2)=-31.$

函数 $f(x)$ 在开区间(a,b)内,如果存在唯一的极值,是极大值就是函数在(a,b)内的最大值,是极小值就是函数在(a,b)内的最小值.

一般地,如果在实际问题中

(1)我们确定所讨论的问题存在最大值或最小值,

(2)函数在定义域内只有唯一的驻点,

则我们就不必再去判别,就可以断定在该点处的函数值就是所要求的最大值或最小值.

例 3.17 某构件的横截面上部是一半圆,下部是矩形,周长 15 m,求横截面的面积最大时,宽 x 应为多少 m?(如图 3-9)

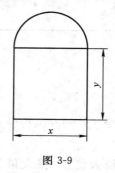

图 3-9

解 设该构件下部的矩形的高为 y m,则根据题意得

$15=\dfrac{\pi x}{2}+x+2y$,解得 $y=\dfrac{15}{2}-\dfrac{2+\pi}{4}x(0<x<\dfrac{30}{2+\pi})$,

构件的横截面积 $S=\dfrac{\pi x^2}{8}+x(\dfrac{15}{2}-\dfrac{2+\pi}{4}x)=\dfrac{(-\pi-4)x^2+60x}{8}.$

$S'=\dfrac{(-\pi-4)x+30}{4}$,令 $S'=0$,得 $x=\dfrac{30}{\pi+4}.$

由于函数 S 在$(0,\dfrac{30}{2+\pi})$内只有一个驻点 $x=\dfrac{30}{\pi+4}$,从实际情况知,函数 S 的最值一定存在,因此当 $x=\dfrac{30}{\pi+4}$ m 时,横截面的面积是最大值.

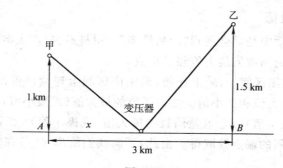

图 3-10

例 3.18 甲乙两村合用一变压器,问变压器在输电干线何处时,所需电线最短?(图 3-10)

解 设变压器安装在距 A 处 x km,所需电线总长 y km,

$y=\sqrt{1+x^2}+\sqrt{(3-x)^2+1.5^2},x\in[0,3],$

$y'=\dfrac{x}{\sqrt{1+x^2}}-\dfrac{3-x}{\sqrt{(3-x)^2+1.5^2}},$

令 $y'=0$ 得 $x=1.2$，由于在区间$[0,3]$上函数 y 只有一驻点 $x=1.2$，所以变压器设在输电干线距 A 处 1.2 km 处时，所需电线最短.

习题 3-4

1. 求下列函数的极值点和极值：

(1)$y=x^4-8x^2+2$； (2)$y=x+\tan x$； (3)$y=x^2\ln x$； (4)$y=x^2\mathrm{e}^{-x}$.

2. 求下列函数在给定区间上的最大值和最小值：

(1)$y=x+\sqrt{1-x}$ $[-5,1]$；   (2)$y=\sqrt[3]{x^2}+1$ $[-1,2]$；

(3)$y=2x^3-3x^2$ $[-1,3]$；   (4)$y=\dfrac{x-1}{x+1}$ $[1,5]$.

3. 欲用围墙围成面积为 216 m² 的一块矩形场地，并在其中用一堵墙将其隔成两块，问此场地的长和宽各为多少 m 时，才能使所用的建筑材料最少？

4. 从长为 12 cm，宽为 8 cm 的矩形纸板的四个角上剪去相同的小正方形，折成一个无盖的盒子，要使盒子的容积最大，剪去的小正方形的边长应为多少？

3.5 函数的作图

前面，我们利用导数研究了函数的单调性和极值、最值，但仅知道这些还不能准确地描绘函数的图形，例如，图 3-11 中有两条上升的曲线弧，但是它的弯曲方向却是不同的．因此我们首先来研究曲线的弯曲方向．

3.5.1 曲线的凹向与拐点

1. 曲线的凹向

定义 3.2 若在某区间(a,b)内，曲线总位于其上任意一点处切线的上方，则称曲线在(a,b)内是**向上凹的**（简称**上凹**，也称凹的）；若在某区间(a,b)内，曲线总位于其上任意一点处切线的下方，则称曲线段在(a,b)内是**向下凹的**（简称下凹，也称凸的）.

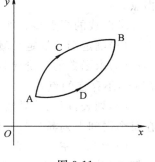

图 3-11

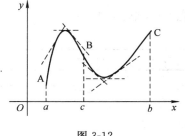

图 3-12

从图 3-12 可以看出，曲线 $y=f(x)$ 在区间(a,c)内是向下凹的，在(c,b)内是向上凹的．下凹的曲线弧，切线的斜率随 x 的增大而减小，由于曲线的斜率就是函数 $y=f(x)$ 导数，所以下凹的曲线弧 $y=f(x)$，其导数是单调减小的．同理上凹的曲线弧 $y=f(x)$，其导数就是单调增加的．由此可见，曲线 $y=f(x)$ 的凹凸性可以用导数 $f'(x)$ 的单调性来判断，而 $f'(x)$ 的单调性又可以用 $f'(x)$ 的导数即 $f''(x)$

的符号来判定．故曲线 $y=f(x)$ 的凹凸性与 $f''(x)$ 符号有关,下面给出曲线凹凸性的判定定理．

定理 3.10　设函数 $y=f(x)$ 在开区间 (a,b) 内具有二阶导数

(1)若在 (a,b) 内 $f''(x)>0$,则曲线 $y=f(x)$ 在 (a,b) 内是向上凹的;

(2)若在 (a,b) 内 $f''(x)<0$,则曲线 $y=f(x)$ 在 (a,b) 内是向下凹的.

例 3.19　判断曲线 $y=x+\dfrac{1}{x}(x>0)$ 的凹凸性.

解　因为 $y'=1-\dfrac{1}{x^2},y''=\dfrac{2}{x^3}$,在 $(0,+\infty)$ 内,$y''>0$,由判定定理可知 $y=x+\dfrac{1}{x}(x>0)$ 是上凹的.

例 3.20　判断曲线 $y=x^3$ 的凹凸性.

解　因为 $y'=3x^2,y''=6x$,当 $x<0$ 时,$y''<0$,所以曲线在 $(-\infty,0)$ 内是下凹的;当 $x>0$ 时,$y''>0$,所以曲线在 $(0,+\infty)$ 内是上凹的.

2．曲线的拐点

定义 3.3　连续曲线上的上凹和下凹的分界点叫**曲线的拐点**．

例 3.20 中点 $(0,0)$ 就是曲线的拐点.

下面我们讨论如何求连续曲线 $y=f(x)$ 的拐点.

由 $f''(x)$ 的符号可以判别曲线的凹凸,那么 $f''(x)$ 的符号由正变负或由负变正时,必定有一个点 x_0,使 $f''(x_0)=0$ 或 $f''(x_0)$ 不存在,这样点 $(x_0,f(x_0))$ 就是曲线的一个拐点.

求曲线的拐点步骤如下:

(1)确定函数的定义域;

(2)求函数的二阶导数 $f''(x)$,令 $f''(x)=0$,解出方程在区间 (a,b) 内的实根及 $f''(x)$ 不存在的点;

(3)列表:用二阶导数为零的点及二阶导数不存在的点将定义域分成若干个区间,在每个区间上判断二阶导数的正负号;

(4)在 x_0 左右,如果 $f''(x)$ 的符号相反,那么点 $(x_0,f(x_0))$ 就是拐点;如果 $f''(x)$ 的符号相同,那么点 $(x_0,f(x_0))$ 就不是拐点.

例 3.21　求曲线 $y=x^3-3x^2-5x+6$ 的拐点.

解　(1)函数定义域为 $(-\infty,+\infty)$;

(2)$y'=3x^2-6x-5,y''=6x-6=6(x-1)$,令 $f''(x)=0$ 得 $x=1$;

(3)列表

x	$(-\infty,1)$	1	$(1,+\infty)$
$f''(x)$	$-$	0	$+$
$f(x)$	下凹	$(1,-1)$是拐点	上凹

(4)$(1,-1)$ 是曲线的拐点.

3.5.2　曲线的渐近线

要比较准确的描绘函数的图像,还需要知道其在无穷远处的变化趋势.因此,我们

研究曲线的渐近线．

1. 斜渐近线

定义 3.4　若 $f(x)$ 满足 (1) $\lim\limits_{x\to\infty}\dfrac{f(x)}{x}=k$；(2) $\lim\limits_{x\to\infty}[f(x)-kx]=b$，则称直线 $y=kx+b$ 为曲线 $y=f(x)$ 的斜渐近线．

例 3.22　求曲线 $y=\dfrac{x^3}{x^2+2x-3}$ 的斜渐近线．

解　令 $f(x)=\dfrac{x^3}{x^2+2x-3}$，因为 $k=\lim\limits_{x\to\infty}\dfrac{f(x)}{x}=\lim\limits_{x\to\infty}\dfrac{x^2}{x^2+2x-3}=1$，

$$b=\lim\limits_{x\to\infty}[f(x)-kx]=\lim\limits_{x\to\infty}(\dfrac{x^3}{x^2+2x-3}-x)=-2,$$

故得曲线的斜渐近线为 $y=x-2$．

2. 铅直渐近线

定义 3.5　若当 $x\to c$ 时（有时仅当 $x\to c^+$ 或 $x\to c^-$），有 $f(x)\to\infty$，则称直线 $x=c$ 为曲线 $y=f(x)$ 的铅直渐近线，又称垂直渐近线（其中 c 为常数）．

例如，因为 $\lim\limits_{x\to 1^+}\ln(x-1)=-\infty$，所以直线 $x=1$ 是曲线 $y=\ln(x-1)$ 的垂直渐近线．（图 3-13）

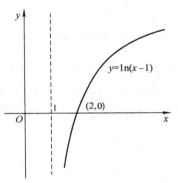

图 3-13

3. 水平渐近线

定义 3.6　若当 $x\to\infty$ 时，$f(x)\to c$（c 为常数），则称直线 $y=c$ 为曲线 $y=f(x)$ 的水平渐近线．

例如，$\lim\limits_{x\to+\infty}\arctan x=\dfrac{\pi}{2}$，$\lim\limits_{x\to-\infty}\arctan x=-\dfrac{\pi}{2}$，所以直线 $y=\dfrac{\pi}{2}$，$y=-\dfrac{\pi}{2}$ 是曲线 $y=\arctan x$ 的两条水平渐近线．（图 3-14）

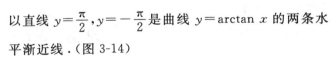

图 3-14

3.5.3　函数的作图

根据上述讨论，可归纳出函数作图的步骤如下：

(1) 确定函数的定义域及值域；

(2) 考察函数的周期性与奇偶性；

(3) 确定函数的单增、单减区间，极值点，凹凸区间及拐点；

(4) 考察曲线有无渐近线；

(5) 考察曲线与坐标轴的交点；

(6) 描绘图形．

例 3.23　作出函数 $y=\dfrac{x}{1+x^2}$ 的图像．

解　(1) 函数的定义域为 $(-\infty,+\infty)$．

(2)函数为奇函数,所以函数图像关于原点对称,因此只需讨论 $(0,+\infty)$ 上函数的性态.

(3) $y'=\dfrac{1-x^2}{(1+x^2)^2}$, $y''=\dfrac{2x(x^2-3)}{(1+x^2)^3}$,

令 $y'=0$,得驻点 $x=1$;令 $y''=0$,解得 $x_1=0$, $x_2=\sqrt{3}$,列表如下:

x	$(0,1)$	1	$(1,\sqrt{3})$	$\sqrt{3}$	$(\sqrt{3},+\infty)$
y'	+	0	−	−	−
y''	−	−	−	0	+
y	⤴	极大值 $\dfrac{1}{2}$	⤵	拐点 $\left(\sqrt{3},\dfrac{\sqrt{3}}{4}\right)$	⤵

(4)由 $\lim\limits_{x\to\infty}\dfrac{x}{1+x^2}=0$ 知 $y=0$ 为曲线的水平渐近线.无斜渐近线及铅直渐近线.

(5)与坐标轴的交点 $(0,0)$.

(6)根据以上讨论,描绘图形如图 3-15 所示.

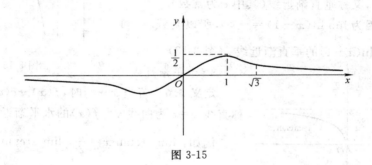

图 3-15

习题   3-5

1. 求下列曲线的拐点及凹凸区间:

(1) $y=xe^{-x}$;   (2) $y=(x+1)^4+e^x$;   (3) $y=\dfrac{1}{4}x^4-6x^2$;   (4) $y=2-\sqrt[3]{x-1}$.

2. 求下列曲线的渐近线:

(1) $y=a+\dfrac{c^3}{(x-b)^2}$;   (2) $y=\dfrac{1}{x^2-4x-5}$;   (3) $y=x^2+\dfrac{1}{x}$;   (4) $y=\sqrt[3]{\dfrac{x-1}{x+1}}$.

3. 作出下列函数的图像:

(1) $y=e^x-x-1$;   (2) $y=\dfrac{e^x}{1+x}$.

3.6　导数在经济学中的应用

我们先介绍几种常用的经济函数,再介绍导数在经济学中的几个应用,这些应用包括需求价格弹性分析,边际分析,最优分析等.

3.6.1　几种常用的经济函数

1. 需求函数与供给函数

一种商品的市场需求量 Q 与该商品的价格 p 密切相关,通常降低商品价格需求量增加,提高商品价格需求量会减少.如果不考虑其他因素的影响,需求量 Q 可以看做是价格 p 的一元函数,称为**需求函数**,记做

$$Q=Q(p).$$

一般来说,需求函数是价格的单调减少函数.

需求函数 $Q=Q(p)$ 的反函数就是价格函数,记为 $p=p(q)$,其中 q 为需求量.

一种商品的市场供给量 S 也受商品价格 p 的制约,价格上涨将刺激生产者向市场提供更多的商品,使供给量增加;而价格下跌将使供给量减少.供给量 S 也可以看做是价格 p 的一元函数,称为**供给函数**,记做

$$S=S(p).$$

供给函数为价格的单调增加函数.

2. 总成本函数、收入函数和利润函数

在生产和产品的经营活动中,人们总希望尽可能降低成本,提高收入和利润.而成本、收入和利润都与产品的产量或销售量 q 密切相关,它们都可以看做 q 的函数,分别称作**总成本函数**,记做 $C(q)$;**收入函数**,记做 $R(q)$;**利润函数**,记做 $L(q)$.

总成本由固定成本 C_1 和可变成本 $C_2(q)$ 两部分组成,固定成本 C_1 与产量 q 无关,可变成本 $C_2(q)$ 随产量 q 的增加而增加,即

$$C(q)=C_1+C_2(q).$$

如果产品的单位售价为 p,销售量为 q,则收入函数为

$$R(q)=pq.$$

利润等于收入与总成本的差,即利润函数为

$$L(q)=R(q)-C(q).$$

3.6.2　导数在经济分析中的应用

1. 弹性分析

弹性分析是经济分析中常用的一种方法,主要用于对生产、供给、需求等问题的研究.

下面先给出弹性的一般概念.

给定变量 u,它在某处的改变量 Δu 称为**绝对改变量**,而 $\dfrac{\Delta u}{u}$ 称作**相对改变量**.

定义 3.7 对于函数 $y=f(x)$，如果极限 $\lim\limits_{\Delta x \to 0} \dfrac{\Delta y/y}{\Delta x/x}$ 存在，则

$$\lim_{\Delta x \to 0} \frac{\Delta y/y}{\Delta x/x} = \lim_{\Delta x \to 0} \frac{\Delta y}{\Delta x} \cdot \frac{x}{y} = \frac{x}{y} \frac{\mathrm{d}y}{\mathrm{d}x} = \frac{x}{y} f'(x)$$

称作函数 $f(x)$ 在点 x 处的**弹性**，记做 E，即 $E = \dfrac{x}{y} \dfrac{\mathrm{d}y}{\mathrm{d}x}$.

从定义可以看出，函数 $y=f(x)$ 的弹性是函数的相对改变量与自变量的相对改变量比值的极限，它是函数的相对变化率，或解释为：当自变量变化百分之一时函数变化的百分数.

由需求函数 $Q=Q(p)$ 可得需求弹性为 $E_p = \dfrac{p}{Q} \dfrac{\mathrm{d}Q}{\mathrm{d}p}$.

由此可知，需求弹性 E_p 表示商品需求量 Q 对价格 p 的敏感程度. 因为需求函数为价格的减少函数，故需求弹性 E_p 一般是负值. 所以其经济含义为：当商品的价格下降（或上升）1％时，其需求量将增加（或减少）$|E_p|$％.

当我们比较商品需求弹性的大小时，通常是比较其弹性绝对值 $|E_p|$ 的大小，当我们说某商品的需求弹性大时，通常指其绝对值大.

(1)当 $|E_p|=1$ 时称为**单位弹性**，即商品需求量的相对变化与价格的相对变化基本相等.

(2)当 $|E_p|>1$ 时称为**富有弹性**，即商品需求量的相对变化大于价格的相对变化，此时价格的变化对需求量的影响较大，换句话说，适当降价会使需求量较大幅度上升，从而增加收入.

(3)当 $|E_p|<1$ 时称**缺乏弹性**，即商品需求量的相对变化小于价格的相对变化，此时价格的变化对需求量的影响较小，在适当涨价后，不会使需求量有太大的下降，从而可以使收入增加.

例 3.24 某种商品的需求量 Q（单位：百件）与价格 p（单位：千元）的关系为

$$Q(p) = 15\mathrm{e}^{-\frac{p}{3}}, p \in [0,10]$$

求当价格为 9 千元时的需求弹性.

解 $Q'(p) = 5\mathrm{e}^{-\frac{p}{3}}$，根据公式有 $E_p = \dfrac{p}{Q} \dfrac{\mathrm{d}Q}{\mathrm{d}p} = \dfrac{p}{15\mathrm{e}^{-\frac{p}{3}}} \cdot (-5\mathrm{e}^{-\frac{p}{3}}) = -\dfrac{p}{3}$,

所以，当 $p=9$ 时 $E_p|_{p=9} = -3$.

在例 3.24 中，当价格 $p=9$ 千元时，需求弹性 $|E_p| = |-3| = 3 > 1$，表示这种商品的需求对价格富有弹性，即价格上涨 1％时，商品的需求量将会减少 3％；反之，当价格下降 1％时，商品的需求量将增加 3％.

2. 边际分析

在经济学中，习惯上用平均和边际这两个概念来描述一个经济变量 y 对于另一个经济变量 x 的变化. 平均概念表示 y 在自变量 x 的某个范围之内的平均值. 显然，平均值随 x 的范围不同而不同. 边际概念表示当 x 的改变量 Δx 趋于 0 时，y 的相应改变量 Δy 与 Δx 比值的变化，即当 x 在某一定值附近有微小变化时的瞬时变化.

1)边际成本

在经济学中,边际成本定义为产量增加一个单位时所增加的成本.

设某产品产量为 q 单位时所需的总成本为 $C=C(q)$. 由于

$$C(q+1)-C(q)=\Delta C(q)\approx\mathrm{d}C(q)=C'(q)\Delta q=C'(q),$$

所以,边际成本就是总成本函数关于产量 q 的导数.

2)边际收入

在经济学中,边际收入定义为多销售一个单位产品时所增加的销售收入.

设某产品的销售量为 q 时的收入函数为 $R=R(q)$. 则收入函数关于销售量 q 的导数就是该产品的边际收入 $R'(q)$.

3)边际利润

设某产品的销售量为 q 时的利润函数为 $L=L(q)$,称 $L'(q)$ 为销售量 q 时的边际利润,它近似等于销售量为 q 时再多销售一个单位产品所增加(或减少)的利润.

例 3.25　一企业某产品的日生产能力为 500 台,每日产品的总成本 C(单位:千元)是日产量 q(单位:台)的函数 $C(q)=400+2q+5\sqrt{q}$, $p\in[0,500]$

求:(1)当日产量为 400 台时的总成本;

(2)当日产量为 400 台时的平均成本;

(3)当日产量由 400 台增加到 484 台时总成本的平均变化率;

(4)当日产量为 400 台时的边际成本.

解　总成本函数为 $C(q)=400+2q+5\sqrt{q}$, $p\in[0,500]$,

(1)当日产量为 400 台时,总成本为

$C(400)=400+2\times400+5\times\sqrt{400}=1\ 300$(千元).

(2)当日产量为 400 台时,平均成本为 $\dfrac{C(400)}{400}=\dfrac{1\ 300}{400}=3.25$(千元).

(3)当日产量由 400 台增加到 484 台时总成本的平均变化率为

$$\frac{\Delta C}{\Delta q}=\frac{C(484)-C(400)}{484-400}=\frac{1\ 478-1\ 300}{84}\approx2.119\text{(千元/台)}.$$

(4)因为 $C'(q)=(400+2q+5\sqrt{q})'=2+\dfrac{5}{2\sqrt{q}}$,

所以,当日产量为 400 台时的边际成本为

$$C'(400)=2+\frac{5}{2\sqrt{400}}=2.125\text{(千元/台)}.$$

这个结论的经济含义是:当产量为 400 台时,再多生产 1 台时成本约增加 2.125 千元.

例 3.26　设某产品的需求函数为 $q=100-5p$,求边际收入函数,以及 $q=20$、50、70 时的边际收入.

解　收入函数为 $R(q)=pq$,式中的销售价格 p 需要从需求函数中反解出来,即 $p=\dfrac{1}{5}(100-q)$,于是收入函数为 $R(q)=\dfrac{1}{5}(100-q)q$,

边际收入函数为 $R'(q) = \dfrac{1}{5}(100 - 2q)$,

$R'(20) = 12, R'(50) = 0, R'(70) = -8.$

由所得结果可知,当销售量即需求量为 20 个单位时,再增加销售 1 个单位产品,可使总收入约增加 12 个单位;当销售量为 50 个单位时,再增加销售 1 个单位产品,总收入不会增加;当销售量为 70 个单位时,再增加销售 1 个单位产品,反而使总收入约减少 8 个单位.

例 3.27　某煤炭公司每天生产煤 q 吨的总成本函数为 $C(q) = 2\,000 + 450q + 0.02q^2$ 元,如果每吨煤的售价为 490 元,求:

(1)边际成本函数 $C'(q)$;

(2)利润函数 $L(q)$ 及边际利润函数 $L'(q)$;

(3)边际利润为 0 时的产量.

解　(1)因为 $C(q) = 2\,000 + 450q + 0.02q^2$,所以 $C'(q) = 450 + 0.04q$.

(2)因为 $R(q) = pq = 490q$,所以利润函数

$L(q) = R(q) - C(q) = 490q - (2\,000 + 450q + 0.02q^2) = 40q - 0.02q^2 - 2\,000.$

边际利润函数为 $L'(q) = 40 - 0.04q$.

(3)当边际利润为零时,即 $L'(q) = 40 - 0.04q = 0$,可得 $q = 1\,000$(吨).

3.6.3　在经济分析中的最大值与最小值问题

例 3.28　某厂生产某种产品,其固定成本为 3 万元,每生产 1 百件产品,成本增加 2 万元,其总收入 R(单位:万元)是产量 q(单位:百件)的函数,$R(q) = 5q - \dfrac{1}{2}q^2$. 求达到最大利润时的产量.

解　由题意得,成本函数为 $C(q) = 3 + 2q$,

于是利润函数 $L(q) = R(q) - C(q) = -3 + 3q - \dfrac{1}{2}q^2$,$L'(q) = 3 - q$,

令 $L'(q) = 0$,得 $q = 3$(百件),为唯一驻点,所以当产量 $q = 3$ 百件时,利润最大.

例 3.29　已知生产某种产品(单位:千件)的成本函数为 $C(q) = 0.1q^2 + 15q + 22.5$(单位:千元). 求使该产品的平均成本最小的产量和最小平均成本.

解　设生产该种产品 q 千件的平均成本为 $\overline{C}(q)$,那么

$$\overline{C}(q) = \frac{C(q)}{q} = 0.1q + 15 + \frac{22.5}{q}, q \in (0, +\infty),\text{因为}\ \overline{C}'(q) = 0.1 - \frac{22.5}{q^2}.$$

令 $\overline{C}'(q) = 0$,得 $q_1 = 15, q_2 = -15$(舍去),且 $q_1 = 15$ 是平均成本函数 $\overline{C}(q)$ 在定义域内的唯一驻点. 所以产量为 $q_1 = 15$ 千件时该产品的平均成本最小.

最小平均成本为 $\overline{C}(15) = 18$(千元).

习题　3-6

1. 某产品的销售量 q 与价格 p 之间的关系为 $q = \dfrac{1-p}{p}$,求需求弹性 E_p. 如果销售

价格为 0.5,试确定 E_p 的值.

2. 某工厂每日产品总成本 C(单位:百元)与日产量 q(单位:kg)的关系为 $C(q) = 4q + 2\sqrt{q} + 500$,求边际成本函数,并求日产量为 900 kg 时的边际成本.

3. 设一市场对某商品的需求量 q 与价格 p 的关系为 $q = 50 - 5p$,求其边际需求及边际价格.

4. 设生产某种产品 q 单位的生产费用为 $C(q) = q^2 + 20q + 900$,问 q 为多少时能使平均费用最低? 最低的平均费用是多少?

5. 有一个企业生产某种产品,每批生产 q 单位的总成本为 $C(q) = 3 + q$(单位:百元),可得的总收入为 $R(q) = 6q - q^2$(单位:百元). 问每批生产该产品多少单位时能使利润最大? 最大利润是多少?

本章知识结构图

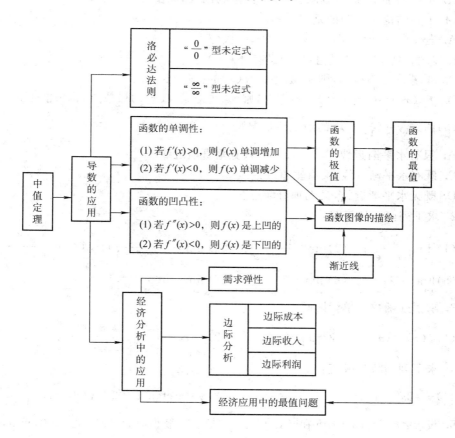

复 习 题 3

1. 选择题

(1)函数 $f(x)=\ln \sin x$ 在区间 $[\frac{\pi}{6},\frac{5\pi}{6}]$ 上满足拉格朗日中值定理条件和结论,这时 ξ 的值为(   ).

A. $\frac{\pi}{6}$ B. $\frac{\pi}{4}$ C. $\frac{\pi}{3}$ D. $\frac{\pi}{2}$

(2)函数 $y=x^2 e^{-x}$ 单调增加的区间(   ).

A. $(-\infty,\infty)$ B. $(-\infty,0)$ C. $(0,2)$ D. $(0,+\infty)$

(3)函数 $y=x^3+12x+1$ 在定义域内(   ).

A. 单调增加   B. 单调减少   C. 图形为凸   D. 图形为凹

(4)下列结论中正确的是(   ).

A. 若 $f'(x_0)=0$,则 x_0 必是 $f(x)$ 的极值点

B. 若 x_0 是 $f(x)$ 的极值点,则必有 $f'(x_0)=0$

C. 若 $f'(x_0)$ 不存在,则 x_0 必不是 $f(x)$ 的极值点

D. $f'(x_0)=0$ 或 $f'(x_0)$ 不存在,则 x_0 可能是 $f(x)$ 的极值点,也可能不是

(5)曲线 $y=(\frac{1+x}{1-x})^4$ 的渐近线情况是(   ).

A. 只有水平渐近线   B. 只有垂直渐近线

C. 既有水平渐近线,又有垂直渐近线

D. 既无水平渐近线,又无垂直渐近线

2. 求下列函数的极限:

(1) $\lim\limits_{x\to-\infty}\dfrac{xe^{\frac{x}{2}}}{x+e^x}$;   (2) $\lim\limits_{x\to0}\dfrac{\tan x-x}{x-\sin x}$;   (3) $\lim\limits_{x\to0^+}(\dfrac{1}{x}-\dfrac{1}{e^x-1})$;   (4) $\lim\limits_{x\to0^+}\dfrac{e^{-\frac{1}{x}}}{x}$;

(5) $\lim\limits_{x\to1}x^{\frac{1}{1-x}}$;   (6) $\lim\limits_{x\to0^+}x^{\tan x}$;   (7) $\lim\limits_{x\to0^+}(\cot x)^{\sin x}$.

3. 求下列函数的单调区间:

(1) $f(x)=(x+1)^2(2-x)^3$;   (2) $f(x)=\begin{cases}x^2, & x\leqslant0, \\ xe^{-x}, & x>0.\end{cases}$

4. 求下列函数的极值:

(1) $y=2x^2-\ln x$;   (2) $y=\arctan x-\dfrac{1}{2}\ln(1+x^2)$.

5. 设 $y=ax^3-6ax^2+b$ 在 $[0,2]$ 上最大值为 3,最小值为 -29,又 $a>0$,求 a,b.

6. 求下列函数的拐点及凹凸区间:

(1) $f(x)=x^3(1-x)$;   (2) $f(x)=x-2\arctan x$.

7. 应用题

(1)某工厂计划全年需要某种原料 100 万吨,且其消耗是均匀的. 已知该原料分别分批均匀进货,每次进货手续费为 1 000 元,而每吨原料全年库存费为 0.05 元,求使总费用最省的经济批量和相应的订货次数.

(2)设某厂每天生产某种产品 q 单位的总成本函数为 $C(q) = 0.5q^2 + 36q + 9\ 800$ 元,问每天生产多少个单位的产品平均成本最低?

(3)某个体户以每条 30 元的进价购一批牛仔裤,此牛仔裤的需求函数为 $q = 120 - 2p$,问该个体户获得最大利润的销售价是多少?

(4)设某厂生产某种产品 q 单位时,其销售收入为 $R(q) = 3\sqrt{q}$,成本函数为 $C(q) = 0.24q^2 + 1$,求使利润最大的产量 q.

中外数学家

柯 西

柯西,法国数学家(1789.8.21—1857.5.23).

柯西 1789 年 8 月 21 日出生于巴黎,由于家庭的原因,柯西本人属于拥护波旁王朝的正统派,是一位虔诚的天主教徒.

1805 年,他考入综合工科学校,在那里主要学习数学和力学;1807 年考入桥梁公路学校,1810 年以优异成绩毕业,前往瑟堡参加海港建设工程.根据拉格朗日的建议,他进行了多面体的研究,并于 1811 及 1812 年向科学院提交了两篇论文,这两篇论文在数学界造成了极大的影响.

1813 年柯西在巴黎被任命为运河工程的工程师,这期间,他继续潜心研究数学并且参加学术活动,取得了很多成果,这些成果的发表给柯西带来了很高的声誉,他成为当时国际上著名的青年数学家.

1815 年法国拿破仑失败,波旁王朝复辟,路易十八当上了法国国王.柯西于 1816 年先后被任命为法国科学院院士和综合工科学校教授.1821 年又被任命为巴黎大学力学教授,还曾在法兰西学院授课.这一时期他主要做了如下工作.

(1)建立了微积分的基础极限理论,还阐明了极限理论.在此以前,微积分和级数的概念是模糊不清的.他还编写了《代数分析教程》、《无穷小分析教程概要》和《微积分在几何中应用教程》.这些工作为微积分奠定了基础,促进了数学的发展,成为数学教程的典范.

(2)研究连续介质力学.在 1822 年的一篇论文中,他建立了弹性理论的基础.

(3)继续研究复平面上的积分及留数计算,并应用有关结果研究数学物理中的偏微分方程等.

1830 年法国爆发了推翻波旁王朝的革命.他离开法国,先到瑞士,后于 1832 到 1833 年间任意大利都灵大学数学物理教授,并参加当地科学院的学术活动.那时他研究了复变函数的级数展开和微分方程(强级数法),为此作出重要贡献.

1848 年路易·菲力浦倒台,法国重新建立了共和国.柯西担任了巴黎大学数理天文学教授,重新进行他在法国高等学校中断了 18 年的教学工作.直到 1857 年他在巴黎近郊逝世时为止.柯西直到逝世前仍不断参加学术活动,不断发表科学论文.

柯西是一位多产的数学家,他的全集从 1882 年开始出版到 1974 年才出齐最后一卷,总计 28 卷.

4   不定积分

传染病的传播问题

医学是研究疾病防治的科学,它涉及疾病的传播与预防、诊断与治疗等各个方面.任何疾病的发生和发展,除诱发疾病的外部条件外,主要取决于人体本身的状态和防御功能的强弱,这是十分复杂的生理现象.人们希望能够利用某些方式对某些疾病的发生给出较为准确的预报,以便采取措施加以控制.随着医学水平的不断提高,很多疾病,诸如天花、霍乱已经得到有效控制.然而,即使在今天,在一些地区和国家,仍然会出现传染病流行的现象,医疗、卫生部门的官员与专家所关注的问题是:感染上疾病的人数与哪些因素有关? 如何预报传染高潮的到来?

解决这样的问题,要经过问题分析,建立数学模型,解数学模型,然后用实际数据验证其结果的准确程度,若经过检验准确程度好,就可以用此模型来预报传染病在何时是高发期,这样可以采取相应的措施加以控制.

解决上述问题,要用到不定积分,不定积分是微分的逆运算.

(一)学习目标
1. 理解原函数的概念,不定积分的概念、几何意义及性质.
2. 掌握不定积分的基本公式、不定积分的换元积分法和分部积分法.
3. 了解简单有理函数的积分方法.

(二)学习重点和难点
重点   不定积分的计算.
难点   不定积分的换元积分法和分部积分法.

在前面的学习中,我们讨论了求已知函数的导数(或微分)问题,但是在生产实践、科学技术领域中往往还会遇到与此相反的问题,即已知一个函数的导数或微分,求出此函数.这种求函数的导数(或微分)的逆运算,就是本章要介绍的不定积分.本章主要讨论不定积分的概念、性质及运算.

4.1   不定积分的概念及性质

4.1.1   原函数

前面我们已经学过,已知物体的运动规律为 $s = s(t)$,则该物体在时刻 t 的瞬时速度为 $v(t) = s'(t)$.

在实际中,我们还会遇到相反的问题,即已知物体在时刻 t 的瞬时速度为 $v(t)$,如何求其运动规律 $s=s(t)$?

类似的问题,在自然科学及工程技术中也会遇到的.撇开问题的实际意义,仅从数学角度看,都可以归结为:已知 $F'(x)=f(x)$,求 $F(x)$ 的问题.这显然是求导(或微分)的逆运算.为此,我们首先引入原函数的定义.

定义 4.1　设 $f(x)$ 是定义在区间 I 上的已知函数,若存在函数 $F(x)$,使得 $F'(x)=f(x)$ 或 $\mathrm{d}F(x)=f(x)\mathrm{d}x$,则称 $F(x)$ 为 $f(x)$ 在区间 I 上的一个**原函数**.

例如,因为 $(x^2)'=2x$,所以 x^2 是函数 $2x$ 的一个原函数.又因为

$$(x^2+1)'=2x,(x^2-\sqrt{3})'=2x,\cdots,(x^2+C)'=2x,$$

其中 C 为任意常数,所以 $x^2+1,x^2-\sqrt{3},\cdots,x^2+C$ 都是 $2x$ 的原函数.

在这里我们要探讨两个问题:

(1)是否所有的函数都存在原函数?

(2)若一个函数存在原函数,那么它的原函数有多少个呢?

下面两个定理分别解决了上述两个问题.

定理 4.1(原函数存在定理)

如果函数 $f(x)$ 在区间 I 上连续,则函数 $f(x)$ 在区间 I 上的原函数必定存在.

定理 4.2　若 $f(x)$ 在区间 I 上有一个原函数 $F(x)$,则它必有无穷多个原函数,且任意两个原函数之差是一个常数.

推论　若 $F(x)$ 是 $f(x)$ 的一个原函数,则 $F(x)+C$ 是 $f(x)$ 的全部原函数,其中 C 为任意常数.

4.1.2　不定积分的概念

定义 4.2　函数 $f(x)$ 的全体原函数 $F(x)+C$ 叫做 $f(x)$ 的**不定积分**,记为

$$\int f(x)\mathrm{d}x = F(x)+C,其中 F'(x)=f(x).$$

上式中"$\int$"叫做积分号,$f(x)$ 叫做被积函数,$f(x)\mathrm{d}x$ 叫做被积表达式,x 叫做积分变量,$\mathrm{d}x$ 叫做积分微元.

注:求 $\int f(x)\mathrm{d}x$ 时,切记要"$+C$",否则求出的只是一个原函数,而不是不定积分.

例 4.1　求下列不定积分:

(1) $\int x^2\mathrm{d}x$;　　(2) $\int \dfrac{1}{x}\mathrm{d}x$.

解　(1)因为 $(\dfrac{1}{3}x^3)'=x^2$,所以 $\int x^2\mathrm{d}x = \dfrac{1}{3}x^3+C$.

(2)因为 $x>0$ 时,$(\ln x)'=\dfrac{1}{x}$;而 $x<0$ 时,$[\ln(-x)]'=\dfrac{1}{(-x)}\cdot(-x)'=\dfrac{1}{x}$,

所以 $\int \dfrac{1}{x}\mathrm{d}x = \ln|x|+C$.

4.1.3　不定积分的几何意义

由于函数 $f(x)$ 的不定积分是原函数的全体,即 $\int f(x)\mathrm{d}x = F(x)+C$,$C$ 为任意常数,

每确定一个常数 C,就对应一个确定的原函数,在几何上,就有一条平面曲线与之对应,称为**积分曲线**. 故不定积分 $\int f(x)\mathrm{d}x$ 在几何上表示的是一簇积分曲线,这簇曲线可以由簇中任一条曲线沿 y 轴上下平移得到,且在相同的横坐标 x 处,所有积分曲线的斜率均为 $f(x)$,即簇中曲线在横坐标相同处的切线都是平行的(见图 4-1). 如果需要确定积分曲线簇中的某一条特定的积分曲线,只需根据已知条件,把不定积分中的常数 C 求出来即可.

例 4.2 设曲线过点 $(-1,2)$,并且曲线上任意一点处切线的斜率等于这点横坐标的 2 倍,求此曲线的方程.

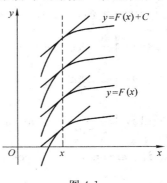

图 4-1

解 设所求曲线方程为 $y=f(x)$,由题设条件,过曲线上任意一点 (x,y) 的切线斜率为 $\dfrac{\mathrm{d}y}{\mathrm{d}x}=2x$,所以,$f(x)$ 是 $2x$ 的一个原函数,因为 $\int 2x\mathrm{d}x=x^2+C$,故 $f(x)=x^2+C$,又因为曲线 $y=f(x)$ 过点 $(-1,2)$,所以有 $2=(-1)^2+C$,即 $C=1$. 于是所求曲线方程为 $y=x^2+1$.

4.1.4 不定积分的性质

根据不定积分的定义,可以直接得到不定积分的下列性质:

性质 1 不定积分与求导数(或微分)互为逆运算,即

(1) $\left[\int f(x)\mathrm{d}x\right]'=f(x)$ 或 $\mathrm{d}\left[\int f(x)\mathrm{d}x\right]=f(x)\mathrm{d}x$;

(2) $\int F'(x)\mathrm{d}x=F(x)+C$ 或 $\int \mathrm{d}F(x)=F(x)+C$.

性质 2 被积表达式中的非零常数因子,可以移到积分号前,即

$$\int kf(x)\mathrm{d}x=k\int f(x)\mathrm{d}x,(k\neq 0,\text{常数}).$$

性质 3 两个函数代数和的不定积分等于两个函数的不定积分的代数和,即

$$\int[f(x)\pm g(x)]\mathrm{d}x=\int f(x)\mathrm{d}x\pm\int g(x)\mathrm{d}x.$$

这一结论可以推广到任意有限多个函数的代数和的情形,即

$$\int[f_1(x)\pm f_2(x)\pm\cdots\pm f_n(x)]\mathrm{d}x$$
$$=\int f_1(x)\mathrm{d}x\pm\int f_2(x)\mathrm{d}x\pm\cdots\pm\int f_n(x)\mathrm{d}x.$$

4.1.5 基本积分公式

由于不定积分是求导数(或微分)的逆运算,所以根据导数基本公式就得到相应的不定积分的基本公式.

(1) $\int k\mathrm{d}x=kx+C$ (k 是常数)

(2) $\int x^a\mathrm{d}x=\dfrac{1}{a+1}x^{a+1}+C(a\neq -1)$

(3) $\int a^x\mathrm{d}x=\dfrac{a^x}{\ln a}+C$

(4) $\int \mathrm{e}^x\mathrm{d}x=\mathrm{e}^x+C$

(5) $\int \dfrac{1}{x}\mathrm{d}x=\ln|x|+C$

(6) $\int \sin x\mathrm{d}x=-\cos x+C$

(7) $\int \cos x \mathrm{d}x = \sin x + C$

(8) $\int \dfrac{1}{\cos^2 x} \mathrm{d}x = \int \sec^2 x \mathrm{d}x = \tan x + C$

(9) $\int \dfrac{1}{\sin^2 x} \mathrm{d}x = \int \csc^2 x \mathrm{d}x = -\cot x + C$

(10) $\int \sec x \tan x \mathrm{d}x = \sec x + C$

(11) $\int \csc x \cot x \mathrm{d}x = -\csc x + C$

(12) $\int \dfrac{1}{\sqrt{1-x^2}} \mathrm{d}x = \arcsin x + C (= -\arccos x + C_1)$

(13) $\int \dfrac{1}{1+x^2} \mathrm{d}x = \arctan x + C (= -\operatorname{arccot} x + C_1)$

注：$\arcsin x$ 与 $-\arccos x$ 只相差一个常数 $\dfrac{\pi}{2}$；$\arctan x$ 与 $-\operatorname{arccot} x$ 只相差一个常数 $\dfrac{\pi}{2}$.

以上 13 个公式是积分法的基础，必须熟记.

利用不定积分的基本公式和不定积分的性质，可以直接计算一些较简单函数的不定积分. 我们将这种直接套用基本公式和性质，或将被积函数适当变形之后，再套用基本公式和性质的积分方法称之为**直接积分法**.

例 4.3 求下列不定积分：

(1) $\int (2\mathrm{e}^x - 3\sin x) \mathrm{d}x$；　(2) $\int \dfrac{1-x+x^2-x^3}{x^2} \mathrm{d}x$；　(3) $\int (\sqrt[3]{x}-1)^2 \mathrm{d}x$.

解 (1) $\int (2\mathrm{e}^x - 3\sin x) \mathrm{d}x = 2\int \mathrm{e}^x \mathrm{d}x - 3\int \sin x \mathrm{d}x = 2\mathrm{e}^x + 3\cos x + C.$

(2) $\displaystyle\int \dfrac{1-x+x^2-x^3}{x^2} \mathrm{d}x = \int \left(\dfrac{1}{x^2} - \dfrac{1}{x} + 1 - x\right) \mathrm{d}x$

$$= \int \dfrac{1}{x^2} \mathrm{d}x - \int \dfrac{1}{x} \mathrm{d}x + \int 1 \mathrm{d}x - \int x \mathrm{d}x$$

$$= -\dfrac{1}{x} - \ln |x| + x - \dfrac{1}{2}x^2 + C.$$

(3) $\displaystyle\int (\sqrt[3]{x}-1)^2 \mathrm{d}x = \int (\sqrt[3]{x^2} - 2\sqrt[3]{x} + 1) \mathrm{d}x = \int \sqrt[3]{x^2} \mathrm{d}x - 2\int \sqrt[3]{x} \mathrm{d}x + \int \mathrm{d}x$

$$= \dfrac{3}{5}x^{\frac{5}{3}} - \dfrac{3}{2}x^{\frac{4}{3}} + x + C.$$

注：(1) 在逐项积分时，不必每一项后面都加上一个常数，因为任意常数之和还是任意常数，所以只需在最后的积分结果上加上一个任意常数就可以了.

(2) 要判断不定积分计算出来的结果是否正确，只需对结果求导，看其导数是否等于被积函数即可.

例 4.4 求下列不定积分：

(1) $\int \dfrac{1-x^2}{1+x^2}\mathrm{d}x$； (2) $\int \cot^2 x\mathrm{d}x$； (3) $\int \sin^2 \dfrac{x}{2}\mathrm{d}x$.

解 (1) 本题不能直接应用不定积分的基本公式，但我们把被积函数做适当的变形，有

$$\int \frac{1-x^2}{1+x^2}\mathrm{d}x = \int \frac{2-(1+x^2)}{1+x^2}\mathrm{d}x = 2\int \frac{1}{1+x^2}\mathrm{d}x - \int \mathrm{d}x = 2\arctan x - x + C.$$

(2) 利用三角函数的性质，有

$$\int \cot^2 x\mathrm{d}x = \int (\csc^2 x - 1)\mathrm{d}x = \int \csc^2 x\mathrm{d}x - \int \mathrm{d}x = -\cot x - x + C.$$

(3) 利用三角函数的半角公式，有 $\sin^2 \dfrac{x}{2} = \dfrac{1-\cos x}{2}$，所以

$$\int \sin^2 \frac{x}{2}\mathrm{d}x = \int \frac{1-\cos x}{2}\mathrm{d}x = \frac{1}{2}\int \mathrm{d}x - \frac{1}{2}\int \cos x\mathrm{d}x = \frac{1}{2}(x-\sin x) + C.$$

习题 4-1

1. 求下列不定积分：

(1) $\int \dfrac{\mathrm{d}x}{x^3}$；

(2) $\int x\sqrt{x}\mathrm{d}x$；

(3) $\int \dfrac{x^2-\sqrt{x}+1}{x\sqrt{x}}\mathrm{d}x$；

(4) $\int \sqrt{x\sqrt{x\sqrt{x}}}\mathrm{d}x$；

(5) $\int \dfrac{\mathrm{e}^{2x}-2^x}{\mathrm{e}^x}\mathrm{d}x$；

(6) $\int \dfrac{2+x^2}{x^2(x^2+1)}\mathrm{d}x$；

(7) $\int \left(\dfrac{3}{1+x^2} - \dfrac{2}{\sqrt{1-x^2}}\right)\mathrm{d}x$；

(8) $\int \dfrac{\cos 2x}{\cos^2 x\sin^2 x}\mathrm{d}x$.

2. 验证下列等式：

(1) $\int (4x^3+3x^2+2)\mathrm{d}x = x^4+x^3+2x+C$； (2) $\int \dfrac{x}{\sqrt{x^2+2}}\mathrm{d}x = \sqrt{x^2+2}+C$；

(3) $\int (\ln x+1)\mathrm{d}x = x\ln x + C$； (4) $\int \dfrac{1-x\ln 3}{3^x}\mathrm{d}x = \dfrac{x}{3^x}+C$.

3. 解下列问题：

(1) 已知曲线上任一点 x 处的切线的斜率为 $4x^3$，且曲线经过点 $(0,3)$，求此曲线的方程；

(2) 一物体从静止开始运动，经 t 秒后的速度是 $3t^2 (\mathrm{m/s})$，问物体走完 $216\,000$ m 需要多少时间？

4.2 换元积分法

用直接积分法所能计算的不定积分是有限的，因此必须进一步研究新的积分方法. 下面要介绍的是换元积分法. 换元积分法是复合函数的求导的逆运算. 通常根据被积函

数的不同特点将换元法分为第一类换元积分法和第二类换元积分法.

4.2.1　第一类换元积分法(凑微分法)

先分析一个例子.

例 4.5　求 $\int \sin^2 x \cos x \, dx$

解　被积函数 $\sin^2 x \cos x$ 是两个函数的乘积,基本积分表中没有这样的公式,事实上

$$\sin^2 x \cos x \, dx = \sin^2 x (\sin x)' dx = \sin^2 x \, d(\sin x),$$

令 $u = \sin x$,则 $\sin^2 x \, d(\sin x) = u^2 du$,于是有

$$\int \sin^2 x \cos x \, dx = \int u^2 \, du = \frac{1}{3} u^3 + C \xrightarrow{\text{回代 } u = \sin x} \frac{1}{3} \sin^3 x + C.$$

一般地,有下述定理.

定理 4.3　设 $F(u)$ 为 $f(u)$ 的一个原函数,即 $\int f(u) du = F(u) + C$,且 $u = \varphi(x)$ 具有连续导数,则有 $\int f[\varphi(x)]\varphi'(x) dx = F[\varphi(x)] + C.$

证明从略.

通常用以下步骤应用上述定理:

$$\int f[\varphi(x)]\varphi'(x) dx = \int f[\varphi(x)] d\varphi(x)$$

$$\xrightarrow{\text{令 } \varphi(x) = u} \int f(u) du = F(u) + C \xrightarrow{\text{回代 } u = \varphi(x)} F[\varphi(x)] + C.$$

这种求不定积分的方法通常叫做**第一类换元积分法**,也称**凑微分法**.

例 4.6　求下列不定积分:

(1) $\int (4x+1)^{20} dx$;　　(2) $\int x \sqrt{1-x^2} \, dx$.

解　(1) $\int (4x+1)^{20} dx = \frac{1}{4} \int (4x+1)^{20} d(4x+1)$

$$\xrightarrow{\text{令 } 4x+1 = u} \frac{1}{4} \int u^{20} du = \frac{1}{84} u^{21} + C$$

$$\xrightarrow{\text{回代 } 4x+1 = u} \frac{1}{84} (4x+1)^{21} + C.$$

(2) $\int x \sqrt{1-x^2} \, dx = -\frac{1}{2} \int \sqrt{1-x^2} \, d(1-x^2)$

$$\xrightarrow{\text{令 } 1-x^2 = u} -\frac{1}{2} \int u^{\frac{1}{2}} du = -\frac{1}{3} u^{\frac{3}{2}} + C$$

$$\xrightarrow{\text{回代 } u = 1-x^2} -\frac{1}{3} (1-x^2)^{\frac{3}{2}} + C.$$

方法熟悉后,可略去中间的换元步骤,直接凑微分成积分公式的形式.下列各式在凑微分时会经常用到,熟记它们,解题时会带来帮助.

$$\mathrm{d}x = \frac{1}{a}\mathrm{d}(ax + b); \quad x\mathrm{d}x = \frac{1}{2}\mathrm{d}(x^2); \quad \frac{\mathrm{d}x}{\sqrt{x}} = 2\mathrm{d}(\sqrt{x}); \quad \mathrm{e}^x\mathrm{d}x = \mathrm{d}(\mathrm{e}^x);$$

$$\frac{1}{x}\mathrm{d}x = \mathrm{d}(\ln|x|); \quad \sin x\mathrm{d}x = -\mathrm{d}(\cos x); \quad \cos x\mathrm{d}x = \mathrm{d}(\sin x); \quad \sec^2 x\mathrm{d}x = \mathrm{d}(\tan x);$$

$$\csc^2 x\mathrm{d}x = -\mathrm{d}(\cot x); \quad \frac{\mathrm{d}x}{\sqrt{1-x^2}} = \mathrm{d}(\arcsin x); \quad \frac{\mathrm{d}x}{1+x^2} = \mathrm{d}(\arctan x).$$

例 4.7 求下列不定积分：

(1) $\int \frac{\mathrm{d}x}{\sqrt{a^2 - x^2}}(a > 0)$; (2) $\int \tan x\mathrm{d}x$; (3) $\int \sec x\mathrm{d}x$; (4) $\int \frac{1}{x^2 - a^2}\mathrm{d}x$.

解 (1) $\frac{\mathrm{d}x}{\sqrt{a^2-x^2}} = \int \frac{1}{a\sqrt{1-(\frac{x}{a})^2}}\mathrm{d}x = \int \frac{1}{\sqrt{1-(\frac{x}{a})^2}}\mathrm{d}(\frac{x}{a}) = \arcsin \frac{x}{a} + C.$

类似可得 $\int \frac{\mathrm{d}x}{a^2 + x^2} = \frac{1}{a}\arctan \frac{x}{a} + C.$

(2) $\int \tan x\mathrm{d}x = \int \frac{\sin x}{\cos x}\mathrm{d}x = -\int \frac{\mathrm{d}(\cos x)}{\cos x} = -\ln|\cos x| + C.$

类似可得 $\int \cot x\mathrm{d}x = \ln|\sin x| + C.$

(3) $\int \sec x\mathrm{d}x = \int \frac{\sec x(\sec x + \tan x)}{\sec x + \tan x}\mathrm{d}x = \int \frac{\sec^2 x + \sec x\tan x}{\sec x + \tan x}\mathrm{d}x$

$\qquad = \int \frac{1}{\sec x + \tan x}\mathrm{d}(\sec x + \tan x) = \ln|\sec x + \tan x| + C.$

类似可得 $\int \csc x\mathrm{d}x = \ln|\csc x - \cot x| + C.$

(4) $\int \frac{1}{x^2 - a^2}\mathrm{d}x = \frac{1}{2a}\int (\frac{1}{x-a} - \frac{1}{x+a})\mathrm{d}x = \frac{1}{2a}[\int \frac{\mathrm{d}(x-a)}{x-a} - \int \frac{\mathrm{d}(x+a)}{x+a}]$

$\qquad = \frac{1}{2a}[\ln|x-a| - \ln|x+a|] + C = \frac{1}{2a}\ln\left|\frac{x-a}{x+a}\right| + C.$

本题中的七个积分今后经常用到，可以作为公式使用.

在求解不定积分时，经常需要先用代数运算或三角变换对被积函数做适当变形，另外要多做题，掌握更多的积分技巧.

例 4.8 求下列积分：

(1) $\int \sin^2 x\mathrm{d}x$; (2) $\int \cos^3 x\mathrm{d}x$; (3) $\int \frac{3+x}{\sqrt{4-x^2}}\mathrm{d}x$;

(4) $\int \frac{\mathrm{e}^x}{1+\mathrm{e}^x}\mathrm{d}x$; (5) $\int \frac{1}{1+\mathrm{e}^x}\mathrm{d}x$; (6) $\int \sin 2x\cos 3x\mathrm{d}x$.

解 本题积分前，需先用代数运算或三角变换对被积函数做适当变形.

(1) $\int \sin^2 x\mathrm{d}x = \int \frac{1-\cos 2x}{2}\mathrm{d}x = \frac{1}{2}\int \mathrm{d}x - \frac{1}{2}\int \cos 2x\mathrm{d}x$

$\qquad = \frac{1}{2}x - \frac{1}{4}\int \cos 2x\mathrm{d}(2x) = \frac{1}{2}x - \frac{1}{4}\sin 2x + C.$

(2) $\int \cos^3 x \mathrm{d}x = \int \cos^2 x \cos\, x \mathrm{d}x = \int \cos^2 x \mathrm{d}(\sin\, x) = \int (1 - \sin^2 x) \mathrm{d}(\sin\, x)$

$$= \sin\, x - \frac{1}{3}\sin^3 x + C.$$

(3) $\int \dfrac{3+x}{\sqrt{4-x^2}}\mathrm{d}x = 3\int \dfrac{\mathrm{d}x}{\sqrt{4-x^2}} + \int \dfrac{x}{\sqrt{4-x^2}}\mathrm{d}x = 3\arcsin\dfrac{x}{2} + \int \dfrac{-\dfrac{1}{2}}{\sqrt{4-x^2}}\mathrm{d}(4-x^2)$

$$= 3\arcsin\frac{x}{2} - \sqrt{4-x^2} + C.$$

(4) $\int \dfrac{\mathrm{e}^x}{1+\mathrm{e}^x}\mathrm{d}x = \int \dfrac{1}{1+\mathrm{e}^x}\mathrm{d}(1+\mathrm{e}^x) = \ln\,(1+\mathrm{e}^x) + C.$

(5) $\int \dfrac{1}{1+\mathrm{e}^x}\mathrm{d}x = \int \dfrac{1+\mathrm{e}^x - \mathrm{e}^x}{1+\mathrm{e}^x}\mathrm{d}x = \int \left(1 - \dfrac{\mathrm{e}^x}{1+\mathrm{e}^x}\right)\mathrm{d}x = \int \mathrm{d}x - \int \dfrac{1}{1+\mathrm{e}^x}\mathrm{d}(1+\mathrm{e}^x)$

$$= x - \ln\,(1+\mathrm{e}^x) + C.$$

(6) $\int \sin 2x \cos 3x \mathrm{d}x = \int \dfrac{1}{2}(\sin 5x - \sin\, x)\mathrm{d}x = \dfrac{1}{2}\int \sin 5x \mathrm{d}x - \dfrac{1}{2}\int \sin\, x \mathrm{d}x$

$$= -\frac{1}{10}\cos 5x + \frac{1}{2}\cos\, x + C.$$

例 4.9　计算不定积分 $\displaystyle\int \dfrac{\mathrm{d}x}{\sqrt{x-x^2}}$.

解　法 1

$$\int \frac{\mathrm{d}x}{\sqrt{x-x^2}} = \int \frac{\mathrm{d}x}{\sqrt{\dfrac{1}{4} - \left(x - \dfrac{1}{2}\right)^2}} = \int \frac{2\mathrm{d}x}{\sqrt{1 - (2x-1)^2}}$$

$$= \int \frac{\mathrm{d}(2x-1)}{\sqrt{1 - (2x-1)^2}} = \arcsin\,(2x-1) + C.$$

法 2 $\displaystyle\int \frac{\mathrm{d}x}{\sqrt{x-x^2}} = \int \frac{\mathrm{d}x}{\sqrt{x(1-x)}} = 2\int \frac{\mathrm{d}\sqrt{x}}{\sqrt{1-(\sqrt{x})^2}} = 2\arcsin\sqrt{x} + C.$

由此可见,选用不同的积分方法,可能得出不同形式的积分结果,其结果都是正确的,因为 $\arcsin(2x-1)$ 与 $2\arcsin\sqrt{x}$ 都是 $\dfrac{1}{\sqrt{x-x^2}}$ 的原函数,它们只相差一个常数.

4.2.2　第二类换元积分法

对于有些不定积分,用直接积分法和凑微分法是很难奏效的,例如 $\displaystyle\int \sqrt{a^2-x^2}\,\mathrm{d}x.$

为此,我们可引入新变量 t,令 $x = \varphi(t)$,使 $\displaystyle\int f(x)\mathrm{d}x = \int f[\varphi(t)]\varphi'(t)\mathrm{d}t$ 化为可直接积分或凑微分的形式,再进行计算.

定理 4.4　设函数 $f(x)$ 连续,如果

(1) $x = \varphi(t)$ 可导,且 $\varphi'(t)$ 连续,

(2) $x = \varphi(t)$ 的反函数 $t = \varphi^{-1}(x)$ 存在,

(3) $\int f[\varphi(t)]\varphi'(t)\mathrm{d}t = F(t) + C,$

则

$$\int f(x)\mathrm{d}x = \int f[\varphi(t)]\varphi'(t)\mathrm{d}t = F(t) + C \xrightarrow{\text{还原变量}} F[\varphi^{-1}(x)] + C.$$

这类求不定积分的方法,称为**第二换元积分法**.

例 4.10　求下列不定积分:

(1) $\displaystyle\int \frac{\mathrm{d}x}{1 + \sqrt{3 - x}}$;　　(2) $\displaystyle\int \frac{\sqrt{x}}{1 + \sqrt{x}}\mathrm{d}x.$

解　(1) 设 $t = \sqrt{3 - x}$,则 $x = 3 - t^2, \mathrm{d}x = -2t\mathrm{d}t,$

$$\int \frac{\mathrm{d}x}{1 + \sqrt{3 - x}} = -\int \frac{2t}{1 + t}\mathrm{d}t = -2\int \frac{1 + t - 1}{1 + t}\mathrm{d}t = -2\int \left(1 - \frac{1}{1 + t}\right)\mathrm{d}t$$

$$= -2(t - \ln|1 + t|) + C$$

$$\xrightarrow{\text{还原变量}} -2(\sqrt{3 - x} - \ln|1 + \sqrt{3 - x}|) + C.$$

(2) 令 $\sqrt{x} = t$,即 $x = t^2\,(t > 0)$,则 $\mathrm{d}x = 2t\mathrm{d}t$,于是

$$\int \frac{\sqrt{x}}{1 + \sqrt{x}}\mathrm{d}x = \int \frac{t}{1 + t} \cdot 2t\mathrm{d}t = 2\int \frac{t^2}{1 + t}\mathrm{d}t = 2\int \frac{(t^2 - 1) + 1}{t + 1}\mathrm{d}t = 2\int \left(t - 1 + \frac{1}{1 + t}\right)\mathrm{d}t$$

$$= t^2 - 2t + 2\ln|1 + t| + C \xrightarrow{\text{还原变量}} x - 2\sqrt{x} + 2\ln|1 + \sqrt{x}| + C.$$

例 4.11　求 $\displaystyle\int \sqrt{a^2 - x^2}\,\mathrm{d}x\,(a > 0).$

解　设 $x = a\sin t\,(-\frac{\pi}{2} < t < \frac{\pi}{2})$ 则有 $\mathrm{d}x = a\cos t\mathrm{d}t$,而 $\sqrt{a^2 - x^2} = \sqrt{a^2 - a^2\sin^2 t} = a\cos t$,于是

$$\int \sqrt{a^2 - x^2}\,\mathrm{d}x = a^2\int \cos^2 t\mathrm{d}t = a^2\int \frac{1 + \cos 2t}{2}\mathrm{d}t = \frac{a^2}{2}\left(t + \frac{1}{2}\sin 2t\right) + C$$

$$= \frac{a^2}{2}t + \frac{a^2}{2}\sin t\cos t + C.$$

为了还原变量,根据 $x = a\sin t$ 作辅助直角三角形,如图

4-2 所示. 则有 $t = \arcsin \dfrac{x}{a}, \sin t = \dfrac{x}{a}, \cos t = \dfrac{\sqrt{a^2 - x^2}}{a}$,
于是

$$\int \sqrt{a^2 - x^2}\,\mathrm{d}x = \frac{a^2}{2}\arcsin \frac{x}{a} + \frac{x}{2}\sqrt{a^2 - x^2} + C.$$

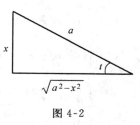

图 4-2

和上例类似,利用三角公式消去根式,可以求出以下结果.

$$\int \frac{1}{\sqrt{a^2 + x^2}}\mathrm{d}x = \ln(x + \sqrt{a^2 + x^2}) + C,$$

$$\int \frac{1}{\sqrt{x^2 - a^2}}\mathrm{d}x = \ln|x + \sqrt{x^2 - a^2}| + C.$$

注:(1) 第二类换元法常常用于被积函数中含有根式的情形,常用的变量替换可总结如下:

① 被积函数为 $f(\sqrt[n_1]{x}, \sqrt[n_2]{x})$,则令 $t = \sqrt[n]{x}$,其中 n 为 n_1, n_2 的最小公倍数.

② 被积函数为 $f(\sqrt[n]{ax+b})$,则令 $t = \sqrt[n]{ax+b}$.

③ 被积函数为 $f(\sqrt{a^2 - x^2})$,则令 $x = a\sin t$.

④ 被积函数为 $f(\sqrt{a^2 + x^2})$,则令 $x = a\tan t$.

⑤ 被积函数为 $f(\sqrt{x^2 - a^2})$,则令 $x = a\sec t$.

(2) 在作三角替换时,可以利用直角三角形的边角关系确定有关三角函数的关系,以返回原积分变量.

还有一种类型题,根号下既不是一次式,也不是二次式,我们也可采用第二换元法来做.

例 4.12　求 $\int \sqrt{e^x + 1}\, dx$.

解　设 $t = \sqrt{e^x + 1}$,则 $e^x = t^2 - 1$,$x = \ln|t^2 - 1|$,$dx = \dfrac{2t}{t^2 - 1}\, dt$,

于是　$\displaystyle\int \sqrt{e^x + 1}\, dx = \int t \cdot \frac{2t}{t^2 - 1}\, dt = 2\int \frac{t^2}{t^2 - 1}\, dt = 2\int \left(1 + \frac{1}{t^2 - 1}\, dt\right)$

$$= 2t + \ln\left|\frac{t-1}{t+1}\right| + C = 2\sqrt{e^x + 1} + \ln\left|\frac{\sqrt{e^x + 1} - 1}{\sqrt{e^x + 1} + 1}\right| + C$$

$$= 2\sqrt{e^x + 1} + \ln|\sqrt{e^x + 1} - 1| - \ln|\sqrt{e^x + 1} + 1| + C.$$

本节一些例题的结果,可以当作公式使用.为便于读者使用,将这些常用的基本积分公式列举如下:

(1) $\displaystyle\int \tan x\, dx = -\ln|\cos x| + C$

(2) $\displaystyle\int \cot x\, dx = \ln|\sin x| + C$

(3) $\displaystyle\int \sec x\, dx = \ln|\sec x + \tan x| + C$

(4) $\displaystyle\int \csc x\, dx = \ln|\csc x - \cot x| + C$

(5) $\displaystyle\int \frac{1}{a^2 + x^2}\, dx = \frac{1}{a}\arctan \frac{x}{a} + C \quad (a \neq 0)$

(6) $\displaystyle\int \frac{1}{x^2 - a^2}\, dx = \frac{1}{2a}\ln\left|\frac{x-a}{x+a}\right| + C \quad (a \neq 0)$

(7) $\displaystyle\int \frac{1}{\sqrt{a^2 - x^2}}\, dx = \arcsin \frac{x}{a} + C \quad (a > 0,\ |x| < a)$

(8) $\displaystyle\int \frac{1}{\sqrt{x^2 \pm a^2}}\, dx = \ln|x + \sqrt{x^2 \pm a^2}| + C \quad (a > 0,\ |x| > a)$

(9) $\int \sqrt{a^2 - x^2}\,dx = \dfrac{a^2}{2}\arcsin\dfrac{x}{a} + \dfrac{x}{2}\sqrt{a^2 - x^2} + C$　$(a > 0, |x| < a)$

习题　4-2

1. 填空题

(1) $x\,dx = d(\quad)$;　　　　　　　　(2) $e^{3x}\,dx = d(\quad)$;

(3) $\sin\dfrac{x}{6}\,dx = d(\quad)$;　　　　　　(4) $3^x\,dx = d(\quad)$;

(5) $\dfrac{dx}{x(1 + 2\ln x)} = d(\quad)$;　　　　(6) $\dfrac{1}{\sqrt{1 - 9x^2}}\,dx = d(\quad)$.

2. 求下列不定积分:

(1) $\int (3x - 2)^2\,dx$;　　　(2) $\int x\sin x^2\,dx$;　　　(3) $\int \dfrac{x^2}{\sqrt{x^3 - 1}}\,dx$;

(4) $\int \dfrac{\cos\sqrt{x}}{\sqrt{x}}\,dx$;　　　(5) $\int e^{5t}\,dt$;　　　(6) $\int \dfrac{dx}{x\ln x\ln\ln x}$;

(7) $\int \dfrac{dx}{e^x + e^{-x}}$;　　　(8) $\int \dfrac{\sin x}{\cos^2 x}\,dx$;　　　(9) $\int \dfrac{1}{4 + 9x^2}\,dx$;

(10) $\int \dfrac{1}{4 - 9x^2}\,dx$.

3. 求下列不定积分:

(1) $\int x\sqrt{x + 1}\,dx$;　　　(2) $\int \dfrac{1}{1 + \sqrt{2x}}\,dx$;

(3) $\int \dfrac{1}{\sqrt{x} + \sqrt[3]{x^2}}\,dx$.

4. 求下列不定积分:

(1) $\int \sqrt{1 - x^2}\,dx$;　　　(2) $\int \dfrac{1}{\sqrt{1 + x^2}}\,dx$;

(3) $\int \dfrac{1}{x^2\sqrt{1 - x^2}}\,dx$;　　(4) $\int (1 + x^2)^{-\frac{3}{2}}\,dx$.

4.3　分部积分法

　　利用直接积分法和换元积分法,可以求出许多不定积分,但这些方法对于形如 $\int xe^x\,dx$、$\int x\cos x\,dx$ 等类型的积分就难以奏效. 它需要采用另一种基本积分方法 —— 分部积分法.

　　设 $u = u(x), v = v(x)$ 具有连续的导数,由微分公式 $d(uv) = u\,dv + v\,du$,移项得

$$udv = \mathrm{d}(uv) - vdu,$$

两边积分,得
$$\int udv = uv - \int vdu.$$

这个公式叫做**分部积分公式**.它的作用在于把比较难求的 $\int udv$ 化为比较容易求的 $\int vdu$ 来计算,从而达到化难为易、化繁为简的目的.

例 4.13 求 $\int x\ln x\mathrm{d}x$.

解 设 $u = \ln x, dv = x\mathrm{d}x$,则 $du = \frac{1}{x}\mathrm{d}x, v = \frac{1}{2}x^2$,所以

$$\int x\ln x\mathrm{d}x = \frac{1}{2}\int \ln x\mathrm{d}(x^2) = \frac{1}{2}x^2\ln x - \int \frac{1}{2}x^2 \cdot \frac{1}{x}\mathrm{d}x = \frac{1}{2}x^2\ln x - \frac{1}{4}x^2 + C.$$

例 4.14 求 $\int x\sin x\mathrm{d}x$.

解 设 $u = x, dv = \sin x\mathrm{d}x$,则 $du = \mathrm{d}x, v = -\cos x$,所以

$$\int x\sin x\mathrm{d}x = -x\cos x + \int \cos x\mathrm{d}x = -x\cos x + \sin x + C.$$

注:(1) 应用分部积分法求积分时,关键在于适当地选取 u 和 dv,u 和 dv 的选取原则是,v 要易于求得,而 $\int vdu$ 比 $\int udv$ 要易于计算.

(2) 为便于读者掌握分部积分法,下面列出应用分部积分法的常见积分形式及 u 和 dv 的选取方法:

① 对于形如 $\int x^m\ln x\mathrm{d}x, \int x^m\arcsin x\mathrm{d}x, \int x^m\arctan x\mathrm{d}x(m \neq 1, m$ 为整数) 的积分,一般可设 $dv = x^m\mathrm{d}x, u$ 分别为 $\ln x, \arcsin x, \arctan x$.

② 对于形如 $\int x^n\sin ax\mathrm{d}x, \int x^n\cos ax\mathrm{d}x, \int x^n\mathrm{e}^{ax}\mathrm{d}x(n > 0, n$ 为正整数) 的积分,一般可设 $u = x^n$.

③ 对于形如 $\int \mathrm{e}^{ax}\sin bx\mathrm{d}x, \int \mathrm{e}^{ax}\cos bx\mathrm{d}x$ 的积分,一般可任取,即设 $u = \mathrm{e}^{ax}$ 或 $u = \sin bx, u = \cos bx$ 均可.

当熟练之后,在运算中可不必每次都具体地写出 u 和 dv,而直接应用分部积分公式.对于一些较复杂的分部积分,有可能要多次应用分部积分公式.

例 4.15 求下列不定积分:

(1) $\int \arcsin x\mathrm{d}x$;   (2) $\int x^2\mathrm{e}^x\mathrm{d}x$;   (3) $\int \mathrm{e}^x\sin x\mathrm{d}x$.

解 (1) $\int \arcsin x\mathrm{d}x = x\arcsin x - \int x\mathrm{d}(\arcsin x) = x\arcsin x - \int \frac{x}{\sqrt{1-x^2}}\mathrm{d}x$

$$= x\arcsin x + \frac{1}{2}\int \frac{1}{\sqrt{1-x^2}}\mathrm{d}(1-x^2) = x\arcsin x + \sqrt{1-x^2} + C.$$

(2) $\displaystyle\int x^2 e^x dx = \int x^2 d(e^x) = x^2 e^x - 2\int x e^x dx = x^2 e^x - 2\int x d(e^x)$

$\displaystyle = x^2 e^x - 2x e^x + 2\int e^x dx = (x^2 - 2x + 2)e^x + C.$

(3) $\displaystyle\int e^x \sin x dx = \int \sin x d(e^x) = e^x \sin x - \int e^x \cos x dx$

$\displaystyle = e^x \sin x - \int \cos x d(e^x) = e^x \sin x - e^x \cos x - \int e^x \sin x dx,$

所以 $\displaystyle\int e^x \sin x dx = \frac{1}{2}e^x(\sin x - \cos x) + C.$

此处应注意,移项后等式右端已不含积分项,故必须加上任意常数 C. 同时,在第二次应用分部积分法时,u 和 dv 的选取要与第一次保持一致,否则将回到原积分.

值得一提的是,在积分过程中,应灵活运用积分方法,切忌死搬硬套,有的问题往往需要兼用换元法与分部积分法才能求得最终结果.

例 4.16 求 $\displaystyle\int \arctan \sqrt{x} dx.$

解 先用换元法. 设 $t = \sqrt{x}$,则 $x = t^2$,$dx = 2t dt$. 所以

$\displaystyle\int \arctan \sqrt{x} dx = 2\int t\arctan t dt = \int \arctan t d(t^2) = t^2 \arctan t - \int \frac{t^2}{t^2+1} dt$

$\displaystyle = t^2 \arctan t - \int (1 - \frac{1}{t^2+1}) dt = t^2 \arctan t - t + \arctan t + C$

$\displaystyle = x\arctan \sqrt{x} - \sqrt{x} + \arctan \sqrt{x} + C.$

例 4.17 求 $\displaystyle\int \frac{x}{\sqrt{1+x}} dx.$

解 法1

$\displaystyle\int \frac{x}{\sqrt{1+x}} dx = \int \frac{x+1-1}{\sqrt{1+x}} dx = \int \sqrt{1+x} dx - \int \frac{dx}{\sqrt{1+x}}$

$\displaystyle = \frac{2}{3}(1+x)^{\frac{3}{2}} - 2(1+x)^{\frac{1}{2}} + C.$

法2 令 $1+x = u$,则 $dx = du$.

$\displaystyle\int \frac{x}{\sqrt{1+x}} dx = \int \frac{u-1}{\sqrt{u}} du = \int \sqrt{u} du - \int \frac{du}{\sqrt{u}} = \frac{2}{3}u^{\frac{3}{2}} - 2u^{\frac{1}{2}} + C$

$\displaystyle = \frac{2}{3}(1+x)^{\frac{3}{2}} - 2(1+x)^{\frac{1}{2}} + C.$

法3 令 $t = \sqrt{1+x}$,$x = t^2 - 1$,$dx = 2t dt$.

$\displaystyle\int \frac{x}{\sqrt{1+x}} dx = \int \frac{t^2-1}{t} 2t dt = \frac{2}{3}t^3 - 2t + C = \frac{2}{3}(1+x)^{\frac{3}{2}} - 2\sqrt{1+x} + C.$

法4 分部积分法

$$\int \frac{x}{\sqrt{1+x}} \mathrm{d}x = 2\int x \mathrm{d}(\sqrt{1+x}) = 2x\sqrt{1+x} - 2\int \sqrt{1+x} \mathrm{d}x$$

$$= 2x\sqrt{1+x} - 2\int \sqrt{1+x} \mathrm{d}(1+x) = 2x\sqrt{1+x} - \frac{4}{3}(1+x)^{\frac{3}{2}} + C.$$

由上例可以看出,不定积分的方法灵活多样,具体解题时要根据具体问题灵活运用各种方法,在学习中要注意不断积累经验.

习题 4-3

1. 计算下列不定积分:

(1) $\int x\sin x \mathrm{d}x$;   (2) $\int \ln x \mathrm{d}x$;   (3) $\int x \mathrm{e}^{-x} \mathrm{d}x$;   (4) $\int \arctan x \mathrm{d}x$;

(5) $\int x^2 \ln x \mathrm{d}x$;   (6) $\int \mathrm{e}^{-x}\cos x \mathrm{d}x$; (7) $\int \mathrm{e}^{3\sqrt{x}} \mathrm{d}x$;   (8) $\int \cos \ln x \mathrm{d}x$;

(9) $\int x\sin x\cos x \mathrm{d}x$; (10) $\int \frac{\ln^3 x}{x^2} \mathrm{d}x$.

4.4 简单有理函数积分法

形如 $\frac{P(x)}{Q(x)}$ 的函数称为有理函数,其中 $P(x)$ 与 $Q(x)$ 都是多项式. 当 $Q(x)$ 的次数高于 $P(x)$ 的次数时,$\frac{P(x)}{Q(x)}$ 是真分式,否则称 $\frac{P(x)}{Q(x)}$ 为假分式.

一般地,利用多项式除法,总可把假分式化为多项式与真分式之和,例如

$$\frac{x^5+x+1}{x^3+x^2-1} = x^2-x+1+\frac{2}{x^3+x^2-1},$$

多项式部分可以逐项积分,因此以下只讨论真分式的积分法.

以 $(x-a)^n (n \in \mathbf{N})$,$(x^2+px+q)^n (p^2-4q < 0, n \in \mathbf{N})$ 为分母的有理真分式称为简单分式(或部分分式).

由代数知识可知,任意一有理分式都可以唯一的分解成几个简单分式之和. 一般地,

(1) 当分母 $Q(x)$ 含有单因式 $x-a$ 时,分解式中对应有一项 $\frac{A}{x-a}$,其中 A 为待定系数.

(2) 当分母 $Q(x)$ 含有重因式 $(x-a)^n$ 时,分解式中相应有 n 个项

$$\frac{A_n}{(x-a)^n} + \frac{A_{n-1}}{(x-a)^{n-1}} + \cdots + \frac{A_1}{x-a},$$ 其中 A_i 为待定系数.

(3) 当分母 $Q(x)$ 中含有质因式 $x^2 + px + q$ 时,分解式中相应有一项 $\dfrac{Ax+B}{x^2+px+q}$,其中 A、B 为待定系数.

对于分母 $Q(x)$ 含有 $(x^2 + px + q)^n$ 因式,这种情况积分过于复杂,我们这里不讨论了.

上述讨论所提及的待定系数,均可通过待定系数法或赋值法求得.

例 4.18 将下列有理式展为部分分式之和:

(1) $\dfrac{2x^2+3}{x^3-2x^2+x}$;　　(2) $\dfrac{x+4}{x^3+2x-3}$.

解 (1) 由于 $\dfrac{2x^2+3}{x^3-2x^2+x} = \dfrac{2x^2+3}{x(x-1)^2} = \dfrac{A}{x} + \dfrac{B}{(x-1)^2} + \dfrac{C}{x-1}$.

将上式两边同乘以 $x(x-1)^2$,得 $2x^2+3 = A(x-1)^2 + Bx + Cx(x-1)$.

令 $x=0$,得 $A=3$;再令 $x=1$,得 $B=5$;比较 x^2 的系数有 $A+C=2$,得 $C=-1$,

所以　　$\dfrac{2x^2+3}{x^3-2x^2+x} = \dfrac{3}{x} - \dfrac{1}{x-1} + \dfrac{5}{(x-1)^2}$.

(2) 由于 $\dfrac{x+4}{x^3+2x-3} = \dfrac{x+4}{(x-1)(x^2+x+3)} = \dfrac{A}{x-1} + \dfrac{Bx+C}{x^2+x+3}$.

等式两边同乘以 $(x-1)(x^2+x+3)$,得 $x+4 = A(x^2+x+3) + (Bx+C)(x-1)$.

令 $x=1$ 得 $5=5A$,即 $A=1$;令 $x=0$,得 $4=3A-C$,即 $C=-1$;令 $x=2$,得 $6=9A+2B+C$,即 $B=-1$.

所以　　$\dfrac{x+4}{x^3+2x-3} = \dfrac{1}{x-1} + \dfrac{-x-1}{x^2+x+3}$.

由以上讨论可知有理真分式积分大体有下面三种形式:

(1) $\displaystyle\int \dfrac{A}{x-a}\mathrm{d}x$;　　(2) $\displaystyle\int \dfrac{A}{(x-a)^n}\mathrm{d}x$;

(3) $\displaystyle\int \dfrac{Ax+B}{x^2+px+q}\mathrm{d}x$　$(p^2-4q<0)$.

前两种积分通过凑微分法即可获解,而后一种情况则相对复杂一些.

例 4.19 下列求不定积分:

(1) $\displaystyle\int \dfrac{2x^2+3}{x^3-2x^2+x}\mathrm{d}x$;　　(2) $\displaystyle\int \dfrac{3x-2}{x^2+2x+4}\mathrm{d}x$.

解 (1) 由例 4.18 知 $\dfrac{2x^2+3}{x^3-2x^2+x} = \dfrac{3}{x} - \dfrac{1}{x-1} + \dfrac{5}{(x-1)^2}$,

所以　$\displaystyle\int \dfrac{x^2+1}{x^3-2x^2+x}\mathrm{d}x = \int \dfrac{3}{x}\mathrm{d}x - \int \dfrac{1}{x-1}\mathrm{d}x + \int \dfrac{5}{(x-1)^2}\mathrm{d}x$

$$= 3\ln|x| - \ln|x-1| - \dfrac{5}{x-1} + C.$$

(2) $\displaystyle\int \dfrac{3x-2}{x^2+2x+4}\mathrm{d}x = \dfrac{3}{2}\int \dfrac{2x+2}{x^2+2x+4}\mathrm{d}x - 5\int \dfrac{\mathrm{d}x}{x^2+2x+4}$

$$= \dfrac{3}{2}\int \dfrac{\mathrm{d}(x^2+2x+4)}{x^2+2x+4} - 5\int \dfrac{\mathrm{d}x}{(x^2+2x+1)+3}$$

$$= \frac{3}{2}\ln|x^2 + 2x + 4| - 5\int \frac{\mathrm{d}x}{(x+1)^2 + (\sqrt{3})^2}$$

$$= \frac{3}{2}\ln|x^2 + 2x + 4| - \frac{5}{\sqrt{3}}\arctan\frac{x+1}{\sqrt{3}} + C.$$

综上所述,我们不难看出,有理函数的不定积分通过上述方法,是可以积出来的.但是这并不意味着有理函数的积分方法简便.

例如,若用有理函数的积分方法计算不定积分$\int \frac{x^2}{x^3+1}\mathrm{d}x$就相对复杂些,而直接采用凑微分法就简便多了. $\int \frac{x^2}{x^3+1}\mathrm{d}x = \frac{1}{3}\int \frac{\mathrm{d}(x^3+1)}{x^3+1} = \frac{1}{3}\ln|x^3+1| + C.$

值得指出的是,有些初等函数的不定积分存在,但其原函数不能用初等函数表达出来,如$\int \mathrm{e}^{-x^2}\mathrm{d}x, \int \frac{\sin x}{x}\mathrm{d}x, \int \frac{\mathrm{d}x}{\ln x}, \int \frac{\mathrm{d}x}{\sqrt{1+x^4}}$ 等,这时称它们"积"不出来. 对这种积分实际应用中常采用数值积分法.

在工程技术问题中,我们还可以借助查积分表来求一些较复杂的不定积分,也可以利用数学软件包在计算机上求原函数.

习题　4-4

1. 求下列积分:

(1) $\displaystyle\int \frac{x^3}{x+3}\mathrm{d}x$;

(2) $\displaystyle\int \frac{x^5 + x^4 - 8}{x^3 - x}\mathrm{d}x$;

(3) $\displaystyle\int \frac{\mathrm{d}x}{(x-2)^2(x-3)}$;

(4) $\displaystyle\int \frac{x^2}{(x+1)^{100}}\mathrm{d}x$;

(5) $\displaystyle\int \frac{x^2 - 5x + 9}{x^2 - 5x + 6}\mathrm{d}x$;

(6) $\displaystyle\int \frac{\cos x}{\sin x(1+\sin x)^2}\mathrm{d}x$.

本章知识结构图

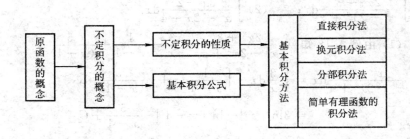

复 习 题 4

1. 填空题

(1) 函数 $f(x) = 3^x$ 的一个原函数是_____.

(2) 设 $f(x) = \displaystyle\int \dfrac{1}{\sqrt{1-x^2}}\mathrm{d}x$,则 $f'(0)$ _____.

(3) 设 $\displaystyle\int f(x)\mathrm{d}x = \dfrac{1}{1+x^2} + C$,则 $f(x) = $ _____.

(4) $\displaystyle\int (\sin x)'\mathrm{d}x = $ _____.

(5) $\mathrm{d}\displaystyle\int \mathrm{e}^{-x^2}\mathrm{d}x = $ _____.

2. 选择题

(1) 下列函数中,(　　) 是 $x\sin x^2$ 的原函数.

A. $\dfrac{1}{2}\cos x^2$ 　　　B. $2\cos x^2$ 　　　C. $-2\cos x^2$ 　　　D. $-\dfrac{1}{2}\cos x^2$

(2) 在某区间 D 上,若 $F(x)$ 是函数 $f(x)$ 的一个原函数,则(　　)成立,其中 C 是任意常数.

A. $\mathrm{d}F(x) + C = f(x)\mathrm{d}x$ 　　　　　B. $F'(x+C) = f(x)$

C. $(F(x) + C)' = f(x)$ 　　　　　D. $F'(x) = f(x) + C$

(3) 若 $F'(x) = f(x)$,则(　　)成立.

A. $\displaystyle\int F'(x)\mathrm{d}x = f(x) + C$ 　　　　B. $\displaystyle\int f(x)\mathrm{d}x = F(x) + C$

C. $\displaystyle\int F(x)\mathrm{d}x = f(x) + C$ 　　　　D. $\displaystyle\int f'(x)\mathrm{d}x = F(x) + C$

(4) 若 $F'(x) = G'(x)$,则一定有(　　).

A. $G(x) + F(x) = C$ 　　　　　B. $G(x) - F(x) = C$

C. $G(x) - F(x) = 0$ 　　　　　D. $\dfrac{\mathrm{d}}{\mathrm{d}x}\displaystyle\int F(x)\mathrm{d}x = \dfrac{\mathrm{d}}{\mathrm{d}x}\displaystyle\int G(x)\mathrm{d}x$

(5) 下列等式成立的是(　　).

A. $\dfrac{1}{\sqrt{x}}\mathrm{d}x = \mathrm{d}\sqrt{x}$ 　　　　　B. $\dfrac{1}{x}\mathrm{d}x = -\mathrm{d}(\dfrac{1}{x^2})$

C. $\sin x\mathrm{d}x = \mathrm{d}(\cos x)$ 　　　　　D. $a^x\mathrm{d}x = \dfrac{1}{\ln a}\mathrm{d}a^x$　$(a > 0, a \neq 1)$

(6) 若 $\displaystyle\int f(x)\mathrm{d}x = F(x) + C$,则 $\displaystyle\int \mathrm{e}^{-x}f(\mathrm{e}^{-x})\mathrm{d}x = $ (　　).

A. $-F(\mathrm{e}^{-x}) + C$ 　　B. $F(\mathrm{e}^{-x}) + C$ 　　C. $\dfrac{F(\mathrm{e}^{-x})}{x} + C$ 　　D. $F(\mathrm{e}^{-x}) + C$

3. 求下列不定积分：

(1) $\displaystyle\int (1 - 2x^2)\,\mathrm{d}x$；

(2) $\displaystyle\int \frac{\sqrt{x}(x-3)}{x}\,\mathrm{d}x$；

(3) $\displaystyle\int \frac{\mathrm{d}x}{(2x-3)^2}$；

(4) $\displaystyle\int \frac{x^2}{\sqrt[3]{x^3-2}}\,\mathrm{d}x$；

(5) $\displaystyle\int \sin\frac{2}{3}x\,\mathrm{d}x$；

(6) $\displaystyle\int \frac{\mathrm{e}^x}{\mathrm{e}^x+1}\,\mathrm{d}x$；

(7) $\displaystyle\int \frac{(\ln x)^2}{x}\,\mathrm{d}x$；

(8) $\displaystyle\int x\sqrt{x+1}\,\mathrm{d}x$；

(9) $\displaystyle\int x\cos\frac{x}{3}\,\mathrm{d}x$；

(10) $\displaystyle\int x^2 \mathrm{e}^{-x}\,\mathrm{d}x$；

(11) $\displaystyle\int \ln(x+1)\,\mathrm{d}x$；

(12) $\displaystyle\int \mathrm{e}^{2x}\sin x\,\mathrm{d}x$.

中外数学家

莱布尼茨(一)

—— 始创微积分

　　莱布尼茨是17、18世纪之交德国最重要的数学家、物理学家和哲学家,一个举世罕见的科学天才,和牛顿同为微积分的创建人.他博览群书,涉猎百科,对丰富人类的科学知识宝库做出了不可磨灭的贡献.

　　17世纪下半叶,欧洲科学技术迅猛发展,由于生产力的提高和社会各方面的迫切需要,建立在函数与极限概念基础上的微积分理论应运而生.

　　微积分思想,最早可以追溯到希腊,阿基米德等人提出的计算面积和体积的方法.但前期的微分和积分作为两种数学运算、两类数学问题,是分别加以研究的.卡瓦列里、巴罗、沃利斯等人得到了一系列求面积(积分)、求切线斜率(导数)的重要结果,但这些结果都是孤立的,不连贯的.

　　只有莱布尼茨和牛顿将积分和微分真正沟通起来,明确地找到了两者内在的直接联系:微分和积分是互逆的两种运算.而这是微积分建立的关键所在.只有确立了这一基本关系,才能在此基础上构建系统的微积分学.并从对各种函数的微分和积分公式中,总结出共同的算法程序,使微积分方法普遍化,发展成用符号表示的微积分运算法则.因此,微积分"是牛顿和莱布尼茨大体上完成的,但不是由他们发明的"(恩格斯语).

　　然而关于微积分创立的优先权,在数学史上曾掀起了一场激烈的争论.实际上,牛顿在微积分方面的研究虽早于莱布尼茨,但莱布尼茨成果的发表早于牛顿.

　　莱布尼茨1684年10月在《教师学报》上发表的论文《一种求极大极小的奇妙类型的计算》,是最早的微积分文献.这篇仅有六页的论文,内容并不丰富,说理也颇含糊,但却有着划时代的意义.

　　牛顿在三年后,即1687年出版的《自然哲学的数学原理》的第一版和第二版也写道:"十年前在我和最杰出的几何学家莱布尼茨的通信中,我表明我已经知道确定极大值和极小值的方法、作切线的方法以及类似的方法,但我在交换的信件中隐瞒了这方法,……,这位最卓越的科学家在回信中写道,他也发现了一种同样的方法.他并诉述了他的方法,它与我的方法几乎没有什么不同,除了他的措词和符号而外".

　　因此,后来人们公认牛顿和莱布尼茨是各自独立地创建微积分的.

　　牛顿从物理学出发,运用集合方法研究微积分,其应用上更多地结合了运动学,造诣高于莱布尼茨.莱布尼茨则从几何问题出发,运用分析学方法引进微积分概念,得出运算法则,其数学的严密性与系统性是牛顿所不及的.

5 定积分

计算不规则图形土地的面积问题

对于规则的平面图形面积,利用初等数学的方法就能计算出来,而对于一块不规则图形的土地面积如何精确地计算出来呢?

我们通常会用几组互相垂直的平行线将土地分割成若干个矩形和若干个与边界相接的不规则图形,通过观察,这些和边界相接部分的图形可以归结为三种形状:

一种是由三条直线与一条曲线围成,称为曲边梯形;第二种是由两条直线与一条曲线围成,称为曲边三角形;第三种由一条直线与一条曲线围成,称为曲边弓形.曲边三角形和曲边弓形是曲

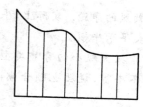

边梯形的特殊情况.矩形的面积很容易计算,对于曲边梯形的面积怎么计算呢?不妨我们再将曲边梯形分成若干小块,计算出每一小块面积的近似值,加起来就得到曲边梯形面积的近似值.可以想象,将曲边梯形分割得越细,精确的程度就越好,以至于细的不能再细了,曲边梯形面积的精确值就得到了.这一过程就运用了定积分的思想方法.

学习了定积分之后,就可以解决不规则图形面积的求解问题.

(一)学习目标

1. 了解变上限定积分的性质,定积分的几何意义;了解广义积分及其解法.
2. 理解定积分的概念及其性质.
3. 熟练掌握牛顿-莱布尼茨公式;掌握定积分的换元法和分部积分法.

(二)学习重点和难点

重点　牛顿-莱布尼茨公式,定积分的计算.

难点　变上限定积分,定积分的换元法.

定积分和不定积分是积分学中两个密切相关的概念,但定积分的产生与不定积分不同.不定积分是求导的逆运算,而定积分来源于实践,是一种特殊的和式极限.本章重点介绍定积分的概念、性质及其计算方法.

5.1　定积分的概念与性质

5.1.1　两个引例

引例1　求曲边梯形的面积

如图 5-1 所示,在平面直角坐标系中,由连续曲线 $y = f(x)$ 与直线 $x = a, y = b$ 及 x 轴围成的图形,称为曲边梯形.设 $f(x) \geqslant 0$,求该曲边梯形的面积 A.

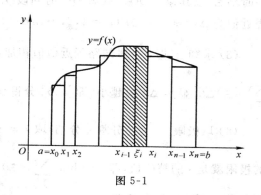

图 5-1

对于规则图形的面积,用公式可以求解,我们如何求曲边梯形的面积呢?

为此,不妨把该曲边梯形分割成 n 个小曲边梯形,这样每个小曲边梯形的面积就可以用相应的小矩形的面积来近似代替.把这些小矩形的面积累加起来,就得曲边梯形面积 A 的近似值.这种分割越细密,其结果就越精确.当分割无限地细密时,小矩形面积之和的极限值就是曲边梯形面积的精确值.具体做法如下(图 5-1):

(1)分割　在 $[a,b]$ 中任意取 $n-1$ 个分点 $a = x_0 < x_1 < \cdots < x_{n-1} < x_n = b$,把区间 $[a,b]$ 分成 n 个小区间 $[x_{i-1}, x_i]$,每个小区间的长度记为 $\Delta x_i = x_i - x_{i-1}(i = 1,2,\cdots,n)$.

(2)近似　在每个小区间 $[x_{i-1}, x_i]$ 上任取一点 ξ_i,则小曲边梯形的面积 ΔA_i 可用以 $f(\xi_i)$ 为高,以 Δx_i 为底的小矩形的面积 $f(\xi_i)\Delta x_i$ 来近似代替,即

$$\Delta A_i \approx f(\xi_i)\Delta x_i (i = 1,2,\cdots,n).$$

(3)求和　把 n 个小矩形的面积加起来,便得出曲边梯形面积 A 的近似值,即

$$A = \sum_{i=1}^{n} \Delta A_i \approx \sum_{i=1}^{n} f(\xi_i)\Delta x_i.$$

(4)取极限　为了确保分割是无限细密的,我们记小区间长度的最大值为 $\lambda = \max\limits_{1 \leqslant i \leqslant n}\{\Delta x_i\}$,当 $\lambda \to 0$ 时,和式 $\sum\limits_{i=1}^{n} f(\xi_i)\Delta x_i$ 的极限值就是曲边梯形的面积 A,即

$$A = \lim_{\lambda \to 0} \sum_{i=1}^{n} f(\xi_i)\Delta x_i.$$

引例2　变速直线运动的路程

设一物体作变速直线运动,其速度是时间 t 的连续函数 $v = v(t)$,求物体从时刻 a 到时刻 b 所走过的路程 s.

若物体作匀速直线运动,则 $v = v_0$ (常数), $s = v_0(b-a)$. 而现在物体作的是变速运动,所以不能直接套用上述公式. 要解决"匀速"与"变速"的矛盾,仍然采用引例 1 的方法,通过细分区间 $[a,b]$,化"变速"为"匀速",以"匀速"近似代替"变速". 具体做法如下:

(1) 分割　将时间区间 $[a,b]$ 分成 n 个小时间段 $[t_{i-1}, t_i]$,每小段长为 $\Delta t_i = t_i - t_{i-1}(i = 1, 2, \cdots, n)$.

(2) 近似　当时间段 $[t_{i-1}, t_i]$ 充分小时,可视物体为匀速运动,在 $[t_{i-1}, t_i]$ 内,任取一时刻 ξ_i,以其速度 $v(\xi_i)$ 代替整个时间段 $[t_{i-1}, t_i]$ 上的速度,从而得在 $[t_{i-1}, t_i]$ 上的路程近似为 $\Delta s_i \approx v(\xi_i)\Delta t_i (i = 1, 2, \cdots, n)$.

(3) 求和　把 n 小段的路程近似值相加,就得到路程 s 的近似值,即 $s = \sum_{i=1}^{n} \Delta s_i \approx \sum_{i=1}^{n} v(\xi_i)\Delta t_i$. 显然 Δt_i 值越小,即 $[a,b]$ 分得越细,则近似程度越好.

(4) 取极限　为使分割充分细,取 $\lambda = \max_{1 \leqslant i \leqslant n}\{\Delta t_i\}$,当 $\lambda \to 0$ 时,则和式 $\sum_{i=1}^{n} v(\xi_i)\Delta t_i$ 的极限就是 s 的精确值,即 $s = \lim_{\lambda \to 0} \sum_{i=1}^{n} v(\xi_i)\Delta t_i$.

5.1.2　定积分的概念

上述两个问题的实际意义虽然各不相同,但它们所具有的数学结构却是一样的,都经过"分割,近似,求和,取极限"的步骤,最后归结为求一个和式的极限. 事实上还有许多实际问题,也都可以归结为求这样的和式极限. 舍去上述问题中的实际意义,可抽象出如下定积分的概念.

定义 5.1　设函数 $y = f(x)$ 在 $[a,b]$ 上有定义,在 $[a,b]$ 中任意取 $n-1$ 个分点 $a = x_0 < x_1 < x_2 < \cdots < x_{n-1} < x_n = b$,得到 n 个小区间 $[x_{i-1}, x_i]$,其长度记为 $\Delta x_i = x_i - x_{i-1}(i = 1, 2, \cdots, n)$,记 $\lambda = \max_{1 \leqslant i \leqslant n}\{\Delta x_i\}$,任取 $\xi_i \in [x_{i-1}, x_i]$,作和式 $\sum_{i=1}^{n} f(\xi_i)\Delta x_i$,如果 $\lim_{\lambda \to 0} \sum_{i=1}^{n} f(\xi_i)\Delta x_i$ 存在,则称此极限值为函数 $f(x)$ 在 $[a,b]$ 上的**定积分**,记为

$$\int_a^b f(x)\mathrm{d}x = \lim_{\lambda \to 0} \sum_{i=1}^{n} f(\xi_i)\Delta x_i.$$

其中 $f(x)$ 称为被积函数,$f(x)\mathrm{d}x$ 称为被积表达式,x 称为积分变量,$[a,b]$ 称为积分区间,a、b 分别称为积分下限和积分上限.

根据定义,前面两个实例可以用定积分表示为 $A = \int_a^b f(x)\mathrm{d}x, s = \int_a^b v(t)\mathrm{d}t$.

几点说明:(1) 若 $\lim_{\lambda \to 0} \sum_{i=1}^{n} f(\xi_i)\Delta x_i$ 存在,则称 $f(x)$ 在 $[a,b]$ 上可积. 否则,称 $f(x)$ 在 $[a,b]$ 上不可积.

可以证明,下述结论成立.

① 若 $f(x)$ 在 $[a,b]$ 上连续,则 $f(x)$ 在 $[a,b]$ 上必可积;

② 初等函数在其定义区间内任一闭子区间上都是可积的;

③ 闭区间上只有有限个间断点的有界函数必可积.

(2) 定积分是一种特定的和式极限,它的值仅与被积函数 $f(x)$ 及积分区间 $[a,b]$ 有关,而与积分变量用什么字母表示无关,即 $\int_a^b f(x)\mathrm{d}x = \int_a^b f(t)\mathrm{d}t = \int_a^b f(u)\mathrm{d}u$.

(3) 定义 5.1 中假定了 $a < b$,当 $a > b$ 时,规定 $\int_a^b f(x)\mathrm{d}x = -\int_b^a f(x)\mathrm{d}x$;

(4) 当 $a = b$ 时,规定 $\int_a^a f(x)\mathrm{d}x = 0$.

5.1.3　定积分的几何意义

对于区间 $[a,b]$ 上的连续函数 $f(x)$ 而言,其定积分的几何意义如下:

(1) 当 $f(x) \geqslant 0$ 时,定积分 $\int_a^b f(x)\mathrm{d}x$ 表示由曲线 $y = f(x)$ 与直线 $x = a$, $x = b$ 及 x 轴所围成的曲边梯形的面积(如图 5-1).

(2) 当 $f(x) \leqslant 0$ 时(如图 5-2),定积分 $\int_a^b f(x)\mathrm{d}x$ 表示由曲线 $y = f(x)$ 与直线 $x = a$, $x = b$ 及 x 轴所围成的曲边梯形面积的负值.

(3) 当 $f(x)$ 既取正值又取负值时(如图 5-3),定积分 $\int_a^b f(x)\mathrm{d}x$ 表示由曲线 $y = f(x)$ 与直线 $x = a$, $x = b$ 及 x 轴所围平面图形面积的代数和,即

$$\int_a^b f(x)\mathrm{d}x = A_1 - A_2 + A_3.$$

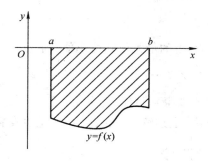

图 5-2

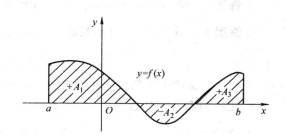

图 5-3

由定积分的几何意义知: $\int_{-1}^1 \sqrt{1-x^2}\,\mathrm{d}x = \dfrac{1}{2}\pi$(如图 5-4); $\int_0^1 x\,\mathrm{d}x = \dfrac{1}{2}$(如图 5-5).

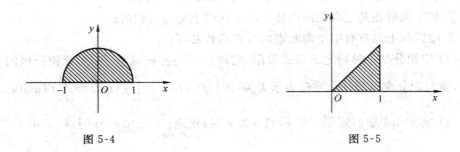

图 5-4   图 5-5

5.1.4 定积分的性质

由定积分的定义,可直接推出定积分具有如下性质. 假设函数 $f(x)$、$g(x)$ 在 $[a,b]$ 上都是可积的.

性质 1   被积函数中的常数因子 k(k 为常数),可提到积分号外,即

$$\int_a^b kf(x)\mathrm{d}x = k\int_a^b f(x)\mathrm{d}x.$$

性质 2   两个函数代数和的定积分等于它们定积分的代数和,即

$$\int_a^b [f(x) \pm g(x)]\mathrm{d}x = \int_a^b f(x)\mathrm{d}x \pm \int_a^b g(x)\mathrm{d}x.$$

这一结论可以推广到有限个函数代数和的情形.

性质 3(积分区间的可加性)   设 $c \in [a,b]$,则 $\int_a^b f(x)\mathrm{d}x = \int_a^c f(x)\mathrm{d}x + \int_c^b f(x)\mathrm{d}x.$ 可以证明对于任意 c,不论 $c \in [a,b]$ 或 $c \notin [a,b]$,上述性质仍成立.

性质 4   在区间 $[a,b]$ 上,若 $f(x) \geqslant g(x)$,则 $\int_a^b f(x)\mathrm{d}x \geqslant \int_a^b g(x)\mathrm{d}x.$

性质 5   若 $f(x) = 1$,则 $\int_a^b f(x)\mathrm{d}x = b - a.$

性质 6   设 M 和 m 分别是函数 $f(x)$ 在 $[a,b]$ 上的最大值和最小值,则

$$m(b-a) \leqslant \int_a^b f(x)\mathrm{d}x \leqslant M(b-a).$$

此性质又称为定积分的**估值定理**. 不难由图 5-6 得到验证.

性质 7(积分中值定理)   设函数 $f(x)$ 在 $[a,b]$ 上连续,则在 (a,b) 内至少存在一点 ξ,使得
$$\int_a^b f(x)\mathrm{d}x = f(\xi)(b-a).$$

积分中值定理的几何意义是明显的,如图 5-7,函数 $f(x)$ 在 $[a,b]$ 上连续,在 $[a,b]$ 上至少能找到一点 ξ,使以 $f(\xi)$ 为高、以 $[a,b]$ 为底的矩形面积等于曲边梯形的面积,此时数值 $\dfrac{1}{b-a}\int_a^b f(x)\mathrm{d}x$ 就是曲线 $y = f(x)$ 在 $[a,b]$ 上的平均高度,也是连续函数 $f(x)$ 在 $[a,b]$ 上的平均值,这是有限个数的算术平均值的一个推广.

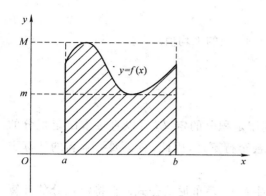
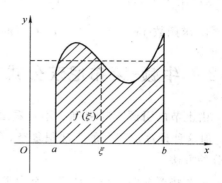

图 5-6 图 5-7

例 5.1 比较定积分 $\int_1^2 \ln x \, dx$ 与 $\int_1^2 (\ln x)^2 \, dx$ 的大小.

解 因为当 $1 < x < 2$ 时,$0 < \ln x < 1$,所以 $(\ln x)^2 < \ln x$. 由定积分的性质 4 可知 $\int_1^2 \ln x \, dx > \int_1^2 (\ln x)^2 \, dx$.

例 5.2 估计定积分 $\int_{-1}^2 e^{-x^2} \, dx$ 的值.

解 先求 $f(x) = e^{-x^2}$ 在 $[-1, 2]$ 上的最大值 M 与最小值 m.

因为 $f'(x) = -2x e^{-x^2}$,令 $f'(x) = 0$,得驻点 $x = 0$. 计算并比较函数在驻点及区间端点处的函数值,

$$f(0) = e^0 = 1, \quad f(-1) = e^{-1}, \quad f(2) = e^{-4}, \text{得 } M = 1, m = e^{-4}.$$

于是由定积分的性质 6 可知 $\quad 3e^{-4} \leqslant \int_{-1}^2 e^{-x^2} \, dx \leqslant 3.$

习题 5-1

1. 利用定积分的性质,比较下列积分的大小:

(1) $\int_{-\frac{\pi}{2}}^0 \sin x \, dx$ 与 $\int_{-\frac{\pi}{2}}^0 \cos x \, dx$;   (2) $\int_0^{\frac{\pi}{2}} x \, dx$ 与 $\int_0^{\frac{\pi}{2}} \sin x \, dx$;

(3) $\int_1^2 \ln x \, dx$ 与 $\int_1^2 (1+x) \, dx$.

2. 估计下列定积分的值:

(1) $\int_{\frac{\pi}{3}}^{\frac{2\pi}{3}} (\sin^2 x + 1) \, dx$;   (2) $\int_{-2}^2 x e^{-x} \, dx$.

3. 根据定积分的几何意义推出下列积分的值:

(1) $\displaystyle\int_0^{2\pi} \cos x \mathrm{d}x$;　　(2) $\displaystyle\int_{-1}^1 |x| \, \mathrm{d}x$.

4. 求函数 $f(x) = \sqrt{1-x^2}$ 在区间 $[-1,1]$ 上的平均值.

5.2　牛顿–莱布尼茨公式

由上节的引例 1 与引例 2 不难看出,利用定积分的定义,可以直接求出定积分的值. 但这种计算定积分的方法很复杂,有时甚至行不通,因此,有必要寻求新的计算定积分的方法.

本节将要介绍定积分计算的有力工具,牛顿 $-$ 莱布尼茨公式. 它将定积分的计算与求不定积分有机地联系在一起,为此先认识一种新型函数.

5.2.1　变上限积分函数

定义 5.2　设函数 $f(x)$ 在 $[a,b]$ 上连续,则对任一 $x \in [a,b]$,$f(x)$ 在 $[a,x]$ 上必可积,即定积分 $\displaystyle\int_a^x f(x)\mathrm{d}x$ 存在,且随上限 x 的变化而变化. 因此 $\displaystyle\int_a^x f(x)\mathrm{d}x$ 是一个关于上限 x 的函数,称为**变上限积分函数**,记为 $\varPhi(x) = \displaystyle\int_a^x f(x)\mathrm{d}x, x \in [a,b]$. 为避免混淆,把积分变量改为 t,则有 $\varPhi(x) = \displaystyle\int_a^x f(t)\mathrm{d}t, x \in [a,b]$.

定理 5.1　如果函数 $f(x)$ 在 $[a,b]$ 上连续,则变上限积分函数 $\varPhi(x) = \displaystyle\int_a^x f(t)\mathrm{d}t$ 在 $[a,b]$ 上可导,且 $\varPhi'(x) = f(x)$.

证明:任取 $x \in [a,b]$,给自变量 x 以改变量 Δx,使 $x + \Delta x \in [a,b]$,则

$$\Delta \varPhi = \varPhi(x + \Delta x) - \varPhi(x) = \int_a^{x+\Delta x} f(t)\mathrm{d}t - \int_a^x f(t)\mathrm{d}t$$

$$= \int_a^x f(t)\mathrm{d}t + \int_x^{x+\Delta x} f(t)\mathrm{d}t - \int_a^x f(t)\mathrm{d}t = \int_x^{x+\Delta x} f(t)\mathrm{d}t,$$

由积分中值定理知

$$\Delta \varPhi = \int_x^{x+\Delta x} f(t)\mathrm{d}t = f(\xi)\Delta x \quad (\xi \text{ 介于 } x \text{ 与 } x + \Delta x \text{ 间}),$$

于是　　　　　　　　　　　　$\dfrac{\Delta \varPhi}{\Delta x} = f(\xi)$.

当 $\Delta x \to 0$ 时,$\xi \to x$,且 $f(x)$ 在 x 处连续,所以

$$\lim_{\Delta x \to 0} \frac{\Delta \varPhi}{\Delta x} = \lim_{\Delta x \to 0} f(\xi) = f(x),$$

即　　　　　　　　　　　　　$\varPhi'(x) = f(x)$.

由定理 5.1 可知,如果函数 $f(x)$ 在 $[a,b]$ 上连续,则 $\varPhi(x) = \displaystyle\int_a^x f(t)\mathrm{d}t$ 就是 $f(x)$ 的

一个原函数，因此 $\int f(x)\mathrm{d}x = \int_a^x f(t)\mathrm{d}t + C$.

这就证明了第 4 章的定理 4.1(原函数存在定理).

例 5.3　求下列函数的导数：

(1) $F(x) = \int_0^x \tan 3t\mathrm{d}t$;　　　　(2) $F(x) = \int_x^1 t^2 \mathrm{e}^{-t}\mathrm{d}t$;

(3) $F(x) = \int_0^{x^2} \sqrt{1 - \sin^2 \sqrt{\theta}}\,\mathrm{d}\theta$　$x \in (0, \dfrac{\pi}{2})$.

解　(1) $F'(x) = \left(\int_0^x \tan 3t\mathrm{d}t\right)' = \tan 3x$.

(2) $F'(x) = \left(\int_x^1 t^2 \mathrm{e}^{-t}\mathrm{d}t\right)' = \left(-\int_1^x t^2 \mathrm{e}^{-t}\mathrm{d}t\right)' = -x^2 \mathrm{e}^{-x}$.

(3) $F'(x) = \left(\int_0^{x^2} \sqrt{1 - \sin^2 \sqrt{\theta}}\,\mathrm{d}\theta\right)' = \sqrt{1 - \sin^2 x} \cdot (x^2)' = 2x\cos x$.

例 5.4　求极限 $\lim\limits_{x \to 0} \dfrac{\int_0^x \ln(1+t)\mathrm{d}t}{x^2}$.

解　$x \to 0$ 时，$\int_0^x \ln(1+t)\mathrm{d}t \to 0$，此极限为"$\dfrac{0}{0}$"型不定式. 利用洛必达法则，有

$$\lim_{x \to 0} \frac{\int_0^x \ln(1+t)\mathrm{d}t}{x^2} = \lim_{x \to 0} \frac{\left(\int_0^x \ln(1+t)\mathrm{d}t\right)'}{(x^2)'} = \lim_{x \to 0} \frac{\ln(1+x)}{2x} = \lim_{x \to 0} \frac{\frac{1}{1+x}}{2} = \frac{1}{2}.$$

5.2.2　牛顿-莱布尼茨公式

定理 5.2　设函数 $f(x)$ 在 $[a,b]$ 上连续，$F(x)$ 是 $f(x)$ 的一个原函数，则

$$\int_a^b f(x)\mathrm{d}x = F(b) - F(a) \tag{5.1}$$

证明：由于 $F(x)$ 是 $f(x)$ 的一个原函数，$\Phi(x) = \int_a^x f(t)\mathrm{d}t$ 也是 $f(x)$ 的一个原函数，所以 $\Phi(x) - F(x) = C_0$，C_0 为一常数，即 $\int_a^x f(t)\mathrm{d}t = F(x) + C_0$，又因为 $\Phi(a) = \int_a^a f(t)\mathrm{d}t = F(a) + C_0 = 0$，所以 $C_0 = -F(a)$.

进而推得　　　$\int_a^b f(t)\mathrm{d}t = F(b) + C_0 = F(b) - F(a)$.

因积分值与积分变量的符号无关，仍采用 x 做积分变量，故有

$$\int_a^b f(x)\mathrm{d}x = F(b) - F(a).$$

公式(5.1)称为**牛顿-莱布尼茨公式**，也称为微积分基本公式. 它将定积分的计算转化为求被积函数的任意一个原函数在积分区间上的增量，从而极大地简化了定积分的计算. 为了方便起见，公式(5.1)常写为

$$\int_a^b f(x)\mathrm{d}x = F(x)\Big|_a^b = F(b) - F(a).$$

例 5.5　求下列定积分:

(1) $\displaystyle\int_{-1}^1 \frac{1}{1+x^2}\mathrm{d}x$;　　　　(2) $\displaystyle\int_1^e \frac{1+\ln^2 x}{x}\mathrm{d}x$;　　　　(3) $\displaystyle\int_{-1}^1 |x|\,\mathrm{d}x$.

解　(1) $\displaystyle\int_{-1}^1 \frac{1}{1+x^2}\mathrm{d}x = \arctan x\Big|_{-1}^1 = \arctan 1 - \arctan(-1) = \frac{\pi}{2}$.

(2) $\displaystyle\int_1^e \frac{1+\ln^2 x}{x}\mathrm{d}x = \int_1^e (1+\ln^2 x)\mathrm{d}(\ln x) = \left(\ln x + \frac{\ln^3 x}{3}\right)\Big|_1^e = \frac{4}{3}$.

(3) 因为 $|x| = \begin{cases} -x, & -1 \leqslant x \leqslant 0, \\ x, & 0 < x \leqslant 1, \end{cases}$ 所以

$$\int_{-1}^1 |x|\,\mathrm{d}x = \int_{-1}^0 (-x)\mathrm{d}x + \int_0^1 x\mathrm{d}x = -\frac{x^2}{2}\Big|_{-1}^0 + \frac{x^2}{2}\Big|_0^1 = 1.$$

值得注意的是,在使用牛顿-莱布尼茨公式求定积分时,被积函数必须是连续的,否则会引出错误的结论. 如 $\displaystyle\int_{-1}^1 \frac{1}{x^2}\mathrm{d}x$,若直接套用牛顿-莱布尼茨公式,有

$$\int_{-1}^1 \frac{1}{x^2}\mathrm{d}x = -\frac{1}{x}\Big|_{-1}^1 = -2,$$

这个结果显然是错误的. 因为在区间 $[-1,1]$ 上,被积函数 $\dfrac{1}{x^2} > 0$,所以,若积分存在,其值不会为负. 产生错误的原因是被积函数 $y = \dfrac{1}{x^2}$ 在 $[-1,1]$ 上无界且不连续,因而不能直接使用牛顿-莱布尼茨公式.

习题　5-2

1. 求下列函数的导数:

(1) $F(x) = \displaystyle\int_x^1 \mathrm{e}^{t^2}\mathrm{d}t$;　　(2) $F(x) = \displaystyle\int_1^{x^2} \frac{1}{\sqrt[3]{1+t^2}}\mathrm{d}t$;　　(3) $F(x) = \displaystyle\int_x^{x^2} \sin t^2\,\mathrm{d}t$.

2. 求下列极限:

(1) $\displaystyle\lim_{x\to 0} \frac{\int_0^x t^2\mathrm{d}t}{\int_0^x (1-\cos t)\mathrm{d}t}$;　　(2) $\displaystyle\lim_{x\to 0} \frac{\int_0^x \arctan t\,\mathrm{d}t}{x^2}$.

3. 求下列定积分:

(1) $\displaystyle\int_{-1}^1 (4x^3 + 3x^2)\mathrm{d}x$;　　　(2) $\displaystyle\int_{-1}^{-2} \frac{x}{x+3}\mathrm{d}x$;　　　(3) $\displaystyle\int_0^1 x^2\sqrt{x}\,\mathrm{d}x$;

(4) $\displaystyle\int_0^5 \frac{x^3}{x^2+1}\mathrm{d}x$;　　　　(5) $\displaystyle\int_0^{\ln 2} \frac{\mathrm{e}^x}{\mathrm{e}^{2x}+1}\mathrm{d}x$;　　　(6) $\displaystyle\int_0^{\frac{3}{2}} \frac{1}{\sqrt{9-x^2}}\mathrm{d}x$;

(7) $\int_0^{2\pi} \sqrt{1-\cos 2x}\,\mathrm{d}x$;　　　　(8) $\int_{-1}^2 \dfrac{|x|}{\sqrt{1+x^2}}\,\mathrm{d}x$.

4. 已知 $f(x)=\begin{cases} \sin x, & x\geqslant 0, \\ \cos x, & x<0, \end{cases}$　求 $\int_{-\pi}^{\pi} f(x)\,\mathrm{d}x$.

5. 求函数 $F(x)=\int_0^x t(t-2)\,\mathrm{d}t$ 的极值.

5.3　定积分的换元积分法与分部积分法

牛顿-莱布尼茨公式将定积分的计算与不定积分的计算有机地联系起来,因此与不定积分的计算方法对应的,定积分也有相应的计算方法.

5.3.1　定积分的换元积分法

例 5.6　计算 $\int_0^8 \dfrac{1}{1+\sqrt[3]{x}}\,\mathrm{d}x$.

解　法 1

$$\int \frac{1}{1+\sqrt[3]{x}}\,\mathrm{d}x \xlongequal{\text{令}\,t=\sqrt[3]{x}} \int \frac{1}{1+t}\cdot 3t^2\,\mathrm{d}t = 3\int \frac{t^2-1+1}{1+t}\,\mathrm{d}t$$

$$= 3\left[\frac{t^2}{2}-t+\ln(1+t)\right]+C \xlongequal{\text{回代}} 3\left[\frac{\sqrt[3]{x^2}}{2}-\sqrt[3]{x}+\ln(1+\sqrt[3]{x})\right]+C$$

于是　$\int_0^8 \dfrac{1}{1+\sqrt[3]{x}}\,\mathrm{d}x = \left(3\left[\dfrac{\sqrt[3]{x^2}}{2}-\sqrt[3]{x}+\ln(1+\sqrt[3]{x})\right]\right)\Bigg|_0^8 = 3\ln 3$.

法 2　设 $x=t^3$,则 $\mathrm{d}x=3t^2\,\mathrm{d}t$,当 $x=0$ 时,$t=0$;当 $x=8$ 时,$t=2$,

于是　$\int_0^8 \dfrac{1}{1+\sqrt[3]{x}}\,\mathrm{d}x = \int_0^2 \dfrac{1}{1+t}\cdot 3t^2\,\mathrm{d}t = 3\int_0^2 \dfrac{t^2-1+1}{1+t}\,\mathrm{d}t = 3\int_0^2 \left(t-1+\dfrac{1}{1+t}\right)\mathrm{d}t$

$$= 3\left[\frac{t^2}{2}-t+\ln(1+t)\right]\Bigg|_0^2 = 3\ln 3.$$

显然,后一种解法简便,因为中间省略了把新变量回代的过程. 为此有:

定理 5.3　设函数 $f(x)$ 在 $[a,b]$ 上连续,如果 $x=\varphi(t)$ 满足

(1) $\varphi(t)$ 在 $[\alpha,\beta]$ 上有连续的导数 $\varphi'(t)$,

(2) $\varphi(\alpha)=a,\varphi(\beta)=b$,且当 t 从 α 变到 β 时,$\varphi(t)$ 从 a 变到 b,

则有

$$\int_a^b f(x)\,\mathrm{d}x = \int_\alpha^\beta f[\varphi(t)]\varphi'(t)\,\mathrm{d}t. \tag{5.2}$$

公式(5.2)称为**定积分的换元积分公式**. 与不定积分的换元积分法相比较,定积分的换元积分法强调的是在换元的同时还必须换(上、下)限.

例 5.7　求下列定积分:

(1) $\int_0^1 x^2\sqrt{1-x^2}\,\mathrm{d}x$;　　(2) $\int_0^{\frac{\pi}{4}} \sec^4 x\tan x\,\mathrm{d}x$.

解 （1）设 $x = \sin t$，则 $\mathrm{d}x = \cos t\mathrm{d}t$. 当 $x = 0$ 时，$t = 0$；$x = 1$ 时，$t = \dfrac{\pi}{2}$，于是

$$\int_0^1 x^2 \sqrt{1-x^2}\,\mathrm{d}x = \int_0^{\frac{\pi}{2}} \sin^2 t \sqrt{1 - \sin^2 t}\cos t\,\mathrm{d}t = \int_0^{\frac{\pi}{2}} \sin^2 t\cos^2 t\,\mathrm{d}t$$

$$= \frac{1}{4}\int_0^{\frac{\pi}{2}} \sin^2 2t\,\mathrm{d}t = \frac{1}{4}\int_0^{\frac{\pi}{2}} \frac{1 - \cos 4t}{2}\,\mathrm{d}t = \frac{1}{8}\left(t - \frac{1}{4}\sin 4t\right)\Bigg|_0^{\frac{\pi}{2}} = \frac{\pi}{16}.$$

（2）令 $t = \sec x$，则 $\mathrm{d}t = \sec x\tan x\mathrm{d}x$，当 $x = 0$ 时，$t = 1$；当 $x = \dfrac{\pi}{4}$ 时，$t = \sqrt{2}$，

于是
$$\int_0^{\frac{\pi}{4}} \sec^4 x\tan x\,\mathrm{d}x = \int_1^{\sqrt{2}} t^3\,\mathrm{d}t = \frac{1}{4}t^4\Bigg|_1^{\sqrt{2}} = 1 - \frac{1}{4} = \frac{3}{4}.$$

事实上，本题可以直接用凑微分法，即

$$\int_0^{\frac{\pi}{4}} \sec^4 x\tan x\,\mathrm{d}x = \int_0^{\frac{\pi}{4}} \sec^3 x\mathrm{d}(\sec x) = \frac{1}{4}\sec^4 x\Bigg|_0^{\frac{\pi}{4}} = \frac{3}{4}.$$

例 5.8 设 $f(x)$ 在 $[-a, a]$ 上连续 $(a > 0)$，求证：

（1）若 $f(x)$ 为偶函数，则 $\displaystyle\int_{-a}^a f(x)\mathrm{d}x = 2\int_0^a f(x)\mathrm{d}x$；

（2）若 $f(x)$ 为奇函数，则 $\displaystyle\int_{-a}^a f(x)\mathrm{d}x = 0$.

证明：$\displaystyle\int_{-a}^a f(x)\mathrm{d}x = \int_{-a}^0 f(x)\mathrm{d}x + \int_0^a f(x)\mathrm{d}x$，

（1）若 $f(x)$ 是偶函数，则 $f(x) = f(-x)$. 令 $x = -t$，于是

$$\int_{-a}^0 f(x)\mathrm{d}x = \int_{-a}^0 f(-x)\mathrm{d}x = \int_a^0 f(t)\mathrm{d}(-t) = -\int_a^0 f(t)\mathrm{d}t = \int_0^a f(x)\mathrm{d}x,$$

所以
$$\int_{-a}^a f(x)\mathrm{d}x = 2\int_0^a f(x)\mathrm{d}x.$$

（2）若 $f(x)$ 是奇函数，则 $f(x) = -f(-x)$. 令 $x = -t$，于是

$$\int_{-a}^0 f(x)\mathrm{d}x = -\int_{-a}^0 f(-x)\mathrm{d}x = -\int_a^0 f(t)\mathrm{d}(-t) = \int_a^0 f(t)\mathrm{d}t = -\int_0^a f(x)\mathrm{d}x,$$

所以
$$\int_{-a}^a f(x)\mathrm{d}x = -\int_0^a f(x)\mathrm{d}x + \int_0^a f(x)\mathrm{d}x = 0.$$

根据定积分的几何意义，本例结论是很明显的，如图 5-8 与图 5-9 所示.

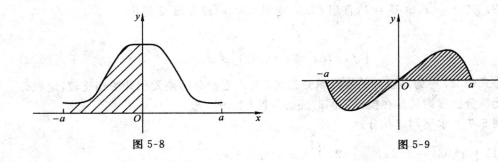

图 5-8　　　　　　　　　　　　　　　　图 5-9

利用例 5.8 的结论,可以简化一些对称区间上积分的运算.

例 5.9 求定积分 $\int_{-1}^{1} \dfrac{2x^2 + x\cos x}{1 + \sqrt{1-x^2}} \mathrm{d}x$.

解 因为积分区间 $[-1,1]$ 为对称区间,考察被积函数的奇偶性后有

$$\int_{-1}^{1} \frac{2x^2 + x\cos x}{1 + \sqrt{1-x^2}}\mathrm{d}x = \int_{-1}^{1} \frac{2x^2}{1 + \sqrt{1-x^2}}\mathrm{d}x + \int_{-1}^{1} \frac{x\cos x}{1 + \sqrt{1-x^2}}\mathrm{d}x$$

$$= 4\int_{0}^{1} \frac{x^2}{1 + \sqrt{1-x^2}}\mathrm{d}x + 0$$

$$= 4\int_{0}^{1} \frac{x^2(1 - \sqrt{1-x^2})}{1 - (1-x^2)}\mathrm{d}x$$

$$= 4\int_{0}^{1} (1 - \sqrt{1-x^2})\mathrm{d}x = 4 - 4\int_{0}^{1} \sqrt{1-x^2}\,\mathrm{d}x = 4 - \pi.$$

5.3.2 定积分的分部积分法

定理 5.4 设函数 $u(x), v(x)$ 在 $[a,b]$ 上有连续导数,则有

$$\int_{a}^{b} u\,\mathrm{d}v = uv \Big|_{a}^{b} - \int_{a}^{b} v\,\mathrm{d}u. \tag{5.3}$$

例 5.10 计算下列定积分:

(1) $\int_{0}^{\frac{\pi}{2}} x^2 \cos x\,\mathrm{d}x$;　　(2) $\int_{0}^{\frac{\pi}{2}} \mathrm{e}^x \sin x\,\mathrm{d}x$.

解 (1) $\int_{0}^{\frac{\pi}{2}} x^2 \cos x\,\mathrm{d}x = \int_{0}^{\frac{\pi}{2}} x^2 \,\mathrm{d}\sin x = x^2 \sin x \Big|_{0}^{\frac{\pi}{2}} - \int_{0}^{\frac{\pi}{2}} 2x\sin x\,\mathrm{d}x$

$$= \frac{\pi^2}{4} + 2\int_{0}^{\frac{\pi}{2}} x\,\mathrm{d}\cos x = \frac{\pi^2}{4} + 2x\cos x \Big|_{0}^{\frac{\pi}{2}} - 2\int_{0}^{\frac{\pi}{2}} \cos x\,\mathrm{d}x$$

$$= \frac{\pi^2}{4} - 2\sin x \Big|_{0}^{\frac{\pi}{2}} = \frac{\pi^2}{4} - 2.$$

(2) $\int_{0}^{\frac{\pi}{2}} \mathrm{e}^x \sin x\,\mathrm{d}x = \int_{0}^{\frac{\pi}{2}} \sin x\,\mathrm{d}\mathrm{e}^x = \mathrm{e}^x \sin x \Big|_{0}^{\frac{\pi}{2}} - \int_{0}^{\frac{\pi}{2}} \mathrm{e}^x \,\mathrm{d}\sin x$

$$= \mathrm{e}^{\frac{\pi}{2}} - \int_{0}^{\frac{\pi}{2}} \mathrm{e}^x \cos x\,\mathrm{d}x = \mathrm{e}^{\frac{\pi}{2}} - \int_{0}^{\frac{\pi}{2}} \cos x\,\mathrm{d}\mathrm{e}^x$$

$$= \mathrm{e}^{\frac{\pi}{2}} - \mathrm{e}^x \cos x \Big|_{0}^{\frac{\pi}{2}} + \int_{0}^{\frac{\pi}{2}} \mathrm{e}^x \,\mathrm{d}\cos x$$

$$= \mathrm{e}^{\frac{\pi}{2}} + 1 - \int_{0}^{\frac{\pi}{2}} \mathrm{e}^x \sin x\,\mathrm{d}x,$$

所以 $\int_{0}^{\frac{\pi}{2}} \mathrm{e}^x \sin x\,\mathrm{d}x = \dfrac{1}{2}(\mathrm{e}^{\frac{\pi}{2}} + 1)$.

例 5.11 求 $\int_{0}^{1} \mathrm{e}^{\sqrt{x}}\,\mathrm{d}x$.

解 设 $\sqrt{x} = u$,则 $x = u^2$,$\mathrm{d}x = 2u\mathrm{d}u$. 当 $x = 0$ 时,$u = 0$;$x = 1$ 时,$u = 1$. 于是

$$\int_{0}^{1} \mathrm{e}^{\sqrt{x}}\,\mathrm{d}x = \int_{0}^{1} \mathrm{e}^u 2u\,\mathrm{d}u = 2\int_{0}^{1} u\mathrm{e}^u\,\mathrm{d}u = 2\int_{0}^{1} u\,\mathrm{d}\mathrm{e}^u = 2u\mathrm{e}^u \Big|_{0}^{1} - 2\int_{0}^{1} \mathrm{e}^u\,\mathrm{d}u$$

$$= 2e - 2e^u \Big|_0^1 = 2.$$

习题 5-3

1. 利用换元积分法,计算下列定积分:

(1) $\displaystyle\int_0^4 \frac{1-\sqrt{x}}{1+\sqrt{x}} \mathrm{d}x$;　　　　(2) $\displaystyle\int_{-2}^2 \sqrt{4-x^2}\, \mathrm{d}x$;　　　　(3) $\displaystyle\int_0^1 \frac{\mathrm{d}x}{1+\mathrm{e}^x}$;

(4) $\displaystyle\int_0^{\ln 2} \sqrt{\mathrm{e}^x - 1}\, \mathrm{d}x$;　　　(5) $\displaystyle\int_0^3 \frac{x \mathrm{d}x}{1+\sqrt{1+x}}$;　　　(6) $\displaystyle\int_{\sqrt{2}}^2 \frac{\mathrm{d}x}{x\,\sqrt{x^2-1}}$;

(7) $\displaystyle\int_1^9 \frac{\sqrt{x} \mathrm{d}x}{\sqrt{x}+1}$;　　　　(8) $\displaystyle\int_{-1}^1 \frac{1}{(1+x^2)^2} \mathrm{d}x$.

2. 利用分部积分法,计算下列定积分:

(1) $\displaystyle\int_0^1 x \arctan x \mathrm{d}x$;　　　(2) $\displaystyle\int_0^1 \ln(1+x^2) \mathrm{d}x$;　　　(3) $\displaystyle\int_0^{2\pi} \mathrm{e}^x \cos x \mathrm{d}x$;

(4) $\displaystyle\int_{-\pi}^{\pi} x^2 \cos 2x \mathrm{d}x$;　　　(5) $\displaystyle\int_0^1 x^3 \mathrm{e}^{x^2}\, \mathrm{d}x$.

3. 设 $f(x)$ 在 $[a,b]$ 上连续,试证:$\displaystyle\int_a^b f(a+b-x)\mathrm{d}x = \int_a^b f(x)\mathrm{d}x$.

4. 证明:$\displaystyle\int_0^{\frac{\pi}{2}} \cos^n x \mathrm{d}x = \int_0^{\frac{\pi}{2}} \sin^n x \mathrm{d}x$.

5. 设函数 $f(x)$ 的一个原函数为 $\sin x$,求 $\displaystyle\int_0^{\frac{\pi}{2}} x f'(x)\mathrm{d}x$.

5.4　广义积分

定积分的积分区间是有限的,被积函数是有界函数. 但在一些实际问题中,常会遇到积分区间为无穷区间或者被积函数是无界函数的积分. 这两种情况对应的积分称为广义积分. 相应的,把前面研究的定积分称为常义积分. 本节重点介绍广义积分的概念和计算方法.

5.4.1　无穷区间上的广义积分

引例 3　求由曲线 $y = \dfrac{1}{x^2}$,x 轴以及 $x = 1$ 轴右侧所围成的"开口曲边梯形"的面积.

解　由于是开口曲边梯形,其积分区间是 $[1, +\infty)$,这是一个无限区间,而我们前面学习的定积分都是在有限的区间内进行的,如何解决"有限"与"无限"的矛盾呢?为此,我们很容易想到借助极限这一工具.

为此我们任取 $b > 1$,如图 5-10 所示,在区间 $[a,b]$ 内,我们有

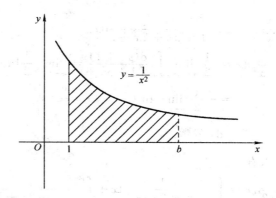

图 5-10

$$\int_1^b \frac{1}{x^2}\mathrm{d}x = -\frac{1}{x}\Big|_1^b = -\left(\frac{1}{b}-1\right) = 1-\frac{1}{b},$$

因为 $b \rightarrow +\infty$，故所求的"开口曲边梯形"的面积应为

$$S = \int_1^{+\infty} \frac{1}{x^2}\mathrm{d}x = \lim_{b \to +\infty}\left(1-\frac{1}{b}\right) = 1,$$

定义 5.3 设 $f(x)$ 在 $[a,+\infty)$ 上连续，取 $b>a$，如果 $\lim\limits_{b \to +\infty}\int_a^b f(x)\mathrm{d}x$ 存在，则称该极限值为 $f(x)$ 在 $[a,+\infty)$ 的广义积分，记为 $\int_a^{+\infty} f(x)\mathrm{d}x$，即

$$\int_a^{+\infty} f(x)\mathrm{d}x = \lim_{b \to +\infty}\int_a^b f(x)\mathrm{d}x. \tag{5.4}$$

此时也称广义积分 $\int_a^{+\infty} f(x)\mathrm{d}x$ 收敛. 如果极限 $\lim\limits_{b \to +\infty}\int_a^b f(x)\mathrm{d}x$ 不存在，则称广义积分 $\int_a^{+\infty} f(x)\mathrm{d}x$ 发散.

类似地，可定义 $f(x)$ 在 $(-\infty,b]$ 上的广义积分为

$$\int_{-\infty}^b f(x)\mathrm{d}x = \lim_{a \to -\infty}\int_a^b f(x)\mathrm{d}x. \tag{5.5}$$

$f(x)$ 在 $(-\infty,+\infty)$ 上的广义积分为

$$\int_{-\infty}^{+\infty} f(x)\mathrm{d}x = \int_{-\infty}^c f(x)\mathrm{d}x + \int_c^{+\infty} f(x)\mathrm{d}x \quad (C\text{ 为任意常数}),$$

即

$$\int_{-\infty}^{+\infty} f(x)\mathrm{d}x = \lim_{a \to -\infty}\int_a^c f(x)\mathrm{d}x + \lim_{b \to +\infty}\int_c^b f(x)\mathrm{d}x. \tag{5.6}$$

当 $\int_{-\infty}^c f(x)\mathrm{d}x$ 与 $\int_c^{+\infty} f(x)\mathrm{d}x$ 都收敛时，$\int_{-\infty}^{+\infty} f(x)\mathrm{d}x$ 收敛，否则 $\int_{-\infty}^{+\infty} f(x)\mathrm{d}x$ 是发散的.

由于上述三类广义积分的积分区间都是无穷区间，所以把它们统称为无穷区间上的广义积分，也称为无穷积分.

例 5.12 计算下列无穷积分

(1) $\int_{-\infty}^{0} \dfrac{x}{1+x^2}\mathrm{d}x$;　　(2) $\int_{-\infty}^{+\infty} \dfrac{1}{x^2+2x+2}\mathrm{d}x$.

解　(1) $\int_{-\infty}^{0} \dfrac{x}{1+x^2}\mathrm{d}x = \dfrac{1}{2}\lim_{a\to-\infty}\int_{a}^{0}\dfrac{\mathrm{d}(x^2+1)}{1+x^2} = \lim_{a\to-\infty}\dfrac{1}{2}\ln(x^2+1)\Big|_{a}^{0}$

$$= -\dfrac{1}{2}\lim_{a\to-\infty}\ln(a^2+1) = -\infty,$$

所以广义积分 $\int_{-\infty}^{0} \dfrac{x}{1+x^2}\mathrm{d}x$ 发散.

(2) 对任意实数 C,有

$$\int_{-\infty}^{+\infty}\dfrac{1}{x^2+2x+2}\mathrm{d}x = \int_{-\infty}^{c}\dfrac{1}{x^2+2x+2}\mathrm{d}x + \int_{c}^{+\infty}\dfrac{1}{x^2+2x+2}\mathrm{d}x,$$

$$\int_{-\infty}^{c}\dfrac{1}{x^2+2x+2}\mathrm{d}x = \lim_{a\to-\infty}\int_{a}^{c}\dfrac{\mathrm{d}(x+1)}{(x+1)^2+1}$$

$$= \lim_{a\to-\infty}\arctan(x+1)\Big|_{a}^{c} = \arctan(c+1)+\dfrac{\pi}{2},$$

$$\int_{c}^{+\infty}\dfrac{1}{x^2+2x+2}\mathrm{d}x = \lim_{b\to+\infty}\int_{c}^{b}\dfrac{\mathrm{d}(x+1)}{(x+1)^2+1} = \lim_{b\to+\infty}\arctan(x+1)\Big|_{c}^{b} = \dfrac{\pi}{2}-\arctan(c+1),$$

故 $\int_{-\infty}^{+\infty}\dfrac{1}{x^2+2x+2}\mathrm{d}x$ 收敛,且

$$\int_{-\infty}^{+\infty}\dfrac{1}{x^2+2x+2}\mathrm{d}x = \arctan(c+1)+\dfrac{\pi}{2}+\dfrac{\pi}{2}-\arctan(c+1) = \pi.$$

为了书写简便,常把无穷积分的计算也用牛顿-莱布尼茨公式的格式来表示. 如当 $\int_{a}^{+\infty}f(x)\mathrm{d}x$ 收敛时,有 $\int_{a}^{+\infty}f(x)\mathrm{d}x = F(x)\Big|_{a}^{+\infty} = F(+\infty)-F(a)$（其中 $F'(x)=f(x)$）.

研究广义积分的首要问题是研究它的敛散性.

例 5.13　判断 $\int_{1}^{+\infty}\dfrac{1}{x^p}\mathrm{d}x$ 的敛散性（p 为常数）.

解　当 $p=1$ 时,$\int_{1}^{+\infty}\dfrac{1}{x^p}\mathrm{d}x = \int_{1}^{+\infty}\dfrac{1}{x}\mathrm{d}x = \ln x\Big|_{1}^{+\infty} = +\infty$;

当 $p\neq1$ 时,$\int_{1}^{+\infty}\dfrac{1}{x^p}\mathrm{d}x = \dfrac{x^{1-p}}{1-p}\Big|_{1}^{+\infty} = \begin{cases}\dfrac{1}{p-1}, & p>1,\\[2mm] +\infty, & p<1,\end{cases}$

所以,当 $p>1$ 时,$\int_{1}^{+\infty}\dfrac{1}{x^p}\mathrm{d}x$ 收敛;当 $p\leqslant1$ 时,$\int_{1}^{+\infty}\dfrac{1}{x^p}\mathrm{d}x$ 发散.

5.4.2　无界函数的广义积分

定义 5.4　（如图 5.11 所示）设函数 $f(x)$ 在 $(a,b]$ 上连续,且 $\lim\limits_{x\to a^+}f(x)=\infty$,即 $x=a$ 为无穷间断点（又称瑕点）,取 $\varepsilon>0$,若极限 $\lim\limits_{\varepsilon\to0^+}\int_{a+\varepsilon}^{b}f(x)\mathrm{d}x$ 存在,则称极限值为函数 $f(x)$ 在 $(a,b]$ 上的广义积分,记为 $\int_{a}^{b}f(x)\mathrm{d}x$,即

$$\int_a^b f(x)\mathrm{d}x = \lim_{\varepsilon\to 0^+}\int_{a+\varepsilon}^b f(x)\mathrm{d}x \qquad (5.7)$$

此时亦称广义积分 $\int_a^b f(x)\mathrm{d}x$ 收敛. 如果极限不存在, 则称广义积分 $\int_a^b f(x)\mathrm{d}x$ 发散.

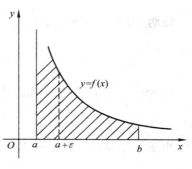

类似地, 若 $x=b$ 为瑕点, 即 $\lim_{x\to b^-}f(x)=\infty$ 时, $f(x)$ 在 $[a,b)$ 上的广义积分为

$$\int_a^b f(x)\mathrm{d}x = \lim_{\varepsilon\to 0^+}\int_a^{b-\varepsilon} f(x)\mathrm{d}x. \qquad (5.8)$$

图 5-11

若无穷间断点 $x=c$ 在 $[a,b]$ 内部, 则广义积分 $\int_a^b f(x)\mathrm{d}x = \int_a^c f(x)\mathrm{d}x + \int_c^b f(x)\mathrm{d}x$, 即

$$\int_a^b f(x)\mathrm{d}x = \lim_{\varepsilon_1\to 0^+}\int_a^{c-\varepsilon_1} f(x)\mathrm{d}x + \lim_{\varepsilon_2\to 0^+}\int_{c+\varepsilon_2}^b f(x)\mathrm{d}x.$$

若广义积分 $\int_a^c f(x)\mathrm{d}x$ 与 $\int_c^b f(x)\mathrm{d}x$ 中有一个发散, 则积分 $\int_a^b f(x)\mathrm{d}x$ 发散. 以上三种广义积分统称为**无界函数的广义积分**, 也称为**瑕积分**.

现在回顾 5.2 节所提到 $\int_{-1}^1 \dfrac{1}{x^2}\mathrm{d}x$ 的积分问题. 因为在 $x=0$ 处, 有 $\lim_{x\to 0}\dfrac{1}{x^2}=\infty$, 故 $\int_{-1}^1 \dfrac{1}{x^2}\mathrm{d}x$ 是一个瑕积分, 因此, 不能直接使用牛顿-莱布尼茨公式来解决.

例 5.14 讨论瑕积分 $\int_{-1}^1 \dfrac{1}{x^2}\mathrm{d}x$ 的敛散性.

解 由于 $\lim_{\varepsilon\to 0^+}\int_{-1}^{0-\varepsilon}\dfrac{1}{x^2}\mathrm{d}x = \lim_{\varepsilon\to 0^+}\left(-\dfrac{1}{x}\right)\Big|_{-1}^{-\varepsilon} = +\infty$, 所以瑕积分 $\int_{-1}^0 \dfrac{1}{x^2}\mathrm{d}x$ 发散, 从而瑕积分 $\int_{-1}^1 \dfrac{1}{x^2}\mathrm{d}x$ 发散.

例 5.15 讨论 $\int_0^1 \ln x\mathrm{d}x$ 的敛散性.

解 因为 $\lim_{x\to 0^+}\ln x = -\infty$, 故 $x=0$ 为瑕点, 故有

$$\int_0^1 \ln x\mathrm{d}x = \lim_{\varepsilon\to 0^+}\int_{0+\varepsilon}^1 \ln x\mathrm{d}x = \lim_{\varepsilon\to 0^+}\left(x\ln x\Big|_\varepsilon^1 - \int_\varepsilon^1 \mathrm{d}x\right) = \lim_{\varepsilon\to 0^+}(-\varepsilon\ln\varepsilon - 1 + \varepsilon)$$

$$= -\lim_{\varepsilon\to 0^+}\dfrac{\ln\varepsilon}{\dfrac{1}{\varepsilon}} - 1 = -\lim_{\varepsilon\to 0^+}\dfrac{\dfrac{1}{\varepsilon}}{\dfrac{1}{\varepsilon^2}} - 1 = 0 - 1 = -1.$$

所以 $\int_0^1 \ln x\mathrm{d}x$ 收敛, 且 $\int_0^1 \ln x\mathrm{d}x = -1$.

例 5.16 证明:瑕积分 $\int_0^1 \dfrac{1}{x^p}\mathrm{d}x$ 当 $p<1$ 时收敛, 当 $p\geqslant 1$ 时发散.

证明：法 1　当 $p < 1$ 时，$\int_0^1 \dfrac{1}{x^p} \mathrm{d}x = \lim\limits_{\varepsilon \to 0^+} \int_{0+\varepsilon}^1 x^{-p} \mathrm{d}x = \lim\limits_{\varepsilon \to 0^+} \dfrac{1}{1-p} x^{1-p} \Big|_{0+\varepsilon}^1$

$$= \lim_{\varepsilon \to 0^+} \frac{1}{1-p}(1 - \varepsilon^{1-p}) = \frac{1}{1-p};$$

当 $p = 1$ 时，$\int_0^1 \dfrac{1}{x} \mathrm{d}x = \lim\limits_{\varepsilon \to 0^+} \int_{0+\varepsilon}^1 \dfrac{1}{x} \mathrm{d}x = \lim\limits_{\varepsilon \to 0^+} \ln|x| \Big|_{0+\varepsilon}^1 = \lim\limits_{\varepsilon \to 0^+} (-\ln \varepsilon) = +\infty$，发散；

当 $p > 1$ 时，$\int_0^1 \dfrac{1}{x^p} \mathrm{d}x = \lim\limits_{\varepsilon \to 0^+} \dfrac{1}{1-p}(1 - \varepsilon^{1-p}) = \infty$，发散.

综上所述　$\int_0^1 \dfrac{1}{x^p} \mathrm{d}x$ 当 $p < 1$ 时收敛 0，当 $p \geqslant 1$ 时发散.

法 2　当 $p < 1$ 时 $\int_0^1 \dfrac{1}{x^p} \mathrm{d}x = \dfrac{1}{1-p}$，因为当 $p > 0$ 时，$\lim\limits_{\varepsilon \to 0^+} \dfrac{1}{x^p} = +\infty$，故 $x = 0$ 为瑕点.

令 $t = \dfrac{1}{x}$，则 $x = \dfrac{1}{t}$，$\mathrm{d}x = -\dfrac{1}{t^2} \mathrm{d}t$. 当 $x \to 0$ 时，$t \to +\infty$；$x = 1$ 时，$t = 1$. 于是

$$\int_0^1 \frac{1}{x^p} \mathrm{d}x = -\int_{+\infty}^1 t^p \cdot \frac{1}{t^2} \mathrm{d}t = \int_1^{+\infty} \frac{1}{t^{2-p}} \mathrm{d}t.$$

由例 5.13 知，当 $2 - p > 1$ 时，$\int_1^{+\infty} \dfrac{1}{t^{2-p}} \mathrm{d}t$ 收敛；当 $2 - p \leqslant 1$ 时，$\int_1^{+\infty} \dfrac{1}{t^{2-p}} \mathrm{d}t$ 发散，即有 $p < 1$ 时，$\int_0^1 \dfrac{1}{x^p} \mathrm{d}x$ 收敛；$p \geqslant 1$ 时，$\int_0^1 \dfrac{1}{x^p} \mathrm{d}x$ 发散.

此例说明，瑕积分的问题可通过倒数变换，转化为无穷积分的问题.

习题　5-4

1. 判断下列广义积分的收敛性，若收敛，求其值：

(1) $\displaystyle\int_0^{+\infty} \dfrac{x}{(1+x^2)^2} \mathrm{d}x$；　　(2) $\displaystyle\int_1^{+\infty} \dfrac{\mathrm{d}x}{x(1+\ln^2 x)}$；　　(3) $\displaystyle\int_0^{+\infty} x^2 \mathrm{e}^{-x} \mathrm{d}x$；

(4) $\displaystyle\int_0^1 \dfrac{\mathrm{d}x}{(1-x)^2}$；　　(5) $\displaystyle\int_0^1 \dfrac{\arcsin x \mathrm{d}x}{\sqrt{1-x^2}}$；　　(6) $\displaystyle\int_1^{e} \dfrac{\mathrm{d}x}{x\sqrt{1-(\ln x)^2}}$.

本章知识结构图

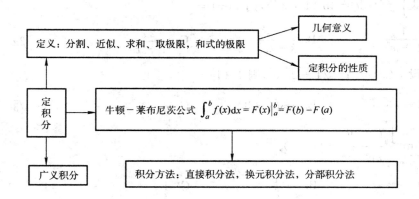

复习题5

1. 选择题

(1) 下列定积分的值为负的是( ).

A. $\displaystyle\int_0^{\frac{\pi}{2}} \sin x\,\mathrm{d}x$ 　　　 B. $\displaystyle\int_{-\frac{\pi}{2}}^0 \cos x\,\mathrm{d}x$ 　　　 C. $\displaystyle\int_{-3}^{-2} x^3\,\mathrm{d}x$ 　　　 D. $\displaystyle\int_{-3}^{-2} x^2\,\mathrm{d}x$

(2) $\displaystyle\int_0^3 |2-x|\,\mathrm{d}x = ($ 　).

A. $\dfrac{5}{2}$ 　　　　　 B. $\dfrac{1}{2}$ 　　　　　 C. $\dfrac{3}{2}$ 　　　　　 D. $\dfrac{2}{3}$

(3) 下列等式中正确的是( ).

A. $\dfrac{\mathrm{d}}{\mathrm{d}x}\displaystyle\int_a^b \mathrm{e}^{-x^2}\,\mathrm{d}x = 0$ 　　　　　　 B. $\dfrac{\mathrm{d}}{\mathrm{d}x}\displaystyle\int_a^x \mathrm{e}^{-x^2}\,\mathrm{d}x = 0$

C. $\dfrac{\mathrm{d}}{\mathrm{d}x}\displaystyle\int_a^b \mathrm{e}^{-x^2}\,\mathrm{d}x = \mathrm{e}^{-x^2}$ 　　　　　 D. $\displaystyle\int (\mathrm{e}^{-x^2})'\,\mathrm{d}x = \mathrm{e}^{-x^2}$

(4) 下列积分值不为零的是( ).

A. $\displaystyle\int_{-1}^1 \dfrac{x}{1+x^2}\,\mathrm{d}x$ 　　 B. $\displaystyle\int_{-3}^3 \dfrac{x}{\sqrt{1+\mathrm{e}^{x^2}}}\,\mathrm{d}x$ 　　 C. $\displaystyle\int_{-\pi}^{\pi} \sin^3 x\cos x\,\mathrm{d}x$ 　　 D. $\displaystyle\int_{-\frac{\pi}{2}}^{\frac{\pi}{2}} \cos^4 x\,\mathrm{d}x$

(5) 已知 $\displaystyle\int_0^{\frac{\pi}{2}} \sin x\,\mathrm{d}x = 1$,则 $\displaystyle\int_{-\frac{\pi}{2}}^{\pi} \sin x\,\mathrm{d}x = ($ 　).

A. 0 　　　　　　 B. $\dfrac{\pi}{2}$ 　　　　　 C. $\dfrac{\pi}{4}$ 　　　　　 D. 1

(6) 下列不等式中正确的是( ).

A. $\displaystyle\int_0^1 x\,\mathrm{d}x \leqslant \int_0^1 t^2\,\mathrm{d}t$ 　　　　　　 B. $\displaystyle\int_0^1 x^3\,\mathrm{d}x \leqslant \int_0^1 t^2\,\mathrm{d}t$

C. $\displaystyle\int_0^1 \sqrt{x}\,\mathrm{d}x \leqslant \int_0^1 x^2\,\mathrm{d}x$ 　　　　　　　　　D. $\displaystyle\int_0^1 \sqrt{x}\,\mathrm{d}x \leqslant \int_0^1 x^3\,\mathrm{d}x$

(7) 设 $\displaystyle\int_0^x f(t)\,\mathrm{d}t = \ln(1+x^2)$，则 $f(x) = ($ 　　$)$.

A. $\dfrac{1}{1+x^2}$ 　　　　B. $\dfrac{x}{1+x^2}$ 　　　　C. $\dfrac{2x}{1+x^2}$ 　　　　D. $2x$

(8) 设 $F(x) = \displaystyle\int_x^2 \sqrt{1+2t^2}\,\mathrm{d}t$，则 $F'(1) = ($ 　　$)$.

A. $3-\sqrt{3}$ 　　　　B. $-\sqrt{3}-3$ 　　　　C. $-\sqrt{3}$ 　　　　D. $\sqrt{3}$

(9) $\displaystyle\lim_{x\to 0} \frac{\displaystyle\int_0^x t^2 \mathrm{e}^{t^2}\,\mathrm{d}t}{x\,\mathrm{e}^{x^2}} = ($ 　　$)$.

A. 0 　　　　B. $-\dfrac{1}{2}$ 　　　　C. 1 　　　　D. -1

(10) $\displaystyle\int_1^0 f'(3x)\,\mathrm{d}x = ($ 　　$)$.

A. $\dfrac{1}{3}[f(0)-f(3)]$ 　　　　　　B. $f(0)-f(3)$

C. $f(3)-f(0)$ 　　　　　　　　　　D. $\dfrac{1}{3}[f(3)-f(0)]$

(11) 下列无穷积分收敛的是(　　).

A. $\displaystyle\int_1^{+\infty} \frac{\mathrm{d}x}{x}$ 　　　　　　　　B. $\displaystyle\int_1^{+\infty} \frac{\mathrm{d}x}{\sqrt{x}}$

C. $\displaystyle\int_1^{+\infty} \frac{\mathrm{d}x}{x^2}$ 　　　　　　　　D. $\displaystyle\int_1^{+\infty} \sqrt{x}\,\mathrm{d}x$

(12) $\displaystyle\int_{-\infty}^{+\infty} \frac{\mathrm{d}x}{(1+x^2)} = ($ 　　$)$.

A. $\dfrac{\pi}{2}$ 　　　　B. 0 　　　　C. π 　　　　D. 不存在

2. 填空题

(1) 若 $f(x)$ 在 $[a,b]$ 上连续，则它必有一个原函数为 _____.

(2) $\dfrac{\mathrm{d}}{\mathrm{d}a}\displaystyle\int_a^b \sin x^2\,\mathrm{d}x == $ _____.

(3) $\displaystyle\int_a^x f'(x)\,\mathrm{d}x = $ _____.

(4) $\displaystyle\lim_{x\to 0} \frac{\displaystyle\int_0^{x^2} \sin t^2\,\mathrm{d}t}{x^6} = $ _____.

(5) 已知 $f(0)=1, f(1)=4, f'(1)=7$，则 $\displaystyle\int_0^1 x f''(x)\,\mathrm{d}x = $ _____.

(6) $\displaystyle\int_0^{+\infty} x\mathrm{e}^{-x}\,\mathrm{d}x = $ _____.

3. 计算题

(1) $\int_0^{\frac{\pi}{2}} \cos^5 x \sin x \, dx$;

(2) $\int_1^2 \frac{\sqrt{x^2-1}}{x} \, dx$;

(3) $\int_{-2}^2 (\mid x \mid + x) e^{\mid x \mid} \, dx$;

(4) $\int_0^{+\infty} \frac{dx}{\sqrt{x} + x\sqrt{x}}$.

4. 位于一条河边的一家小造纸厂,向河中排放含有四氯化碳(CCl_4)的污水. 当地环保部门发现后,责令该厂立即安装过滤装置,以减慢并最终停止排入河中的 CCl_4 流量. 过滤装置安装完毕,就开始工作直至污液完全停止($v(t) = 0$),CCl_4 的排放速度 $v(t)$ 可以很好地用模型 $v(t) = \frac{3}{4}t^2 - 6t + 12$(米³/年)逼近,其中 t 是从过滤装置开始工作的时间. 问从过滤装置开始工作到污液完全停止,用了多长时间?在这期间有多少 CCl_4 流入河中?

中外数学家

莱布尼茨(二)

—— 多才多艺的莱布尼茨

莱布尼茨的多才多艺在历史上很少有人能和他相比,他的研究领域和成果遍及数学、物理学、逻辑学、生物学、化学、地理学、解剖学、气体学、航海学、地质学、语言学、法学、哲学、历史和外交等等.

1693 年,莱布尼茨发表了一篇关于地球起源的文章,后来扩充为《原始地球》一书.在书中他解释了地球中火成岩、沉积岩的形成原因.他的地球成因学说,尤其是他的宇宙进化和地球演化的思想,启发了拉马克、赖尔等人,在一定程度上促进了 19 世纪地质学理论的进展.

1677 年,他写成《磷发现史》,对磷元素的性质和提取作了论述.他还提出了分离化学制品和使水脱盐的技术.

在生物学方面,莱布尼茨在 1714 年发表的《单子论》等著作中,从哲学角度提出了有机论方面的种种观点.他认为存在着介乎于动物、植物之间的生物,水螅虫的发现证明了他的观点.

在形式逻辑方面,他区分和研究了理性的真理(必然性命题)和事实的真理(偶然性命题),并在逻辑学中引入了"充足理由律",后来被人们认为是一条基本思维定律.

在心理学方面,1696 年,他提出了的身心平行论,他强调统觉作用,与笛卡儿的交互作用论、斯宾诺莎的一元论构成了当时心理学三大理论.

在法学方面,1667 年他发表了《法学教学新法》.

在语言学方面,1677 年,莱布尼茨发表《通向一种普通文字》.今天,人们公认他是世界语的先驱.

在哲学方面,他的主要思想是"单子论"、"前定和谐论"及自然哲学理论.其学说与其弟子沃尔夫的理论相结合,形成了莱布尼茨 — 沃尔夫体系,极大地影响了德国哲学的发展,尤其是影响了康德的哲学思想.

在外交方面,他是中西文化交流之倡导者,为促进中西文化交流做出了毕生的努力,产生了广泛而深远的影响.

莱布尼茨发表了大量的学术论文,还有不少文稿生前未发表.已出版的各种各样的选集、著作集、书信集多达几十种,从中可以看到莱布尼茨的主要学术成就.今天,还有专门的莱布尼茨研究学术刊物"Leibniz",可见其在科学史、文化史上的重要地位.

6 定积分的应用

闸门所受的压力

水力发电站将水的势能最终转化为电能. 为了提高上游的水位,就要在河流上建拦水大坝,拦水大坝上要建有闸门,用来控制发电机组的水流量. 闸门可以随时提起或放下,如果发电机组发生故障,大闸门完全落下,河水将不再冲进发电机组,工人们就能轻易而举地进去检修.

我们知道在水下的物体,是要受到水的压力的,因此闸门一侧在水中就受到了一定的压力,所以为了保证闸门能起到正常的作用,就要分析闸门一侧在水中所受的压力有多大,从而选择合适的材料制作闸门. 由于不同深度的水的压强不相等,所以闸门一侧所受压力不能简单的用中学所学的"压力 = 压强 × 面积"方法来计算,而要用定积分(微元法)来解决.

(一)学习目标

1. 会用定积分的微元法求平面图形的面积、旋转体的体积.
2. 掌握定积分在物理上及经济上的简单应用.

(二)学习重点和难点

重点　定积分的微元法,利用微元法求平面图形的面积和旋转体的体积.

难点　定积分的微元法,微元法在实际问题中的应用.

定积分在日常生活及科学技术等许多领域中都有着广泛的应用,本章将介绍定积分在几何、物理以及经济学中的一些简单的应用. 重点是掌握如何运用微元法解决实际问题的思想方法.

6.1　定积分的几何应用

6.1.1　微元法

由 5.1 节中的两个引例知道,在解决曲边梯形面积及变速直线运动的路程时,均采用了"分割"、"近似"、"求和"、"取极限"4 个步骤.

实质上,要求整体总量 F,可以将上述 4 个步骤简化为两步:

(1) 取微元:在$[a,b]$上任取一微小区间$[x,x+\mathrm{d}x]$,根据实际意义,求出在$[x,x+\mathrm{d}x]$上的部分量 ΔF 的近似值,记为 $\mathrm{d}F=f(x)\mathrm{d}x$(称为 F 的微元);

(2) 无限累加:将微元 $\mathrm{d}F$ 在$[a,b]$上无限累加(积分),就得到 $F=\int_a^b f(x)\mathrm{d}x$.

这种解决问题的方法就称为**微元法**. 应用微元法求解实际问题时,关键是先把所求量的微元找出来,一般在局部$[x,x+\mathrm{d}x]$上,按"以直代曲"、"以常代变"、"以匀代不匀"的思路写出其微元 $f(x)\mathrm{d}x$,且部分量 ΔF 与所取微元 $f(x)\mathrm{d}x$ 之差是 Δx 的高阶无穷小.

6.1.2　平面图形的面积

1. 直角坐标系下平面图形的面积

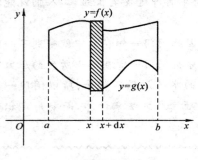

图 6-1

(1) 设平面图形由曲线 $y=f(x),y=g(x)$,$f(x)\geqslant g(x)$,直线 $x=a,x=b$ 所围成,求其面积 S.

如图 6-1,该平面图形可以表示为:$a\leqslant x\leqslant b$,$g(x)\leqslant y\leqslant f(x)$.

在$[a,b]$中任取微小区间$[x,x+\mathrm{d}x]$,则小区间对应的小曲边梯形的面积近似看成以 $f(x)-g(x)$ 为高、以 $\mathrm{d}x$ 为底的小矩形的面积,则得面积微元 $\mathrm{d}S=[f(x)-g(x)]\mathrm{d}x$,

于是 $S=\int_a^b[f(x)-g(x)]\mathrm{d}x$.

特别地,当曲线 $y=g(x)=0$ 时,即 x 轴,则

$$S=\int_a^b f(x)\mathrm{d}x.$$

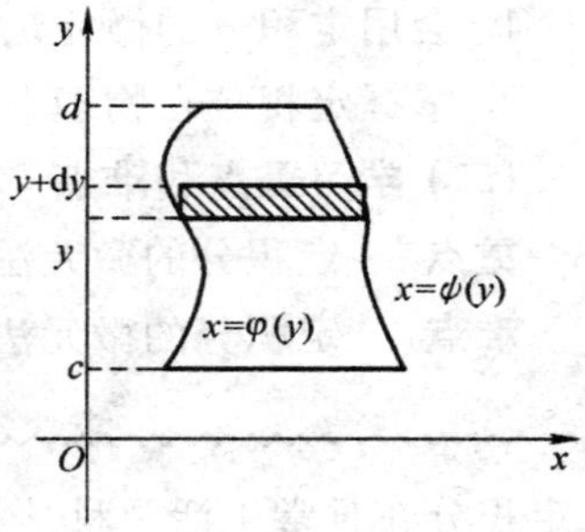

(2) 如图 6-2 所示,设平面图形由曲线 $x=\varphi(y),x=\psi(y)$ 及直线 $y=c,y=d$ 围成,该平面图形可以表示为:$c\leqslant y\leqslant d,\varphi(y)\leqslant x\leqslant \psi(y)$,在$[c,d]$中任取一微小区间$[y,y+\mathrm{d}y]$,则面积微元 $\mathrm{d}S=[\psi(y)-\varphi(y)]\mathrm{d}y$,故

$$S=\int_c^d[\psi(y)-\varphi(y)]\mathrm{d}y.$$

图 6-2

特别地,当 $x=\varphi(y)=0$ 为 y 轴时,有 $S=\int_c^d\psi(y)\mathrm{d}y$.

例 6.1　求由抛物线 $\begin{cases} y=x^2, \\ y^2=x \end{cases}$ 所围成的平面图形的面积.

解　如图 6-3 所示,由 $\begin{cases} y=x^2, \\ y^2=x \end{cases}$ 得交点 $O(0,0),A(1,1)$.

取 x 为积分变量,则该平面图形可以表示为 $0\leqslant x\leqslant 1,x^2\leqslant y\leqslant \sqrt{x}$,

故所求图形面积为

$$S = \int_0^1 (\sqrt{x} - x^2) \mathrm{d}x = (\frac{2}{3} x^{\frac{3}{2}} - \frac{1}{3} x^3) \Big|_0^1 = \frac{1}{3}.$$

上例亦可取 y 为积分变量,其积分结果是一样的.

例 6.2 求由曲线 $y = x + 1, y = x^2$ $(x \geqslant 0), y = 1$ 及 x 轴所围成的平面图形的面积.

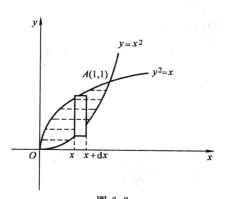

图 6-3

解 如图 6-4 所示,由 $\begin{cases} y = x + 1, \\ y = 0, \end{cases}$

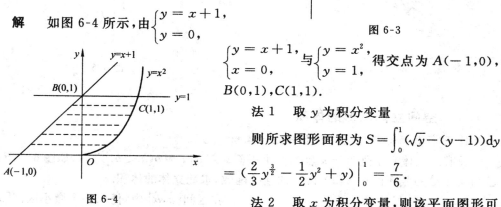

图 6-4

$\begin{cases} y = x + 1, \\ x = 0, \end{cases}$ 与 $\begin{cases} y = x^2, \\ y = 1, \end{cases}$ 得交点为 $A(-1, 0)$, $B(0, 1), C(1, 1)$.

法 1 取 y 为积分变量

则所求图形面积为 $S = \int_0^1 (\sqrt{y} - (y - 1)) \mathrm{d}y$

$= (\frac{2}{3} y^{\frac{3}{2}} - \frac{1}{2} y^2 + y) \Big|_0^1 = \frac{7}{6}.$

法 2 取 x 为积分变量,则该平面图形可分为两部分 D_1、D_2,

故该平面图形的面积为:

$$S = \int_{-1}^0 (x + 1) \mathrm{d}x + \int_0^1 (1 - x^2) \mathrm{d}x = \left(\frac{1}{2} x^2 + x\right) \Big|_{-1}^0 + \left(x - \frac{x^3}{3}\right) \Big|_0^1 = \frac{7}{6}.$$

注:求平面图形的面积时,选择适当的积分变量,会使计算简便.

2. 极坐标系下平面图形的面积

有些图形,利用极坐标计算面积比较方便.

在极坐标系下,试求由曲线 $C: r = r(\theta), \theta \in [\alpha, \beta]$($r(\theta)$ 在 $[\alpha, \beta]$ 上连续),与两条射线 $\theta = \alpha, \theta = \beta$ 所围成的曲边扇形的面积. 如图 6-5,取 θ 为积分变量,在 $[\alpha, \beta]$ 区间内,任取一微小区间 $[\theta, \theta + \mathrm{d}\theta]$,则在微小区间上的面积可近似用半径为 $r = r(\theta)$,中心角为 $\mathrm{d}\theta$ 的小扇形面积近似代替. 于是得面积微元为 $\mathrm{d}S = \frac{1}{2} r^2(\theta) \mathrm{d}\theta$,

从而扇形的面积为

$$S = \frac{1}{2} \int_\alpha^\beta r^2(\theta) \mathrm{d}\theta.$$

例 6.3 求三叶玫瑰线 $r = a \sin 3\theta$,所围平面图形的面积.

解 由图 6-6 可知,所求面积是阴影部分面积的 6 倍.

阴影部分图形可表示为:$0 \leqslant \theta \leqslant \frac{\pi}{6}, 0 \leqslant r \leqslant a \sin 3\theta$ 于是三叶玫瑰线所围平面图

形的面积为

$$S = 6 \cdot \frac{1}{2}\int_0^{\frac{\pi}{6}} r^2 \mathrm{d}\theta = 3\int_0^{\frac{\pi}{6}} a^2\sin^2 3\theta \mathrm{d}\theta = \frac{3}{2}a^2\int_0^{\frac{\pi}{6}}(1 - \cos 6\theta)\mathrm{d}\theta = \frac{\pi}{4}a^2.$$

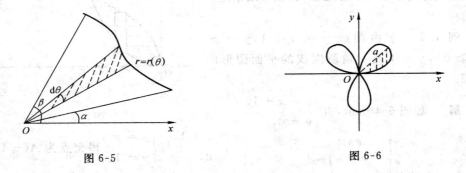

图 6-5　　　　　　　　　　　　　　　　图 6-6

6.1.3　空间立体图形的体积

1. 平行截面面积为已知函数的立体体积

设有一立体介于垂直于 x 轴的两个平面 $x = a$，$x = b(a < b)$ 之间，如图 6-7 所示，已知在 x 处的截面面积 $S(x)$ 为 x 的连续函数，求此立体的体积.

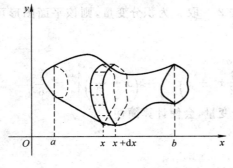

图 6-7

在区间 $[a,b]$ 内，任取一个微小区间 $[x, x + \mathrm{d}x]$，其对应的立体薄片可近似地看作是以 $S(x)$ 为底、$\mathrm{d}x$ 为高的柱片，从而得体积微元为 $\mathrm{d}V = S(x)\mathrm{d}x$.

将 $\mathrm{d}V$ 从 a 到 b 无限地累加起来，便得到立体的体积为

$$V = \int_a^b \mathrm{d}V = \int_a^b S(x)\mathrm{d}x.$$

例 6.4　求证：底面积为 S，高为 h 的锥体的体积是 $\frac{1}{3}Sh$.

证明：取锥体的顶点为坐标原点 O，过顶点 O 且垂直于底面的直线为 x 轴，如图 6-8 所示.

设距 O 点处 x 的截面面积为 $S(x)$，则 $V = \int_0^h S(x)\mathrm{d}x$，又因为 $S(x) = \dfrac{x^2}{h^2}S(0 \leqslant x \leqslant h)$，所以 $V = \int_0^h \dfrac{S}{h^2}\cdot x^2 \mathrm{d}x = \dfrac{S}{h^2}\cdot \dfrac{x^3}{3}\Big|_0^h = \dfrac{1}{3}Sh$.

2. 旋转体的体积

旋转体就是一平面图形绕平面内的一条直线 L 旋转一周而成的几何体，其中 L 叫做旋转轴.

在这里我们只讨论以坐标轴为旋转轴的旋转体体积.

由于旋转体垂直于旋转轴的截面是圆形的. 如图 6-9 所示,所以由连续曲线 $y = f(x)$ 与直线 $x = a, x = b (a < b)$ 及 x 轴围成的曲边梯形绕 x 轴旋转一周而成的旋转体,在 x 处的截面面积为 $S(x) = \pi f^2(x)$,整个旋转体的体积为

$$V = \pi \int_a^b f^2(x) \mathrm{d}x.$$

类似地,由连续的曲线 $x = \varphi(y)$ 与直线 $y = c, y = d, x = 0$ 所围成的图形. 绕 y 轴旋转一周所得的旋转体的体积为 $V = \pi \int_c^d \varphi^2(y) \mathrm{d}y$. 如图 6-10 所示.

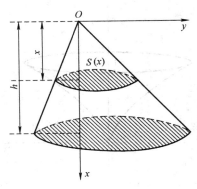

图 6-8

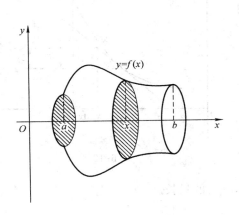

图 6-9

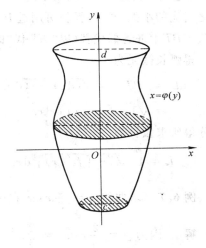

图 6-10

例 6.5 求椭圆 $\dfrac{x^2}{a^2} + \dfrac{y^2}{b^2} = 1 (a > b > 0)$ 绕 x 轴旋转而成的旋转体的体积.

解 根据椭圆的对称性,可先求出椭球右半部分的体积,即曲边 $y = \dfrac{b}{a} \sqrt{a^2 - x^2}$ 绕 x 轴旋转而成的旋转体体积的 2 倍. 所求椭球的体积为

$$V = 2\pi \int_0^a \frac{b^2}{a^2}(a^2 - x^2) \mathrm{d}x = 2\pi \frac{b^2}{a^2} \int_0^a (a^2 - x^2) \mathrm{d}x$$

$$= 2\pi \frac{b^2}{a^2} \left(a^2 x - \frac{x^3}{3} \right) \Big|_0^a = 2\pi \frac{b^2}{a^2} \left(a^3 - \frac{a^3}{3} \right) = \frac{4}{3}\pi a b^2,$$

当 $a = b$ 时,得半径为 a 的球体的体积为 $V = \dfrac{4}{3}\pi a^3$.

例 6.6 求由抛物线 $y = \sqrt{x}$ 与直线 $y = 0, y = 1$ 和 y 轴围成的平面图形绕 y 轴

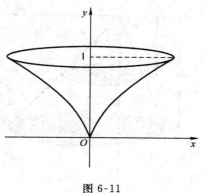

图 6-11

旋转而成的旋转体的体积.

解   建立直角坐标系如图6-11所示. 旋转体可以看做是由 $x = y^2$ 绕 y 轴旋转而成.

故所求旋转体的体积为

$$V = \pi \int_0^1 y^4 \mathrm{d}y = \frac{\pi}{5} y^5 \Big|_0^1 = \frac{\pi}{5}.$$

6.1.4   平面曲线的弧长

1. 平面曲线由直角坐标方程 $y = f(x)$ 给出

设平面曲线由直角坐标方程 $y = f(x)(a \leqslant x \leqslant b)$ 给出, 求其弧长 L(其中 $f'(x)$ 在 $[a,b]$ 上连续), 如图 6-12 所示.

在 $[a,b]$ 内任取一微小区间 $[x, x+\mathrm{d}x]$, 与之对应的小弧 PQ 的弧长可用过 P 点的切线长 $|PT|$ 来近似代替(以"直"代"曲"), 从而推得弧长微元为

$$\mathrm{d}L = |PT| = \sqrt{(\mathrm{d}x)^2 + (\mathrm{d}y)^2}$$
$$= \sqrt{1 + [f'(x)]^2} \mathrm{d}x.$$

积分得所求弧长为

$$L = \int_a^b \sqrt{1 + [f'(x)]^2} \mathrm{d}x. \quad (6.1)$$

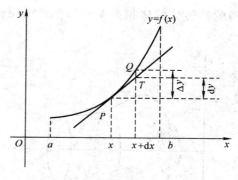

图 6-12

例 6.7   求曲线 $y = \frac{2}{3} x \sqrt{x}$ 在区间 $[0,3]$ 上的弧长.

解   因为 $y = \frac{2}{3} x \sqrt{x} = \frac{2}{3} x^{\frac{3}{2}}$, 所以 $y' = x^{\frac{1}{2}}$, 则由弧长公式(6.1) 有

$$L = \int_0^3 \sqrt{1 + y'^2} \mathrm{d}x = \int_0^3 \sqrt{1 + (x^{\frac{1}{2}})^2} \mathrm{d}x = \int_0^3 \sqrt{1 + x} \mathrm{d}x = \frac{2}{3} (1+x)^{\frac{3}{2}} \Big|_0^3 = \frac{14}{3}.$$

2. 平面曲线由参数方程 $\begin{cases} x = \varphi(t), \\ y = \psi(t) \end{cases}$ 给出

若平面曲线由参数方程 $\begin{cases} x = \varphi(t), \\ y = \psi(t) \end{cases} (\alpha \leqslant t \leqslant \beta)$ 给出, 则其弧长微元为

$$\mathrm{d}L = \sqrt{(\mathrm{d}x)^2 + (\mathrm{d}y)^2} = \sqrt{(\varphi'(t))^2 + (\psi'(t))^2} \mathrm{d}t,$$

所求弧长为

$$L = \int_\alpha^\beta \sqrt{(\varphi'(t))^2 + (\psi'(t))^2} \mathrm{d}t. \qquad (6.2)$$

例 6.8   求星形线 $\begin{cases} x = a\cos^3 t, \\ y = a\sin^3 t \end{cases} (a > 0, 0 \leqslant t \leqslant 2\pi)$ 的全长.

解   由图 6-13 知, 星形线关于两个坐标轴对称, 故星形线的全长等于它在第一象

限弧长的 4 倍.

由于 $x'(t) = -3a\cos^2 t\sin t, y'(t) = 3a\sin^2 t\cos t$,
于是由弧长公式(6.2)得星形线的全长为

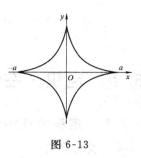

图 6-13

$$L = 4\int_0^{\frac{\pi}{2}} \sqrt{(x'(t))^2 + (y'(t))^2}\,dt$$

$$= 4\int_0^{\frac{\pi}{2}} \sqrt{(-3a\cos^2 t\sin t)^2 + (3a\sin^2 t\cos t)^2}\,dt$$

$$= 12a\int_0^{\frac{\pi}{2}} |\sin t\cos t|\,dt = 6a\sin^2 t\Big|_0^{\frac{\pi}{2}} = 6a.$$

注:计算弧长时,由于被积函数是正的,因此,为使弧长为正的,定积分定限时要求下限小于上限.

习题 6-1

1. 计算由下列曲线所围成图形的面积.

(1) $y = x^3, y = 2x$;

(2) $y = \cos x, y = 2, x = 0$ 及 $x = \dfrac{\pi}{2}$;

(3) $y = e^x, y = e^{-x}$ 及直线 $x = 2$;

(4) $y = \sin x, y = \cos x, x \in \left[0, \dfrac{\pi}{2}\right]$;

(5) $y = \dfrac{1}{x}(x > 0), y = x, x = 2$;

(6) $y = |\ln x|, x = \dfrac{1}{e}, x = e$ 及 $y = 0$;

(7) 计算心形线 $\rho = a(1 + \cos\theta)(a > 0)$ 所围成的图形的面积.

2. 求抛物线 $y = x^2$ 与其在点 $(1,1)$ 处的法线所围成的图形的面积.

3. 求抛物线 $y = -x^2 + 4x - 3$ 与其在点 $(0, -3)$ 和点 $(3, 0)$ 处的切线所围成的平面图形的面积.

4. 求下列旋转体的体积:

(1) $y = \dfrac{3}{x}, y = 4 - x$ 所围成的图形分别绕 x 轴、y 轴旋转;

(2) $y = x^2, y^2 = x$ 所围成的图形绕 x 轴旋转;

(3) $y = \sin x, y = \cos x, x \in \left[0, \dfrac{\pi}{2}\right]$ 所围成的图形绕 x 轴旋转.

5. 求下列平面曲线的弧长:

(1) $\begin{cases} x = a(\cos t + t\sin t), \\ y = a(\sin t - t\cos t) \end{cases} \quad (0 \leqslant t \leqslant 2\pi)$;

(2) $\begin{cases} x = a(t - \sin t), \\ y = a(1 - \cos t) \end{cases} (0 \leqslant t \leqslant 2\pi).$

6.2 定积分在物理及经济方面的应用举例

6.2.1 定积分在物理上的应用

1. 变力做功

如果物体在常力 F 作用下,做直线运动,其位移是 s 时,力 F 对该物体所做的功为 $W = F \cdot s$.

如果物体在变力 $F(x)$ 作用下,沿 x 轴从 a 移动到 b 做功,就是一个变力沿直线做功的问题. 如何求一个变力所做的功呢?

如图 6-14 所示,在区间 $[a, b]$ 内点 x 处任取一微小区间 $[x, x+\mathrm{d}x]$,在该微小区间上,视变力 $F(x)$ 为常力,则物体从 x 到 $x+\mathrm{d}x$ 力 $F(x)$ 所做功的微元为 $\mathrm{d}W = F(x)\mathrm{d}x$. 再把这些微元从 a 到 b 无限累加起来,就得到了变力 $F(x)$ 从 a 到 b 做的功,即

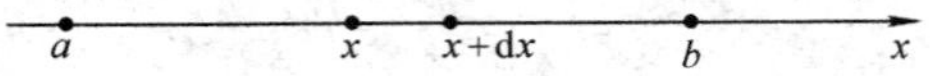

图 6-14

$$W = \int_a^b F(x)\mathrm{d}x \tag{6.3}$$

例 6.9 一弹簧被压缩 0.5 cm 时需用力 1 N,现弹簧在外力的作用下被压缩 3 cm,求外力所做的功.

解 根据胡克定律可知:$F(x) = kx (k > 0$ 为弹性系数$)$

当 $x = 0.005$ m 时,$F = 1$ N, 代入上式得 $k = 200(\text{N/m})$,即有 $F(x) = 200x$,于是弹簧被压缩了 3 cm 时,外力所做的功为

$$W = \int_0^{0.03} 200x\mathrm{d}x = (100x^2) \Big|_0^{0.03} = 0.09(\text{J}).$$

例 6.10 现用一铁锤将一铁钉钉入木板,若木板对铁钉的阻力与铁钉击入木板的深度成正比,在铁锤击打第一次时将铁钉击入木板 1 cm,如果铁锤每次打击铁钉所做的功相等,问铁锤第二次能把铁钉击入多少?(精确到 0.001)

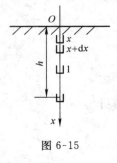

图 6-15

解 由题意知,铁钉击入木板的深度 x cm 时所受阻力为 $F = kx$

如图 6-15,设两次作功击入的总深度为 h,第一次的变化范围是 $[0, 1]$,第二次的变化范围是 $[1, h]$.

在区间 $[0, h]$ 上,任取一小区间 $[x, x+\mathrm{d}x]$,可得做功的的微元 $\mathrm{d}W = kx\mathrm{d}x$,则

第一次变力作功为 $W_1 = \int_0^1 kx\mathrm{d}x = \dfrac{k}{2}$,

第二次变力作功为 $W_2 = \int_1^h kx\mathrm{d}x = \dfrac{k}{2}(h^2 - 1).$

因为 $W_1 = W_2$,所以 $\dfrac{k}{2} = \dfrac{k}{2}(h^2 - 1)$ 解得 $h = \sqrt{2}$,故铁锤第二次能把铁钉击入 $\sqrt{2} - 1 \approx$ 0.414(cm).

2. 液体的侧压力

由物理知识易知,一水平放置在液体中的薄板,若其面积为 S,且距离液体表面的深度为 h,则该薄板一侧所受的压力 F 等于底面积为 S、高为 h 的液体柱的重量,即 $F = \rho Sh.$(ρ 为液体的密度,ρh 为深度 h 处液体的压强).

如果薄板垂直放置在液体中,那么由于不同深度的液体的压强不相等,所以薄板一侧所受压力不能简单的用上述方法来计算,而要用微元法来解决.

例 6.11 设水渠的等腰梯形闸门与水面垂直,其下底为 2 米,上底为 4 米,高为 4 米,当水渠灌满水时,问闸门所受压力是多少?(如图 6-16)

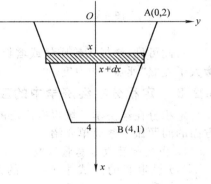

图 6-16

解 以闸门上底中点 O 为原点,垂直向下方向为 x 轴,建立坐标系如图 6-16 所示,则直线 AB 的方程为 $y = -\dfrac{1}{4}x + 2 (0 \leqslant x \leqslant 4)$.

在区间 $[0,4]$ 中任取一微小区间 $[x, x+\mathrm{d}x]$,视该区间对应的部分闸门为小矩形,其面积微元为 $\mathrm{d}S = 2y\mathrm{d}x = 2(-\dfrac{x}{4} + 2)\mathrm{d}x = (-\dfrac{x}{2} + 4)\mathrm{d}x$,视整个小矩形所在的水深为 x,则得压力微元

$$\mathrm{d}F = \rho g \cdot x \cdot \mathrm{d}S = \rho g x(-\dfrac{x}{2} + 4)\mathrm{d}x = \rho g(-\dfrac{x^2}{2} + 4x)\mathrm{d}x,$$

于是所求压力为

$$F = \rho g \int_0^4 (-\dfrac{x^2}{2} + 4x)\mathrm{d}x = 9.8 \times 10^3 \times (-\dfrac{x^3}{6} + 2x^2)\Big|_0^4 = 2.09 \times 10^5 \text{(N)}.$$

3. 转动惯量

转动惯量是刚体力学中的一个重要概念,在现实生活中经常遇到它. 例如,在柴油机、冲床上都装有一个飞轮,其目的就是利用飞轮转动时产生的较大的转动惯量来冲击"死点"(活塞往复的转向点). 我们知道,一质量为 m 的质点,到一轴的距离为 r,则质点绕该轴的转动惯量为 $I = mr^2$. 但在生产实践中,我们要计算的却是一些质量连续分布的物体的转动惯量.

例 6.12 求质量为 m,半径为 R 的均匀柴油发动机飞轮圆盘关于过圆心且与圆盘垂直的轴 l 的转动惯量.

解 设所求转动惯量为 I,取圆心为坐标原点,任一直径为 x 轴,转轴 l 作为 y 轴,建立直角坐标系如图 6-17 所示.

由于圆盘质量分布均匀,所以圆盘密度 $\rho = \dfrac{m}{\pi R^2}$ 为常数.

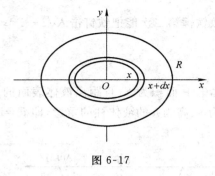

图 6-17

在区间 $[0,R]$ 上任取一微小区间 $[x, x+dx]$，则该区间对应的圆盘上的面积微元为 $dS = 2\pi x dx$，质量微元为 $\dfrac{m}{\pi R^2} \cdot 2\pi x dx = \dfrac{2mx}{R^2}dx$，于是转动惯量微元为

$$dI = \dfrac{2mx}{R^2}dx \cdot x^2 = \dfrac{2mx^3}{R^2}dx.$$

所以整个圆盘关于转轴 l 的转动惯量为

$$I = \int_0^R dI = \int_0^R \dfrac{2mx^3}{R^2}dx = \dfrac{mx^4}{2R^2}\Big|_0^R = \dfrac{m}{2}R^2.$$

由此可见，增加飞轮质量或增长飞轮半径，可加大柴油发动机飞轮的转动惯量，即增大了克服"死点"的力度.

6.2.2 定积分在经济学中的应用

定积分在经济学领域也有广泛的应用，是求经济量变化率的相反问题，本节针对这方面的问题做一些简单介绍.

1. 由边际函数求总量函数

（1）设生产的总成本 $C(x)$ 的边际成本是 $C'(x)$，那么当产量为 x 时，总成本 $C(x) = \int_0^x C'(x)dx + C(0)$. 其中 $C(0)$ 为固定成本，$\int_0^x C'(x)dx$ 表示可变成本. 当产量从 x_1 增到 x_2 时，总成本的改变量为

$$\Delta C = C(x_2) - C(x_1) = \Big[\int_0^{x_2} C'(x)dx + C(0)\Big] - \Big[\int_0^{x_1} C'(x)dx + C(0)\Big]$$
$$= \int_{x_1}^{x_2} C'(x)dx.$$

此时的平均成本为 $\overline{\Delta C} = \dfrac{\int_{x_1}^{x_2} C'(x)dx}{x_2 - x_1}$.

（2）若边际收入函数为 $R'(x)$，则总收入函数为 $R(x) = \int_0^x R'(x)dx$（这里 $R(0) = 0$）. 产量由 x_1 增到 x_2 时，收入的改变量为 $\Delta R = \int_{x_1}^{x_2} R'(x)dx$.

此时的平均收入为 $\overline{\Delta R} = \dfrac{\int_{x_1}^{x_2} R'(x)dx}{x_2 - x_1}$.

（3）若已知边际利润函数 $L'(x) = R'(x) - C'(x)$，则总利润函数为

$$L(x) = \int_0^x L'(x)dx - C(0) = \int_0^x [R'(x) - C'(x)]dx - C(0).$$

其中 $C(0)$ 为固定成本，$\int_0^x L'(x)dx$ 表示不考虑固定成本情况下的利润函数，也称为**毛利润**，相应的称 $L(x) = \int_0^x L'(x)dx - C(0)$ 为**纯利润**. 产量由 x_1 增到 x_2 时，利润的改变量为 $\Delta L = \int_{x_1}^{x_2} L'(x)dx$.

此时的平均利润为 $\overline{\Delta L} = \dfrac{\displaystyle\int_{x_1}^{x_2} L'(x)\mathrm{d}x}{x_2 - x_1}$.

例 6.13　已知某产品的边际成本 $C'(x) = 13 - 4x$(万元/千台),边际收入为 $R'(x) = 25 - 2x$(万元/千台),其中 x 为产量(千台).固定成本为 $C(0) = 10$ 万元,求当 $x = 5$(千台)时的毛利润和纯利润.

解　由题意可知,其边际利润为

$$L'(x) = R'(x) - C'(x) = 25 - 2x - (13 - 4x) = 12 + 2x,$$

当 $x = 5$ 时的毛利润为 $\displaystyle\int_0^5 L'(x)\mathrm{d}x = \int_0^5 (12 + 2x)\mathrm{d}x = (12x + x^2)\big|_0^5 = 85$(万元),

纯利润为　$L(5) = \displaystyle\int_0^5 L'(x)\mathrm{d}x - C(0) = 85 - 10 = 75$(万元).

例 6.14　某公司每月的销售额是 1 000 万元,平均利润是销售额的 10%.今年,公司想开展一次广告宣传活动,预计总成本为 130 万元,按惯例,对于超过 100 万的广告,若新增的销售额产生的利润超过广告投资的 10%,则有必要做广告,否则就没有必要做.据公司以往的经验,广告宣传期间,月销售额的变化率近似服从函数 $R'(t) = 1\,000\mathrm{e}^{0.02t}$($t$ 以月为单位),试问该公司今年有没有必要做广告?

解　一年中,该公司的总销售额为

$$R(12) = \int_0^{12} 1\,000\mathrm{e}^{0.02t}\mathrm{d}t = \frac{1\,000\mathrm{e}^{0.02t}}{0.02}\bigg|_0^{12} = 50\,000(\mathrm{e}^{0.24} - 1) \approx 13\,560(万元),$$

新增销售额产生的利润是 $(13\,560 - 12\,000) \times 10\% = 156$(万元),

156 万元是由花费了 130 万元广告费而取得的,即广告产生的利润为

$$156 - 130 = 26 \text{ 万元}.$$

由于 $26 > 130 \times 10\%$,因此公司今年应该做广告.

2. 由边际函数求最优化问题

例 6.15　已知某产品的边际成本 $C'(x) = 400 + \dfrac{x}{2}$(元/件),边际收入为 $R'(x) = 1\,000 - x$(元/件),其中 x 为产量(件).求:(1)生产多少件时,总利润最大?(2)总利润最大时,总收入是多少元?(3)当产量由利润最大时,再增加 100 件时,利润的变化情况怎样?

解　(1)由于利润函数 $L(x) = R(x) - C(x)$,所以

$$L'(x) = R'(x) - C'(x) = 1\,000 - x - \left(400 + \frac{x}{2}\right) = 600 - \frac{3x}{2}.$$

令 $L'(x) = 0$,得 $x = 400$,是唯一的驻点,所以当 $x = 400$ 件时利润最大.

(2)获最大利润时的总收入为

$$R(400) = \int_0^{400} (1\,000 - x)\mathrm{d}x$$

$$= (1\,000x - \frac{x^2}{2})\Big|_0^{400} = 4 \times 10^5 - 0.8 \times 10^5 = 3.2 \times 10^5 = 32(万元).$$

（3）产量由利润最大点，再增加 100 件时，利润的变化情况为

$$\Delta L = \int_{400}^{500} L'(x)\mathrm{d}x = \int_{400}^{500} (600 - \frac{3x}{2}\mathrm{d}x) = (600x - \frac{3x^2}{4})\Big|_{400}^{500} = -7\,500(元)$$

由此可见，在利润最大处产量再增加 100 件时，利润不增反降，减少了 7 500 元.

习题　6-2

1. 有一弹簧，用 5 N 的力可以把它拉长 0.01 m，求把它拉长 0.1 m 力所作的功.

2. 某水库闸门呈半圆形，半径为 3 m，求当水面与闸门的顶边齐平时，水对闸门一侧的压力.

3. 已知生产某种产品 x 个单位时的总收入 R 的变化率（边际收入）为 $R'(x) = 100 - \dfrac{x}{20}$，

（1）求生产 100 个单位时的总收入；

（2）求生产从 100 个单位到 200 个单位时总收入的增加量.

4. 某机油供应站每月机油需求量 x（吨）与价格 p（万元）构成函数关系 $p = \dfrac{1\,100 - x}{400}$，机油成本为 $C(x) = 65 + 1.25x$. 问 x 取何值时，所获利润最大？

5. 已知某商品的边际成本为 $C'(q) = \dfrac{q}{2}$（万元/台），固定成本为 $C(0) = 10$ 万元，销售收入函数为 $R(q) = 100q$（万元），

（1）求使利润最大的销售量和最大利润；

（2）在获得最大利润的销量基础上，再销售 20 台，利润有何改变？

6. 某水泥厂生产水泥的边际成本为 $C'(x) = 100 + \dfrac{50}{\sqrt{x}}$，其中 x 为产量（单位：吨），若固定成本为 100 万元，

（1）求产量从 6 400 吨增加到 1 万吨时，需增加多少投资？

（2）平均每吨要增加多少投资（单位：元）？

本章知识结构图

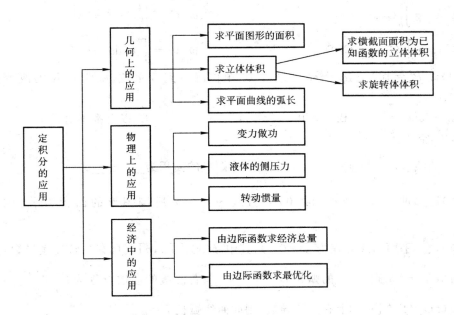

复 习 题 6

1. 选择题

(1) 设曲线 $y=\sin x, x\in[-\frac{\pi}{2}, \frac{\pi}{2}]$,其与 x 轴所围成的图形面积为 S. 下面四个选项中不正确的是( ).

A. $S=2\int_0^{\frac{\pi}{2}}\sin x\mathrm{d}x$

B. $S=\int_{-\frac{\pi}{2}}^{\frac{\pi}{2}}|\sin x|\mathrm{d}x$

C. $S=\int_0^{\frac{\pi}{2}}\sin x\mathrm{d}x-\int_{-\frac{\pi}{2}}^0\sin x\mathrm{d}x$

D. $S=\int_0^{\frac{\pi}{2}}\sin x\mathrm{d}x+\int_{-\frac{\pi}{2}}^0\sin x\mathrm{d}x$

(2) 设 S 是由曲线 $y=\frac{x^2}{2}, x-y+4=0$ 所围成的图形的面积,则下列表述中错误的是( ).

A. $S=\int_{-2}^4[(x+4)-\frac{x^2}{2}]\mathrm{d}x$

B. $S=\int_0^8[\sqrt{2y}-(y-4)]\mathrm{d}y$

C. $S=2\int_0^2\sqrt{2y}\mathrm{d}y+\int_2^8[\sqrt{2y}-(y-4)]\mathrm{d}y$

D. $S=\int_{-2}^0[(x+4)-\frac{x^2}{2}]\mathrm{d}x+\int_0^4[(x+4)-\frac{x^2}{2}]\mathrm{d}x$

(3)设 $C(0)$、q、C' 分别表示固定成本、产量、边际成本,又 $a>0$,则总成本函数为
( ).

A. $C=\int_0^q C'\mathrm{d}q$ 　　　　　　　B. $C=\int_0^q C'\mathrm{d}q+C(0)$

C. $C=\int_a^q C'\mathrm{d}q+C(0)$ 　　　　　D. $C=\int_0^q C'\mathrm{d}q-C(0)$

(4)设 $R'=100-4q$,若销售量由 10 单位减少到 5 单位,则收入 R 的改变量是
( ).

A. -550 　　　　B. -350 　　　　C. 350 　　　　D. 以上都不对

2. 填空题

(1)曲线 $y=\dfrac{1}{x}$ 与 $y=2$,$x=4$,所围成的图形的面积为_____.

(2)已知曲线 $x=ky^2$ $(k>0)$ 与直线 $y=-x$ 所围图形的面积为 $\dfrac{9}{48}$,则 $k=$
_____.

(3)设一平面曲线方程为 $y=f(x)$,其中 $f(x)$ 在 $[a,b]$ 上具有一阶连续导数,则此
曲线对应于 $x=a$ 到 $x=b$ 的弧长 $L=$_____;若曲线的参数方程为 $\begin{cases}x=x(t),\\y=y(t)\end{cases}$ $(a\leqslant t$
$\leqslant\beta)$,$x(t)$,$y(t)$ 在 $[\alpha,\beta]$ 上有连续导数,则此曲线弧长 $L=$_____.

(4)若某产品的总产量的变化率为 $f(t)=10t-t^2$,那么 t 从 $t_0=4$ 到 $t_1=8$ 这段时
间内的总产量为_____.

(5)已知某产品产量为 q 件时的边际成本 $C'(q)=4+0.04q$,固定成本为 300 元,则
平均成本函数 $\overline{C}(q)=$_____;若销售单价为 20 元,则利润函数 $L(q)=$_____.

3. 解答题

(1)抛物线 $y^2=2x$ 把图形 $x^2+y^2=8$ 分成两部分,求这两部分面积之比.

(2)由直线 $x=0$,$x=2$,$y=0$ 与抛物线 $y=-x^2+1$ 所围成的平面图形绕 x 轴旋转
一周所得旋转体的体积.

4. 一直径为 6 m 的半圆形闸门,铅直地浸入水内,其直径恰位于水表面(水的密度
为 10^3 kg/m³),求闸门一侧受到水的压力.

5. 假定某产品的边际收入函数为 $R'(q)=9-q$(万元/万台),边际成本函数为
$C'(q)=4+\dfrac{q}{4}$(万元/万台),其中产量 q 以万台为单位.

(1)试求当产量由 4 万台增加到 5 万台时利润的变化量;

(2)当产量为多少时利润最大?

(3)已知固定成本为 1 万元,求总成本函数和利润函数.

中外数学家

牛 顿

牛顿是英国数学家、物理学家、天文学家和经典力学体系的奠基人.

牛顿生于英格兰林肯郡小镇沃尔索浦的一个自耕农家庭里.他出生前三个月父亲便去世了.在他两岁时,母亲改嫁给一个牧师,把牛顿留在外祖母身边抚养.

大约从5岁开始,牛顿被送到公立学校读书.少年时的牛顿资质平常,成绩一般,但他喜欢读书,喜欢看一些介绍各种简单机械模型制作方法的读物,并从中受到启发,自己动手制作些奇奇怪怪的小玩意.12岁时进了离家不远的格兰瑟姆中学.牛顿酷爱读书,喜欢沉思,做科学小实验.他在格兰瑟姆中学读书时,曾经寄宿在一位药剂师家里,这使他受到了化学试验的熏陶.中学时代的牛顿学习成绩并不出众,只是爱好读书,对自然现象有好奇心,例如颜色、日影四季的移动,尤其是几何学、哥白尼的日心说等等.他还分门别类地记读书笔记.后来迫于生活,母亲让牛顿停学在家务农,赡养家庭.但牛顿一有机会便埋首书卷,以至经常忘了干活.牛顿的好学精神感动了舅父,舅父劝服了母亲让牛顿复学,并鼓励牛顿上大学.牛顿又重新回到了学校,如饥似渴地汲取着书本上的营养.

1661年,19岁的牛顿以减费生的身份进入剑桥大学三一学院,靠为学院做杂务的收入支付学费,1664年成为奖学金获得者,1665年获学士学位.

1665年初,牛顿创立级数近似法,以及把任意幂的二项式化为一个级数的规则;同年11月,创立正流数法(微分);次年1月,用三棱镜研究颜色理论;5月,开始研究反流数法(积分).这一年,牛顿开始想到研究重力问题.牛顿见苹果落地而悟出地球引力的传说,正是此时发生的轶事.

在牛顿的全部科学贡献中,数学成就占有突出的地位.他数学生涯中的第一项创造性成果就是发现了二项式定理,最卓越的数学成就就是微积分的创立.牛顿为解决运动问题,才创立这种和物理概念直接联系的数学理论,他称之为"流数术".它处理的一些具体问题,如切线问题、求积问题、瞬时速度问题以及函数的极大和极小值问题等,在那之前已经得到人们的研究了,但牛顿超越了前人,他站在了更高的角度,对以往分散的努力加以综合,将自古希腊以来求解无限小问题的各种技巧统一为两类普通的算法——微分和积分,并确立了这两类运算的互逆关系,从而完成了微积分发明中最关键的一步,为近代科学发展提供了最有效的工具,开辟了数学上的一个新纪元.

1707年,牛顿的代数讲义经整理后出版,定名为《普遍算术》.他出版的《解析几何》中引入了曲率中心,给出密切线圆(或称曲线圆)概念,提出曲率公式及计算曲线的曲率方法.并将自己的许多研究成果总结成专论《三次曲线枚举》.此外,他的数学工作还涉及数值分析、概率论和初等数论等众多领域.

1727年3月20日,牛顿逝世,同其他很多杰出的英国人一样,他被埋葬在了威斯敏斯特教堂.他的墓碑上镌刻着:

让人们欢呼这样一位多么伟大的人类荣耀曾经在世界上存在.

7   常微分方程

十字路口红绿灯的黄灯亮多长时间为好

在现代城市自动化交通管理中,各交通路口都施行信号灯管制. 具体方法是在交通路口处设置红、黄、绿灯. 以十字路口为例,在十字路口处设置两对红、黄、绿灯组合的信号灯,每一对控制一条街道. 在绿灯亮时,表示这条街道上的车辆可以以法定的速度正常行驶通过十字路口;如果红灯亮了,表示这条街道上的车辆都必须停在十字路口的停车线以外. 而绿灯灭到红灯亮的过渡阶段,就要用黄灯来控制. 那么,绿灯灭到红灯亮,也就是黄灯亮的时间多长为好呢? 时间少了,会造成有些车辆因来不及停车而越过十字路口的停车线,但又由于红灯亮了而过不了十字路口,势必造成交通混乱. 黄灯亮的过长,又会浪费时间,从而降低道路的利用率,甚至造成交通堵塞. 正常行驶的车辆在十字路口附近突然看到前面的黄灯亮了时,驾驶员首先要做出决定:是停车还是继续行驶通过十字路口. 当决定停车时,必须有一定的刹车距离,以确保车辆来得及停在停车线以外. 当决定通过十字路口时,必须有足够的时间使他能够在红灯亮之前完全通过十字路口,包括驾驶员做出决定的时间(反应时间)及车辆由刹车开始到停车的时间,还有车辆以法定最快的速度通过一个典型车身和路口宽度(即十字路口处同一条路上两条停车线之间的距离)所需的时间.

如何科学确定黄灯亮多长时间这一问题,就用到如何建立微分方程、求解微分方程的知识.

(一)学习目标

1. 了解微分方程及微分方程的相关概念;微分方程解的结构;二阶常系数非齐次线性微分方程的解法.

2. 掌握可分离变量的微分方程、一阶线性微分方程、二阶常系数齐次线性微分方程的解法.

3. 会用微分方程解决一些简单的实际问题.

(二)学习重点和难点

重点   分离变量法、一阶线性微分方程的解法,二阶常系数齐次线性微分方程解法.

难点   二阶常系数非齐次线性微分方程的解法,用微分方程解决一些简单的实际问题.

常微分方程的理论是与微积分一起发展起来的.在科研与生产实际中,人们需要利用函数关系对客观事物的规律进行研究,但是在寻求这种关系时,往往不能找出所需的函数关系,却可以列出未知函数及其导数(或微分)的关系式,这种关系式就是微分方程.可见,微分方程是描述客观事物的数量关系的一种重要的数学模型.

7.1 常微分方程的基本概念

含有未知函数的导数(或微分)的方程称为**微分方程**;微分方程中所含的未知函数是一元函数时,微分方程称为**常微分方程**;未知函数是多元函数(自变量个数多于一个)时,称为**偏微分方程**.本章只讨论常微分方程,为方便起见,以后简称为微分方程或方程.

例如(1)$\dfrac{\mathrm{d}y}{\mathrm{d}x}+2xy=2x\mathrm{e}^{-x^2}$;   (2)$(x+xy^2)\mathrm{d}x+(y-x^2y)\mathrm{d}y=0$;

(3)$y'''+y''+y'=\sin x$;   (4)$(s')^2+2t-1=0$;   (5)$4ts''+2s'-8=0$.

以上方程均为微分方程.

注:在微分方程中,可以不出现自变量或未知函数,但必须出现未知函数的导数或微分.

微分方程中未知函数导数(或微分)的最高阶数,称为该方程的阶数.方程(1)、(2)、(4)为一阶微分方程,方程(5)为二阶微分方程,方程(3)为三阶微分方程.

若方程中所含未知函数及其未知函数的各阶导数(或微分)均为一次幂,则称这样的方程为**线性微分方程**,否则称为**非线性微分方程**.在线性微分方程中,若未知函数及其各阶导数的系数全是常数,则称为**常系数线性微分方程**.(1)、(3)、(5)均为线性微分方程,而(2)、(4)为非线性微分方程;(3)是三阶常系数线性微分方程.

凡代入微分方程能使方程成为恒等式的函数,均称为该方程的**解**.例如,$y=x^3$ 就是方程 $y'=3x^2$ 的一个解.而且可以验证,对任意的常数 C,$y=x^3+C$ 也是方程 $y'=3x^2$ 的解.由此可见,微分方程若有解,则其解有无穷多个.

如果一个微分方程的解中含有任意常数,且独立的任意常数的个数等于微分方程的阶数,则称这样的解为微分方程的**通解**.

线性相关与线性无关:如果存在不全为零的常数 k_1,k_2,使得 $k_1y_1(x)+k_2y_2(x)=0,x\in(a,b)$,则称 $y_1(x)$ 与 $y_2(x)$ 在(a,b)内**线性相关**,否则称二者**线性无关**.显然,$y_1(x)$ 与 $y_2(x)$ 在(a,b)内线性相关充分必要条件是 $\dfrac{y_1(x)}{y_2(x)}=k$ 为常数.例如,$\dfrac{\mathrm{e}^{2x}}{3\mathrm{e}^{2x}}=\dfrac{1}{3}$ 为常数,所以 e^{2x} 与 $3\mathrm{e}^{2x}$ 线性相关;而 $\dfrac{\mathrm{e}^{2x}}{\mathrm{e}^{3x}}=\mathrm{e}^{-x}\neq$ 常数,故 e^{2x} 与 e^{3x} 线性无关.当 $y_1(x)$ 与 $y_2(x)$ 在(a,b)内线性无关时,$y=C_1y_1(x)+C_2y_2(x)$ 中的常数 C_1 与 C_2 是相互独立的.

微分方程的不含有任意常数的解,称为方程的一个**特解**;用来确定特解的条件,称为微分方程的**初始条件**. 如:一阶微分方程的初始条件为 $y(x_0)=y_0$,其中 x_0,y_0 为给定的量;

二阶微分方程的初始条件为 $\begin{cases} y|_{x=x_0}=y_0 \\ y'|_{x=x_0}=y_1 \end{cases}$ 或 $\begin{cases} y(x_0)=y_0 \\ y'(x_0)=y_1 \end{cases}$ 其中 x_0,y_0,y_1 为给定的量.

一般地,n 阶微分方程的初始条件为 $y(x_0)=y_0,y'(x_0)=y_1,\cdots,y^{(n-1)}(x_0)=y_{n-1}$.

微分方程的解的图形是平面上的一条曲线,称为解曲线或积分曲线,通解的图形是一族积分曲线.

例 7.1　验证 $y=C_1 e^x+C_2 e^{2x}$(C_1、C_2 为任意常数)为二阶微分方程 $y''-3y'+2y=0$ 的通解,并求满足初始条件 $\begin{cases} y(0)=0 \\ y'(0)=1 \end{cases}$ 的特解.

解　$y'=C_1 e^x+2C_2 e^{2x}$,$y''=C_1 e^x+4C_2 e^{2x}$,

将 y,y',y'' 代入方程 $y''-3y'+2y=0$ 中,得
$$C_1 e^x+4C_2 e^{2x}-3(C_1 e^x+2C_2 e^{2x})+2(C_1 e^x+C_2 e^{2x})$$
$$=(C_1-3C_1+2C_1)e^x+(4C_2-6C_2+2C_2)e^{2x}=0,$$

所以函数 $y=C_1 e^x+C_2 e^{2x}$ 是所给微分方程的解. 又因为 $\dfrac{e^{2x}}{e^x}=e^x\neq$ 常数,即解中含有两个独立的任意常数 C_1、C_2,且任意常数的个数与方程的阶数相同,所以它是该方程的通解.

将初始条件 $\begin{cases} y(0)=0 \\ y'(0)=1 \end{cases}$ 分别代入 y 和 y' 中得 $\begin{cases} C_1+C_2=0, \\ C_1+2C_2=1, \end{cases}$

解得 $C_1=-1$、$C_2=1$. 于是,满足初始条件的特解为 $y=-e^x+e^{2x}$.

函数 $y=C_1 e^x+3C_2 e^x$ 显然也是方程 $y''-3y'+2y=0$ 的解,但是却不是通解. 因为 $y=C_1 e^x+3C_2 e^x=(C_1+3C_2)e^x=Ce^x$,其中 $C=C_1+3C_2$ 仍是一个任意常数即 C_1、C_2 能合并为一个常数 C,不能作为两个独立常数,故不是方程的通解.

习题　7-1

1. 下列方程中哪些是微分方程? 哪些是线性微分方程? 它们是几阶微分方程?

(1) $y^2-3y+2=0$;　　(2) $y''-3y+x=0$;　　(3) $\dfrac{d^2 y}{dx^2}=\cos x$;

(4) $x^2 dy+y^2 dx=0$;　　(5) $y'''+8(y')^3+7y^3=e^{2x}$.

2. 判断下列函数是否为相应微分方程的解;如果是解,是通解还是特解?

(1) $\dfrac{dy}{dx}-2y=0$,$y=2e^x$,$y=Ce^{2x}$(C 为任意常数);

(2) $x^2 y'''=2y'$,$y=5x^2$,$y=\ln x+x^3$;

(3) $y''+4y=0$, $y=\sin 2x$, $y=C_1\cos 2x+C_2\sin 2x$ (C_1、C_2 均为任意常数).

3. 判断下列各组函数在其定义区间内是线性相关还是线性无关.

(1) x, x^2+1;　(2) $e^{\alpha x}$, $e^{\beta x}$ ($\alpha\neq\beta$);　(3) $\ln x^2$, $\ln x^3$;　(4) e^{x+2}, e^x.

4. 已知曲线过点 $(0,0)$, 且该曲线上任意点 $P(x,y)$ 处的切线斜率为 $\sin x$, 求该曲线的方程.

5. 一质量为 m 的羽毛球, 由静止状态开始下落, 所受空气的阻力与速度成正比(比例系数为 k), 求该羽毛球的运动速度 $v(t)$ 所满足的微分方程及其初始条件.

6. 证明: (1) 若 $y_1(x)$, $y_2(x)$ 是方程 $y''+p(x)y'+q(x)y=0$ 的解, 则对任意常数 C_1、C_2, 有 $C_1y_1(x)+C_2y_2(x)$ 也是该方程的解;

(2) 若 $y_1(x)$ 为方程 $y''+p(x)y'+q(x)y=f(x)$ 的解, $y_2(x)$ 为方程 $y''+p(x)y'+q(x)y=g(x)$ 的解, 则 $y_1(x)+y_2(x)$ 是方程 $y''+p(x)y'+q(x)y=f(x)+g(x)$ 的解.

7.2　一阶微分方程

一阶微分方程的一般形式为 $F(x,y,y')=0$, 我们重点研究可化为 $\dfrac{dy}{dx}=f(x,y)$ 的形式的一些简单的一阶微分方程.

7.2.1　可分离变量的微分方程

定义 7.1　形如
$$\frac{dy}{dx}=f(x)g(y) \tag{7.1}$$
的方程, 称为**可分离变量的微分方程**.

该方程的特点为等式右端可以分解为关于 x 的连续函数与关于 y 的连续函数之积. 因此可以将该方程化为等式一边只含有变量 y, 另一边只含变量 x 的形式. 即当 $g(y)\neq0$ 时, 有
$$\frac{1}{g(y)}dy=f(x)dx,$$
两边求积分
$$\int\frac{1}{g(y)}dy=\int f(x)dx.$$
积分后即得方程(7.1)的通解. 我们把这种解法叫做分离变量法.

例 7.2　求微分方程 $\dfrac{dy}{dx}=2xy$ 的通解.

解　当 $y\neq0$ 时, 分离变量得　$\dfrac{dy}{y}=2xdx$

两边积分　$\displaystyle\int\frac{dy}{y}=\int 2xdx$, 得　$\ln|y|=x^2+C_1$,

从而　$|y|=e^{x^2+C_1}=e^{C_1}e^{x^2}$, 即　$y=\pm e^{C_1}e^{x^2}$,

令 $C=\pm e^{C_1}$, 即 C 为任意常数, 得 $y=Ce^{x^2}$ 为方程的通解.

注: 以后在解微分方程时, 为了运算方便起见, 把 $\ln|y|$ 写成 $\ln y$, 最后的 C 是任意

常数.

例 7.3 求微分方程 $(e^{x+y}-e^x)dx+(e^{x+y}+e^y)dy=0$ 的通解.

解 将原方程整理为 $e^x(e^y-1)dx=-e^y(e^x+1)dy$,

分离变量得 $\dfrac{e^y}{e^y-1}dy=-\dfrac{e^x}{e^x+1}dx$,

两边积分 $\displaystyle\int\dfrac{e^y}{e^y-1}dy=-\int\dfrac{e^x}{e^x+1}dx$,得 $\ln(e^y-1)=-\ln(e^x+1)+C_1$,

由于等号两边除了任意常数 C_1 都是对数函数,为了方便起见,可将任意常数 C_1 写成 $\ln C$,即 $\ln(e^y-1)=-\ln(e^x+1)+\ln C$,于是所求方程的通解为

$$e^y-1=\frac{C}{e^x+1},\text{ 即 } e^y=\frac{C}{e^x+1}+1.$$

请思考:为什么任意常数 C_1 可以写成 $\ln C$? 能不能写成 e^C 或 $\sin C$?

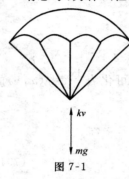

例 7.4 设降落伞从跳伞塔下落,所受空气阻力与速度成正比,降落伞自塔顶($t=0$)下落时的初速度为零. 求降落伞下落速度与时间 t 的函数关系(图 7-1).

解 降落伞下落速度为 $v(t)$,此时伞所受的阻力为 kv(方向向上),同时伞还受重力 mg(方向向下)作用,由牛顿第二定律知

$$mg-kv=m\frac{dv}{dt},\text{且有初始条件}v|_{t=0}=0,$$

图 7-1

于是所求问题归结为求解初值问题

$$\begin{cases}m\dfrac{dv}{dt}=mg-kv\\ v|_{t=0}=0\end{cases},\text{分离变量得}\quad\frac{dv}{mg-kv}=\frac{dt}{m},$$

两边积分 $\displaystyle\int\frac{dv}{mg-kv}=\int\frac{dt}{m}$,可得

$$-\frac{1}{k}\ln(mg-kv)=\frac{t}{m}+C_1,\text{整理得}\quad v=\frac{mg}{k}-Ce^{-\frac{k}{m}t},$$

由初始条件 $0=\dfrac{mg}{k}-Ce^0$,即 $C=\dfrac{mg}{k}$,故所求特解为 $v=\dfrac{mg}{k}(1-e^{-\frac{k}{m}t})$.

由此可见,随着 t 的增大,速度 v 逐渐趋于常数 $\dfrac{mg}{k}$,但不会超过 $\dfrac{mg}{k}$,这说明跳伞后,开始阶段是加速运动,以后逐渐趋于匀速运动.

例 7.5 求微分方程 $\dfrac{dy}{dx}=\dfrac{x-y}{x+y}$ 的通解.

解 方程可化为 $\dfrac{dy}{dx}=\dfrac{1-\dfrac{y}{x}}{1+\dfrac{y}{x}}$,

其特点为等号右端是一个关于 $\dfrac{y}{x}$ 的函数,此类方程称为**齐次方程**. 其解法为引进变量

u, 作代换 $u=\dfrac{y}{x}$, 将方程化为变量可分离的方程求解.

令 $\dfrac{y}{x}=u$, 则 $y=ux$, $\dfrac{\mathrm{d}y}{\mathrm{d}x}=u+x\dfrac{\mathrm{d}u}{\mathrm{d}x}$.

将上述两式代入原方程, 有 $x\dfrac{\mathrm{d}u}{\mathrm{d}x}+u=\dfrac{1-u}{1+u}$, 即 $x\dfrac{\mathrm{d}u}{\mathrm{d}x}=\dfrac{1-2u-u^2}{1+u}$.

这是一个变量可分离方程, 故分离变量有 $\dfrac{1+u}{1-2u-u^2}\mathrm{d}u=\dfrac{1}{x}\mathrm{d}x$,

两边积分得 $-\dfrac{1}{2}\ln(1-2u-u^2)=\ln x+\ln C_1$, 整理得 $x^2(1-2u-u^2)=C$.

再将 $u=\dfrac{y}{x}$ 代入, 使变量还原, 得所求通解为 $x^2-2xy-y^2=C$.

7.2.2 一阶线性微分方程

定义 7.2 形如 $\dfrac{\mathrm{d}y}{\mathrm{d}x}+p(x)y=Q(x)$ 的微分方程称为**一阶线性微分程**, 其中 $p(x)$, $Q(x)$ 均为连续函数.

当 $Q(x)\equiv0$ 时, 方程变为 $\dfrac{\mathrm{d}y}{\mathrm{d}x}+p(x)y=0$, 称为**一阶线性齐次方程**. 当 $Q(x)\neq0$ 时, 称为**一阶线性非齐次方程**, $Q(x)$ 称为非齐次项或自由项.

1. 一阶线性齐次微分方程的解法

对于一阶线性齐次微分方程 $\dfrac{\mathrm{d}y}{\mathrm{d}x}+p(x)y=0$, 可采用分离变量的方法求解.

当 $y\neq0$ 时, 分离变量得 $\dfrac{1}{y}\mathrm{d}y=-p(x)\mathrm{d}x$,

两边积分得 $\ln|y|=-\displaystyle\int p(x)\mathrm{d}x+C_1$,

即 $y=\pm\mathrm{e}^{-\int p(x)\mathrm{d}x+C_1}=C\mathrm{e}^{-\int p(x)\mathrm{d}x}$ $(C=\pm\mathrm{e}^{-C_1}\neq0)$.

又因为 $y=0$ 也是方程的解, 此时有 $C=0$ 与之对应.

故方程 $\dfrac{\mathrm{d}y}{\mathrm{d}x}+p(x)y=0$ 的通解公式为 $y=C\mathrm{e}^{-\int p(x)\mathrm{d}x}$ (C 为任意常数).

2. 一阶线性非齐次微分方程的解法

一阶线性非齐次微分方程

$$\frac{\mathrm{d}y}{\mathrm{d}x}+p(x)y=Q(x) \tag{7.2}$$

对应的齐次微分方程 $\dfrac{\mathrm{d}y}{\mathrm{d}x}+p(x)y=0$ $\tag{7.3}$

的通解为 $y=C\mathrm{e}^{-\int p(x)\mathrm{d}x}$ (C 为任意常数). $\tag{7.4}$

为了求出一阶线性非齐次微分方程(7.2)的通解, 采用所谓**常数变易法**. 即令方程

(7.3)的通解 $y = Ce^{-\int p(x)dx}$ 中的常数 C 变为 $C(x)$，再确定函数 $C(x)$，使得 $y = C(x)e^{-\int p(x)dx}$ 为方程(7.2)的解.

将 $y = C(x)e^{-\int p(x)dx}$ 代入方程(7.2)中，有

$$C'(x)e^{-\int p(x)dx} + C(x)e^{-\int p(x)dx}(-p(x)) + p(x)C(x)e^{-\int p(x)} = Q(x),$$

即 $C'(x)e^{-\int p(x)dx} = Q(x),$

故 $C(x) = \int Q(x)e^{\int p(x)dx}dx + C,$

于是得一阶线性非齐次微分方程(7.2)的通解公式为

$$y = [\int Q(x)e^{\int p(x)dx}dx + C]e^{-\int p(x)dx}. \tag{7.5}$$

注：公式(7.5)中的 $\int p(x)dx$ 及 $\int Q(x)e^{\int p(x)dx}dx$ 不包含任意常数.

在解一阶线性非齐次微分方程中，既可以采用常数变易法，也可以采用公式(7.5)直接求解.

例 7.6   求微分方程 $y' + \dfrac{1}{x}y = \dfrac{\sin x}{x}$ 的通解.

解   用常数变易法.

方程对应的齐次方程为 $y' + \dfrac{1}{x}y = 0$，分离变量得 $\dfrac{dy}{y} = -\dfrac{dx}{x}$，

两边积分 $\int \dfrac{dy}{y} = -\int \dfrac{dx}{x}$，得 $\ln y = -\ln x + \ln C$，即 $y = \dfrac{C}{x}$.

令 $y = \dfrac{C(x)}{x}$ 是原方程的解，$y' = \dfrac{C'(x)}{x} - \dfrac{C(x)}{x^2}$，代入原方程得

$$\frac{C'(x)}{x} - \frac{C(x)}{x^2} + \frac{1}{x}\frac{C(x)}{x} = \frac{\sin x}{x},$$

即 $C'(x) = \sin x$，解得 $C(x) = -\cos x + C$，所以，原方程的通解为

$$y = \frac{C(x)}{x} = \frac{-\cos x + C}{x}.$$

例 7.7   求方程 $xy' + y = \dfrac{\ln x}{x}$ 满足初始条件 $y\Big|_{x=1} = \dfrac{1}{2}$ 的特解.

解   原方程变形为 $y' + \dfrac{1}{x}y = \dfrac{\ln x}{x^2}$，此方程是一阶线性非齐次微分方程，用公式法，$p(x) = \dfrac{1}{x}, Q(x) = \dfrac{\ln x}{x^2}$，得

$$y = [\int \frac{\ln x}{x^2}e^{\int \frac{1}{x}dx}dx + C]e^{-\int \frac{1}{x}dx} = [\int \frac{\ln x}{x}dx + C]\frac{1}{x} = [\frac{1}{2}(\ln x)^2 + C]\frac{1}{x}.$$

又因为 $y\Big|_{x=1} = \dfrac{1}{2}$，所以 $C = \dfrac{1}{2}$，故满足初始条件的特解为 $y = \dfrac{1}{2x}[(\ln x)^2 + 1]$.

习题　7-2

1. 求下列微分方程的通解:

(1) $x\dfrac{\mathrm{d}y}{\mathrm{d}x}-y\ln y=0$；　　　　　(2) $xy\mathrm{d}x+\sqrt{1-x^2}\mathrm{d}y=0$；

(3) $(1+x)\mathrm{d}x-(1-y)\mathrm{d}y=0$；　　　　(4) $xy'-y=\sqrt{y^2-x^2}$.

2. 求下列微分方程的通解:

(1) $y'+x^2y=0$；(2) $\dfrac{\mathrm{d}y}{\mathrm{d}x}+4y+5=0$；(3) $xy'-y=\dfrac{x}{\ln x}$；(4) $y'+y\cos x=\mathrm{e}^{-\sin x}$.

3. 求下列微分方程满足初始条件的特解:

(1) $2y(1+x)y'=4+y^2$,当 $x=3$ 时,$y=2$；

(2) $(1+x^2)\mathrm{d}y=(1+2xy+x^2)\mathrm{d}x$,$y(0)=1$.

4. 已知曲线过原点,且该曲线上任意点 $P(x,y)$ 处的切线的斜率为该点的横坐标与纵坐标之和,求此曲线方程.

5. 已知镭的衰变速度与质量 m 成正比,比例系数为 $k(k>0)$,且当 $t=0$ 时,质量 $m=m_0$,求它的质量衰变规律.

7.3　二阶常系数线性微分方程

定义 7.3　形如

$$y''+py'+qy=f(x)\ (p,q\ 为常数) \tag{7.6}$$

的微分方程,称为**二阶常系数线性微分方程**.

当 $f(x)\equiv 0$ 时,方程(7.6)变为 $y''+py'+qy=0$, $\tag{7.7}$

称为**二阶常系数齐次线性微分方程**,而称 $f(x)\neq 0$ 的方程(7.6)为**二阶常系数非齐次线性微分方程**,$f(x)$ 称为非齐次项或自由项.

7.3.1　二阶常系数线性微分方程解的结构

定理 7.1(线性齐次方程解的叠加原理)　若 $y_1(x)$,$y_2(x)$ 均为方程(7.7)的解,则对任意常数 C_1、C_2,$y=C_1y_1(x)+C_2y_2(x)$ 也是方程(7.7)的解,且当 $y_1(x)$,$y_2(x)$ 线性无关时,$y=C_1y_1(x)+C_2y_2(x)$ 是方程(7.7)的通解.(证略)

定理 7.2(线性非齐次方程解的结构)　如果 y^* 是二阶线性常系数非齐次方程(7.6)的一个特解,$\tilde{y}$ 是其对应的齐次方程(7.7)的通解,则 $y=\tilde{y}+y^*$ 为方程(7.6)的通解.

证明:将 $y=\tilde{y}+y^*$ 代入方程(7.6)的左端,有

$$(\tilde{y}+y^*)''+p(\tilde{y}+y^*)'+q(\tilde{y}+y^*)$$

$$=[(\tilde{y})''+p(\tilde{y})'+q\tilde{y}]+[(y^*)''+p(y^*)'+qy^*]=0+f(x)=f(x)$$

可见，$y=\tilde{y}+y^*$ 为方程(7.6)的解.

又因为 $\tilde{y}$ 含有两个独立的任意常数，所以 $y=\tilde{y}+y^*$ 中也含有两个独立的任意常数，故 $y=\tilde{y}+y^*$ 为方程(7.6)的通解.

由上述定理可知，要求(7.6)的通解，须先求出对应的齐次方程(7.7)的通解.

7.3.2　二阶常系数线性齐次微分方程的求解

考虑方程(7.7)，要使未知函数与它的导数、二阶导数之间只差常数因子，则它们应为同类函数，且只有指数函数才具有这种性质，故可猜想方程(7.7)应具有形如 $y=e^{rx}$ 的解，为此将其代入方程(7.7)中，有 $e^{rx}(r^2+pr+q)=0$.

因为 $e^{rx}\neq 0$，于是有 $r^2+pr+q=0$.

可见，只要 r 满足方程 $r^2+pr+q=0$，则 $y=e^{rx}$ 必是方程(7.7)的解.

方程 $r^2+pr+q=0$ 称为方程(7.7)的**特征方程**，称它的根 r 为方程(7.7)的**特征根**. 由于特征根 r_1，r_2 有三种情况，相应的方程(7.7)的通解有以下 3 种类型.

(1)当特征方程有两个不等的实根，即 $r_1\neq r_2$ 时，方程(7.7)有两个线性无关的解 $y_1=e^{r_1x}$，$y_2=e^{r_2x}$. 此时，方程(7.7)的通解为 $y=C_1e^{r_1x}+C_2e^{r_2x}$（$C_1$、$C_2$ 为任意常数）.

(2)当特征方程有两个相等的实根，即 $r=r_1=r_2=-\dfrac{p}{2}$ 时，则仅得到方程(7.7)的一个特解 $y_1=e^{rx}=e^{-\frac{p}{2}x}$，还需寻找另一个与其线性无关的特解 $y_2(x)$.

要使 $y_2(x)$ 与 $y_1(x)$ 线性无关，则必有 $\dfrac{y_2(x)}{y_1(x)}=u(x)$，（$u(x)$ 为待定函数）. 即 $y_2(x)=u(x)y_1(x)=u(x)e^{rx}$，将其代入方程(7.7)中，整理后有

$$e^{rx}[u''(x)+(2r+p)u'(x)+(r^2+pr+q)u(x)]=0,$$

因为 $e^{rx}\neq 0$，$r=-\dfrac{p}{2}$，且 r 为特征方程 $r^2+pr+q=0$ 的重根，故有 $2r+p=0$，$r^2+pr+q=0$，因此 $u''(x)=0$.

因为满足 $u''(x)=0$ 的解很多，仅取其中最简单的一个为 $u(x)=x$，于是得方程(7.7)的另一个特解为 $y_2(x)=xe^{rx}$.

从而得方程(7.7)通解为 $y=(C_1+C_2x)e^{rx}$（C_1、C_2 为任意常数）.

(3)当特征方程有一对共轭复根，即 $r_{1,2}=\alpha\pm\beta i$（α，β 为实数，$\beta\neq 0$）时，$y_1=e^{(\alpha+\beta i)x}$，$y_2=e^{(\alpha-\beta i)x}$ 是方程(7.7)的两个线性无关的解.

方程(7.7)的通解为 $y=Ae^{(\alpha+\beta i)x}+Be^{(\alpha-\beta i)x}=e^{\alpha x}(Ae^{i\beta x}+Be^{-i\beta x})$.

根据欧拉公式 $e^{\theta i}=\cos\theta+i\sin\theta$ 还可以得到实数形式的通解

$y=e^{\alpha x}(C_1\cos\beta x+C_2\sin\beta x)$（$C_1$、$C_2$ 为任意常数）其中 $C_1=A+B$、$C_2=(A-B)i$.

综上所述，求方程(7.7)的通解的步骤可归纳如下：

(1)写出方程(7.7)的特征方程；

(2)求出特征根 r_1、r_2；

(3)根据特征根的情况，写出方程(7.7)的通解.

表 7-1

特征方程 $r^2+pr+q=0$	方程 $y''+py'+qy=0$ 的通解
两个不等的实根 $r_1 \neq r_2$	$y=C_1 e^{r_1 x}+C_2 e^{r_2 x}$
两个相等的实根 $r_1=r_2=r$	$y=(C_1+C_2 x)e^{rx}$
共轭复根 $r_{1,2}=\alpha\pm\beta i$	$y=e^{\alpha x}(C_1\cos\beta x+C_2\sin\beta x)$

例 7.8　求微分方程 $y''+3y'-4y=0$ 的通解.

解　因为特征方程为 $r^2+3r-4=(r+4)(r-1)=0$,所以特征根为 $r_1=-4$,$r_2=1$,故方程的通解为

$$y=C_1 e^{-4x}+C_2 e^{x}.$$

例 7.9　求微分方程 $S''+2S'+S=0$ 满足初始条件 $\begin{cases}S|_{t=0}=4\\ S'|_{t=0}=-2\end{cases}$ 的特解.

解　因为特征方程为 $r^2+2r+1=0$,所以特征根为 $r_1=r_2=-1$,故方程的通解为
$$S=C_1 e^{-t}+C_2 t e^{-t}.$$

将 $t=0$ 时,$S=4$ 代入,得 $C_1=4$,从而 $S=4e^{-t}+C_2 t e^{-t}$. 又 $S'=-4e^{-t}+C_2 e^{-t}-C_2 t e^{-t}$,将 $t=0$ 时,$S'=-2$ 代入,有 $C_2=2$,故满足初始条件的特解为
$$S=4e^{-t}+2t e^{-t}.$$

例 7.10　求微分方程 $y''-2y'+5y=0$ 的通解.

解　特征方程为 $r^2-2r+5=0$,解得特征根为 $r_{1,2}=1\pm 2i$,所以方程通解为
$$y=e^{x}(C_1\cos 2x+C_2\sin 2x).$$

*7.3.3　二阶常系数线性非齐次微分方程的解法

由定理 7.2 知,求二阶常系数线性非齐次微分方程(7.6)的通解,首先要求出对应齐次微分方程的通解 $\tilde{y}$,其次是求出原方程一个特解 y^*. 方程(7.6)的通解为
$$y=\tilde{y}+y^*.$$

由前面的知识很容易解出 $\tilde{y}$,关键是如何找出方程(7.6)的特解 y^*. 显然它与自由项 $f(x)$ 有关,不同的 $f(x)$ 应对应不同的特解及不同的求法. 这里仅介绍两种常见的 $f(x)$ 形式所对应的特解的求法.

类型Ⅰ　$f(x)=P_n(x)e^{\lambda x}$,其中 λ 为实常数,$P_n(x)$ 为 x 的 n 次多项式,即
$$P_n(x)=a_0 x^n+a_1 x^{n-1}+\cdots+a_n$$
事实上,由于方程
$$y''+py'+qy=P_n(x)e^{\lambda x} \tag{7.8}$$
右端为多项式与指数函数之积. 所以可以设想它有形如 $y^*=Q(x)e^{\lambda x}$ 的特解,其中 $Q(x)$ 为特定的多项式.

将 y^* 代入方程(7.8)中,整理得
$$Q''(x)+(2\lambda+p)Q'(x)+(\lambda^2+p\lambda+q)Q(x)=P_n(x), \tag{7.9}$$

(1)当 $\lambda^2 + p\lambda + q \neq 0$ 时,即 λ 不是齐次方程 $y'' + py' + qy = 0$ 的特征根时,$Q(x)$ 必为 n 次多项式,此时可设

$$y^* = Q_n(x)\mathrm{e}^{\lambda x} = (A_0 x^n + A_1 x^{n-1} + \cdots + A_n)\mathrm{e}^{\lambda x}$$

为方程(7.8)的特解.

(2)当 $\lambda^2 + p\lambda + q = 0, 2\lambda + p \neq 0$ 时,即 λ 为齐次方程 $y'' + py' + qy = 0$ 的特征单根时,$Q'(x)$ 必为 n 次多项式,从而 $Q(x)$ 必为 $n+1$ 次多项式,此时可设

$$y^* = xQ_n(x)\mathrm{e}^{\lambda x} = x(A_0 x^n + A_1 x^{n-1} + \cdots + A_n)\mathrm{e}^{\lambda x}$$

为方程(7.8)的特解.

(3)当 $\lambda^2 + p\lambda + q = 0$,且 $2\lambda + p = 0$ 时,即 λ 为齐次方程 $y'' + py' + qy = 0$ 的特征重根时,$Q''(x)$ 必为 n 次多项式,从而 $Q(x)$ 必为 $n+2$ 次多项式,此时可设

$$y^* = x^2 Q_n(x)\mathrm{e}^{\lambda x} = x^2(A_0 x^n + A_1 x^{n-1} + \cdots + A_n)\mathrm{e}^{\lambda x}$$

为方程(7.8)的特解.综上所述,二阶常系数非齐次微分方程 $y'' + py' + qy = P_n(x)\mathrm{e}^{\lambda x}$ 有如下形式的特解.

$$y^* = \begin{cases} Q_n(x)\mathrm{e}^{\lambda x}, & \lambda \text{ 不是特征根}, \\ xQ_n(x)\mathrm{e}^{\lambda x}, & \lambda \text{ 是特征单根}, \\ x^2 Q_n(x)\mathrm{e}^{\lambda x}, & \lambda \text{ 是特征重根}, \end{cases}$$

其中 $Q_n(x)$ 为 n 次多项式,它的 $n+1$ 个系数可由 $Q(x)$ 代入式(7.9)而得,也可由 y^* 直接代入方程(7.8)中而得.

例 7.11   求微分方程 $y'' + y' + y = (x+2)\mathrm{e}^x$ 的一个特解.

解   这里自由项 $f(x) = (x+2)\mathrm{e}^x$,且 $\lambda = 1$ 不是对应齐次微分方程 $y'' + y' + y = 0$ 的特征根,故设方程有特解为 $y^* = (Ax+B)\mathrm{e}^x$,代入原方程得 $3(A+B) + 3Ax = x + 2$,则 $3A = 1, 3(A+B) = 2$ 故得 $A = \dfrac{1}{3}, B = \dfrac{1}{3}$,从而得原方程一特解为

$$y^* = \frac{1}{3}(x+1)\mathrm{e}^x.$$

例 7.12   求微分方程 $y'' + y' = x$ 的通解.

解   对应的齐次方程为 $y'' + y' = 0$,其特征方程为 $r^2 + r = 0$,解得特征根为 $r_1 = -1, r_2 = 0$,因此齐次方程的通解为 $\tilde{y} = C_1 \mathrm{e}^{-x} + C_2$.

因为原方程自由项 $f(x) = x\mathrm{e}^{0x}$,这里 $\lambda = 0$ 是齐次方程的一个单根,所以原方程特解可设为 $y^* = x(Ax+B)\mathrm{e}^{0x}$,代入原方程有 $2A + (2Ax+B) = x$,比较系数得 $A = \dfrac{1}{2}, B = -1$,于是 $y^* = \dfrac{1}{2}x^2 - x$ 为原方程的一个特解,从而原方程的通解为

$$y = C_1 \mathrm{e}^{-x} + C_2 + \frac{1}{2}x^2 - x.$$

例 7.13   求微分方程 $y'' + 4y' + 4y = 5\mathrm{e}^{-2x}$ 的通解.

解   方程对应的齐次方程为 $y'' + 4y' + 4y = 0$,其特征方程为 $r^2 + 4r + 4 = 0$,解得特征根为 $r_{1,2} = -2$,故齐次方程的通解为 $\tilde{y} = (C_1 + C_2 x)\mathrm{e}^{-2x}$.

因为原方程自由项为 $f(x)=5\mathrm{e}^{-2x}$，这里 $\lambda=-2$ 是齐次方程特征重根，故原方程特解可设为 $y^*=x^2A\mathrm{e}^{-2x}$，代入原方程，整理得 $A=\dfrac{5}{2}$，从而 $y^*=\dfrac{5}{2}x^2\mathrm{e}^{-2x}$，所以原方程通解为 $y=(C_1+C_2x+\dfrac{5}{2}x^2)\mathrm{e}^{-2x}$.

类型 Ⅱ 设 $f(x)=[A(x)\cos\beta x+B(x)\sin\beta x]\mathrm{e}^{\alpha x}$ （$A(x),B(x)$ 均为实系数多项式，一个为 n 次，另一个次数不超过 n）.

事实上，由于类型 Ⅰ 的讨论过程及结论对 λ 为复数时仍然正确，所以将这里的 $f(x)$ 表示为指数形式

$$f(x)=\frac{A(x)-\mathrm{i}B(x)}{2}\mathrm{e}^{(\alpha+\mathrm{i}\beta)x}+\frac{A(x)+\mathrm{i}B(x)}{2}\mathrm{e}^{(\alpha-\mathrm{i}\beta)x}=f_1(x)+f_2(x),$$

其中 $f_1(x)=\dfrac{A(x)-\mathrm{i}B(x)}{2}\mathrm{e}^{(\alpha+\mathrm{i}\beta)x}$，$f_2(x)=\dfrac{A(x)+\mathrm{i}B(x)}{2}\mathrm{e}^{(\alpha-\mathrm{i}\beta)x}$.

由习题 7.1 第 6 题所给出的二阶线性非齐次微分方程解的叠加原理知，若 $y_1(x)$ 为方程 $y''+p(x)y'+q(x)y=f_1(x)$ 的解，$y_2(x)$ 为方程 $y''+p(x)y'+q(x)y=f_2(x)$ 的解，则 $y_1(x)+y_2(x)$ 是方程 $y''+p(x)y'+q(x)y=f_1(x)+f_2(x)=f(x)$ 的解.

于是类型 Ⅱ 归于类型 Ⅰ 中 λ 分别取复数 $\alpha+\mathrm{i}\beta$ 与 $\alpha-\mathrm{i}\beta$ 时的情形，用类型 Ⅰ 的结果便可推得类型 Ⅱ 的结论.

即方程 $y''+py'+qy=[A(x)\cos\beta x+B(x)\sin\beta x]\mathrm{e}^{\alpha x}$ 有如下形式的特解

$$y^*=\begin{cases}[P(x)\cos\beta x+Q(x)\sin\beta x]\mathrm{e}^{\alpha x},& \alpha+\mathrm{i}\beta\text{ 不是特征根,}\\ x[P(x)\cos\beta x+Q(x)\sin\beta x]\mathrm{e}^{\alpha x},& \alpha+\mathrm{i}\beta\text{ 是单特征根,}\end{cases}$$

$P(x)$、$Q(x)$ 均为待定的 n 次多项式，通过将 y^* 代入原方程中比较系数而确定.

例 7.14 求微分方程 $y''+4y=(4\cos 2x-8\sin 2x)\mathrm{e}^x$ 的通解.

解 对应的齐次方程为 $y''+4y=0$，其特征方程为 $r^2+4=0$，解得特征根为 $r_{1,2}=\pm 2\mathrm{i}$，故齐次方程的通解为 $\tilde{y}=C_1\cos 2x+C_2\sin 2x$.

因为原方程自由项 $f(x)=(4\cos 2x-8\sin 2x)\mathrm{e}^x$，这里 $\alpha=1,\beta=2,\alpha+\mathrm{i}\beta=1+2\mathrm{i}$ 不是齐次方程特征根，故设原方程特解为 $y^*=(A\cos 2x+B\sin 2x)\mathrm{e}^x$，代入原方程整理得 $(A+4B)\cos 2x+(B-4A)\sin 2x=4\cos 2x-8\sin 2x$，比较同类项系数得 $A=\dfrac{36}{17},B=\dfrac{8}{17}$，从而特解为 $y^*=\dfrac{4}{17}(9\cos 2x+2\sin 2x)\mathrm{e}^x$，所以原方程通解为

$$y=C_1\cos 2x+C_2\sin 2x+\frac{4}{17}(9\cos 2x+2\sin 2x)\mathrm{e}^x.$$

习题 7-3

1. 求解下列微分方程：
   (1) $y''+5y'-6y=0$； (2) $y''-6y'+9y=0$； (3) $y''+2y'+2y=0$.
2. 求下列微分方程满足初始条件的特解：
   (1) $y''-4y'+3y=0,y(0)=6,y'(0)=10$；

(2) $4s'' + 4s' + s = 0, s(0) = 4, s'(0) = 5$;

(3) $y'' + 4y' + 29y = 0, y(0) = 0, y'(0) = 5$.

* 3. 求下列微分方程的通解:

(1) $y'' - 2y' - 3y = 2x + 1$;

(2) $y'' - y' - 2y = \mathrm{e}^{-x}$;

(3) $y'' + 3y' + 2y = \mathrm{e}^{-x} \cos x$.

* 4. 求下列微分方程满足初始条件的特解:

(1) $y'' + 4y = 8x, y(0) = 0, y'(0) = 4$;

(2) $y'' - 5y' + 6y = 2\mathrm{e}^x, y(0) = 1, y'(0) = 1$.

5. 设曲线上任一点 $P(x,y)$ 的切线及该点到坐标原点 O 的连线 OP 与 y 轴围成的面积是常数 A, 求曲线方程.

本章知识结构图

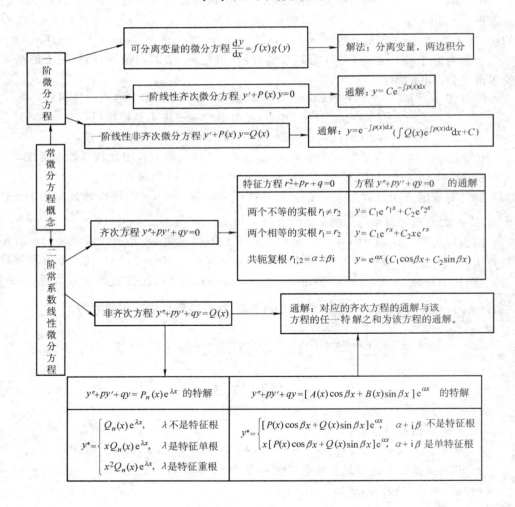

复 习 题 7

1. 判断正误

( )(1)系数是常数的微分方程称为常微分方程.

( )(2)若 y_1 和 y_2 是二阶齐次线性方程的解,则 $C_1 y_1 + C_2 y_2$(C_1,C_2 为任意常数)是其通解.

( )*(3)方程 $y'' - y' = \sin x$ 的特解形式可设为 $A\cos x + B\sin x$(A,B 为待定系数);

( )(4)$y' = y$ 的通解为 $y = C\mathrm{e}^x$(C 为任意常数).

2. 选择题

(1)微分方程 $\dfrac{\mathrm{d}y}{\mathrm{d}x} = \dfrac{y}{x} + \tan\dfrac{y}{x}$ 的通解是( ).

A. $\dfrac{1}{\sin\dfrac{y}{x}} = Cx$　　B. $\sin\dfrac{y}{x} = x + C$　　C. $\sin\dfrac{y}{x} = Cx$　　D. $\sin\dfrac{x}{y} = Cx$

(2)微分方程 $y' - xy' = a(y^2 + y')$ 是( ).

A. 可分离变量方程　B. 齐次方程　　　　C. 齐次线性方程　D. 非齐次线性方程

(3)已知 $y = \mathrm{e}^{-x}$ 为方程的 $y'' + ay' - 2y = 0$ 的一个解,则 $a = ($).

A. 0　　　　　　　B. 1　　　　　　　C. -1　　　　　　D. 2

*(4)微分方程 $y'' - 2y' = x\mathrm{e}^{2x}$ 的特解 y^* 的形式为( ).

A. $y^* = (Ax + B)\mathrm{e}^{2x}$　B. $y^* = Ax\mathrm{e}^{2x}$　　　　C. $y^* = Ax^2\mathrm{e}^{2x}$　　D. $y^* = x(Ax + B)\mathrm{e}^{2x}$

3. 填空题

*(1)微分方程 $y'' + y = -2x$ 的通解为_____.

(2)已知曲线 $y = f(x)$ 过点 $(0, -\dfrac{1}{2})$,且其上任一点 (x, y) 处的切线斜率为 $x\ln(1 + x^2)$,则 $f(x) = $_____.

(3)微分方程 $\ln y' = x$ 的通解是_____.

(4)通解为 $y = C_1\mathrm{e}^{-x} + C_2\mathrm{e}^{-2x}$ 的二阶常系数线性齐次微分方程是_____.

4. 求微分方程的通解:

(1)$xy' = y\ln\dfrac{y}{x}$;　　　　　　　(2)$\dfrac{\mathrm{d}y}{\mathrm{d}x} = \mathrm{e}^{x+y}$;

(3)$(y^2 - 6x)y' + 2y = 0$;　　　　(4)$y' + y\tan x = \cos x$.

5. 方程 $y'' + 9y = 0$ 的一条积分曲线通过点 $(\pi, -1)$,且在该点和直线 $y + 1 = x - \pi$ 相切,求这条曲线.

数学天地

微分方程定性理论的诞生

从 17 世纪后半叶到 19 世纪后半叶,200 年间,微分方程的发展始终围绕着一个中心问题——如何求微分方程的解.许多数学家致力于这一课题,对于微分方程的求解方法积累了很多具体经验,以至有的数学史书籍形容说,在 18 世纪,微分方程这一学科是各种类型的求解方法和技巧的汇编.

数学家们陆续发现一类又一类的微分方程是难以用已有的方法求解的,或者说,只有极少量的微分方程能求得具有解析函数表达式的解,甚至可以说能具有这种解的微分方程只是凤毛麟角.比如,太阳系的二体问题(行星在太阳的引力作用下所做的绕日运动)解决得非常好,通过微分方程的解能够相当清楚地知道各个行星的运动轨道,能作出相当准确的各种预测.而三体问题,像太阳、地球和月球三者在引力作用下的相对运动等问题就长期求不出解,因而人们所关心的太阳系的稳定性问题也就得不到明确的答案.

面对微分方程求解这一难题,自牛顿起,就尝试用无穷级数来求近似的数值解.这虽然是求解的一个重要思路和方向,但是可以想象,在那没有电子计算机的时代,近似计算的工作量之繁重,实在是人们难以胜任的,所以像太阳系的稳定性这样的全局性问题,依然难以讨论和解决.

历史常常有很好的借鉴.对于代数方程,早在古代,人们就顺利地求得了一次和二次代数方程的根式解,可是直到 16 世纪才找到了三次和四次代数方程的根式解.当然人们继续努力,希望仍用求根方法去解更高次的代数方程,然而却屡屡失败.直到 19 世纪,数学家阿贝尔证明:五次和五次以上的代数方程一般没有根式解.这样,人们终于放弃了过去一味寻找根式解的愿望和追求,转而探讨代数方程的系数和根的关系,后来成功地研究了实系数代数方程的实根数目问题.

将微分方程求解问题与代数方程求解问题进行类比,一些数学家想到了可以从微分方程本身去探讨解的性质.第一个最为明确地提出这一思想,为微分方程求解问题开辟出一条新的研究途径的是法国数学家庞加莱.

庞加莱是以自己的一系列扎实的研究工作为微分方程求解问题开创出新天地的.他以《关于由微分方程所定义的曲线的研究报告》为题目,先后发表了四篇内容精彩的研究论文.从他的论文题目就可以看出,他是把微分方程的解看作由微分方程本身所定义(或确定)的曲线族.这是一种崭新的认识和提法,以这种新认识为出发点,就引导出一条新的思路.这一思路与过去截然不同,不是着眼于先求出方程的解,再研究解的性质,而是在不求出解的情况下,通过直接考察微分方程的结构、系数等对解的性质做出判断,也就是着力从微分方程本身去分析和推断它的解可能具有的种种特性,如曲线的形状、结构、特点、趋势以及是否具有周期性、稳定性等等.庞加莱把微分方程求解这一老大难问题转换为研究由微分方程所定义的曲线的性质这样一个新课题,从而打破了僵局,开辟出新路.这是微分方程发展史,也是数学发展史上具有里程碑意义的一件大事.

　　庞加莱把定性研究置于首要地位,把自己的一系列研究工作称为"微分方程定性理论".他在四篇论文中为定性理论的研究提供了基本概念和基本方法,从而开拓出一个可以让人们继续深入研究的广阔领域.虽然庞加莱的开创性研究是初步的,但是经过他的同时代人和后继者们的进一步工作,微分方程定性理论逐步走向完善,至今仍是一个吸引许多数学工作者的活跃领域.

8　多元函数微分学

最优策划

我们经常会注意到某种商品既在电视上做广告,又在报纸上做广告,还可能在广播电台、户外宣传栏做广告,还可能印发宣传品来做广告等.

众所周知商家这样做是为了扩大产品的知名度,增加销售量,从而达到最大的收益.问题是:广告费用投入的越多越能赚钱吗? 在不同的地方做广告的费用不同,效果也不同,到底在电视、报纸、广播电台、户外宣传栏及印刷品上做广告分别花费多少? 对于商家来说,总希望投入最小,受益最大.

要解决这样的问题,就要用到多元函数微分学.所以,要做一个最优的策划,就要学好多元函数微分学.

(一)学习目标

1. 了解曲面方程的概念,认识一些简单的空间曲面、曲线方程.

2. 了解多元函数、偏导数、全微分的概念及多元函数的连续性;了解全微分在近似计算中的应用;了解多元函数的条件极值.

3. 掌握多元函数偏导数、全微分的求法;会求隐函数的导数,多元函数的极值.

(二)学习重点和难点

重点　求多元函数的偏导数、全微分;多元函数的极值.

难点　多元复合函数及隐函数的微分法;条件极值.

自然科学和工程技术中遇到的函数,不限于只有一个自变量,往往依赖于两个或更多自变量.多元函数的概念及其微分法是一元函数及其微分法的推广和发展,它们有着许多类似之处,但有的地方也有着很大区别.在本章中我们先介绍空间直角坐标系及一些简单的曲面,重点讲述二元函数的概念及其微分法.

8.1　空间解析几何简介

8.1.1　空间直角坐标系

1. 空间直角坐标系

为了确定平面上一点的位置,我们建立了平面直角坐标系. 同样地,为了确定空间内任意一点的位置,就需要建立空间直角坐标系.

在空间任意取定一点 O ,以点 O 为原点,作三条相互垂直的数轴, x 轴、 y 轴、 z 轴,这样就构成了空间直角坐标系 $Oxyz$. 一般地, x 轴、 y 轴放置在水平面上,那么 z 轴垂直于水平面,且 x 轴、 y 轴、 z 轴的正方向要符合右手法则,即伸出右手,让四指与大拇指垂直,当右手四个手指从 x 轴正向以 $\frac{\pi}{2}$ 角度转向 y 轴正向时,大拇指的方向就是 z 轴的正向(见图 8-1). 三条坐标轴中的任意两条可以确定一个平面,这样确定的平面称为坐标面,由 x 轴和 y 轴所确定的坐标面称为 xOy 面,另两个由 y 轴和 z 轴, z 轴和 x 轴所确定的平面分别称为 yOz 面和 zOx 面. 三个坐标面把空间分为八个部分,每个部分称为一个卦限. 含 x 轴、 y 轴、 z 轴正向的卦限称为第 Ⅰ 卦限,然后逆着 z 轴正向看时,按逆时针顺序依次为 Ⅱ、Ⅲ、Ⅳ卦限,位于 Ⅰ、Ⅱ、Ⅲ、Ⅳ 卦限的下面的四个卦限,依次为 Ⅴ、Ⅵ、Ⅶ、Ⅷ卦限(见图 8-2).

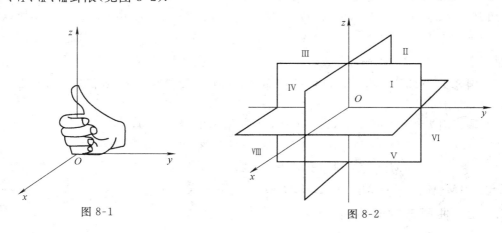

图 8-1　　　　　　　　　　　　　　　图 8-2

建立了空间直角坐标系,就可以建立空间点与有序数组之间的对应关系.

设 M 为空间任意一点,过 M 作三个分别垂直于 x 轴、 y 轴、 z 轴于点 P、Q、R 的平面,这三个点在 x 轴、 y 轴、 z 轴上的坐标分别为 x、y、z,于是,空间一点 M 就唯一确定了一个有序数组 (x,y,z);反过来,对于某个有序数组 (x,y,z),我们可以在 x 轴、 y 轴、 z 轴分别取点 P、Q、R,使 $OP=x$, $OQ=y$, $OR=z$,然后过 P、Q、R 三点分别作垂直于 x 轴、 y 轴、 z 轴的平面,这三个平面相交于一点 M,则由一个有序数组 (x,y,z) 唯一地确定了一点 M. 于是,通过空间直角坐标系,我们就建立了空间的点 M 和有序数组 (x,y,z) 之间的一一对应关系,有序数组 (x,y,z) 称为点 M 的坐标,记为 $M(x,y,z)$.(见图 8-3)

2. 空间两点的距离

设 $M_1(x_1,y_1,z_1)$、$M_2(x_2,y_2,z_2)$ 为空间中的两个点,过 M_1、M_2 各作三个分别垂直三条坐标轴的平面,这六个平面围成一个以 M_1M_2 为对角线的长方体.(见图 8-4).

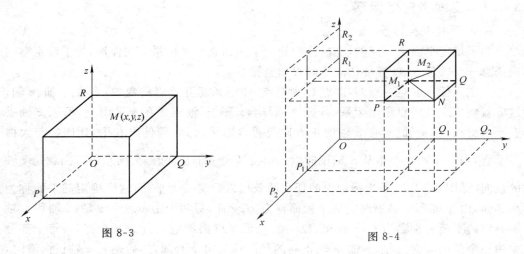

图 8-3   图 8-4

由于 $\triangle M_1NM_2$ 为直角三角形,$\angle M_1NM_2$ 为直角,所以 $|M_1M_2|^2 = |M_1N|^2 + |NM_2|^2$,又 $\triangle M_1PN$ 也是直角三角形,$|M_1N|^2 = |M_1P|^2 + |PN|^2$,由于 $|M_1P| = |P_1P_2| = |x_2 - x_1|$,$|PN| = |Q_1Q_2| = |y_2 - y_1|$,$|NM_2| = |R_1R_2| = |z_2 - z_1|$,所以,

$$|M_1M_2|^2 = |M_1N|^2 + |NM_2|^2 = (x_2 - x_1)^2 + (y_2 - y_1)^2 + (z_2 - z_1)^2,$$

即 $$|M_1M_2| = \sqrt{(x_2 - x_1)^2 + (y_2 - y_1)^2 + (z_2 - z_1)^2}.$$

例 8.1   求证以 $M_1(4,3,1)$、$M_2(7,1,2,)$、$M_3(5,2,3)$ 三点为顶点的三角形是一个等腰三角形.

解   因为 $|M_1M_2|^2 = (7-4)^2 + (1-3)^2 + (2-1)^2 = 14,$

$|M_2M_3|^2 = (5-7)^2 + (2-1)^2 + (3-2)^2 = 6,$

$|M_3M_1|^2 = (4-5)^2 + (3-2)^2 + (1-3)^2 = 6,$

所以 $|M_2M_3| = |M_3M_1|$,即 $\triangle M_1M_2M_3$ 为等腰三角形.

8.1.2   曲面与空间曲线

1. 曲面的方程

在平面解析几何中,我们把平面曲线看作是平面上按照一定规律运动的点的轨迹.类似地,在空间解析几何中,我们把曲面看作是空间中按照一定规律运动的点的轨迹.空间中的点按一定规律运动,它的坐标 (x,y,z) 就满足 x、y、z 的某个关系式,这个关系式就是曲面的方程,记为 $F(x,y,z) = 0$.

定义 8.1   如果曲面 S 与三元方程 $F(x,y,z) = 0$ 有下列关系

(1)曲面 S 上任意一点的坐标都满足方程 $F(x,y,z) = 0$,

(2)不在曲面 S 上的点的坐标都不满足方程 $F(x,y,z) = 0$,

那么,方程 $F(x,y,z)=0$ 就叫做曲面 S 的方程,而曲面 S 就叫做方程 $F(x,y,z)=0$ 的图形.

例 8.2　求球心在点 $P_0(x_0,y_0,z_0)$,半径为 R 的球面方程.

解　设点 $P(x,y,z)$ 是球面上任意一点,则 P 与 P_0 之间的距离必为 R,由两点间距离公式有 $\sqrt{(x-x_0)^2+(y-y_0)^2+(z-z_0)^2}=R$,

即　　$(x-x_0)^2+(y-y_0)^2+(z-z_0)^2=R^2.$ 　　　　　　　　　　　(8.1)

反之,满足(8.1)的点 (x,y,z) 必在球面上,所以(8.1)式是球心在点 $P_0(x_0,y_0,z_0)$,半径为 R 的球面方程.

当 $x_0=y_0=z_0=0$ 时,即球心在原点的球面方程为 $x^2+y^2+z^2=R^2$.

例 8.3　设有点 $A(1,2,3)$ 和 $B(2,-1,4)$,求线段 AB 的垂直平分面的方程.

解　由题意知,所求的平面就是与 A 和 B 等距离的点的轨迹.

设所求平面上的任意一点为 $P(x,y,z)$,由于 $|AP|=|BP|$,所以

$$\sqrt{(x-1)^2+(y-2)^2+(z-3)^2}=\sqrt{(x-2)^2+(y+1)^2+(z-4)^2},$$

即　$2x-6y+2z-7=0$ 为所求平面方程.

例 8.4　求坐标面的方程及与坐标面平行的平面方程.

解　在 xOy 坐标面上任取一点,都有 $z=0$;反之,满足 $z=0$ 的任意一点 (x,y,z) 都在 xOy 坐标面上,所以 xOy 坐标面的方程为 $z=0$.

同理可得,yOz 坐标面的方程为 $x=0$;zOx 坐标面的方程为 $y=0$.

同样,方程 $z=c(c\neq 0)$ 是过 $(0,0,c)$ 且平行于 xOy 面的平面,

方程 $x=a(a\neq 0)$ 是过 $(a,0,0)$ 且平行于 yOz 面的平面,

方程 $y=b(b\neq 0)$ 是过 $(0,b,0)$ 且平行于 zOx 面的平面.

注:形如 $Ax+By+Cz+D=0$(A、B、C 是不全为零的常数)的方程是平面方程.

例 8.5　方程 $x^2+y^2+z^2-2x+2y-z+\dfrac{1}{4}=0$ 表示怎样的曲面?

解　将方程配方的 $(x-1)^2+(y+1)^2+(z-\dfrac{1}{2})^2=2$,此方程表示球心为 $(1,-1,\dfrac{1}{2})$,半径为 $\sqrt{2}$ 的球面.

2. 柱面的方程

直线 L 沿定曲线 C 平行移动所形成的曲面称为柱面.定曲线 C 称为柱面的准线,动直线 L 称为柱面的母线.

我们只讨论准线在坐标面上,而母线垂直于该坐标面的柱面.下面举例说明这种柱面方程的特点.

例 8.6　方程 $x^2+y^2=R^2$ 表示什么曲面?

解　在 xOy 坐标面上,方程 $x^2+y^2=R^2$ 表示圆心在原点,半径为 R 的圆.在空间直角坐标系中,方程缺 z,这意味着不论空间中点的 z 坐标怎样,只要坐标 x 和 y 满足这个方程,这些点都在方程所表示的曲面 S 上;只要点的坐标 x 和 y 不满足这个方程,

不论 z 坐标怎样,这些点都不在曲面 S 上,即点 $P(x,y,z)$ 在曲面 S 上的充要条件是 $P'(x,y,0)$ 在圆 $x^2+y^2=R^2$ 上,而 $P(x,y,z)$ 是在过 $P'(x,y,0)$ 且平行于 z 轴的直线上,这就是说方程 $x^2+y^2=R^2$ 表示通过 xOy 坐标面上圆周 $x^2+y^2=R^2$ 上的每一点且平行于 z 轴的直线所组成的曲面,即方程 $x^2+y^2=R^2$ 表示以 xOy 坐标面上圆周 $x^2+y^2=R^2$ 为准线,母线平行于 z 轴的柱面,该柱面称为**圆柱面**(图 8-5).

一般地,如果方程中缺 z,即 $f(x,y)=0$,类似于上面的讨论,可知它表示准线在 xOy 坐标面上,母线平行于 z 轴的柱面. 方程 $g(y,z)=0,h(x,z)=0$ 分别表示母线平行于 x 轴、y 轴的柱面.

例如,方程 $y=2x^2$ 表示母线平行于 z 轴的柱面,它的准线是 xOy 坐标面上的抛物线 $y=2x^2$,该柱面叫做**抛物柱面**(图 8-6);方程 $y^2+\dfrac{z^2}{4}=1$ 表示母线平行于 x 轴的柱面,准线是 yOz 坐标面上的椭圆 $y^2+\dfrac{z^2}{4}=1$,该柱面叫做**椭圆柱面**(图 8-7);方程 $\dfrac{x^2}{a^2}-\dfrac{z^2}{b^2}=1$ 表示母线平行于 y 轴的柱面,准线为 zOx 坐标面上的双曲线 $\dfrac{x^2}{a^2}-\dfrac{z^2}{b^2}=1$,该柱面叫做**双曲柱面**(图 8-8);方程 $x-y=0$ 表示母线平行于 z 轴的柱面,其准线是 xOy 坐标面上的直线 $x-y=0$,所以它是过 z 轴的平面(图 8-9).

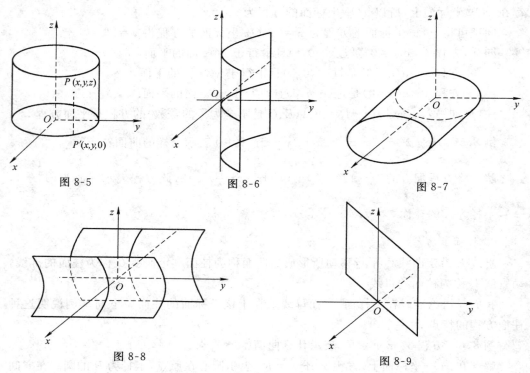

图 8-5　　　　　　　图 8-6　　　　　　　图 8-7

图 8-8　　　　　　　图 8-9

3. 旋转曲面

一平面曲线 C 绕同一平面上的一条定直线 L 旋转所形成的曲面称为旋转曲面.

曲线 C 称为旋转曲面的母线,直线 L 称为旋转曲面的轴.我们只讨论母线在某个坐标面上,它绕某个坐标轴旋转所成的旋转曲面.

设在 yOz 平面上有一条已知曲线 C,它在平面直角坐标系中的方程是 $f(y,z)=0$,求此曲线 C 绕 z 轴旋转一周所形成的旋转曲面的方程.(图 8-10)

取旋转曲面上任一点 $P(x,y,z)$,设该点是由母线上点 $P_1(0,y_1,z_1)$ 绕 z 轴旋转一定角度而得到.由图 8-10 知,点 P 与 z 轴的距离等于点 P_1 与 z 轴的距离,且有同一 z 坐标,即 $\sqrt{x^2+y^2}=|y_1|,z=z_1$,又因为点 P_1 在母线 C 上,所以 $f(y_1,z_1)=0$,于是有
$$f(\pm\sqrt{x^2+y^2},z)=0.$$

旋转曲面上的点都满足方程 $f(\pm\sqrt{x^2+y^2},z)=0$,而不在旋转曲面上的点都不满足该方程,故此方程是母线为 C,旋转轴为 z 轴的旋转曲面的方程.可见,只要在 yOz 坐标面上曲线 C 的方程 $f(y,z)=0$ 中,将 y 换成 $\pm\sqrt{x^2+y^2}$,就得到曲线 C 绕 z 轴旋转的旋转曲面方程.

同理,曲线 C 绕 y 轴旋转的旋转曲面方程为 $f(y,\pm\sqrt{x^2+z^2})=0$.

对于其他坐标面上的曲线,绕该坐标面上的任何一条坐标轴旋转所生成的旋转曲面的方程可类似求得.

例 8.7 求由 $z=ky(k>0)$ 绕 z 轴旋转所形成的旋转曲面方程.

解 在 $z=ky$ 中,把 y 换成 $\pm\sqrt{x^2+y^2}$ 得所求方程为 $z=\pm k\sqrt{x^2+y^2}$,即 $z^2=k^2(x^2+y^2)$,此曲面为顶点在原点,对称轴为 z 轴的圆锥面(图 8-11).

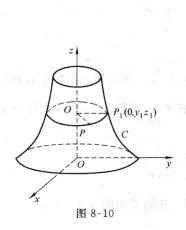

图 8-10

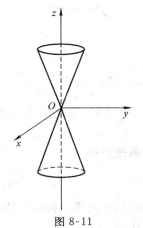

图 8-11

4. 二次曲面

在空间直角坐标系中,若 $F(x,y,z)=0$ 是一次方程,则它的图形是一个平面,平面也称为一次曲面.若方程是二次方程,则它的图形称为二次曲面.下面我们介绍几个常见的二次方程所表示的二次曲面.

1)**椭球面**

方程 $$\frac{x^2}{a^2}+\frac{y^2}{b^2}+\frac{z^2}{c^2}=1(a>0,b>0,c>0)$$

所表示的曲面称为椭球面，a、b、c 称为椭球面的半轴.

由方程 $\dfrac{x^2}{a^2}+\dfrac{y^2}{b^2}+\dfrac{z^2}{c^2}=1$ 可知

$$\dfrac{x^2}{a^2}\leqslant 1,\dfrac{y^2}{b^2}\leqslant 1,\dfrac{z^2}{c^2}\leqslant 1,即\ |x|\leqslant a,|y|\leqslant b,|z|\leqslant c.$$

由此可见,曲面包含在 $x=\pm a,y=\pm b,z=\pm c$ 这六个面所围成的长方体内.

现用截痕法来讨论这个曲面的形状.

用 xOy 坐标面 $z=0$ 和平行于 yOx 坐标面的平面 $z=h(|h|\leqslant c)$ 去截曲面,其截痕分别为椭圆,且 $|h|$ 由 0 增大到 c 时,椭圆由大变小,逐渐缩为一点.

同样用 zOx 坐标面和平行于 zOx 坐标面的平面去截曲面和用 yOz 坐标面和平行于 yOz 坐标面的平面去截曲面,它们的交线与上述结果类似.

综上所述,知方程 $\dfrac{x^2}{a^2}+\dfrac{y^2}{b^2}+\dfrac{z^2}{c^2}=1$ 所表示的曲面形状如图 8-12 所示.

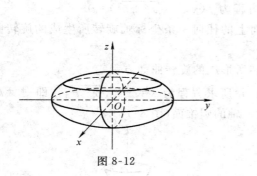

图 8-12

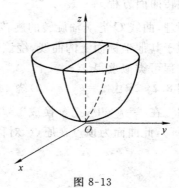

图 8-13

当 $a=b$ 时,原方程 $\dfrac{x^2+y^2}{a^2}+\dfrac{z^2}{c^2}=1$,它是一个椭圆绕 z 轴旋转而成的旋转椭圆面.

当 $a=b=c$ 时,原方程化为 $x^2+y^2+z^2=a^2$,它是一个球心在原点,半径为 a 的球面.

2）椭圆抛物面

方程　　　　　　$$\dfrac{x^2}{2p}+\dfrac{y^2}{2q}=z,(p>0,q>0)$$

所表示的曲面称为椭圆抛物面.讨论方法同上,其图形如图 8-13 所示.

3）双曲面

方程 $\dfrac{x^2}{a^2}+\dfrac{y^2}{b^2}+\dfrac{-z^2}{c^2}=1(a>0,b>0,c>0)$ 所表示的图形称为**单叶双曲面**,如图 8-14 所示.

方程 $\dfrac{x^2}{a^2}+\dfrac{y^2}{b^2}-\dfrac{z^2}{c^2}=-1(a>0,b>0,c>0)$ 所表示的图形称为**双叶双曲面**,如图 8-15 所示.

4）双曲抛物面

由方程$\dfrac{x^2}{2p}-\dfrac{y^2}{2q}=z(p>0,q>0)$所表示的曲面称为**双曲抛物面**，又称为**马鞍面**，如图 8-16 所示．

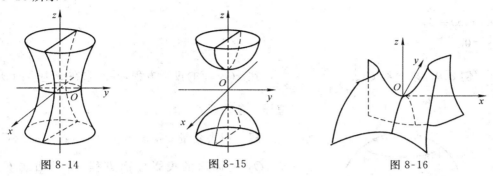

图 8-14　　　　　图 8-15　　　　　图 8-16

5. 空间曲线及其在坐标面上的投影

空间曲线可以看作是两个曲面的交线，设 $F(x,y,z)=0,G(x,y,z)=0$ 是两个曲面的方程，它们的交线为 C，因为曲线 C 上的任何点的坐标应同时满足这两个曲面方程，所以满足方程组 $\begin{cases}F(x,y,z)=0,\\G(x,y,z)=0.\end{cases}$ 反过来，如果点 P 不在 C 上，那么它不可能同时在两个曲面上，所以它的坐标不满足方程组，因此空间曲线 C 的方程可以用方程组来表示，以上方程组称为空间曲线 C 的一般式方程．

例 8.8　方程组 $\begin{cases}x^2+y^2=R^2,\\z=a\end{cases}$ 表示怎样的曲线？

解　$x^2+y^2=R^2$ 表示圆柱面，其母线平行于 z 轴，而 $z=a$ 表示平行于 xOy 坐标面的平面，因而它们的交线是圆，即 $\begin{cases}x^2+y^2=R^2,\\z=a\end{cases}$ 表示圆，这个圆在平面 $z=a$ 上．

设空间曲线 C 的方程为 $\begin{cases}F(x,y,z)=0,\\G(x,y,z)=0,\end{cases}$ 过曲线 C 上的每一点作 xOy 坐标面的垂线，这些垂线形成了一个母线平行于 z 轴且过 C 的柱面，称为曲线 C 关于 xOy 面的**投影柱面**，这个柱面与 xOy 面的交线称为空间曲线 C 在 xOy 面上的**投影曲线**，简称**投影**．

在方程组 $\begin{cases}F(x,y,z)=0,\\G(x,y,z)=0\end{cases}$ 中消去变量 z 得方程 $f(x,y)=0$，此方程缺变量 z，所以它是一个母线平行于 z 轴的柱面．又因为 C 上的点的坐标满足方程组 $\begin{cases}F(x,y,z)=0,\\G(x,y,z)=0,\end{cases}$ 当然也满足方程 $f(x,y)=0$，所以空间曲线 C 上的点都在此柱面上，方程 $f(x,y)=0$ 就是曲线 C 关于 xOy 面的投影柱面方程，它与 xOy 面的交线 $\begin{cases}f(x,y)=0,\\z=0\end{cases}$ 就是空间曲线 C 在 xOy 面上的投影方程．

同理,若分别从方程组 $\begin{cases} F(x,y,z)=0, \\ G(x,y,z)=0 \end{cases}$ 中消去变量 x 或 y,分别得方程 $g(y,z)=0$

或 $h(x,z)=0$,则曲线 C 在 yOz 面与 zOx 面的投影方程分别为 $\begin{cases} g(y,z)=0, \\ x=0 \end{cases}$ 与

$\begin{cases} h(x,z)=0, \\ y=0. \end{cases}$

例 8.9   求曲线 $C:\begin{cases} z=\sqrt{x^2+y^2}, \\ x^2+y^2+z^2=1 \end{cases}$ 在 xOy 面的投影方程,并问它在 xOy 面上是

怎样一条曲线?

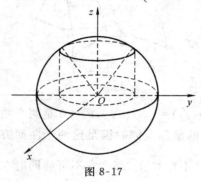

图 8-17

解   消去变量 z 得 $x^2+y^2=\dfrac{1}{2}$,这是曲线 C 关

于 xOy 坐标面的投影柱面方程,所以曲线 C 在

xOy 坐标面上的投影方程为 $\begin{cases} x^2+y^2=\dfrac{1}{2}, \\ z=0, \end{cases}$ 它是

xOy 坐标面上的以原点为圆心,以 $\dfrac{\sqrt{2}}{2}$ 为半径的圆

(图8-17).

习题   8-1

1. 指出下列各点所在的卦限:

(1)$(-1,-2,3)$; (2)$(3,-2,-1)$; (3)$(4,1,-2)$; (4)$(-1,2,-4)$.

2. 已知两点 $A(1,1,2)$、$B(2,2,0)$,求

(1)$|OA|$ 及 $|AB|$;(2)A 点关于 xOy 平面对称点的坐标.

3. 指出下列方程在平面直角坐标系和空间直角坐标系中分别表示什么图形?

(1)$y=1$;   (2)$x^2+y^2=9$;   (3)$x=0$;

(4)$y=2x$;   (5)$y^2=x$;   (6)$\begin{cases} x^2+y^2=25, \\ y=4. \end{cases}$

8.2   多元函数的概念

在一元函数微积分中,讨论对象的是一元函数,而在自然现象和实际问题中,常常

会遇到多个变量之间的依赖关系,我们考察几个例子.

例 8.10   具有一定质量的理想气体,其体积 V,压强 p,热力学温度 T 之间具有下

列关系 $p=\dfrac{RT}{V}$(R 是常数).

在这个问题中,有三个变量 p、V、T,当 V 和 T 每取定一组数值时,按照上面的关系,就有一确定的压强 p. 如果温度固定不变,当 V 取定某一值时,就有一确定的压强 p,即对于等温过程,压强 p 是 V 的一元函数.

例 8.11 设长方体的边长分别为 x、y 和 z,则长方体的体积 $V=xyz$.

在这里,当 x、y 和 z 每取定一组值时,就有一确定的体积值 V,即 V 依赖于 x、y 和 z 的变化而变化.

于是,我们可以从这些实际问题中抽象出多元函数的概念. 我们以二元函数为例,三元及三元以上的多元函数可类似讨论. 另外,学习多元函数时,要注意与一元函数进行比较,找出它们的联系与区别.

8.2.1 二元函数的定义

定义 8.2 设有三个变量 x、y 和 z,若当变量 x 和 y 在它们的取值范围 D 内,任意取定一组数值时,变量 z 按照一定的对应规律 f,有唯一确定的值与之对应,则称变量 z 为 x 和 y 在 D 上的一个**二元函数**,记为 $z=f(x,y)$. 其中变量 x 和 y 称为自变量,变量 z 称为因变量,自变量的取值范围 D 称为函数 z 的定义域.

二元及二元以上的函数称为**多元函数**.

在讨论一元函数时,通常用区间表示一元函数的定义域,而在讨论二元函数的定义域时就涉及平面区域的概念.

一般地,在平面上由一条或几条光滑曲线所围成的具有连通性(如果一部分平面内任意两点均可用完全属于此部分平面的折线连结起来,这样的部分平面称为具有连通性)的部分平面,称为平面区域,围成区域的曲线称为区域的边界,边界上的点称为边界点. 包含边界的区域称为闭域,不包括边界的区域称为开域.

如果一个区域 D 内任意两点之间的距离都不超过某一常数 M,则称 D 为有界区域,否则称 D 为无界区域.

常见区域有   矩形区域:$\{(x,y)|a<x<b,c<y<d\}$;

圆域:$\{(x,y)|(x-x_0)^2+(y-y_0)^2<\delta^2,\delta>0\}$.

圆域 $\{(x,y)|(x-x_0)^2+(y-y_0)^2<\delta^2,\delta>0\}$ 一般称为平面上点 $P_0(x_0,y_0)$ 的 δ 邻域,而称不包含点 P_0 的邻域为去心邻域.

二元函数的定义域通常是平面区域,其求法与一元函数类似,就是找使函数有意义的自变量的范围,不过画出定义域的范围要复杂一些.

例 8.12 求函数 $z=\sqrt{1-x^2-y^2}$ 的定义域.

解 要使函数有意义,自变量取值必须适合不等式

$$1-x^2-y^2 \geqslant 0,即 x^2+y^2 \leqslant 1,$$

所以,该函数的定义域为 $\{(x,y)|x^2+y^2 \leqslant 1\}$.

它在 xOy 面上表示以原点为圆心的单位圆区域,包括边界圆周(图 8-18).

例 8.13 求函数 $z=\ln(x-y)$ 的定义域.

解 要使函数有意义,自变量取值必须适合不等式

$$x - y > 0,$$

即该函数的定义域为 $\{(x,y) \mid x - y > 0\}$，它在 xOy 面上表示直线 $x - y = 0$ 下边的区域（图 8-19）．

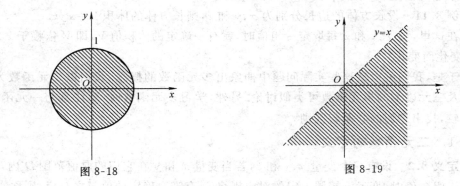

图 8-18   图 8-19

8.2.2 二元函数的几何意义

将变量 x、y、z 的值作为空间点的直角坐标，先在 xOy 平面上作出函数 $z = f(x,y)$ 的定义域 D，在 D 中任取一点 $M(x,y)$，过点 M 作 xOy 平面的垂线，并在垂线上取一点 P，使 MP 等于函数值 $z = f(x,y)$（图 8-20）．当 M 在 D 上变动时，点 P 的轨迹就是 $z = f(x,y)$ 的图形，一般地是一张曲面，该曲面在 xOy 平面上的投影就是区域 D．

例如，函数 $z = \sqrt{a^2 - x^2 - y^2}$ 的图像是以原点为球心，a 为半径的上半球面（图 8-21），其定义域为它在 xOy 平面上的投影，即

$$\{(x,y) \mid x^2 + y^2 \leqslant a^2\}.$$

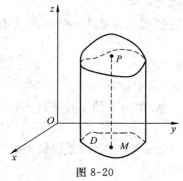 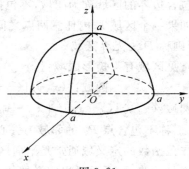

图 8-20   图 8-21

习题 8-2

1. 已知 $f(x,y) = x^2 + xy + y^2$，求 $f(1,2)$．

2. 已知 $f(x,y) = 3x + 2y$，求 $f(xy, y)$．

3. 求下列函数的定义域，并作出其图形：

(1)$z=\sqrt{4-x^2-y^2}\ln(x^2+y^2-1)$；　　　(2)$z=\sqrt{x-\sqrt{y}}$；

(3)$z=\ln(y^2-2x+1)$；　　　(4)$z=\dfrac{1}{\sqrt{x+y}}+\dfrac{1}{\sqrt{x-y}}$.

8.3　二元函数的极限与连续性

8.3.1　二元函数的极限

定义 8.3　设函数 $z=f(x,y)$ 在点 $P_0(x_0,y_0)$ 的某一邻域内有定义（点 P_0 可以除外），$P(x,y)$ 是邻域内任一异于 P_0 点，如果当 P 以任意方式无限趋向点 P_0 时，对应的函数值 $f(x,y)$ 无限趋向某一常数 A，称当点 $(x,y)\to(x_0,y_0)$（或 $x\to x_0,y\to y_0$ 或 $\rho\to 0$，其中 $\rho=\sqrt{(x-x_0)^2+(y-y_0)^2}$）时，函数 $f(x,y)$ 以 A 为极限，记作

$$\lim_{(x,y)\to(x_0,y_0)}f(x,y)=A,\text{或}\lim_{\substack{x\to x_0\\y\to y_0}}f(x,y)=A,$$

或 $f(x,y)\to A(x\to x_0,y\to y_0)$，或 $f(x,y)\to A(\rho\to 0)$.

图 8-22

注：(1)一元函数 $y=f(x)$ 在 $x\to x_0$ 时的极限，只需要考虑 x 从 x_0 的左右两侧趋于 x_0 的情况. 与一元函数的极限不同的是，二元函数的极限要考虑点 P 是由任意方向和任意路径趋向于点 P_0 时（图 8-22），$f(x,y)$ 都趋于同一个常数 A，这就是说，二元函数的极限比一元函数的极限要复杂得多.

(2)如果当点 P 是沿不同的路径趋向于点 P_0 时，$f(x,y)$ 趋于两个或两个以上不同的数，就可以说，当 P 趋于 P_0 时，函数 $f(x,y)$ 的极限不存在.

例 8.14　求极限 $\displaystyle\lim_{\substack{x\to 0\\y\to 0}}\dfrac{xy}{\sqrt{xy+1}-1}$.

解　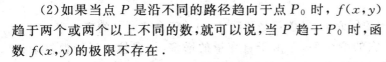

$$\lim_{\substack{x\to 0\\y\to 0}}\dfrac{xy}{\sqrt{xy+1}-1}=\lim_{\substack{x\to 0\\y\to 0}}\dfrac{xy(\sqrt{xy+1}+1)}{(\sqrt{xy+1}-1)(\sqrt{xy+1}+1)}$$

$$=\lim_{\substack{x\to 0\\y\to 0}}\dfrac{xy(\sqrt{xy+1}+1)}{xy}=\lim_{\substack{x\to 0\\y\to 0}}(\sqrt{xy+1}+1)=2.$$

例 8.15　讨论 $f(x,y)=\dfrac{xy}{x^2+y^2}$，当 $(x,y)\to(0,0)$ 时的极限.

解　令点 (x,y) 沿 $y=kx(k\neq 0)$ 趋于 $(0,0)$ 点时

$$\lim_{\substack{x\to 0\\y=kx\to 0}}\dfrac{xy}{x^2+y^2}=\lim_{x\to 0}\dfrac{kx^2}{x^2+k^2x^2}=\dfrac{k^2}{1+k^2},$$

显然，当 k 取不同值时，$\dfrac{k^2}{1+k^2}$ 也不相同，所以函数的极限不存在.

8.3.2 二元函数的连续性

定义 8.4   二元函数 $f(x,y)$ 如果满足条件:

(1)在点 (x_0,y_0) 的某一邻域内有定义;

(2) $\lim\limits_{(x,y)\to(x_0,y_0)} f(x,y)$ 存在;

(3) $\lim\limits_{(x,y)\to(x_0,y_0)} f(x,y)=f(x_0,y_0)$,

则称函数 $f(x,y)$ 在点 (x_0,y_0) 处连续,否则称 (x_0,y_0) 是函数 $f(x,y)$ 的不连续点,或间断点.

习题 8-3

1. 求下列极限:

(1) $\lim\limits_{\substack{x\to 0\\y\to 0}} \dfrac{2-\sqrt{xy+4}}{xy}$;

(2) $\lim\limits_{\substack{x\to 0\\y\to 0}} \dfrac{\sin(xy)}{y}$.

2. 证明下列极限不存在:

(1) $\lim\limits_{\substack{x\to 0\\y\to 0}} \dfrac{x+y}{x-y}$;

(2) $\lim\limits_{\substack{x\to 0\\y\to 0}} \dfrac{x^2y^2}{x^2y^2+(x-y)^2}$.

8.4 偏导数

在一元函数 $y=f(x)$ 的研究中,导数就是函数 $f(x)$ 关于自变量 x 的变化率.对于多元函数,同样需要讨论它的变化率,但由于自变量的增多,情况较一元函数复杂得多.本节主要介绍多元函数偏导数的概念及高阶偏导数.

8.4.1 偏导数

1. 多元函数的增量

对二元函数 $z=f(x,y)$,自变量 x、y 是两个独立的变量,当自变量 y 取固定值 y_0,而自变量 x 在 x_0 处有改变量 Δx 时,相应地得到函数改变量

$$\Delta z_x = f(x_0+\Delta x,y_0)-f(x_0,y_0),$$

称 Δz_x 为二元函数 $z=f(x,y)$ 在点 (x_0,y_0) 处对 x 的偏增量.

同样地,称 $\Delta z_y=f(x_0,y_0+\Delta y)-f(x_0,y_0)$ 为二元函数 $z=f(x,y)$ 在点 (x_0,y_0) 处对 y 的偏增量.

当自变量 x、y 在 (x_0,y_0) 处分别有改变量 Δx、Δy 时,函数 $z=f(x,y)$ 的改变量为

$$\Delta z = f(x_0+\Delta x,y_0+\Delta y)-f(x_0,y_0),$$

称 Δz 为二元函数 $z=f(x,y)$ 在点 (x_0,y_0) 处的全增量.

2. 偏导数的定义

为了讨论 $z=f(x,y)$ 的变化率,我们把问题简单化,假定两个自变量中有一个改

变,另一个保持不变,从而将其转化为一元函数,再利用导数的概念来分析函数的变化率,于是就有了二元函数的偏导数概念.

定义 8.5 设二元函数 $z=f(x,y)$ 在某区域 D 内有定义,点 $P_0(x_0,y_0)\in D$,若极限 $\lim\limits_{\Delta x\to 0}\dfrac{\Delta z_x}{\Delta x}=\lim\limits_{\Delta x\to 0}\dfrac{f(x_0+\Delta x,y_0)-f(x_0,y_0)}{\Delta x}$ 存在,则称此极限值为函数 $z=f(x,y)$ 在点 P_0 处**对 x 的偏导数**. 记作

$$f'_x(x_0,y_0)\text{ 或 }z'_x\Big|_{\substack{x=x_0\\y=y_0}}\text{ 或 }\frac{\partial z}{\partial x}\Big|_{\substack{x=x_0\\y=y_0}}\quad\text{或 }\frac{\partial f}{\partial x}\Big|_{\substack{x=x_0\\y=y_0}}.$$

同样,当 x 固定在 x_0 处,若极限 $\lim\limits_{\Delta y\to 0}\dfrac{\Delta z_y}{\Delta y}=\lim\limits_{\Delta y\to 0}\dfrac{f(x_0,y_0+\Delta y)-f(x_0,y_0)}{\Delta y}$ 存在,则称此极限值为函数 $z=f(x,y)$ 在点 $P_0(x_0,y_0)$ 处**对 y 的偏导数**. 记作

$$f'_y(x_0,y_0)\text{ 或 }z'_y\Big|_{\substack{x=x_0\\y=y_0}}\text{ 或 }\frac{\partial z}{\partial y}\Big|_{\substack{x=x_0\\y=y_0}}\quad\text{或 }\frac{\partial f}{\partial y}\Big|_{\substack{x=x_0\\y=y_0}}.$$

如果二元函数 $z=f(x,y)$ 在区域 D 内的每一点都有对 x 的偏导数,这个偏导数仍是 x、y 的函数,称它为 $z=f(x,y)$ 对自变量 x 的**偏导函数**,简称**偏导数**. 记作

$$f'_x(x,y)\quad\text{或 }z'_x\quad\text{或 }\frac{\partial z}{\partial x}\quad\text{或 }\frac{\partial f}{\partial x}.$$

同理,有二元函数 $z=f(x,y)$ 对 y 的偏导数 $f'_y(x,y)$ 或 z'_y 或 $\dfrac{\partial z}{\partial y}$ 或 $\dfrac{\partial f}{\partial y}$.

偏导数的概念可以推广到三元及三元以上的多元函数上,如三元函数 $u=f(x,y,z)$ 对 x 的偏导数定义为 $\dfrac{\partial u}{\partial x}=\lim\limits_{\Delta x\to 0}\dfrac{f(x+\Delta x,y,z)-f(x,y,z)}{\Delta x}$.

同样,可以定义 u 对 y、z 的偏导数 $\dfrac{\partial u}{\partial y}$、$\dfrac{\partial u}{\partial z}$.

由定义可知,求多元函数对某一个自变量的偏导数,只需将另外的自变量都暂时看成是常数,再用一元函数的求导法即可求得.

例 8.16 设 $z=xy+x^2-y^2$,求 $\dfrac{\partial z}{\partial x},\dfrac{\partial z}{\partial y}$.

解 $\dfrac{\partial z}{\partial x}=y+2x,\dfrac{\partial z}{\partial y}=x-2y.$

例 8.17 设 $f(x,y)=e^{\arctan\frac{y}{x}}\ln(x^2+y^2)$,求 $f'_x(1,0)$.

解 如果先求偏导数 $f'_x(x,y)$,运算是比较麻烦的,但是若先把 y 固定在 $y=0$,则有 $f(x,0)=2\ln x$,从而 $f'_x(x,0)=\dfrac{2}{x}$, $f'_x(1,0)=2$.

例 8.18 求 $u=x^y\sin(3z)$ 的偏导数.

解 $\dfrac{\partial u}{\partial x}=yx^{y-1}\sin(3z),\dfrac{\partial u}{\partial y}=x^y\ln x\sin(3z),\dfrac{\partial u}{\partial z}=3x^y\cos(3z).$

例 8.19 设由 R_1、R_2 组成的一个并联电路中,若 $R_1>R_2$,问改变哪一个电阻,对总电阻 R 的影响最大?

解 由并联电路可知 $\dfrac{1}{R}=\dfrac{1}{R_1}+\dfrac{1}{R_2}$，即 $R=\dfrac{R_1R_2}{R_1+R_2}$，

所以 $\qquad \dfrac{\partial R}{\partial R_1}=\dfrac{R_2^2}{(R_1+R_2)^2}, \dfrac{\partial R}{\partial R_2}=\dfrac{R_1^2}{(R_1+R_2)^2}$，

因为 $R_1>R_2$，所以 $\dfrac{\partial R}{\partial R_1}<\dfrac{\partial R}{\partial R_2}$，

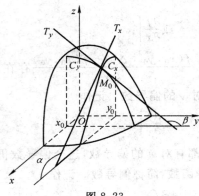

图 8-23

即在并联电路中改变电阻值较小的电阻 R_2，对总电阻的变化最大，这个结论与实验的结果完全一致．

3. 偏导数的几何意义

从偏导数的定义可知，二元函数 $z=f(x,y)$ 在 (x_0,y_0) 处对 x 的偏导数 $f'_x(x_0,y_0)$，就是一元函数 $z=f(x,y_0)$ 在 x_0 处的导数 $\dfrac{\mathrm{d}}{\mathrm{d}x}f(x,y_0)\Big|_{x=x_0}$，设点 $M_0(x_0,y_0,f(x_0,y_0))$ 为曲面 $z=f(x,y)$ 上的一点，过点 M_0 作平面 $y=y_0$，这个平面在曲面上截得一曲线 C_x：$\begin{cases} z=f(x,y), \\ y=y_0, \end{cases}$ 由一元函数的导数的几何意义可知

$\dfrac{\mathrm{d}}{\mathrm{d}x}f(x,y_0)\Big|_{x=x_0}$，即 $f'_x(x_0,y_0)$ 就是这条曲线 C_x 在点 M_0 处的切线 M_0T_x 对 x 轴的斜率（图 8-23），即 $f'_x(x_0,y_0)=\tan\alpha$．

同理，$f'_y(x_0,y_0)$ 是曲线 $z=f(x,y)$ 与平面 $x=x_0$ 的交线 C_y 在点 M_0 处的切线 M_0T_y 对 y 轴的斜率，即 $f'_y(x_0,y_0)=\tan\beta$．

8.4.2 高阶偏导数

一般地，二元函数 $z=f(x,y)$ 的两个偏导数 $\dfrac{\partial z}{\partial x}$、$\dfrac{\partial z}{\partial y}$，仍然是自变量 x、y 的函数，如果 $\dfrac{\partial z}{\partial x}$、$\dfrac{\partial z}{\partial y}$ 的偏导数仍然存在，则称之为 $z=f(x,y)$ 的**二阶偏导数**，二元函数的二阶偏导数有四个，分别为

$$\frac{\partial}{\partial x}\left(\frac{\partial z}{\partial x}\right)=\frac{\partial^2 z}{\partial x^2}=f''_{xx}(x,y),$$

$$\frac{\partial}{\partial y}\left(\frac{\partial z}{\partial x}\right)=\frac{\partial^2 z}{\partial x\partial y}=f''_{xy}(x,y),$$

$$\frac{\partial}{\partial x}\left(\frac{\partial z}{\partial y}\right)=\frac{\partial^2 z}{\partial y\partial x}=f''_{yx}(x,y),$$

$$\frac{\partial}{\partial y}\left(\frac{\partial z}{\partial y}\right)=\frac{\partial^2 z}{\partial y^2}=f''_{yy}(x,y).$$

其中第二、第三两个偏导数称为混合偏导数，它们对 x、y 求偏导数的顺序不同．

类似地可以定义三阶、四阶、……、n 阶偏导数,二阶及二阶以上的偏导数都称为高阶偏导数.

例 8.20　设函数 $z = y^2 e^x + x^2 y^3 + 1$,求它的二阶偏导数.

解　$\dfrac{\partial z}{\partial x} = y^2 e^x + 2xy^3$,　　　$\dfrac{\partial z}{\partial y} = 2ye^x + 3x^2 y^2$,

$\dfrac{\partial^2 z}{\partial x^2} = y^2 e^x + 2y^3$,　　　$\dfrac{\partial^2 z}{\partial x \partial y} = 2ye^x + 6xy^2$,

$\dfrac{\partial^2 z}{\partial x \partial y} = 2ye^x + 6xy^2$,　　$\dfrac{\partial^2 z}{\partial y^2} = 2e^x + 6x^2 y$.

从上例看到 $z = y^2 e^x + x^2 y^3 + 1$ 的两个二阶混合偏导数是相等的,但这个结论并不是对任意可求二阶偏导数的二元函数都成立,不过当两个二阶混合偏导数满足如下条件时,结论就成立.

定理 8.1　若 $z = f(x, y)$ 的两个二阶混合偏导数在点 (x, y) 连续,则在该点有

$$\frac{\partial^2 z}{\partial y \partial x} = \frac{\partial^2 z}{\partial x \partial y}.$$

对于三元以上的函数也可以类似地定义高阶偏导数.

习题 8-4

1. 设 $f(x, y) = 2x + 3y - 1$,求 $f'_x(1,1)$,$f'_y(1,1)$.

2. 设 $f(x, y) = e^{x+y} \cos(xy) + 3y - 1$,求 $f'_x(0,1)$,$f'_y(1,0)$.

3. 求下列函数的偏导数:

(1) $z = x^3 y - xy^3$;　　　　(2) $z = \dfrac{x}{\sqrt{x^2 + y^2}}$;　　　　(3) $s = \dfrac{u^2 + v^2}{uv}$;

(4) $z = \tan \dfrac{x}{y}$;　　　(5) $z = \sin(xy) + \cos^2(xy)$;　　(6) $u = x^{\frac{y}{z}}$.

4. 求下列函数的二阶偏导数:

(1) $z = x^4 + y^4 - 4x^2 y^2$;　(2) $z = \sin(x^2 + 2y)$;　(3) $z = y^x$;　(4) $z = yx \ln(xy)$.

5. 验证 $y = e^{-kn^2 t} \sin nx$ 满足 $\dfrac{\partial y}{\partial t} = k \dfrac{\partial^2 y}{\partial x^2}$.

8.5　全微分

8.5.1　实例

例 8.21　边长分别为 x、y 的矩形,当边长 x、y 分别增加 Δx、Δy 时,求面积的改变量.(图 8-24)

解　矩形的面积为 $A = xy$,

$$\Delta A = (x + \Delta x)(y + \Delta y) - xy$$
$$= y\Delta x + x\Delta y + \Delta x \Delta y.$$

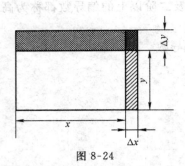

图 8-24

上式等号右端分为两部分,第一部分 $y\Delta x+x\Delta y$ 是 ΔA 的主要部分,它与 ΔA 只差 $\Delta x\Delta y$,当 Δx、Δy 很小时,就有 $\Delta A\approx y\Delta x+x\Delta y$,我们称 $y\Delta x+x\Delta y$ 为面积 A 的微分.

二元函数全微分是一元函数微分的推广,类似地,有二元函数全微分的定义.

8.5.2　全微分的定义

定义 8.6　若函数 $z=f(x,y)$ 在点 (x,y) 处的全增量 Δz 可以写成

$$\Delta z=f(x+\Delta x,y+\Delta y)-f(x,y)=A\Delta x+B\Delta y+o(\rho),(\rho=\sqrt{(\Delta x)^2+(\Delta y)^2})$$

其中 A、B 与 Δx、Δy 无关,只与 x、y 有关,$o(\rho)$ 是当 $\rho\to0$ 时比 ρ 高阶的无穷小,则称二元函数 $z=f(x,y)$ 在点 (x,y) 处可微,并称 $A\Delta x+B\Delta y$ 是二元函数 $z=f(x,y)$ 在点 (x,y) 处的全微分,记作 $dz=A\Delta x+B\Delta y$.

若 $z=f(x,y)$ 在点 (x,y) 可微,即 $\Delta z=A\Delta x+B\Delta y+o(\rho)$,则有

$$\frac{\partial z}{\partial x}=\lim_{\Delta x\to0}\frac{f(x+\Delta x,y)-f(x,y)}{\Delta x}=\lim_{\Delta x\to0}\frac{A\Delta x+o(\sqrt{(\Delta x)^2})}{\Delta x}=A.$$

同样可得 $\dfrac{\partial z}{\partial y}=B.$

由此可得以下定理.

定理 8.2(可微的必要条件)　设 $z=f(x,y)$ 在点 (x,y) 处可微,即 $dz=A\Delta x+B\Delta y$,则函数在该点的偏导数存在,且 $\dfrac{\partial z}{\partial x}=A,\dfrac{\partial z}{\partial y}=B.$

一般地,记 $dx=\Delta x,dy=\Delta y$. 若 $z=f(x,y)$ 的全微分存在时,则可以表示为

$$dz=\frac{\partial z}{\partial x}dx+\frac{\partial z}{\partial y}dy.$$

定理 8.3(可微的充分条件)　若 $z=f(x,y)$ 在点 (x,y) 的某一邻域内偏导数存在,且在这一点它们都连续,则函数 $z=f(x,y)$ 在该点可微.(证略)

注:函数可微则函数的偏导数一定存在;但函数的偏导数存在,函数不一定可微.

全微分的概念可以推广到三元或三元以上的多元函数. 例如 $u=f(x,y,z)$ 具有连续偏导数,则其全微分的表达式为 $du=\dfrac{\partial u}{\partial x}dx+\dfrac{\partial u}{\partial y}dy+\dfrac{\partial u}{\partial z}dz.$

例 8.22　求函数 $z=x^2y^2$ 在点 $(2,-1)$ 处,当 $\Delta x=0.02$、$\Delta y=-0.01$ 时的全增量与全微分.

解　全增量 $\Delta z=(2+0.02)^2(-1-0.01)^2-2^2(-1)^2=0.1624$,

$z=x^2y^2$ 的两个偏导数 $\dfrac{\partial z}{\partial x}=2xy^2,\dfrac{\partial z}{\partial y}=2x^2y$ 都是连续的,所以全微分是存在的,于是在 $(2,-1)$ 处的全微分为 $dz=4\times0.02+(-8)\times(-0.01)=0.16$.

例 8.23　求 $z=e^{xy}$ 的全微分.

解 因为$\frac{\partial z}{\partial x}=y\mathrm{e}^{xy},\frac{\partial z}{\partial y}=x\mathrm{e}^{xy}$,所以 $\mathrm{d}z=\frac{\partial z}{\partial x}\mathrm{d}x+\frac{\partial z}{\partial y}\mathrm{d}y=y\mathrm{e}^{xy}\,\mathrm{d}x+x\mathrm{e}^{xy}\,\mathrm{d}y.$

8.5.3 全微分在近似计算中的应用

我们知道二元函数 $z=f(x,y)$ 在点(x,y)处可微,则函数的全增量与全微分之差是高阶无穷小,有近似公式 $\Delta z\approx\mathrm{d}z$,即 $f(x+\Delta x,y+\Delta y)-f(x,y)\approx f'_x(x,y)\Delta x+f'_y(x,y)\Delta y$,或写成 $f(x+\Delta x,y+\Delta y)\approx f(x,y)+f'_x(x,y)\Delta x+f'_y(x,y)\Delta y$.

例 8.24 计算 $1.02^{1.99}$ 的近似值.

解 令函数 $z=f(x,y)=x^y$,并取 $x=1,\Delta x=0.02,y=2,\Delta y=-0.01.$

因为 $$f'_x(x,y)=yx^{y-1},\ f'_y(x,y)=x^y\ln x,$$

所以 $$f(1,2)=1,\ f'_x(1,2)=2,\ f'_y(1,2)=0.$$

由此可得 $1.02^{1.99}\approx f(1,2)+f'_x(1,2)\times0.02+f'_y(1,2)\times(-0.01)$
$$=1+2\times0.02-0\times0.01=1.04.$$

习题 8-5

1. 求函数 $z=x^2-5y^2$ 当 $x=5,y=3,\Delta x=0.1,\Delta y=-0.2$ 时的全微分及全增量.

2. 求下列函数的全微分:

(1)$z=x^2y$;   (2)$z=\mathrm{e}^{x+y}$;   (3)$z=\arctan\left(\dfrac{x}{y}\right)$;   (4)$z=x\cos(x+y)$;

(5)$z=\ln(x^2-y^2)$;   (6)$z=\mathrm{e}^x\sin(x+y)$;   (7)$z=xy+\dfrac{x}{y}$;

(8)$u=x^{yz}$.

3. 求 $u=\dfrac{z}{x^2+y^2}$ 在点$(1,1,1)$处的全微分.

4. 利用全微分计算近似值:

(1) $\sqrt{(0.98)^3+(1.97)^3}$;   (2)$(1.97)^{1.05}$.(已知 $\ln 2=0.693$)

8.6 多元复合函数微分法

8.6.1 复合函数微分法

设函数 $z=f(u,v)$ 通过中间变量 $u=\varphi(x,y)$ 及 $v=\psi(x,y)$ 构成 x、y 的复合函数 $z=f[\varphi(x,y),\psi(x,y)]$.

图 8-25 表示该复合关系.

下面定理给出多元复合函数求导公式.

定理 8.4 设 $u=\varphi(x,y),v=\psi(x,y)$ 在点(x,y)处有偏导数,函数 $z=f(u,v)$ 在对应点(u,v)处有连续偏导数,则复合函数 $z=f[\varphi(x,y),\psi(x,y)]$ 在(x,y)处的偏导数 $\frac{\partial z}{\partial x},\frac{\partial z}{\partial y}$ 存在,并且

$$\frac{\partial z}{\partial x} = \frac{\partial z}{\partial u}\frac{\partial u}{\partial x} + \frac{\partial z}{\partial v}\frac{\partial v}{\partial x},$$

$$\frac{\partial z}{\partial y} = \frac{\partial z}{\partial u}\frac{\partial u}{\partial y} + \frac{\partial z}{\partial v}\frac{\partial v}{\partial y}.$$

特别地,若 $u=\varphi(x)$,$v=\psi(x)$,则复合函数 $z=f[\varphi(x),\psi(x)]$ 是 x 的一元函数,复合关系图为图 8-26,此时函数 z 对 x 的导数叫做**全导数**,且有公式

$$\frac{\mathrm{d}z}{\mathrm{d}x} = \frac{\partial z}{\partial u}\frac{\mathrm{d}u}{\mathrm{d}x} + \frac{\partial z}{\partial v}\frac{\mathrm{d}v}{\mathrm{d}x}.$$

若 $z=f(x,y)$,而 $y=\varphi(x)$,此时 x 既是中间变量又是自变量,复合关系图为图 8-27,z 对 x 的全导数为 $\dfrac{\mathrm{d}z}{\mathrm{d}x}=\dfrac{\partial f}{\partial x}\dfrac{\mathrm{d}x}{\mathrm{d}x}+\dfrac{\partial f}{\partial y}\dfrac{\mathrm{d}y}{\mathrm{d}x}=\dfrac{\partial f}{\partial x}+\dfrac{\partial f}{\partial y}\dfrac{\mathrm{d}y}{\mathrm{d}x}$,其中 $\dfrac{\partial f}{\partial x}$ 是函数 $f(x,y)$ 对 x 的偏导数.

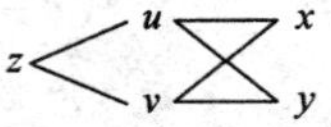

图 8-25 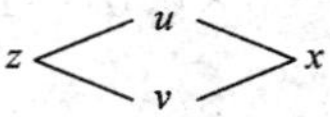　　　　　　　　　　　图 8-26 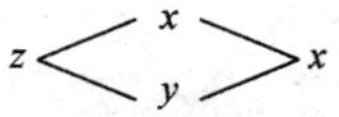　　　　　　　　　　　图 8-27

例 8.25 设 $z=ue^v$,$u=x^2+y^2$,$v=x^3-y^3$,求 $\dfrac{\partial z}{\partial x}$,$\dfrac{\partial z}{\partial y}$.

解 $\dfrac{\partial z}{\partial x}=\dfrac{\partial z}{\partial u}\dfrac{\partial u}{\partial x}+\dfrac{\partial z}{\partial v}\dfrac{\partial v}{\partial x}=e^v\cdot 2x+ue^v\cdot 3x^2$

$$=xe^v(2+3ux)=(2+3x^3+3xy^2)xe^{x^3-y^3}.$$

$\dfrac{\partial z}{\partial y}=\dfrac{\partial z}{\partial u}\dfrac{\partial u}{\partial y}+\dfrac{\partial z}{\partial v}\dfrac{\partial v}{\partial y}=e^v\cdot 2y+ue^v\cdot(-3y^2)$

$$=ye^v(2-3uy)=(2-3x^2y-3y^3)ye^{x^3-y^3}.$$

注:该题也可将 u,v 的表达式代入 $z=f(u,v)$ 中,将复合函数转化为二元函数,直接求自变量的偏导数,但有时会使函数表达式变得复杂,求偏导数时容易出错.

例 8.26 设 $z=(x+y)^{xy}$,求 $\dfrac{\partial z}{\partial x}$,$\dfrac{\partial z}{\partial y}$.

解 引入中间变量,按二元复合函数的求导法则计算.

设 $u=x+y$,$v=xy$,则 $z=u^v$,得

$\dfrac{\partial z}{\partial x}=\dfrac{\partial z}{\partial u}\dfrac{\partial u}{\partial x}+\dfrac{\partial z}{\partial v}\dfrac{\partial v}{\partial x}=vu^{v-1}\cdot 1+u^v\ln u\cdot y$

$$=xy(x+y)^{xy-1}+y(x+y)^{xy}\ln(x+y)$$

$$=y(x+y)^{xy-1}[x+(x+y)\ln(x+y)],$$

$\dfrac{\partial z}{\partial y}=\dfrac{\partial z}{\partial u}\dfrac{\partial u}{\partial y}+\dfrac{\partial z}{\partial v}\dfrac{\partial v}{\partial y}=vu^{v-1}\cdot 1+u^v\ln u\cdot x$

$$=xy(x+y)^{xy-1}+x(x+y)^{xy}\ln(x+y)$$

$$=x(x+y)^{xy-1}[y+(x+y)\ln(x+y)].$$

例 8.27 设 $z=\ln(2u+3v)$,$u=3x^2$,$v=\sin x$,求 $\dfrac{\mathrm{d}z}{\mathrm{d}x}$.

解　$\dfrac{\mathrm{d}z}{\mathrm{d}x} = \dfrac{\partial z}{\partial u}\dfrac{\mathrm{d}u}{\mathrm{d}x} + \dfrac{\partial z}{\partial v}\dfrac{\mathrm{d}v}{\mathrm{d}x} = \dfrac{2}{2u+3v} \cdot 6x + \dfrac{3}{2u+3v} \cdot \cos x$

$$= \dfrac{12x+3\cos x}{2u+3v} = \dfrac{4x+\cos x}{2x^2+\sin x}.$$

注：本题也可将 u,v 代入 $z = f(u,v)$ 中得 $z = \ln(6x^2+3\sin x)$，求导即可．

多元复合函数的复合关系是多种多样的，我们不可能把所有的公式都写出来，只要我们把握住函数间的复合关系，对某个自变量求偏导数时，应通过一切有关的中间变量，用复合函数求导法，求导到该自变量这一原则，就可以灵活地掌握复合函数求导法则，下面再讨论几种法则．

(1) 设 $z = f(u,v,w)$，而 $u = u(x,y)$，$v = v(x,y)$，$w = w(x,y)$ 在 (x,y) 处有偏导数，$z = f(u,v,w)$ 在相应的 (u,v,w) 处有连续偏导数，则复合函数

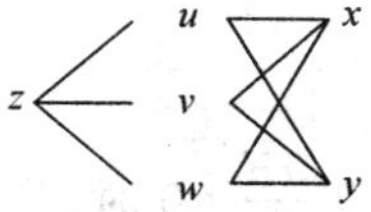

图 8-28

$$z = f[u(x,y),v(x,y),w(x,y)]$$

在 (x,y) 处有偏导数，且

$$\dfrac{\partial z}{\partial x} = \dfrac{\partial z}{\partial u}\dfrac{\partial u}{\partial x} + \dfrac{\partial z}{\partial v}\dfrac{\partial v}{\partial x} + \dfrac{\partial z}{\partial w}\dfrac{\partial w}{\partial x},$$

$$\dfrac{\partial z}{\partial y} = \dfrac{\partial z}{\partial u}\dfrac{\partial u}{\partial y} + \dfrac{\partial z}{\partial v}\dfrac{\partial v}{\partial y} + \dfrac{\partial z}{\partial w}\dfrac{\partial w}{\partial y}.$$

(2) 设 $u = u(x,y)$ 在点 (x,y) 处有偏导数，$z = f(u,x)$ 在相应点 (u,x) 处有连续偏导数，则复合函数 $z = f[u(x,y),x]$ 在点 (x,y) 处有偏导数，且

$$\dfrac{\partial z}{\partial x} = \dfrac{\partial f}{\partial u}\dfrac{\partial u}{\partial x} + \dfrac{\partial f}{\partial x},$$

$$\dfrac{\partial z}{\partial y} = \dfrac{\partial f}{\partial u}\dfrac{\partial u}{\partial y}.$$

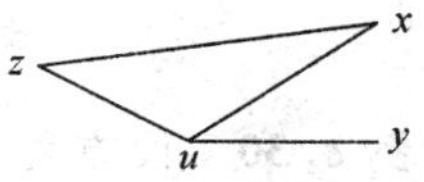

图 8-29

其中，$\dfrac{\partial z}{\partial x}$ 表示在复合函数 $z = f[u(x,y),x]$ 中，把 y 当作常量，对 x 求偏导数；$\dfrac{\partial f}{\partial x}$ 表示在函数 $z = f(u,x)$ 中，把 u 看做常量（尽管它与 x 有关）对 x 求偏导数，所以，此处 $\dfrac{\partial z}{\partial x}$ 与 $\dfrac{\partial f}{\partial x}$ 的意义是不同的，不可混淆．

8.6.2　隐函数的求导法则

在一元函数微分学中，学习了由方程 $F(x,y) = 0$ 所确定的隐函数 $y = f(x)$ 的导数的求法，下面用偏导数来求由方程 $F(x,y) = 0$ 所确定的隐函数的导数，在此我们总是假定隐函数存在且可导．

设 $F(x,y) = 0$ 确定的隐函数为 $y = f(x)$，得恒等式 $F[x,f(x)] = 0$，求导则有

$$\dfrac{\partial F}{\partial x} + \dfrac{\partial F}{\partial y}\dfrac{\mathrm{d}y}{\mathrm{d}x} = 0.$$

当 $\dfrac{\partial F}{\partial y} \neq 0$ 时，得

$$\dfrac{\mathrm{d}y}{\mathrm{d}x} = -\dfrac{\dfrac{\partial F}{\partial x}}{\dfrac{\partial F}{\partial y}} = -\dfrac{F'_x}{F'_y}.$$

例 8.28　求由方程 $\sin y + e^x - xy^2 = 0$ 所确定的隐函数 $y = f(x)$ 的导数 $\dfrac{dy}{dx}$.

解　设 $F(x,y) = \sin y + e^x - xy^2$，则得 $F'_x = e^x - y^2, F'_y = \cos y - 2xy$，

故
$$\frac{dy}{dx} = -\frac{F'_x}{F'_y} = -\frac{e^x - y^2}{\cos y - 2xy} = \frac{y^2 - e^x}{\cos y - 2xy}.$$

类似地，可求三元方程 $F(x,y,z) = 0$ 确定一个二元隐函数 $z = f(x,y)$ 的偏导数.

把 $z = f(x,y)$ 代入方程 $F(x,y,z) = 0$，得 $F[x,y,f(x,y)] = 0$，对 x,y 求偏导数，得

$$\frac{\partial F}{\partial x} + \frac{\partial F}{\partial z}\frac{\partial z}{\partial x} = 0, \frac{\partial F}{\partial y} + \frac{\partial F}{\partial z}\frac{\partial z}{\partial y} = 0.$$

当 $\dfrac{\partial F}{\partial z} \neq 0$ 时，
$$\frac{\partial z}{\partial x} = -\frac{\dfrac{\partial F}{\partial x}}{\dfrac{\partial F}{\partial z}} = -\frac{F'_x}{F'_z}, \frac{\partial z}{\partial y} = -\frac{\dfrac{\partial F}{\partial y}}{\dfrac{\partial F}{\partial z}} = -\frac{F'_y}{F'_z}.$$

例 8.29　设 $e^z = xyz$ 所确定的二元函数 $z = f(x,y)$，求 $\dfrac{\partial z}{\partial x}, \dfrac{\partial z}{\partial y}$.

解　将 $e^z = xyz$ 写成 $e^z - xyz = 0$，令 $F(x,y,z) = e^z - xyz$，得

$$F'_x = -yz, F'_y = -xz, F'_z = e^z - xy,$$

当 $e^z - xy \neq 0$ 时，
$$\frac{\partial z}{\partial x} = -\frac{F'_x}{F'_z} = -\frac{-yz}{e^z - xy} = \frac{yz}{e^z - xy} = \frac{z}{xz - x},$$

$$\frac{\partial z}{\partial y} = -\frac{F'_y}{F'_z} = -\frac{-xz}{e^z - xy} = \frac{xz}{e^z - xy} = \frac{z}{yz - y},$$

例 8.30　设方程 $F(x,y,z) = 0$ 可以确定任一变量为其余两个变量的函数，且知 F 的所有偏导数存在且不为零，求证：$\dfrac{\partial z}{\partial x} \cdot \dfrac{\partial x}{\partial y} \cdot \dfrac{\partial y}{\partial z} = -1$.

证明　由于 $\dfrac{\partial z}{\partial x} = -\dfrac{\dfrac{\partial F}{\partial x}}{\dfrac{\partial F}{\partial z}}, \dfrac{\partial x}{\partial y} = -\dfrac{\dfrac{\partial F}{\partial y}}{\dfrac{\partial F}{\partial x}}, \dfrac{\partial y}{\partial z} = -\dfrac{\dfrac{\partial F}{\partial z}}{\dfrac{\partial F}{\partial y}}$，所以

$$\frac{\partial z}{\partial x} \cdot \frac{\partial x}{\partial y} \cdot \frac{\partial y}{\partial z} = -1.$$

注：由本例可以看出 $\dfrac{\partial z}{\partial x}$ 是一个完整的符号，不能像一元函数的导数那样，看成是 ∂z 与 ∂x 之商.

习题　8-6

1. 求下列函数的偏导数或全导数：

(1) $z = \sin(uv)$，且 $u = e^{x+y}, v = e^{x-y}$，求 $\dfrac{\partial z}{\partial x}, \dfrac{\partial z}{\partial y}$；

(2) $z = u^2 \ln v$,且 $u = \dfrac{x}{y}, v = 3x - 2y$,求$\dfrac{\partial z}{\partial x}, \dfrac{\partial z}{\partial y}$;

(3) $z = \dfrac{u^2}{v}$,且 $u = 2x - y, v = 2x + y$,求$\dfrac{\partial z}{\partial x}, \dfrac{\partial z}{\partial y}$;

(4) 设 $z = (x^2 + y^2)^{xy}$,求$\dfrac{\partial z}{\partial x}, \dfrac{\partial z}{\partial y}$;

(5) $z = \dfrac{y}{x}$,且 $x = e^t, y = 1 - e^{2t}$,求$\dfrac{dz}{dt}$;

(6) $z = \arctan(xy)$,且 $y = e^x$,求$\dfrac{dz}{dx}$.

2. 求下列隐函数的导数或偏导数:

(1) $xy + x + y = 1$,求$\dfrac{dy}{dx}$;　　(2) $y = x^y$,求$\dfrac{dy}{dx}$;　　(3) $x^2 + y^2 + z^2 = a^2$,求$\dfrac{\partial z}{\partial x}, \dfrac{\partial z}{\partial y}$.

8.7　多元函数的极值

在实际问题中,常常会遇到求多元函数的最值问题,与一元函数类似,为了讨论多元函数的最值问题,先来讨论多元函数的极值问题.

8.7.1　多元函数的极值问题

定义 8.7　设函数 $z = f(x, y)$ 在点 $P_0(x_0, y_0)$ 的某个邻域内有定义,如果对于此邻域内任意异于点 P_0 的点 $P(x, y)$,都有 $f(x_0, y_0) > f(x, y)$(或 $f(x_0, y_0) < f(x, y)$)成立,则称函数 $f(x, y)$ 在点 $P_0(x_0, y_0)$ 取得极大值(或极小值) $f(x_0, y_0)$,极大值与极小值统称极值,使函数取得极值的点 (x_0, y_0) 称为极值点.

例 8.31　已知函数 $f(x, y) = x^2 + y^2$,因为当 $(x, y) \neq (0, 0)$ 时,$f(x, y) = x^2 + y^2 > 0$,而 $f(0, 0) = 0$,所以 $f(x, y) > f(0, 0)$,即,$f(x, y)$ 在 $(0, 0)$ 点处取得极小值,且极小值为 $f(0, 0) = 0$.

例 8.32　已知函数 $f(x, y) = \sqrt{1 - x^2 - y^2}$,因为当 $(x, y) \neq (0, 0)$ 时,$f(x, y) = \sqrt{1 - x^2 - y^2} < 1 = f(0, 0)$,所以 $f(x, y)$ 在 $(0, 0)$ 处取得极大值,且极大值为 $f(0, 0) = 1$.

类似于一元函数极值的必要条件,也有二元函数极值的必要条件.

定理 8.5　设二元函数 $z = f(x, y)$ 在点 (x_0, y_0) 的偏导数存在,则二元函数 $f(x, y)$ 在点 (x_0, y_0) 处取得极值的必要条件是$\begin{cases} f'_x(x_0, y_0) = 0, \\ f'_y(x_0, y_0) = 0. \end{cases}$

使得 $f'_x(x_0, y_0) = 0, f'_y(x_0, y_0) = 0$ 同时成立的点叫做 $f(x, y)$ 的驻点.

注:(1)二元函数的可能的极值点是驻点和偏导数不存在的点.

(2)偏导数存在的二元函数,其极值点必是驻点.

(3)二元函数的驻点不一定是极值点.

例 8.33 函数 $z = x^2 - y^2$，有偏导数 $\dfrac{\partial z}{\partial x} = 2x, \dfrac{\partial z}{\partial y} = -2y$，令 $\dfrac{\partial z}{\partial x} = 2x = 0, \dfrac{\partial z}{\partial y} = -2y = 0$，得 $(0,0)$ 是函数 $z = x^2 - y^2$ 的驻点，因为 $z|_{(0,0)} = 0$，而当 $(x,y) \neq (0,0)$ 时，$z = x^2 - y^2$ 可正也可负，所以，$(0,0)$ 不是 $z = x^2 - y^2$ 的极值点.

8.7.2 二元函数极值的判别法

这里只讨论二元函数的驻点是否为极值点的情形.

定理 8.6(极值的充分条件) 设函数 $z = f(x,y)$ 在点 (x_0, y_0) 的某邻域内有二阶连续偏导数，且 $\begin{cases} f'_x(x_0, y_0) = 0, \\ f'_y(x_0, y_0) = 0. \end{cases}$ 记 $f''_{xx}(x_0, y_0) = A, f''_{xy}(x_0, y_0) = B, f''_{yy}(x_0, y_0) = C$，则

(1)当 $B^2 - AC < 0$ 时，点 (x_0, y_0) 是极值点，且若 $A < 0$(或 $C < 0$)，点 (x_0, y_0) 为极大值点；若 $A > 0$(或 $C > 0$)，点 (x_0, y_0) 为极小值点；

(2)当 $B^2 - AC > 0$ 时，点 (x_0, y_0) 不是极值点；

(3)当 $B^2 - AC = 0$ 时，点 (x_0, y_0) 可能是极值点，也可能不是极值点.(证略)

例 8.34 求函数 $f(x,y) = x^3 - y^3 + 3x^2 + 3y^2 - 9x$ 的极值.

解 解方程 $\begin{cases} f'_x(x,y) = 3x^2 + 6x - 9 = 0, \\ f'_y(x,y) = -3y^2 + 6y = 0, \end{cases}$ 得驻点 $(1,0), (1,2)(-3,0), (-3,2)$，又 $f''_{xx}(x,y) = 6x + 6, f''_{xy}(x,y) = 0, f''_{yy}(x,y) = -6y + 6$.

在点 $(1,0)$ 处，$A = 12, B = 0, C = 6$，所以 $B^2 - AC = 0 - 12 \times 6 < 0$，又 $A = 12 > 0$ 所以函数在点 $(1,0)$ 处有极小值 $f(1,0) = -5$.

在点 $(1,2)$ 处，$A = 12, B = 0, C = -6$，所以 $B^2 - AC = 0 + 12 \times 6 > 0$，所以函数在点 $(1,2)$ 处无极值.

在点 $(-3,0)$ 处，$A = -12, B = 0, C = 6$，所以 $B^2 - AC = 0 + 12 \times 6 > 0$，所以函数在点 $(-3,0)$ 处无极值.

在点 $(-3,2)$ 处，$A = -12, B = 0, C = -6$，所以 $B^2 - AC = 0 - 12 \times 6 < 0$，又 $A = -12 < 0$ 所以函数在点 $(-3,2)$ 处有极大值 $f(-3,2) = 31$.

8.7.3 多元函数的最大值与最小值

与一元函数类似，对于有界闭区域上连续的二元函数，在该区域上一定能取得最大值和最小值. 假设函数是可微的，且函数的最值在区域内部达到，则最值点必然就是驻点. 若函数的最值是在边界上取得，那么它也一定是函数在边界上的最值. 因此求出函数在驻点的函数值及函数在边界上的最值，比较其大小，其最大者就是函数在区域上的最大值，最小者就是函数的最小值. 但是这种做法并不容易，因为求函数在边界上的最值一般说来是相当复杂的.

例 8.35 求函数 $z = (x^2 + y^2 - 2x)^2$ 在圆域 $D = \{(x,y) \mid x^2 + y^2 \leqslant 2x\}$ 上的最大值和最小值.

解 先求函数在圆域内部的驻点，

$$\frac{\partial z}{\partial x} = 2(x^2 + y^2 - 2x)(2x - 2) = 0,$$

$$\frac{\partial z}{\partial y} = 4(x^2 + y^2 - 2x)y = 0,$$

解得 $x=1, y=0$, 所以函数在圆域 D 的内部有唯一驻点 $(1,0)$, 且 $z(1,0)=1$.

再考虑边界上的最值. 在边界 $x^2 + y^2 = 2x$ 上, 函数的值恒为 0.

所以在圆域 D 上的最大值是 $z=1$, 最小值是 $z=0$.

对于实际问题中的最值问题, 往往从问题本身就能判断出它的最大值或最小值是存在的, 且如果函数在定义域内有唯一的驻点, 则该驻点的函数值就是函数的最大值或最小值.

例 8.36 用钢板制作一个容积 V 为一定的无盖长方体容器, 如何选取长、宽、高, 用料最省?

解 设容器的长为 x, 宽为 y, 则高为 $\dfrac{V}{xy}$, 因此, 容器的表面积为

$$S = xy + \frac{V}{xy}(2x + 2y) = xy + 2V\left(\frac{1}{x} + \frac{1}{y}\right), 定义域为 D: 0 < x < +\infty, 0 < y < +\infty,$$

求 S 的偏导数 $S'_x = y - \dfrac{2V}{x^2}$, $S'_y = x - \dfrac{2V}{y^2}$,

解方程组 $\begin{cases} y - \dfrac{2V}{x^2} = 0, \\ x - \dfrac{2V}{y^2} = 0, \end{cases}$ 得唯一解 $(\sqrt[3]{2V}, \sqrt[3]{2V})$, 它也是 S 在 D 内的唯一驻点.

所以, S 在点 $(\sqrt[3]{2V}, \sqrt[3]{2V})$ 取得最小值, 即当容器长为 $\sqrt[3]{2V}$, 宽为 $\sqrt[3]{2V}$, 高为 $\dfrac{\sqrt[3]{2V}}{2}$ 时用料最省.

8.7.4 条件极值

上面讨论的极值问题, 自变量在定义域内可以任意取值, 未受任何限制, 通常称为**无条件极值**. 在实际问题中, 求极值或最值时, 对自变量的取值往往要附加一定的约束条件. 这类有约束条件的极值问题, 称为**条件极值**. 条件极值问题的约束条件分为等式约束条件和不等式约束条件两类, 这里仅讨论等式约束条件下的条件极值.

例如, 例 8.36 中, 若设容器的长、宽、高分别为 x, y, z, 则容器的表面积 $S = xy + 2yz + 2zx$, 此时还有一个约束条件 $xyz = V$, 这就是一个条件极值问题. 例 8.36 的解法, 是将它化为无条件极值的方法来求解. 但条件极值化为无条件极值并不是都能实现的, 即使能实现, 有时问题并不简单, 为此, 我们介绍一种直接求条件极值的方法——**拉格朗日乘数法**.

下面考虑函数 $z = f(x, y)$ 在满足条件 $\varphi(x, y) = 0$ 时的条件极值.

拉格朗日乘数法的具体求解步骤如下.

(1) 构造拉格朗日函数 $L(x, y, \lambda) = f(x, y) + \lambda\varphi(x, y)$, 其中 λ 是待定系数.

(2)求解 $\begin{cases} L'_x(x,y,\lambda) = f'_x(x,y) + \lambda\varphi'_x(x,y) = 0, \\ L'_y(x,y,\lambda) = f'_y(x,y) + \lambda\varphi'_y(x,y) = 0, \\ L'_\lambda(x,y,\lambda) = \varphi(x,y) = 0, \end{cases}$

得拉格朗日函数的驻点 (x,y,λ),则点 (x,y) 就是 $z=f(x,y)$ 在 $\varphi(x,y)=0$ 条件下的可能极值点.

(3)结合实际问题的意义确定极值点和极值.

注:应用拉格朗日乘数法解决实际问题时,应先根据题意弄清要求的目标函数是什么,约束条件是什么,然后建立目标函数关系式和约束条件方程.

例 8.37 某公司生产一种洗发水,可以通过报纸和电视台做销售洗发水的广告.根据统计资料,销售收入 R(单位:百万元)与报纸广告费用 x_1(单位:百万元)和电视广告费用 x_2(单位:百万元)之间的关系有如下的经验公式

$$R = 15 + 14x_1 + 32x_2 - 8x_1x_2 - 2x_1^2 - 10x_2^2;$$

(1)如果不限制广告费用的支出,求最优广告策略;

(2)如果可供使用的广告费用为 150 万元,求相应的最优广告策略.

解 (1)设该公司去掉广告费用后的净销售收入为 $z=f(x_1,x_2)$,则

$$z=f(x_1,x_2)=15+14x_1+32x_2-8x_1x_2-2x_1^2-10x_2^2-(x_1+x_2)$$
$$=15+13x_1+31x_2-8x_1x_2-2x_1^2-10x_2^2,$$

$$\begin{cases} \dfrac{\partial z}{\partial x_1} = 13 - 8x_2 - 4x_1 = 0, \\ \dfrac{\partial z}{\partial x_2} = 31 - 8x_1 - 20x_2 = 0, \end{cases}$$

解得唯一驻点 $x_1=0.75$(百万元), $x_2=1.25$(百万元),所以当 $x_1=75$ 万元, $x_2=125$ 万元时 $z=f(x_1,x_2)$ 最大,即最优广告策略为报纸广告费为 75 万元,电视广告费为 125 万元.

(2)如果可供使用的广告费用为 150 万元,则要求 $z=f(x_1,x_2)$ 在条件 $x_1+x_2=1.5$ 下的条件极值.

设 $L(x_1,x_2,\lambda)=15+13x_1+31x_2-8x_1x_2-2x_1^2-10x_2^2+\lambda(x_1+x_2-1.5)$,

$$\begin{cases} L'_{x_1} = 13 - 8x_2 - 4x_1 + \lambda = 0, \\ L'_{x_2} = 31 - 8x_1 - 20x_2 + \lambda = 0, \\ L'_\lambda = x_1 + x_2 - 1.5 = 0, \end{cases}$$

得 $x_1=0$(百万元), $x_2=1.5$(百万元)为唯一驻点,所以 $z=f(x_1,x_2)$ 在条件 $x_1+x_2=1.5$ 下最大,即广告费用全部用于电视广告,可使净收入最大.

习题 8-7

1. 求下列函数的极值:

(1) $f(x,y) = 2xy - 3x^2 - 2y^2$; (2) $f(x,y) = x^3 + y^3 - 3xy$.

2. 作一个容积为 4.5 m^3 长方体箱子,箱子的盖及侧面的造价为 $8 \text{ 元}/\text{m}^2$,箱底的造价为 $1 \text{ 元}/\text{m}^2$,试求造价最低的箱子的尺寸.

3. 设某种产品的产量 Q 与所使用的两种原料甲、乙的投入量 x,y 有如下关系

$$Q(x,y) = 0.005x^2 y \text{（单位:kg)}$$

如果这两种原料的价格分别为 $10 \text{ 元}/\text{kg}$，$20 \text{ 元}/\text{kg}$，先用 1.5 万元购买原料进行生产，试问进甲、乙两种原料各多少，可使该产品数量最大？

本章知识结构图

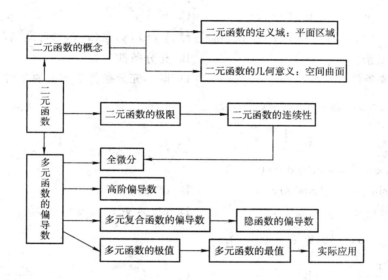

复 习 题 8

1. 填空题

(1)函数 $z = \dfrac{1}{\ln (x+y)}$ 的定义域是_____.

(2)可微函数 $f(x,y)$，在点 (x_0,y_0) 达到极值，则必有_____.

(3)设 $z = \dfrac{u}{v}$，其中 $u = \mathrm{e}^x$，$v = x + x^2$，则 $\dfrac{\mathrm{d}z}{\mathrm{d}x} = $_____.

(4)设 $z = x^8 + 3x^2 y + y^2$，则 $\dfrac{\partial^2 z}{\partial x \partial y} = $_____.

(5)设 $z = x^2 y + \mathrm{e}^{xy}$，则 $\dfrac{\partial z}{\partial x} = $_____.

(6)$f(u,v) = (u+v)^2$，则 $f\left(xy, \dfrac{x}{y}\right) = $_____.

2. 选择题

(1)空间曲线 $\begin{cases} z=x^2+y^2-2, \\ z=5 \end{cases}$ 在 xOy 面上的投影方程为( ).

A. $x^2+y^2=7$　　B. $\begin{cases} x^2+y^2=7, \\ z=5 \end{cases}$　　C. $\begin{cases} x^2+y^2=7, \\ z=0 \end{cases}$　　D. $\begin{cases} z=x^2+y^2-2, \\ z=0 \end{cases}$

(2)函数 $f(x,y)=\dfrac{1}{\sqrt{\ln(x+y)}}$ 的定义域为( ).

A. $x+y>0$　　B. $\ln(x+y)\neq 0$　　C. $x+y>1$　　D. $x+y\neq 0$.

(3)若 $f(x,y)=xy$,则 $f(x+y,x-y)=$( ).

A. $(x+y)^2$　　B. $(x-y)^2$　　C. x^2+y^2　　D. x^2-y^2.

(4) $f'_x(x,y)$、$f'_y(x,y)$ 在 (x_0,y_0) 连续是 $f(x,y)$ 在 (x_0,y_0) 可微的( ).

A. 必要条件 　　　　　　　　　B. 充分条件

C. 充要条件 　　　　　　　　　D. 既非充分条件也非必要条件

(5)若 $z=x^y$,则 $\dfrac{\partial z}{\partial y}\Big|_{(e,1)}=$( ).

A. e　　B. $\dfrac{1}{e}$　　C. 1　　D. 0

(6) 若 $z=e^x\sin y$,则 $dz=$( ).

A. $e^x\sin y dx+e^x\cos y dy$　　　　B. $e^x\cos y dx$

C. $e^x\sin y dx$　　　　　　　　　　D. $e^x\cos y dy$

(7)若 $y-xe^y=0$,则 $\dfrac{dy}{dx}=$( ).

A. $\dfrac{1}{xe^y-1}$　　B. $\dfrac{e^y}{1-xe^y}$　　C. $\dfrac{1-xe^y}{e^y}$　　D. $\dfrac{xe^y-1}{e^y}$

(8)对于函数 $f(x,y)$,则结论( )正确.

A. 若在点 (x,y) 可微,则两个偏导数存在

B. 若在点 (x,y) 存在两个偏导数,则在 (x,y) 连续

C. 在点 (x,y) 存在两个偏导数,但在 (x,y) 不连续

D. 若在点 (x,y) 偏导数不连续,则在 (x,y) 必不可微

(9)函数 $z=x^2-y^2+1$ 的极值点为( )

A. $(0,0)$　　B. $(0,1)$　　C. $(1,0)$　　D. 不存在

3. 计算题

(1)求下列函数的偏导数或全微分:

① $z=\dfrac{y}{x}\ln(2x-y)$,求 $\dfrac{\partial z}{\partial x}\Big|_{\substack{x=1\\y=1}}$,$\dfrac{\partial z}{\partial y}\Big|_{\substack{x=1\\y=1}}$;　　　② $z=e^{x-y}-xy$,求 dz;

③ $z=(a^2+x^2)e^{x+y}$(a 为常数),求 $\dfrac{\partial z}{\partial x}$,$\dfrac{\partial z}{\partial y}$;　　④ $z=xy\ln y$,求 $dz|_{(1,e)}$.

(2)计算下列复合函数的偏导数:

①设 $z=f(x^2-y^2,\mathrm{e}^{\frac{x}{z}})$,求 $\dfrac{\partial z}{\partial x},\dfrac{\partial z}{\partial y}$;②设 $z=x+f(xy)$,验证 $x\dfrac{\partial^2 z}{\partial x\partial y}-\dfrac{\partial z}{\partial y}=y\dfrac{\partial^2 z}{\partial y^2}$.

(3)计算下列隐函数的偏导数:

①$\mathrm{e}^{xyz}+\ln z+\ln x=1$,求 $\dfrac{\partial z}{\partial x},\dfrac{\partial z}{\partial y}$;　②$z+\mathrm{e}^x=xy$,求 $\dfrac{\partial z}{\partial x},\dfrac{\partial z}{\partial y}$.

4. 应用题

(1)有一块铁皮,宽为 24 cm,要把它的两边折起来做成一个梯形断面水槽,如图 8-30 所示,为使此槽中水的流量最大,即水槽的横截面积最大,求倾角 α 及 x.

(2)某同学计划用 50 元购买两种学习用品(大硬皮笔记本和小硬皮笔记本),假定购买 x 个大硬皮笔记本与 y 个小硬皮笔记本的最大效用函数为 $U(x,y)=3\ln x+\ln y$.

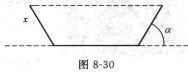

图 8-30

一大硬皮笔记本的单价是 6 元,小硬皮笔记本的单价是 4 元,请你为这位同学做一安排,如何购买才能使购买的两种商品的效用最大?

中外数学家

拉格朗日

约瑟夫·拉格朗日(1736—1813),法国数学家、物理学家. 他在数学、力学和天文学三个学科领域中都有历史性的贡献,其中尤以数学方面的成就最为突出.

拉格朗日 1736 年 1 月 25 日生于意大利西北部的都灵.

青年时代,在数学家雷维里的教导下,拉格朗日喜爱上了几何学. 17 岁时,他读了英国天文学家哈雷的介绍牛顿微积分成就的短文《论分析方法的优点》后,感觉到"分析才是自己最热爱的学科",从此他迷上了数学分析,开始专攻当时迅速发展的数学分析.

18 岁时,拉格朗日用意大利语写了第一篇论文,并将论文用拉丁语写出寄给了当时在柏林科学院任职的数学家欧拉. 不久后,他获知这一成果早在半个世纪前就被莱布尼茨取得了. 这个并不幸运的开端并未使拉格朗日灰心,相反,更坚定了他投身数学分析领域的信心.

1755 年拉格朗日 19 岁时,在探讨数学难题"等周问题"的过程中,他以欧拉的思路和结果为依据,用纯分析的方法求变分极值. 论文《极大和极小的方法研究》发展了欧拉所开创的变分法,为变分法奠定了理论基础. 变分法的创立,使拉格朗日在都灵名声大震,并使他在 19 岁时就当上了都灵皇家炮兵学校的教授,成为当时欧洲公认的第一流数学家. 1756 年,受欧拉的举荐,拉格朗日被任命为普鲁士科学院通讯院士.

1764 年,法国科学院悬赏征文,要求用万有引力解释月球天平动问题,他的研究获奖. 接着又成功地运用微分方程理论和近似解法研究了科学院提出的一个复杂的六体问题(木星的四个卫星的运动问题),为此于 1766 又一次获奖.

1766 年德国的腓特烈大帝向拉格朗日发出邀请时说,在"欧洲最大的王"的宫廷中应有"欧洲最大的数学家". 于是他应邀前往柏林,任普鲁士科学院数学部主任,居住达 20 年之久,开始了他一生科学研究的鼎盛时期. 在此期间,他完成了《分析力学》一书,这是牛顿之后的一部重要的经典力学著作.

1783 年,拉格朗日的故乡建立了"都灵科学院",他被任命为名誉院长. 1786 年腓特烈大帝去世以后,他接受了法王路易十六的邀请,离开柏林,定居巴黎,直至去世.

这期间他参加了巴黎科学院成立的研究法国度量衡统一问题的委员会,并出任法国米制委员会主任. 1799 年,法国完成统一度量衡工作,制定了被世界公认的长度、面积、体积、质量的单位,拉格朗日为此做出了巨大的努力.

1791 年,拉格朗日被选为英国皇家学会会员,又先后在巴黎高等师范学院和巴黎综合工科学校任数学教授. 1795 年建立了法国最高学术机构——法兰西研究院后,拉格朗日被选为科学院数理委员会主席. 此后,他才重新进行研究工作,编写了一批重要著作,如《论任意阶数值方程的解法》、《解析函数论》和《函数计算讲义》.

1813 年 4 月 3 日,拿破仑授予他帝国大十字勋章,但此时的拉格朗日已卧床不起,4 月 11 日早晨,拉格朗日逝世.

9 二重积分

怎样计算不规则大坑的体积

某市正进行城市规划,城中某处原来有一地势较低的大型空地,现欲使城市统一规划,需从别处运来一些泥土将大坑填平,现在需首先估计出需要泥土的立方数,然后再选择从何地运土,以便一次性完成工作.对于规则的形状,如长方体,球体,圆柱体,圆锥体等等我们都很容易利用数学公式计算出它们的体积.现在的问题是,这个大坑是不规则的,估计出它的体积,就需要我们了解多元函数积分学的知识.

在定积分的应用中,我们已经给出了一些特殊立体(平面截面面积为已知的立体和旋转体)体积的计算方法.但是,对于一般立体的体积问题,我们仍然不会处理.为解决这个问题,本章引入二重积分的相关知识,这种积分解决问题的基本思想方法与定积分是一致的,并且它们的计算最终都归结为定积分.学习中要抓住它们与定积极分之间的联系,注意比较它们的共同点与不同点.

9.1 二重积分

我们已经知道定积分是某种特定和式的极限,将这种和式的极限的概念推广到二元函数的情况,便得到二重积分.下面从实际问题引入二重积分的概念,并介绍它的计算方法.

9.1.1 二重积分的概念及性质

1. 两个引例

引例 1 曲顶柱体的体积

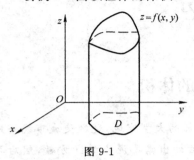

图 9-1

已知一曲顶柱体(如图 9-1),其顶是连续曲面 $z = f(x,y)(z \geqslant 0)$,底是 xOy 平面上的有界闭区域 D,母线平行于 z 轴,求该曲顶柱体的体积 V.

若 $z = z_0, z_0 \geqslant 0$ 即柱体的顶为平顶,设 D 的面积为 S,则 $V = z_0 S$. 现在所求的立体是曲顶柱体,顶是曲面 $z = f(x,y)$,联系到求曲边梯形的面积,就不难想到,化"曲"为"平",以"平"代"曲"的方法. 为此我们用如下步骤来求.

第一步:分割 将闭区域 D 分割成 n 个小闭区域 $\Delta\sigma_1, \Delta\sigma_2, \Delta\sigma_3, \cdots, \Delta\sigma_n$ 且以 $\Delta\sigma_i$ $(i = 1, 2, \cdots n)$ 表示第 i 个小闭区域的面积. 分别以区域 $\Delta\sigma_i$ 的边界曲线为准线,作母线平行于 z 轴的柱面,这些柱面把原来的曲顶柱体分成 n 个小曲顶柱体.

第二步:近似 对于第 i 个小曲顶柱体,当小区域 $\Delta\sigma_i$ 充分小时,对应的小曲顶柱体可近似地看成平顶柱体. $\Delta\sigma_i$ 越小,这种近似程度就越高. 在每个 $\Delta\sigma_i$ 中任取点 (ζ_i, η_i),以 $f(\zeta_i, \eta_i)$ 为高,$\Delta\sigma_i$ 为底的小平面柱体(图 9-2)的体积作为相应的小曲顶柱体的体积的近似值 $\Delta V_i \approx f(\zeta_i, \eta_i)\Delta\sigma_i$.

第三步:求和 将这 n 个小平顶柱体体积相加,便得整个曲顶柱体的近似值

$$V = \sum_{i=1}^{n} \Delta V_i \approx \sum_{i=1}^{n} f(\zeta_i, \eta_i)\Delta\sigma_i.$$

第四步:取极限 当 n 越大且分割越细时,这个近似值就越接近于曲顶柱体体积的精确值. 因此,当小区域的直径(即区域边界两点距离的最大值)中最大值 λ 趋于零时,上式右端的极限就是曲顶柱体的体积,

即 $$V = \lim_{\lambda \to 0} \sum_{i=1}^{n} f(\zeta_i, \eta_i)\Delta\sigma_i.$$

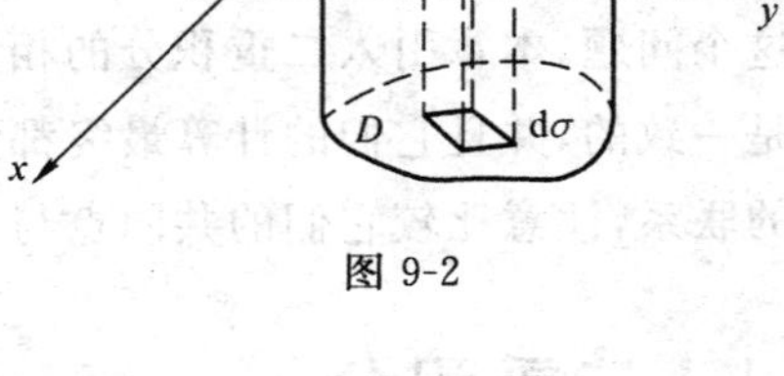

图 9-2

引例 2 平面薄片的质量

设有一质量分布不均匀的平面薄片,占有 xOy 平面上的区域 D,它在点 (x,y) 的面密度 $\rho(x,y)$ 的 D 上连续,且 $\rho(x,y) > 0$,求此薄片的质量.

第一步:分割 将区域 D 任意分成 n 个小区域 $\Delta\sigma_i(i = 1, 2, \cdots, n)$,$\Delta\sigma_i$ 同时也表示小区域的面积. $\Delta\sigma_i$ 的质量记为 $\Delta m_i(i = 1, 2, \cdots, n)$.

第二步:近似 当 $\Delta\sigma_i$ 充分小时,$\Delta\sigma_i$ 上所对应的面密度可近似看成是常量,即质

量是均匀分布的. 在 $\Delta\sigma_i$ 上任取点 (ζ_i,η_i) 所对应的密度值 $\rho(\zeta_i,\eta_i)$ 代替 $\Delta\sigma_i$ 上的密度,得

$$\Delta m_i \approx \rho(\zeta_i,\eta_i)\Delta\sigma_i.$$

第三步:求和　将求得的 n 个小薄片的质量相加,便得到整个薄片的质量的近似值

$$M = \sum_{i=1}^{n} m_i \approx \sum_{i=1}^{n} \rho(\zeta_i,\eta_i)\Delta\sigma_i.$$

第四步:取极限　当区域 D 分割越细,这个近似值就越接近于平面薄片的质量. 即当 n 个小区域的直径中最大值 $\lambda\to0$ 时,上式右端的极限就是平面薄片的质量,即

$$M = \lim_{\lambda\to0} \sum_{i=1}^{n} \rho(\zeta_i,\eta_i)\Delta\sigma_i.$$

上面两个实际问题的意义虽然不同,但解决的方法都是一样的,都是把所求的量归结为求二元函数的同一类型和式的极限. 这种方法在研究其他实际问题时也会经常遇到,为此引进二重积分的概念.

2. 二重积分的概念

定义 9.1　设函数 $z=f(x,y)$ 是定义在有界闭区域 D 上的有界函数,将闭区域 D 任意分割成 n 个小区域 $\Delta\sigma_i(i=1,2,\cdots,n)$,设 $\Delta\sigma_i$ 既表示第 i 个小区域,也表示其面积. 在每一个小区域 $\Delta\sigma_i$ 上任取一点 (ζ_i,η_i),作和 $\sum_{i=1}^{n}f(\zeta_i,\eta_i)\Delta\sigma_i$,如果当各小闭区域的直径中的最大值 λ 趋于零时,该和式的极限存在,则称此极限为函数 $f(x,y)$ 在闭区域 D 上的**二重积分**(此时也称 $f(x,y)$ 在 D 上可积),记作 $\iint\limits_{D}f(x,y)\mathrm{d}\sigma$,即

$$\iint\limits_{D}f(x,y)\mathrm{d}\sigma = \lim_{\lambda\to0} \sum_{i=1}^{n}f(\zeta_i,\eta_i)\Delta\sigma_i.$$

其中"$\iint$"是二重积分号,$f(x,y)$ 称为被积函数,$f(x,y)\mathrm{d}\sigma$ 称为被积表达式,$\mathrm{d}\sigma$ 称为面积微元,D 称为积分区域,x,y 称为积分变量.

可以证明,当 $f(x,y)$ 在有界闭区域 D 上连续时,$f(x,y)$ 一定可积. 今后,我们总是假设所讨论的函数是连续函数.

根据二重积分定义,前面两个实例可用二重积分表示为:

曲顶柱体的体积 $V = \iint\limits_{D}f(x,y)\mathrm{d}\sigma.\ (f(x,y)>0)$;

平面薄片的质量 $M = \iint\limits_{D}\rho(x,y)\mathrm{d}\sigma.\ (\rho(x,y)>0)$.

3. 二重积分的几何意义

当 $f(x,y)\geqslant0$ 时,$\iint\limits_{D}f(x,y)\mathrm{d}\sigma$ 表示以区域 D 为底,以曲面 $z=f(x,y)$ 为顶的曲

顶柱体的体积. 当 $f(x,y)<0$ 时，$\iint\limits_{D}f(x,y)\mathrm{d}\sigma$ 表示以 D 为顶，$f(x,y)$ 为底的曲底柱体体积的负值.

当 $f(x,y)$ 在区域 D 的若干个小区域上为正，其余部分为负时，$\iint\limits_{D}f(x,y)\mathrm{d}\sigma$ 表示这些曲顶(底)柱体体积的代数和.

特别地，当 $f(x,y)=1$ 时，得 $\iint\limits_{D}f(x,y)\mathrm{d}\sigma=\iint\limits_{D}\mathrm{d}\sigma=\sigma$. 其中 σ 在数值上为区域 D 的面积.

4. 二重积分的性质

比较定积分与二重积分的定义可以看到，二重积分与定积分有类似的性质.

性质 1 被积函数的常数因子可以提到二重积分号的外面，即

$$\iint\limits_{D}kf(x,y)\mathrm{d}\sigma=k\iint\limits_{D}f(x,y)\mathrm{d}\sigma. \quad (k\text{ 为常数})$$

性质 2 函数和(或差)的二重积分，等于各个函数的二重积分的和(或差)，即

$$\iint\limits_{D}[f(x,y)\pm g(x,y)]\mathrm{d}\sigma=\iint\limits_{D}f(x,y)\mathrm{d}\sigma\pm\iint\limits_{D}g(x,y)\mathrm{d}\sigma.$$

性质 3 若积分区域 D 被分成 D_1 与 D_2 两部分，则

$$\iint\limits_{D}f(x,y)\mathrm{d}\sigma=\iint\limits_{D_1}f(x,y)\mathrm{d}\sigma+\iint\limits_{D_2}f(x,y)\mathrm{d}\sigma.$$

性质 4 如果在闭区域 D 上 $f(x,y)\leqslant g(x,y)$，则

$$\iint\limits_{D}f(x,y)\mathrm{d}\sigma\leqslant\iint\limits_{D}g(x,y)\mathrm{d}\sigma.$$

性质 5(估值定理) 如果 M,m 分别是 $f(x,y)$ 在闭区域 D 上的最大值和最小值，σ 为区域 D 的面积，则

$$m\sigma\leqslant\iint\limits_{D}f(x,y)\mathrm{d}\sigma\leqslant M\sigma.$$

性质 6(中值定理) 如果函数 $f(x,y)$ 在闭区域 D 上连续，则在 D 上至少存在一点 (ζ,η)，使得 $\iint\limits_{D}f(x,y)\mathrm{d}\sigma=f(\zeta,\eta)\sigma$，其中 σ 为区域 D 的面积.

以上性质证明从略.

9.1.2 二重积分的计算

从二重积分的定义容易看出，利用定义求二重积分不但繁琐，而且很困难，甚至无法求出. 因此有必要寻找计算二重积分的新方法. 下面将给出在直角坐标系、极坐标系下如何将二重积分化成二次积分(即累次积分)的计算方法.

1. 直角坐标系下的计算方法

在直角坐标系中，用平行于坐标轴的直线段网可将区域 D 分成许多小矩形，其边

长为 Δx 和 Δy，$\Delta\sigma = \Delta x \Delta y$(图 9-3)即在直角坐标系中面积微元 $\mathrm{d}\sigma = \mathrm{d}x\mathrm{d}y$，从而二重积分也可写成 $\iint\limits_{D} f(x,y)\mathrm{d}x\mathrm{d}y$．

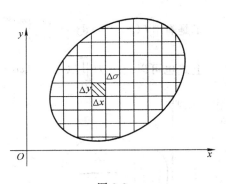

在直角坐标系要将二重积分化成二次积分（即累次积分）进行计算，首先要看的是积分区域．

（1）若积分区域 D 可以表示为

$$D = \{(x,y) \mid \varphi_1(x) \leqslant y \leqslant \varphi_2(x), a \leqslant x \leqslant b\},$$

图 9-3

其中 $\varphi_1(x)$，$\varphi_2(x)$ 在 $[a,b]$ 上连续，并且直线 $x = x_0 (a \leqslant x_0 \leqslant b)$ 与区域 D 的边界最多交于两点，则称 D 为 x-型区域，如图 9-4 所示．

（2）若积分区域 D 可以表示为 $D = \{(x,y) \mid \psi_1(y) \leqslant x \leqslant \psi_2(y), c \leqslant y \leqslant d\}$，

其中 $\psi_1(y)$，$\psi_2(y)$ 在 $[c,d]$ 上连续，并且直线 $y = y_0 (c \leqslant y_0 \leqslant d)$ 与区域 D 的边界最多交于两点，则称 D 为 y-型区域，如图 9-5 所示．

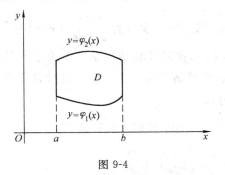

图 9-4

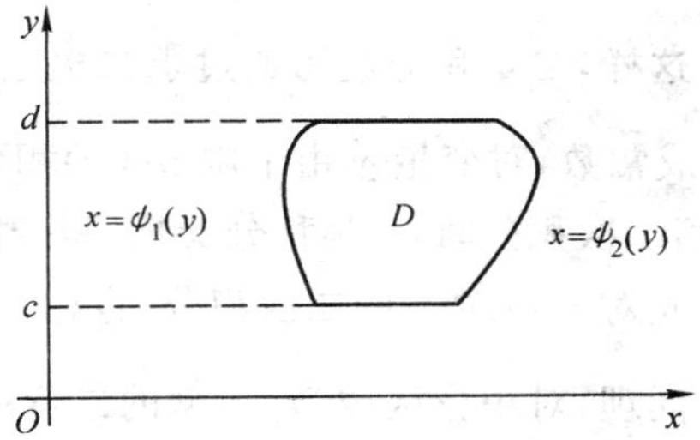

图 9-5

许多常见的区域都可以用平行于坐标轴的直线把它分解为有限个除边界点外无公共点的 x-型区域或 y-型区域，如图 9-6 所示．因而一般区域上的二重积分计算问题就化成 x-型及 y-型区域上二重积分的计算问题．

下面我们先来讨论积分区域为 x-型的二重积分 $\iint\limits_{D} f(x,y)\mathrm{d}x\mathrm{d}y$ 的计算方法．

设 $f(x,y) \geqslant 0$，如图 9-7 所示，在区间 $[a,b]$ 上任取一点 x，过 x 作平面平行于 yOz 面，则此平面截曲顶柱体的截面是一个以区间 $[\varphi_1(x), \varphi_2(x)]$ 为底，曲线 $z = f(x,y)$（其中固定 x，z 是 y 的一元函数）为曲边的曲边梯形．（图 9-7 的阴影部分），其面积为

$$A(x) = \int_{\varphi_1(x)}^{\varphi_2(x)} f(x,y)\mathrm{d}y.$$

根据平行截面面积为已知的立体体积公式，所求曲顶柱体的体积为

$$V = \int_a^b A(x)\mathrm{d}x = \int_a^b \left[\int_{\varphi_1(x)}^{\varphi_2(x)} f(x,y)\mathrm{d}y\right]\mathrm{d}x,$$

于是有 $\iint\limits_{D} f(x,y)\mathrm{d}x\mathrm{d}y = \int_a^b \left[\int_{\varphi_1(x)}^{\varphi_2(x)} f(x,y)\mathrm{d}y\right]\mathrm{d}x.$

上式也可以简记为 $\iint\limits_{D} f(x,y)\mathrm{d}x\mathrm{d}y = \int_a^b \mathrm{d}x \int_{\varphi_1(x)}^{\varphi_2(x)} f(x,y)\mathrm{d}y,$ （9.1）

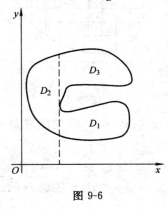

图 9-6

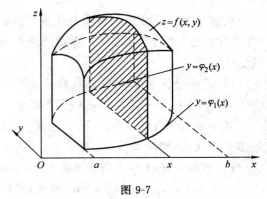

图 9-7

右端的积分称为二次积分.

这样,二重积分就可通过求二次定积分进行计算,第一次计算 $\int_{\varphi_1(x)}^{\varphi_2(x)} f(x,y)\mathrm{d}y$,把 x 看成常数,对变量 y 由下限 $\varphi_1(x)$ 积到上限 $\varphi_2(x)$,这时计算结果是一个关于 x 的函数;第二次积分时,x 是积分变量,积分限是常数,计算结果是一个定值. 这种计算方法称为先对 y 后对 x 的二次积分,也称为累次积分法.

同理,对积分区域为 y-型的二重积分 $\iint\limits_{D} f(x,y)\mathrm{d}x\mathrm{d}y$ 有如下计算公式.

$$\iint\limits_{D} f(x,y)\mathrm{d}x\mathrm{d}y = \int_c^d \left[\int_{\psi_1(y)}^{\psi_2(y)} f(x,y)\mathrm{d}x\right]\mathrm{d}y,$$

上式也可简记为 $\iint\limits_{D} f(x,y)\mathrm{d}x\mathrm{d}y = \int_c^d \mathrm{d}y \int_{\psi_1(y)}^{\psi_2(y)} f(x,y)\mathrm{d}x,$ （9.2）

即将二重积分化为先对 x 后对 y 的二次积分.

特别地,

(1)当区域 D 为矩形时,即 $a \leqslant x \leqslant b, c \leqslant y \leqslant d$,则

$$\iint\limits_{D} f(x,y)\mathrm{d}x\mathrm{d}y = \int_a^b \mathrm{d}x \int_c^d f(x,y)\mathrm{d}y = \int_c^d \mathrm{d}y \int_a^b f(x,y)\mathrm{d}x.$$

(2)当被积函数 $f(x,y) = f_1(x) \cdot f_2(y)$,且 D 为矩形区域 $a \leqslant x \leqslant b, c \leqslant y \leqslant d$ 时,有 $\iint\limits_{D} f(x,y)\mathrm{d}x\mathrm{d}y = \int_a^b f_1(x)\mathrm{d}x \cdot \int_c^d f_2(y)\mathrm{d}y.$

化二重积分为累次积分时,需注意以下几点:

(1)累次积分的下限必须小于上限;

(2)用公式(9.1)或(9.2)时,要求 D 分别满足:平行于 y 轴或 x 轴的直线与 D 的边界相

交不多于两点．如果 D 不满足这个条件,则需把 D 分割成几块(如图 9-6),然后分块计算;

(3)一个重积分常常是既可以先对 y 积分(公式(9.1)),又可以先对 x 积分(公式(9.2)),而这两种不同的积分次序,往往导致计算的繁简程度差别很大,有时甚至不能积出,那么,该如何恰当地选择积分次序呢? 我们结合下述各例加以说明.

例 9.1 计算二重积分 $\iint\limits_{D} e^{x+y} dx dy$,其中 D 是由 $x=0, x=2, y=0, y=2$ 所围成的矩形.

解 由题意知: $D = \{(x,y) \mid 0 \leqslant x \leqslant 2, 0 \leqslant y \leqslant 2\}$,

$$\iint\limits_{D} e^{x+y} dx dy = \int_0^2 e^x dx \cdot \int_0^2 e^y dy = (e^2 - 1)^2 .$$

例 9.2 计算 $\iint\limits_{D} 2xy^2 dx dy$,其中 D 由抛物线 $y^2 = x$ 及直线 $y = x - 2$ 所围成.

解 法 1 D 的图形(如图 9-8),视 D 为 y-型区域,这时 D 的表达式为

$$D: \begin{cases} y^2 \leqslant x \leqslant y + 2, \\ -1 \leqslant y \leqslant 2, \end{cases}$$

从而 $\iint\limits_{D} 2xy^2 dx dy = \int_{-1}^2 dy \int_{y^2}^{y+2} 2xy^2 dx = \int_{-1}^2 y^2 \left(x^2 \Big|_{y^2}^{y+2} \right) dy$

$$= \int_{-1}^2 (y^4 + 4y^3 + 4y^2 - y^6) dy = \left(\frac{y^5}{5} + y^4 + \frac{4}{3}y^3 - \frac{y^7}{7} \right) \Big|_{-1}^2 = 15\frac{6}{35} .$$

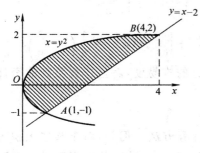
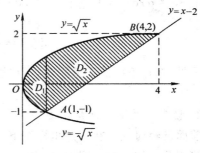

图 9-8　　　　　　　　　　　　　　　图 9-9

法 2 若将 D 分成 D_1 和 D_2 两块(如图 9-9).则 D_1, D_2 均为 x-型区域:

$$D_1: \begin{cases} -\sqrt{x} \leqslant y \leqslant \sqrt{x}, \\ 0 \leqslant x \leqslant 1, \end{cases} \qquad D_2: \begin{cases} x - 2 \leqslant y \leqslant \sqrt{x}, \\ 1 \leqslant x \leqslant 4, \end{cases}$$

由此得 $\iint\limits_{D} 2xy^2 dx dy = \iint\limits_{D_1} 2xy^2 dx dy + \iint\limits_{D_2} 2xy^2 dx dy$

$$= \int_0^1 dx \int_{-\sqrt{x}}^{\sqrt{x}} 2xy^2 dy + \int_1^4 dx \int_{x-2}^{\sqrt{x}} 2xy^2 dy$$

$$= \int_0^1 \left(\frac{2}{3}xy^3 \Big|_{-\sqrt{x}}^{\sqrt{x}} \right) dx + \int_1^4 \left(\frac{2}{3}xy^3 \Big|_{x-2}^{\sqrt{x}} \right) dx$$

$$= \frac{4}{3} \int_0^1 x^{\frac{5}{2}} dx + \int_1^4 \left[\frac{2}{3}x^{\frac{5}{2}} - \frac{2}{3}x(x-2)^3 \right] dx$$

$$= \frac{8}{21}x^{\frac{7}{2}}\Big|_0^1 + \left(\frac{4}{21}x^{\frac{7}{2}} - \frac{2}{15}x^5 + x^4 - \frac{8}{3}x^3 + \frac{8}{3}x^2\right)\Big|_1^4$$

$$= \frac{8}{21} + \frac{1\,553}{105} = 15\frac{6}{35}.$$

解法 2 显然比解法 1 麻烦得多. 因此,选择恰当的区域类型、恰当的积分次序是简便求解二重积分的关键.

例 9.3　计算 $\displaystyle\iint\limits_D x^2 \mathrm{e}^{-y^2}\,\mathrm{d}x\mathrm{d}y$,其中 D 由直线 $y=x$,
$y=1$, $x=0$ 所围成.

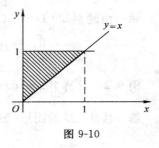

图 9-10

解　D 的图形(如图 9-10),若视 D 为 x -型区域,则 D :
$$\begin{cases} x \leqslant y \leqslant 1, \\ 0 \leqslant x \leqslant 1, \end{cases}$$

$$\iint\limits_D x^2 \mathrm{e}^{-y^2}\,\mathrm{d}x\mathrm{d}y = \int_0^1 \mathrm{d}x \int_x^1 x^2 \mathrm{e}^{-y^2}\,\mathrm{d}y,$$

由于 e^{-y^2} 关于 y 的积分,"积"不出来,所以先对 y 积分失效.

若视 D 为 y -型区域,则 D : $\begin{cases} 0 \leqslant x \leqslant y, \\ 0 \leqslant y \leqslant 1, \end{cases}$

$$\iint\limits_D x^2 \mathrm{e}^{-y^2}\,\mathrm{d}x\mathrm{d}y = \int_0^1 \mathrm{d}y \int_0^y x^2 \mathrm{e}^{-y^2}\,\mathrm{d}x = \int_0^1 \left(\frac{x^3}{3}\mathrm{e}^{-y^2}\right)\Big|_0^y \mathrm{d}y = \int_0^1 \frac{y^3}{3}\mathrm{e}^{-y^2}\,\mathrm{d}y$$

$$= \frac{1}{6}\int_0^1 y^2 \mathrm{e}^{-y^2}\,\mathrm{d}(y^2) = \frac{1}{6}\left[-y^2\mathrm{e}^{-y^2}\Big|_0^1 + \int_0^1 \mathrm{e}^{-y^2}\,\mathrm{d}(y^2)\right] = \frac{1}{6}\left(1 - \frac{2}{\mathrm{e}}\right).$$

可见,选择不同的积分顺序,不仅影响二重积分的难易度,而且还关系到能否计算出来.

2. 极坐标系下的计算方法

前面已经讨论了在直角坐标系下二重积分的计算方法. 但是,对于某些被积函数和某些积分区域,例如,圆形,扇形,环形等,利用直角坐标系计算往往很困难. 下面介绍二重积分在极坐标系下的计算方法.

首先,分割积分区域 D ,我们用以极点为心的同心圆族及极点为端点的射线族作极坐标网,将 D 分成许多小区域(如图 9-11),于是得到了极坐标系下的面积微元为 $\mathrm{d}\sigma = r\mathrm{d}r\mathrm{d}\theta$. 由极坐标变换 $x=r\cos\theta$, $y=r\sin\theta$,可得二重积分在极坐标系下的表达形式为

$$\iint\limits_D f(x,y)\mathrm{d}\sigma = \iint\limits_D f(r\cos\theta,r\sin\theta)r\mathrm{d}r\mathrm{d}\theta.$$

注:①进行变换时,面积微元 $\mathrm{d}\sigma$ 变换为 $r\mathrm{d}r\mathrm{d}\theta$,而不是 $\mathrm{d}r\mathrm{d}\theta$.

②具体计算时,与直角坐标情况类似,须化成累次积分来进行.

类似直角坐标系,在极坐标系中要将二重积分化成累次积分,也要关注积分区域.

(1)若 D (如图 9-12)位于两条射线 $\theta=\alpha$ 和 $\theta=\beta$ 之间, D 的两段边界线极坐标方程分别为 $r=r_1(\theta)$, $r=r_2(\theta)$,则

$$D:\begin{cases}r_1(\theta)\leqslant r\leqslant r_2(\theta),\\\alpha\leqslant\theta\leqslant\beta,\end{cases}$$

二重积分就可化为如下的累次积分

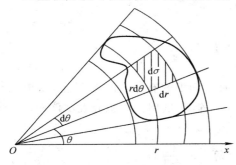

图 9-11

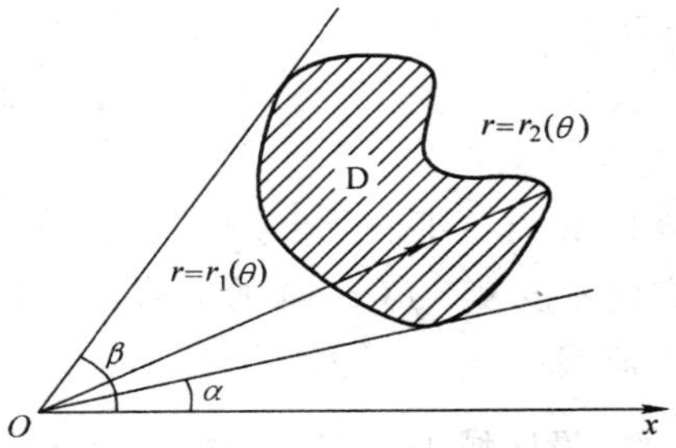

图 9-12

$$\iint\limits_{D}f(x,y)\mathrm{d}\sigma=\int_{\alpha}^{\beta}\mathrm{d}\theta\int_{r_1(\theta)}^{r_2(\theta)}f(r\cos\theta,r\sin\theta)r\mathrm{d}r.$$

（2）如果极点 O 在 D 内部（如图 9-13），

$$D:\begin{cases}0\leqslant r\leqslant r(\theta),\\0\leqslant\theta\leqslant 2\pi,\end{cases}$$

则有 $\iint\limits_{D}f(x,y)\mathrm{d}\sigma=\int_{0}^{2\pi}\mathrm{d}\theta\int_{0}^{r(\theta)}f(r\cos\theta,$

$r\sin\theta)r\mathrm{d}r.$

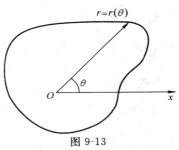

图 9-13

例 9.4 计算 $\iint\limits_{D}\mathrm{e}^{-(x^2+y^2)}\mathrm{d}x\mathrm{d}y,D:x^2+y^2\leqslant a^2.$

解 选用极坐标计算，D 表示为：$0\leqslant r\leqslant a,0\leqslant\theta\leqslant 2\pi$，故有

$$\iint\limits_{D}\mathrm{e}^{-(x^2+y^2)}\mathrm{d}x\mathrm{d}y=\iint\limits_{D}\mathrm{e}^{-r^2}r\mathrm{d}r\mathrm{d}\theta=\int_{0}^{2\pi}\mathrm{d}\theta\int_{0}^{a}\mathrm{e}^{-r^2}r\mathrm{d}r=\int_{0}^{2\pi}\left(-\frac{1}{2}\mathrm{e}^{-r^2}\right)\Big|_0^a\mathrm{d}\theta=\pi(1-\mathrm{e}^{-a^2}).$$

例 9.5 计算 $\iint\limits_{D}\sqrt{4-x^2-y^2}\mathrm{d}x\mathrm{d}y$，其中 D 是由曲线 $x^2+y^2=2x$ 围成.

解 D 所表示的区域如图 9-14 所示，是个圆域. 选用极坐标计算，则 D 可表示为

$D:0\leqslant r\leqslant 2\cos\theta,-\frac{\pi}{2}\leqslant\theta\leqslant\frac{\pi}{2}$，故有

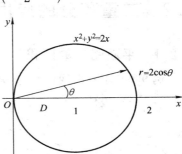

图 9-14

$$\iint\limits_{D}\sqrt{4-x^2-y^2}\mathrm{d}x\mathrm{d}y$$

$$=\iint\limits_{D}\sqrt{4-r^2}r\mathrm{d}r\mathrm{d}\theta=\int_{\frac{\pi}{2}}^{\frac{\pi}{2}}\mathrm{d}\theta\int_{0}^{2\cos\theta}\sqrt{4-r^2}r\mathrm{d}r$$

$$=\int_{-\frac{\pi}{2}}^{\frac{\pi}{2}}\left(-\frac{1}{2}\right)\times\frac{2}{3}(4-r^2)^{\frac{3}{2}}\Big|_0^{2\cos\theta}\mathrm{d}\theta$$

$$= \frac{16}{3} \int_0^{\frac{\pi}{2}} (1 - \sin^3 \theta) \mathrm{d}\theta = \frac{8}{3} (\pi - \frac{4}{3}).$$

注：当积分区域为圆形、扇形、环形区域，而被积函数中含有 $x^2 + y^2$ 的项时，采用极坐标计算往往比较简便.

习题　9-1

1. 设有一平面薄板（不计其厚度），分布在 xOy 面上的有界闭区域 D 上，薄板上分布有面密度 $\mu = \mu(x, y)$ 的电荷，且 $\mu(x, y)$ 在 D 上连续，试用二重积分表示该板上的全部电荷 Q.

2. 设区域 D：$-1 \leqslant x \leqslant 3, 0 \leqslant y \leqslant 2$，计算 $\iint\limits_D \dfrac{x^2}{y+1} \mathrm{d}\sigma$.

3. 计算 $\iint\limits_D xy \mathrm{d}x\mathrm{d}y$，$D$ 由 $y = x^2$ 与 $y = \sqrt{x}$ 所围成.

4. 计算 $\int_0^1 \mathrm{d}x \int_x^1 \mathrm{e}^{-y^2} \mathrm{d}y$.

5. 计算二重积分 $\iint\limits_D \sin \sqrt{x^2 + y^2} \mathrm{d}x\mathrm{d}y$，其中 D 是由圆周 $x = \sqrt{a^2 - y^2}$ $(a > 0)$ 和 $x = 0$ 所围成的区域.

6. 交换二次积分 $\int_0^1 \mathrm{d}x \int_0^{\sqrt{x}} f(x, y) \mathrm{d}y$ 的积分顺序.

7. 设 $f(x, y)$ 在区域 D 上连续，其中 D 是由 $y = x, y = a, x = b (b > a)$ 围成，证明：
$$\int_a^b \mathrm{d}x \int_a^x f(x, y) \mathrm{d}y = \int_a^b \mathrm{d}y \int_y^b f(x, y) \mathrm{d}x.$$

9.2　二重积分的应用举例

9.2.1　平面图形的面积

例 9.6　求双纽线 $(x^2 + y^2)^2 = a^2 (x^2 - y^2) (a > 0)$ 所围成区域面积.

解　区域 D 如图 9-15 所示，设所求面积为 S. S 应为第一象限区域 D_1 面积的 4 倍.

选用极坐标计算，则 D_1 可以表示为
$$0 \leqslant r \leqslant a \sqrt{\cos 2\theta}, 0 \leqslant \theta \leqslant \frac{\pi}{4},$$

所以 $S = \iint\limits_D \mathrm{d}\sigma = 4 \iint\limits_{D_1} \mathrm{d}\sigma = 4 \iint\limits_{D_1} r \mathrm{d}r \mathrm{d}\theta$

$$= 4 \int_0^{\frac{\pi}{4}} \mathrm{d}\theta \int_0^{a\sqrt{\cos 2\theta}} r \mathrm{d}r$$

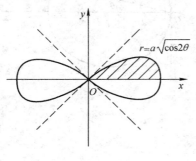

图 9-15

$$= 2\int_0^{\frac{\pi}{4}} a^2 \cos 2\theta \mathrm{d}\theta = a^2 \sin 2\theta \Big|_0^{\frac{\pi}{4}} = a^2 .$$

9.2.2　空间立体体积

例 9.7　求由圆锥面 $z = 4 - \sqrt{x^2 + y^2}$ 与旋转抛物面 $2z = x^2 + y^2$ 所围立体的体积（如图 9-16）.

解　先求立体在 xOy 面上的投影区域 D

由 $\begin{cases} z = 4 - \sqrt{x^2 + y^2}, \\ 2z = x^2 + y^2, \end{cases}$ 消去 x, y 得

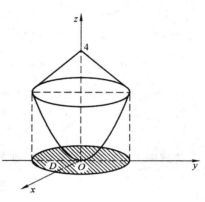

$(z-4)^2 = 2z$，即 $z^2 - 10z + 16 = 0$，

亦即 $(z-2)(z-8) = 0$，得 $z = 2, z = 8$（舍去）

因此，D 由 $x^2 + y^2 = 4$ 围成.

选用极坐标计算，则 $D : 0 \leqslant \theta \leqslant 2\pi, 0 \leqslant r \leqslant 2$，所以

$$V = \iint\limits_{D} \Big[(4 - \sqrt{x^2 + y^2}) - \frac{1}{2}(x^2 + y^2) \Big] \mathrm{d}x\mathrm{d}y$$

图 9-16

$$= \iint\limits_{D} (4 - r - \frac{r^2}{2}) r \mathrm{d}r \mathrm{d}\theta = \int_0^{2\pi} \mathrm{d}\theta \int_0^2 (4r - r^2 - \frac{r^3}{2}) \mathrm{d}r = 2\pi (2r^2 - \frac{r^3}{3} - \frac{r^4}{8}) \Big|_0^2 = \frac{20\pi}{3} .$$

9.2.3　平面薄板的质量

例 9.8　设一薄板的占有区域为中心在原点，半径为 R 的圆域，面密度为 $\mu = x^2 + y^2$，求薄板的质量.

解　应用微元法，在圆域 D 上任取一个微小区域 $\mathrm{d}\sigma$，视面密度不变，则得质量微元

$$\mathrm{d}m = \mu(x, y)\mathrm{d}\sigma = (x^2 + y^2)\mathrm{d}\sigma .$$

将上述微元在区域 D 上积分，即得

$$m = \iint\limits_{D} (x^2 + y^2)\mathrm{d}\sigma, D : x^2 + y^2 \leqslant R^2 ,$$

用极坐标计算，有 $m = \int_0^{2\pi} \mathrm{d}\theta \int_0^R r^2 \cdot r \mathrm{d}r = \frac{1}{2}\pi R^4 .$

一般地，面密度为 $\mu(x, y)$ 的平面薄板 D 的质量是 $m = \iint\limits_{D} \mu(x, y)\mathrm{d}\sigma .$

9.2.4　平面薄板的重心

由物理学知道，质点系的重心坐标为 $\bar{x} = \dfrac{m_y}{m}, \bar{y} = \dfrac{m_x}{m}$，其中，$m$ 为质点系的质量，m_y、m_x 分别是质点系对 y 轴和对 x 轴的静力矩.

设有薄板占有区域 D，其面密度为 $\mu(x, y)$，求薄板重心的坐标.

在区域 D 上任取一微小区域 $\mathrm{d}\sigma$，视其为一质点，则质量微元为 $\mathrm{d}m = \mu(x, y)\mathrm{d}\sigma$，于

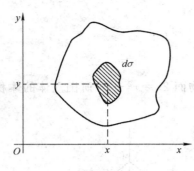

图 9-17

是薄板对坐标轴的静力矩微元(如图 9-17)为

$$\mathrm{d}m_y = x\mu(x,y)\mathrm{d}\sigma,$$
$$\mathrm{d}m_x = y\mu(x,y)\mathrm{d}\sigma.$$

将上述微元在 D 上积分,得

$$m_y = \iint\limits_D x\mu(x,y)\mathrm{d}\sigma,$$
$$m_x = \iint\limits_D y\mu(x,y)\mathrm{d}\sigma,$$

于是薄板重心坐标为

$$\bar{x} = \frac{\iint\limits_D x\mu(x,y)\mathrm{d}\sigma}{\iint\limits_D \mu(x,y)\mathrm{d}\sigma}, \bar{y} = \frac{\iint\limits_D y\mu(x,y)\mathrm{d}\sigma}{\iint\limits_D \mu(x,y)\mathrm{d}\sigma}.$$

若薄板是均匀的,μ 是常数,则重心坐标为

$$\bar{x} = \frac{1}{A}\iint\limits_D x\mathrm{d}\sigma, \bar{y} = \frac{1}{A}\iint\limits_D y\mathrm{d}\sigma,$$

其中 A 为区域 D 的面积.

例 9.9　设半径为 1 的半圆形薄板上各点处的面密度等于该点到圆心的距离,求此半圆的重心.

解　取坐标系如图 9-18,$\mu(x,y) = \sqrt{x^2+y^2}$,薄板形状及密度函数关于 x 轴都是对称的,所以重心必在 y 轴上,即 $\bar{x}=0$,只须求 $\bar{y}$ 即可.

$$m = \iint\limits_D \sqrt{x^2+y^2}\mathrm{d}\sigma = \int_0^\pi \mathrm{d}\theta\int_0^1 r^2\mathrm{d}r = \frac{\pi}{3},$$

$$m_x = \iint\limits_D y\sqrt{x^2+y^2}\mathrm{d}\sigma = \int_0^\pi \sin\theta\mathrm{d}\theta\int_0^1 r^3\mathrm{d}r = \frac{1}{2},$$

故得 $\bar{y}=\dfrac{m_x}{m}=\dfrac{3}{2\pi}$,重心坐标为 $\left(0,\dfrac{3}{2\pi}\right)$.

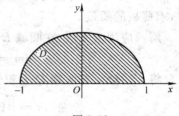

图 9-18

9.2.5　平面薄板的转动惯量

类似地,应用微元法可求得面密度为 $\mu(x,y)$ 的薄板关于 x 轴的转动惯量为

$$I_x = \iint\limits_D y^2\mu(x,y)\mathrm{d}\sigma;$$

关于 y 轴的转动惯量为　$I_y = \iint\limits_D x^2\mu(x,y)\mathrm{d}\sigma;$

关于原点 O 的转动惯量为　$I_o = \iint\limits_D (x^2+y^2)\mu(x,y)\mathrm{d}\sigma.$

例 9.10　半径为 1,密度均匀的半圆形薄板关于 x 轴的转动惯量(见图 9-18).

解　由 9-18 可知,半圆形薄板 $D:x^2+y^2\leqslant 1, y\geqslant 0$.

设面密度为 μ，则转动惯量微元为 $\mathrm{d}I_x = y^2\mu\mathrm{d}\sigma$（$\mu$ 为密度），

将微元在圆环域内积分，则得

$$I_x = \iint\limits_{D} y^2\mu\mathrm{d}\sigma ,$$

用极坐标计算，D 表示为：$0 \leqslant r \leqslant 1, 0 \leqslant \theta \leqslant \pi$，

于是 $I_x = \iint\limits_{D} y^2\mu\mathrm{d}\sigma = \mu\int_0^\pi \mathrm{d}\theta\int_0^1 r^2\sin^2\theta \cdot r\mathrm{d}r = \mu \cdot \frac{1}{4}\int_0^\pi \frac{1-\cos 2\theta}{2}\mathrm{d}\theta = \frac{\pi\mu}{8}$.

习题　9-2

1. 求下列曲面所围立体的体积.

（1）$x+y+z=4, x=2, y=3$ 及三个坐标平面；

（2）$z=x^2+2y^2, z=3-2x^2-y^2$.

2. 试证：半径为 R 的球体体积为 $\frac{4}{3}\pi R^3$.

3. 设平面薄板所占有的区域 D 是螺线 $r=2\theta$ 上的一段弧（$0 \leqslant \theta \leqslant \frac{\pi}{2}$）与直线 $\theta=\frac{\pi}{2}$ 所围成，它的面密度 $\rho(x,y)=x^2+y^2$，求该薄板的质量.

4. 求由直线 $y=0, y=a-x, x=0$ 所围成的均匀薄板的重心.

5. 求由 $y^2=ax$ 及直线 $x=a(a>0)$ 所围成的均匀薄板（面密度为常数 ρ）关于直线 $y=-a$ 的转动惯量.

本章知识结构图

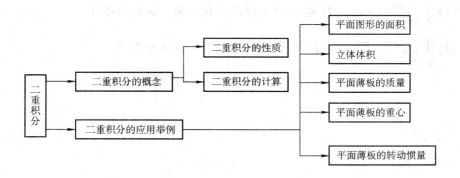

复习题 9

1. 选择题

（1）设 D 由 x 轴、$y=\ln x$、$x=\mathrm{e}$ 围成，则 $\iint\limits_{D} f(x,y)\mathrm{d}x\mathrm{d}y = ($　　$)$.

A. $\int_0^e \mathrm{d}x \int_0^{\ln x} f(x,y)\mathrm{d}y$ B. $\int_0^e \mathrm{d}x \int_0^{\ln x} f(x,y)\mathrm{d}y$

C. $\int_0^1 \mathrm{d}y \int_0^{e^y} f(x,y)\mathrm{d}x$ D. $\int_0^1 \mathrm{d}y \int_{e^y}^e f(x,y)\mathrm{d}x$

(2) 当 $a = ($ $)$ 时,有 $\displaystyle\iint\limits_{x^2+y^2\leqslant a^2} \sqrt{a^2-x^2-y^2}\,\mathrm{d}x\mathrm{d}y = \pi$.

A. 1   B. $\sqrt[3]{\dfrac{3}{2}}$ C. $\sqrt[3]{\dfrac{3}{4}}$ D. $\sqrt[3]{\dfrac{1}{2}}$

(3) 下列不等式中,(   ) 是正确的.

A. $\displaystyle\iint\limits_{\substack{|x|<1 \\ |y|<1}} (x-1)\mathrm{d}\sigma > 0$ B. $\displaystyle\iint\limits_{x^2+y^2\leqslant 1} (-x^2-y^2)\mathrm{d}\sigma > 0$

C. $\displaystyle\iint\limits_{\substack{|x|<1 \\ |y|\leqslant 1}} (y-1)\mathrm{d}\sigma > 0$ D. $\displaystyle\iint\limits_{\substack{|x|<1 \\ |y|\leqslant 1}} (x+1)\mathrm{d}\sigma > 0$

2. 改变下列积分次序:

(1) $\displaystyle\int_1^2 \mathrm{d}x \int_{2-x}^{\sqrt{2x-x^2}} f(x,y)\mathrm{d}y$;   (2) $\displaystyle\int_0^\pi \mathrm{d}x \int_{-\sin\frac{x}{2}}^{\sin x} f(x,y)\mathrm{d}y$;

(3) $\displaystyle\int_0^1 \mathrm{d}y \int_0^{e^y} f(x,y)\mathrm{d}x$;   (4) $\displaystyle\int_{-2}^{-1} \mathrm{d}y \int_0^{y+2} f(x,y)\mathrm{d}x + \int_{-1}^0 \mathrm{d}y \int_0^{y^2} f(x,y)\mathrm{d}x$.

3. 计算下列二重积分:

(1) $\displaystyle\int_1^2 \mathrm{d}x \int_{\sqrt{x}}^x \sin\frac{\pi x}{2y}\mathrm{d}y + \int_2^4 \mathrm{d}x \int_{\sqrt{x}}^2 \sin\frac{\pi x}{2y}\mathrm{d}y$.

(2) $\displaystyle\int_{\frac{1}{4}}^{\frac{1}{2}} \mathrm{d}y \int_{\frac{1}{2}}^{\sqrt{y}} \mathrm{e}^{\frac{y}{x}}\mathrm{d}x + \int_{\frac{1}{2}}^1 \mathrm{d}y \int_y^{\sqrt{y}} \mathrm{e}^{\frac{y}{x}}\mathrm{d}x$.

(3) $\displaystyle\iint\limits_D \frac{xy}{x^2+y^2}\mathrm{d}x\mathrm{d}y$. D 是圆 $x^2+y^2\leqslant a^2$ 位于第一象限的部分.

(4) $\displaystyle\iint\limits_D \sqrt{x^2+y^2}\,\mathrm{d}x\mathrm{d}y$. D 是由曲线 $r=a(1+\cos\theta)$ 所围成.

数学天地

微积分在数学中的地位

2500多年来,数学是人类智力训练和精神遗产的重要组成部分.但是,在17世纪以前,人类关于数学的知识,基本上处于初等数学的阶段.人们常把这个阶段看作常量数学阶段.

17世纪后半叶,产生了微积分学,人类开始了高等数学阶段.微积分学的产生和后来理论上的完善,是人类思维的伟大成果之一.有时人们把这部分数学理论和方法称作数学分析.它处于自然科学基础的地位,无论是对数学的各个分支,还是对科学技术的每一个领域,它都是特别有效的工具.

微积分的产生不是偶然的.17世纪前后,欧洲封建社会逐步产生了商业资本和工场,开始了一个叫做工业革命的历史时期.工业的兴起,促进了机器生产.为了设计和制造机器,就需要掌握机械运动的规律.工业产品的大量产生,迫使交通情况改善,而水路的运输,就要求掌握流体运动的规律以及对于船只稳定性(质点力学)的研究.航海需要掌握天体运动的规律等等.所有这些问题,迫切需要力学、天文学等基础学科的发展.但是这些学科离不开数学.

17世纪,笛卡尔和费马开始解析几何的研究,有了变量概念,并把运动的函数关系和几何中的曲线问题的研究统一起来.这使微积分成为必要,而且有了可能.恩格斯指出:"数学中的转折点是笛卡尔的变数.有了变数,运动进入了数学,有了变数,辩证法进入了数学,有了变数,微分和积分也就立刻成为必要的了."恩格斯关于微积分的产生的概述,为以后数学家所公认.

微积分是紧密地跟力学和整个物理学联系在一起产生的,而且微积分的最伟大的成就总是和解决上述学科所提出的问题有关.经过了一些发展过程,微积分摆脱了力学方式,进而研究一般的函数.后来形成的极限概念完善了微积分的理论基础,进而发展成为数学分析.微积分的发展,不仅成了数学的中心和主要部分,而且还渗透到数学的许多领域,甚至较古老的范围,如代数、几何、以至最古典的数论.

将微积分用于几何,就从几何中分离出一个特殊分支——微分几何,它是关于曲线和曲面的一般理论.数学分析的重要分支——微分方程,无论在力学,还是在电磁场理论中,都占有重要地位.19世纪出现的数学重要分支——复变函数论,这使数学分析的内容更加充实,它对数学、物理学以及技术的许多重要问题的解决都具有重要作用.用微积分的方法武装起来的概率论,大大丰富了古典概率的内容和方法,它对近代物理学和技术具有越来越大的特殊意义.微积分还渗入最古老的数论,产生了新的数论分支——分析数论.

可以说,自微积分学确立之后,数学基本上是分析化了.近代数学的发展,有时也是与微积分结合在一起的,比如实变函数就建立在集合论的基础上.微积分学的创立在数学中是一个转折,它不但成为高等数学的基础和有效方法,而且在其他科学研究中起到了至关重要的作用.如在化学反应进程的一般规律,电磁学以及许多其他规律的研究中,如果不借助微积分概念,简直都不可能得到准确的结论.

因此,微积分学(数学分析)不仅是近代数学的基础,也是科学技术不可缺少的极有效的数学工具.

10 级数

圆周率 π 的计算历程

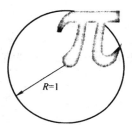

$R=1$

　　圆周率是一个极其驰名的数．从有文字记载的历史开始，这个数就引起了外行人和学者们的兴趣．几千年来作为数学家们的奋斗目标，古今中外一代一代的数学家为此献出了自己的智慧和劳动．众所周知，我国的刘徽、祖冲之在这方面就做出了的杰出的贡献．

　　回顾历史，人类对 π 的认识过程，反映了数学和计算技术发展情形的一个侧面．π 的研究，在一定程度上反映这个地区或时代的数学水平．德国数学家康托说："历史上一个国家所算得的圆周率的准确程度，可以作为衡量这个国家当时数学发展水平的指标．"

　　直到 19 世纪初，求圆周率的值应该说是数学中的头号难题．为求得圆周率的值，人类走过了漫长而曲折的道路，它的历史是饶有趣味的．我们可以将这一计算历程分为几个阶段：实验时期、几何法时期、分析法时期、计算机时期．

　　其中分析法时期是一个重要时期．这一时期人们开始摆脱求多边形周长的繁难计算，利用无穷级数或无穷连乘积来算 π．韦达、沃利斯、梅钦、达塞等多名数学家在这一时期分别给出了 π 的计算公式．你想知道他们是怎么计算的吗？你想了解如何利用级数来计算 π 吗？在学习本章之后，你就会明白，并且你也能得出 π 的计算公式．

（一）学习目标

　　1. 了解数项级数及幂级数的有关概念；幂级数的基本性质；以 2π 为周期的函数的傅里叶级数的概念；函数展开成泰勒级数、周期函数展开成傅里叶级数的充分条件；周期函数展开成傅里叶级数的方法．

　　2. 理解无穷级数收敛的必要条件，无穷级数的基本性质．

　　3. 会判断级数的敛散性；会求幂级数的收敛半径、收敛区间；能将一些简单的函数展开成幂级数．

（二）学习重点和难点

　　重点　正项级数的比较与比值判别法；交错级数的莱布尼茨判别法；求幂级数的收敛半径与收敛区间．

　　难点　数项级数敛散性的判别；幂级数的收敛半径与收敛区间，将一些简单的函数展开成幂级数．

　　无穷级数简称级数,是高等数学的重要组成部分,它在现代数学方法中具有重要地位,是表示函数、研究函数性质以及进行数值计算的重要工具. 本章在介绍数项级数、函数项级数基本内容的基础上,讨论如何将函数展为幂级数、傅里叶级数,并在此基础上进一步给出简单的应用.

10.1　数项级数

10.1.1　数项级数的概念与性质

1. 数项级数的概念

　　定义 10.1　给定数列 $u_1, u_2, u_3, \cdots, u_n, \cdots$,称式子 $u_1 + u_2 + u_3 + \cdots + u_n + \cdots$ 为**常数项无穷级数**,简称**数项级数**或**级数**. 记作 $\sum\limits_{n=1}^{\infty} u_n$,即

$$\sum_{n=1}^{\infty} u_n = u_1 + u_2 + u_3 + \cdots + u_n + \cdots, \tag{10.1}$$

其中第 n 项 u_n 称为级数的**一般项**或**通项**.

　　例如:$\sum\limits_{n=1}^{\infty} (2n-1) = 1 + 3 + 5 + \cdots + (2n-1) + \cdots$,

$$\sum_{n=1}^{\infty} (-1)^n = -1 + 1 - 1 + \cdots + (-1)^n + \cdots,$$

$$\sum_{n=1}^{\infty} \frac{1}{n^p} = 1 + \frac{1}{2^p} + \frac{1}{3^p} + \cdots + \frac{1}{n^p} + \cdots,$$

都是常数项级数.

　　由等差数列构成的级数 $\sum\limits_{n=1}^{\infty} [a + (n-1)d]$ 称为算术级数.

　　由等比数列构成的级数 $\sum\limits_{n=1}^{\infty} aq^{n-1}$ 称为等比级数,也称为几何级数.

　　级数 $\sum\limits_{n=1}^{\infty} \frac{1}{n^p}$ 称为 p-级数. 当 $p=1$ 时,即 $\sum\limits_{n=1}^{\infty} \frac{1}{n} = 1 + \frac{1}{2} + \frac{1}{3} + \cdots + \frac{1}{n} + \cdots$ 称为调和级数.

　　定义 10.2　称 $S_n = \sum\limits_{i=1}^{n} u_i = u_1 + u_2 + u_3 + \cdots + u_n$

为级数 $\sum\limits_{n=1}^{\infty} u_n$ 的前 n 项和,简称**部分和**,当 n 依次取 $1,2,3,\cdots$ 时就得到一个新的数列

$$S_1, S_2, \cdots, S_n, \cdots.$$

这个数列称为级数 $\sum\limits_{n=1}^{\infty} u_n$ 的**部分和数列**，记作 $\{S_n\}$．

定义 10.3 当 n 无限增大时，如果级数 $\sum\limits_{n=1}^{\infty} u_n$ 的部分和数列 $\{S_n\}$ 有极限 S，即 $\lim\limits_{n\to\infty} S_n = S$，则称级数 $\sum\limits_{n=1}^{\infty} u_n$ **收敛**，并称 S 为级数 $\sum\limits_{n=1}^{\infty} u_n$ 的和，记作

$$S = \sum_{n=1}^{\infty} u_n = u_1 + u_2 + u_3 + \cdots + u_n + \cdots.$$

如果级数 $\sum\limits_{n=1}^{\infty} u_n$ 的部分和数列 $\{S_n\}$ 没有极限，则称级数 $\sum\limits_{n=1}^{\infty} u_n$ **发散**．发散级数没有和．

当级数 $\sum\limits_{n=1}^{\infty} u_n$ 收敛于 S 时，其部分和 S_n 是该级数和 S 的近似值，其绝对误差是 $|S-S_n|$．我们称 $S-S_n$ 为该级数的余项，记作 r_n，即

$$r_n = S - S_n = u_{n+1} + u_{n+2} + u_{n+3} + \cdots.$$

例 10.1 证明级数 $\dfrac{1}{1 \cdot 2} + \dfrac{1}{2 \cdot 3} + \cdots + \dfrac{1}{n(n+1)} + \cdots$ 收敛，并求和．

证明 由于级数的通项为 $u_n = \dfrac{1}{n \cdot (n+1)} = \dfrac{1}{n} - \dfrac{1}{n+1}$．

所以级数的部分和为 $S_n = \dfrac{1}{1 \cdot 2} + \dfrac{1}{2 \cdot 3} + \cdots + \dfrac{1}{n \cdot (n+1)}$

$$= \left(\frac{1}{1} - \frac{1}{2}\right) + \left(\frac{1}{2} - \frac{1}{3}\right) + \cdots + \left(\frac{1}{n} - \frac{1}{n+1}\right) = 1 - \frac{1}{n+1}.$$

因为 $\lim\limits_{n\to\infty} S_n = \lim\limits_{n\to\infty}\left(1 - \dfrac{1}{n+1}\right) = 1$，故所给级数收敛，且和为 1．

例 10.2 讨论等比级数（又称为几何级数）$\sum\limits_{n=1}^{\infty} aq^{n-1} = a + aq + \cdots + aq^{n-1} + \cdots$ 的敛散性（其中 $a \neq 0$，q 为级数的公比）．

解 若 $|q| \neq 1$，其部分和为：$S_n = a + aq + aq^2 + \cdots + aq^{n-1} = \dfrac{a(1-q^n)}{1-q}$．

当 $|q| < 1$ 时，$\lim\limits_{n\to\infty} q^n = 0$，从而 $\lim\limits_{n\to\infty} S_n = \dfrac{a}{1-q}$，所以级数 $\sum\limits_{n=1}^{\infty} aq^{n-1}$ 收敛，其和为 $\dfrac{a}{1-q}$；

当 $|q| > 1$ 时，$\lim\limits_{n\to\infty} q^n = \infty$，从而 $\lim\limits_{n\to\infty} S_n = \infty$，所以级数 $\sum\limits_{n=1}^{\infty} aq^{n-1}$ 发散；

当 $|q| = 1$ 时，若 $q = 1$，级数为 $a + a + \cdots + a + \cdots$，其部分和为 $S_n = na$，从而 $\lim\limits_{n\to\infty} S_n = \infty$，级数发散．

若 $q=-1$,级数为 $a-a+a-a+\cdots$,其部分和为 $S_n=\begin{cases}a,& \text{当 } n \text{ 为奇数}\\0,& \text{当 } n \text{ 为偶数}\end{cases}$,因而

$\lim\limits_{n\to\infty} S_n$ 不存在,级数 $\sum\limits_{n=1}^{\infty} aq^{n-1}$ 发散.

综合上述,当 $|q|<1$ 时,等比级数收敛,和为 $\dfrac{a}{1-q}$;当 $|q|\geqslant 1$ 时,等比级数发散.

例 10.3 证明:调和级数 $\sum\limits_{n=1}^{\infty} \dfrac{1}{n} = 1 + \dfrac{1}{2} + \dfrac{1}{3} + \cdots + \dfrac{1}{n} + \cdots$ 发散.

证明 调和级数的前 n 项和为 S_n

$= 1 + \dfrac{1}{2} + \dfrac{1}{3} + \cdots + \dfrac{1}{n}$,

如图 10-1 所示,考察区间 $[1, n+1]$ 上曲线 $y=\dfrac{1}{x}$ 所围成的曲边梯形面积与阴影部分的面积之间的关系.

可以看到,各矩形面积分别为 $A_1 = 1, A_2 = \dfrac{1}{2}, A_3 = \dfrac{1}{3}, \cdots, A_n = \dfrac{1}{n}$,

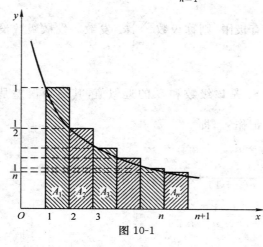

图 10-1

所以阴影部分的面积即为调和级数的前 n 项和 S_n,即

$$S_n = 1 + \dfrac{1}{2} + \dfrac{1}{3} + \cdots + \dfrac{1}{n} = A_1 + A_2 + \cdots + A_n > \int_1^{n+1} \dfrac{1}{x}\mathrm{d}x = \ln(n+1).$$

由于 $\lim\limits_{n\to\infty} \ln(n+1) = +\infty$,所以 $\lim\limits_{n\to\infty} S_n = +\infty$,即调和级数 $\sum\limits_{n=1}^{\infty} \dfrac{1}{n}$ 是发散的.

类似地,可以得到 p-级数 $\sum\limits_{n=1}^{\infty} \dfrac{1}{n^p}$ 的敛散性如下:

当 $p>1$ 时,p-级数 $\sum\limits_{n=1}^{\infty} \dfrac{1}{n^p}$ 收敛;$p\leqslant 1$ 时,p-级数 $\sum\limits_{n=1}^{\infty} \dfrac{1}{n^p}$ 发散.

例如,$\sum\limits_{n=1}^{\infty} \dfrac{1}{n^2}$ 收敛,$\sum\limits_{n=1}^{\infty} \dfrac{1}{\sqrt{n}}$ 发散.

2. 数项级数的基本性质

根据数列极限的性质及级数收敛与发散的定义,不难证明级数的下列基本性质.

性质 1 设 k 为非零常数,则级数 $\sum\limits_{n=1}^{\infty} ku_n$ 与 $\sum\limits_{n=1}^{\infty} u_n$ 敛散性相同,且级数收敛时,有

$$\sum_{n=1}^{\infty} ku_n = k\sum_{n=1}^{\infty} u_n.$$

例如,因为 $\sum\limits_{n=1}^{\infty}\dfrac{1}{n}$ 发散,所以 $\sum\limits_{n=1}^{\infty}\dfrac{10}{n}$ 必发散.

性质 2 设级数 $\sum\limits_{n=1}^{\infty}u_n$ 与 $\sum\limits_{n=1}^{\infty}v_n$ 均收敛,且它们的和分别为 A 和 B,则

级数 $\sum\limits_{n=1}^{\infty}(u_n\pm v_n)$ 也收敛,其和为 $A\pm B$. 即 $\sum\limits_{n=1}^{\infty}(u_n\pm v_n)=\sum\limits_{n=1}^{\infty}u_n\pm\sum\limits_{n=1}^{\infty}v_n$.

例 10.4 求级数 $\sum\limits_{n=1}^{\infty}\dfrac{2+(-1)^{n-1}}{3^n}$ 的和.

解 因为 $\sum\limits_{n=1}^{\infty}\dfrac{2}{3^n}=\dfrac{\dfrac{2}{3}}{1-\dfrac{1}{3}}=1$, $\sum\limits_{n=1}^{\infty}\dfrac{(-1)^{n-1}}{3^n}=\dfrac{\dfrac{1}{3}}{1-\left(-\dfrac{1}{3}\right)}=\dfrac{1}{4}$.

所以 $\sum\limits_{n=1}^{\infty}\dfrac{2+(-1)^{n-1}}{3^n}=\dfrac{5}{4}$.

请读者思考:若级数 $\sum\limits_{n=1}^{\infty}u_n$ 与级数 $\sum\limits_{n=1}^{\infty}v_n$ 都发散,那么级数 $\sum\limits_{n=1}^{\infty}(u_n\pm v_n)$ 一定发散吗?

性质 3 在级数 $\sum\limits_{n=1}^{\infty}u_n$ 中添加、去掉或改变有限项,级数的敛散性不变.

例 10.5 判断级数 $\dfrac{1}{101}+\dfrac{1}{102}+\dfrac{1}{103}+\cdots+\dfrac{1}{n+100}+\cdots$ 的敛散性.

解 显然级数 $\sum\limits_{n=1}^{\infty}\dfrac{1}{n+100}$ 是调和级数 $\sum\limits_{n=1}^{\infty}\dfrac{1}{n}$ 去掉了前 100 项后所得的级数,所以它与调和级数一样是发散的.

性质 4 收敛级数任意加括号后所得级数仍收敛,且和不变,即收敛级数满足结合律.

注:(1) 若加括号的级数收敛,则去掉括号后的原级数未必收敛.

例如,级数 $(1-1)+(1-1)+\cdots+(1-1)+\cdots$ 收敛于零,但级数 $1-1+1-1+\cdots+(-1)^{n-1}+\cdots$ 却是发散的.

(2)性质 4 的等价命题是,若加括号后的级数发散,则去掉括号后的原级数必然发散.

若级数 $\sum\limits_{n=1}^{\infty}u_n$ 收敛于 S,即 $\lim\limits_{n\to\infty}S_n=S$. 由于 $u_n=S_n-S_{n-1}$,则

$$\lim\limits_{n\to\infty}u_n=\lim\limits_{n\to\infty}(S_n-S_{n-1})=\lim\limits_{n\to\infty}S_n-\lim\limits_{n\to\infty}S_{n-1}=S-S=0.$$

于是,我们得到下面的性质.

性质 5(级数收敛的必要条件) 若级数 $\sum\limits_{n=1}^{\infty}u_n$ 收敛,则 $\lim\limits_{n\to\infty}u_n=0$.

注:如果 $n\to\infty$ 时级数的通项 u_n 不趋于零,则该级数必发散,反之却未必成立.

例如,$\sum\limits_{n=1}^{\infty}\dfrac{1}{n}$,虽然有 $\lim\limits_{n\to\infty}\dfrac{1}{n}=0$,但 $\sum\limits_{n=1}^{\infty}\dfrac{1}{n}$ 却发散.

例 10.6 讨论下列级数的敛散性.

(1) $\sum\limits_{n=1}^{\infty}\dfrac{n}{2n+1}$; (2) $\sum\limits_{n=1}^{\infty}\sin n$.

解 (1)因为 $\lim\limits_{n\to\infty}\dfrac{n}{2n+1}=\dfrac{1}{2}\neq 0$,所以 $\sum\limits_{n=1}^{\infty}\dfrac{n}{2n+1}$ 发散.

(2) 因为 $\lim\limits_{n\to\infty}\sin n$ 不存在,所以 $\sum\limits_{n=1}^{\infty}\sin n$ 发散.

10.1.2 数项级数及其敛散性

级数的求和问题常常是困难的,通常我们重点讨论其敛散性.如果级数发散,则级数和不存在,如果收敛,则可取足够多的项近似求其和.所以判断级数的敛散性是个重要的课题.一般来说,根据级数收敛与发散的定义、性质只能判别出少数级数的敛散性,因此还必须建立其他的判别法.

下面分别给出正项级数、交错级数和任意项级数的敛散性判别法.

1. 正项级数及其敛散性

定义 10.4 如果级数 $\sum\limits_{n=1}^{\infty}u_n$ 的每一项都是非负数,即 $u_n\geqslant 0(n=1,2,3,\cdots)$,则称它为非负项级数或正项级数.

对于正项级数,由于 $u_n\geqslant 0$,因而它的部分和数列 $\{S_n\}$ 是单调增加的,如果数列 $\{S_n\}$ 有界,则 $\lim\limits_{n\to\infty}S_n$ 存在,从而正项级数 $\sum\limits_{n=1}^{\infty}u_n$ 收敛;反之,如果正项级数 $\sum\limits_{n=1}^{\infty}u_n$ 收敛于 S,则根据收敛数列必有界的性质可知,数列 $\{S_n\}$ 有界. 因此,我们得到如下的定理.

定理 10.1 正项级数 $\sum\limits_{n=1}^{\infty}u_n$ 收敛的充分必要条件是它的部分和数列有界.

例 10.7 判断级数 $\sum\limits_{n=1}^{\infty}\dfrac{1}{2^n+1}$ 的敛散性.

解 由于 $\dfrac{1}{2^n+1}<\dfrac{1}{2^n}$. 故级数的部分和

$$0<S_n=\dfrac{1}{2+1}+\dfrac{1}{2^2+1}+\cdots+\dfrac{1}{2^n+1}<\dfrac{1}{2}+\dfrac{1}{2^2}+\cdots+\dfrac{1}{2^n}=1-\dfrac{1}{2^n}<1,$$

从而该级数收敛.

这个例子提示我们,判断一个正项级数的敛散性,可以采用如下方法:如果该级数的每一项均不大于某收敛正项级数的对应项,那么这个级数也收敛;类似地,如果该级数的每一项均不小于某发散正项级数的对应项,那么这个级数也发散,对于这个结论,我们有如下定理.

定理 10.2(比较判别法)　设级数 $\sum\limits_{n=1}^{\infty} u_n$ 与 $\sum\limits_{n=1}^{\infty} v_n$ 是两个正项级数,且 $u_n \leqslant v_n (n=1,2,3,\cdots)$

(1)若 $\sum\limits_{n=1}^{\infty} v_n$ 收敛,则 $\sum\limits_{n=1}^{\infty} u_n$ 收敛;

(2)若 $\sum\limits_{n=1}^{\infty} u_n$ 发散,则 $\sum\limits_{n=1}^{\infty} v_n$ 发散.

例 10.8　讨论下列级数的收敛性.

(1) $\sum\limits_{n=1}^{\infty} \dfrac{1}{\sqrt{n(n+1)}}$;　(2) $\sum\limits_{n=1}^{\infty} \sin \dfrac{\pi}{2^n}$;　(3) $\sum\limits_{n=1}^{\infty} \dfrac{1}{\sqrt{n+1}(n+4)}$.

解　(1)因为 $u_n = \dfrac{1}{\sqrt{n(n+1)}} > \dfrac{1}{n+1} > 0$,

而 $\sum\limits_{n=1}^{\infty} \dfrac{1}{n+1}$ 发散,故由正项级数比较判别法知 $\sum\limits_{n=1}^{\infty} \dfrac{1}{\sqrt{n(n+1)}}$ 也发散.

(2)因为 $u_n = \sin \dfrac{\pi}{2^n} \leqslant \dfrac{\pi}{2^n} (n=1,2,3,\cdots)$,而几何级数 $\sum\limits_{n=1}^{\infty} \dfrac{\pi}{2^n}$ 收敛,所以由正项级数比较判别法知 $\sum\limits_{n=1}^{\infty} \sin \dfrac{\pi}{2^n}$ 也收敛.

(3)因为 $u_n = \dfrac{1}{\sqrt{(n+1)(n+4)}} < \dfrac{1}{n^{\frac{2}{3}}}$, $p = \dfrac{3}{2} > 1$, p-级数 $\sum\limits_{n=1}^{\infty} \dfrac{1}{n^{\frac{3}{2}}}$ 是收敛的,所以由正项级数比较判别法知 $\sum\limits_{n=1}^{\infty} \dfrac{1}{\sqrt{n(n+1)}}$ 是收敛的.

注:在使用比较判别法时,需要知道一些级数的敛散性,作为比较的标准. 常用作比较的级数有:等比级数 $\sum\limits_{n=1}^{\infty} aq^n$ 和 p-级数 $\sum\limits_{n=1}^{\infty} \dfrac{1}{n^p}$.

在不少情况下找这类比较对象是较困难的,下面利用比较判别法及极限定义,推导出一个更为实用的极限形式的比较判别法.

推论(比较判别法的极限形式)　设 $\sum\limits_{n=1}^{\infty} u_n$ 和 $\sum\limits_{n=1}^{\infty} v_n$ 都是正项级数,如果 $\lim\limits_{n \to \infty} \dfrac{u_n}{v_n} = l$ $(0 < l < +\infty)$,那么,这两个级数有相同的敛散性.

例 10.9　判别下列级数的收敛性.

(1) $\sum\limits_{n=1}^{\infty} \ln \left(1 + \dfrac{1}{n}\right)$;　(2) $\sum\limits_{n=1}^{\infty} \dfrac{1}{3} \cdot \dfrac{1}{2^n - 6n}$.

解 （1）设 $u_n = \ln\left(1 + \dfrac{1}{n}\right)$，$v_n = \dfrac{1}{n}$，

因为 $\lim\limits_{n \to \infty} \dfrac{u_n}{v_n} = \lim\limits_{n \to \infty} \dfrac{\ln\left(1 + \dfrac{1}{n}\right)}{\dfrac{1}{n}} = \lim\limits_{n \to \infty} \ln\left(1 + \dfrac{1}{n}\right)^n = \ln e = 1 > 0$，

而级数 $\sum\limits_{n=1}^{\infty} \dfrac{1}{n}$ 发散，所以由比较判别法的极限形式知 $\sum\limits_{n=1}^{\infty} \ln\left(1 + \dfrac{1}{n}\right)$ 发散.

（2）设 $u_n = \dfrac{1}{3} \cdot \dfrac{1}{2^n - 6n}$，$v_n = \dfrac{1}{2^n}$，

因为 $\lim\limits_{n \to \infty} \dfrac{u_n}{v_n} = \lim\limits_{n \to \infty} \dfrac{1}{3} \cdot \dfrac{2^n}{2^n - 6n} = \dfrac{1}{3} \lim\limits_{n \to \infty} \dfrac{1}{1 - \dfrac{6n}{2^n}} = \dfrac{1}{3} > 0$，

而级数 $\sum\limits_{n=1}^{\infty} \dfrac{1}{2^n}$ 收敛，所以由比较判别法的极限形式知 $\sum\limits_{n=1}^{\infty} \dfrac{1}{3} \cdot \dfrac{1}{2^n - 6n}$ 收敛.

利用比较判别法判别正项级数的敛散性时，必须依赖于一个已知敛散性的级数来作比较. 下面给出一个只依赖于给定级数本身来判断敛散性的判别法.

定理 10.3（比值判别法） 设 $\sum\limits_{n=1}^{\infty} u_n$ 是正项级数，如果 $\lim\limits_{n \to \infty} \dfrac{u_{n+1}}{u_n} = \rho$ （ρ 为有限数或 $+\infty$），那么

（1）当 $\rho < 1$ 时，$\sum\limits_{n=1}^{\infty} u_n$ 收敛；

（2）当 $\rho > 1$ 时，$\sum\limits_{n=1}^{\infty} u_n$ 发散；

（3）当 $\rho = 1$ 时，$\sum\limits_{n=1}^{\infty} u_n$ 可能收敛，也可能发散.

例 10.10 判别下列级数的敛散性.

（1）$\sum\limits_{n=1}^{\infty} \dfrac{1}{n!}$；　　（2）$\sum\limits_{n=1}^{\infty} \dfrac{n^n}{n!}$；　　（3）$\sum\limits_{n=1}^{\infty} \dfrac{1}{(n+1)(n+2)}$.

解 （1）因为 $\lim\limits_{n \to \infty} \dfrac{u_{n+1}}{u_n} = \lim\limits_{n \to \infty} \dfrac{1}{(n+1)!} \cdot n! = \lim\limits_{n \to \infty} \dfrac{1}{n+1} = 0 < 1$，所以由比值判别法知，级数 $\sum\limits_{n=1}^{\infty} \dfrac{1}{n!}$ 收敛.

（2）因为 $\lim\limits_{n \to \infty} \dfrac{u_{n+1}}{u_n} = \lim\limits_{n \to \infty} \dfrac{(n+1)^{n+1}}{(n+1)!} \cdot \dfrac{n!}{n^n} = \lim\limits_{n \to \infty} \left(\dfrac{n+1}{n}\right)^n = \lim\limits_{n \to \infty} \left(1 + \dfrac{1}{n}\right)^n$

$$= e > 1,$$

所以由比值判别法知，级数 $\sum\limits_{n=1}^{\infty} \dfrac{n^n}{n!}$ 发散.

(3)因为 $\lim\limits_{n\to\infty}\dfrac{u_{n+1}}{u_n}=\lim\limits_{n\to\infty}\dfrac{\dfrac{1}{(n+2)(n+3)}}{\dfrac{1}{(n+1)(n+2)}}=\lim\limits_{n\to\infty}\dfrac{(n+1)(n+2)}{(n+2)(n+3)}=1$ ，

此时 $\rho=1$，比值判别法失效，改用比较判别法．因为 $\dfrac{1}{(n+1)(n+2)}<\dfrac{1}{n^2}$．而级数 $\sum\limits_{n=1}^{\infty}\dfrac{1}{n^2}$ 是 $p=2>1$ 的 p-级数，它是收敛的，所以级数 $\sum\limits_{n=1}^{\infty}\dfrac{1}{(n+1)(n+2)}$ 也是收敛的．

2. 交错级数及其收敛判别法

定义 10.5　各项符号正负交替的数项级数，即形如 $\sum\limits_{n=1}^{\infty}(-1)^n u_n$ 或 $\sum\limits_{n=1}^{\infty}(-1)^{n-1}u_n$（其中 $u_n>0,n=1,2,3,\cdots$）的级数称为**交错级数**．

由于级数 $\sum\limits_{n=1}^{\infty}(-1)^n u_n=-\sum\limits_{n=1}^{\infty}(-1)^{n-1}u_n$ ，所以下面只讨论 $\sum\limits_{n=1}^{\infty}(-1)^{n-1}u_n$ 的敛散性．

定理 10.4（莱布尼茨判别法）　如果交错级数 $\sum\limits_{n=1}^{\infty}(-1)^{n-1}u_n(u_n>0,n=1,2,3,\cdots)$ 满足条件：

(1) $u_n\geqslant u_{n+1}(n=1,2,\cdots)$；

(2) $\lim\limits_{n\to\infty}u_n=0$，

则级数 $\sum\limits_{n=1}^{\infty}(-1)^{n-1}u_n$ 收敛，且其和 $S\leqslant u_1$，其余项满足 $|r_n|\leqslant u_{n+1}$．

证明从略．

以上定理中，条件(1)、(2)称为**莱布尼茨条件**，满足莱布尼茨条件的交错级数称为莱布尼茨型级数．

例 10.11　证明交错级数 $\sum\limits_{n=1}^{\infty}(-1)^{n-1}\dfrac{1}{n}$ 是收敛的．

证明　因为级数满足条件

(1) $u_n=\dfrac{1}{n}>\dfrac{1}{n+1}=u_{n+1}(n=1,2,3,\cdots)$；

(2) $\lim\limits_{n\to\infty}u_n=\lim\limits_{n\to\infty}\dfrac{1}{n}=0$.

由莱布尼茨判别法知，所给级数是收敛的．

不难看出，收敛的交错级数的余项 r_n 满足 $|r_n|=u_{n+1}-u_{n+2}+\cdots$它仍是一个收敛的莱布尼茨型级数，且有 $|r_n|\leqslant u_{n+1}$．

由此得出结论，用莱布尼茨型级数的部分和作为级数和的近似值时，产生的绝对误差不超过被略去部分的第一项的绝对值．这个结论对于实际计算有着很重要的意义，因为它给出了一个简便估计误差的方法.

3. 绝对收敛与条件收敛

定义 10.6　如果级数 $\sum_{n=1}^{\infty}|u_n|$ 收敛,那么就称级数 $\sum_{n=1}^{\infty}u_n$ 绝对收敛;如果级数

$\sum_{n=1}^{\infty}u_n$ 收敛而级数 $\sum_{n=1}^{\infty}|u_n|$ 发散,那么就称级数 $\sum_{n=1}^{\infty}u_n$ 条件收敛.

显然,一切收敛的正项级数都是绝对收敛的,绝对收敛的级数必收敛.

例 10.12　判别下列级数的收敛性;收敛时,说明是条件收敛还是绝对收敛.

(1) $\sum_{n=1}^{\infty}\dfrac{\sin nx}{2^n}$;　(2) $\sum_{n=1}^{\infty}(-1)^{n-1}\dfrac{1}{\ln(1+n)}$.

解　(1)因为 $|u_n|=\left|\dfrac{\sin nx}{2^n}\right|<\dfrac{1}{2^n}$,而级数 $\sum_{n=1}^{\infty}\dfrac{1}{2^n}$ 收敛,所以由比较判别法知级数

$\sum_{n=1}^{\infty}\left|\dfrac{\sin nx}{2^n}\right|$ 收敛,所以级数 $\sum_{n=1}^{\infty}\dfrac{\sin nx}{2^n}$ 是收敛的,且是绝对收敛.

(2)因为 $|u_n|=\dfrac{1}{\ln(1+n)}>\dfrac{1}{n}$,而级数 $\sum_{n=1}^{\infty}\dfrac{1}{n}$ 发散,所以由比较判别法知级数

$\sum_{n=1}^{\infty}\left|(-1)^{n-1}\dfrac{1}{\ln(1+n)}\right|$ 发散.又因为 $\dfrac{1}{\ln(1+n)}>\dfrac{1}{\ln(1+n+1)}$,且 $\lim\limits_{n\to\infty}\dfrac{1}{\ln(1+n)}=$

0,所以由莱布尼茨判别法知 $\sum_{n=1}^{\infty}(-1)^{n-1}\dfrac{1}{\ln(1+n)}$ 收敛,故 $\sum_{n=1}^{\infty}(-1)^{n-1}\dfrac{1}{\ln(1+n)}$ 为

条件收敛.

习题　10-1

1. 判断下列级数的敛散性;若收敛,求出级数的和:

(1) $\dfrac{1}{1\cdot 3}+\dfrac{1}{3\cdot 5}+\dfrac{1}{5\cdot 7}+\cdots+\dfrac{1}{(2n-1)\cdot(2n+1)}+\cdots$;

(2) $\dfrac{5}{6}+\dfrac{2^2+3^2}{6^2}+\dfrac{2^3+3^3}{6^3}+\cdots+\dfrac{2^n+3^n}{6^n}+\cdots$;

(3) $\sum_{n=1}^{\infty}\left(\dfrac{n+1}{n}\right)^n$.

2. 用比较判别法判断下列级数的敛散性:

(1) $\sum_{n=1}^{\infty}\dfrac{1}{(n+1)(n+4)}$;　　　　(2) $\sum_{n=1}^{\infty}\dfrac{1}{\sqrt{n^4+1}}$;

(3) $\sum_{n=1}^{\infty}\left(\dfrac{n}{3n+1}\right)^n$;　　　　(4) $\sum_{n=1}^{\infty}\dfrac{2n+1}{n^2+3n+5}$.

3. 用比值判别法判断下列级数的敛散性:

(1) $\displaystyle\sum_{n=1}^{\infty} \frac{n^2}{3^n}$; (2) $\displaystyle\sum_{n=1}^{\infty} \frac{3^n n!}{n^n}$; (3) $\displaystyle\sum_{n=1}^{\infty} \left(\frac{n}{2n-1}\right)^n$; (4) $\displaystyle\sum_{n=1}^{\infty} \frac{3^n}{n^2 2^n}$.

4. 判断下列级数的敛散性;收敛时,说明是条件收敛,还是绝对收敛:

(1) $\displaystyle\sum_{n=1}^{\infty} (-1)^{n+1} \frac{1}{2n+1}$;   (2) $\displaystyle\sum_{n=1}^{\infty} (-1)^n \frac{1}{n\sqrt{n}}$;

(3) $\displaystyle\sum_{n=1}^{\infty} (-1)^{n+1} \frac{n+1}{2n+1}$;   (4) $\displaystyle\sum_{n=1}^{\infty} (-1)^n \sin\frac{n}{2^n}$.

10.2 幂级数

10.2.1 幂级数的概念

1. 函数项级数的概念

定义 10.7 设 $u_1(x), u_2(x), \cdots, u_n(x), \cdots$ 是定义在区间 I 上的一列函数,则称

$$\sum_{n=1}^{\infty} u_n(x) = u_1(x) + u_2(x) + \cdots + u_n(x) + \cdots \qquad (10.2)$$

为定义在区间 I 上的**函数项级数**,其中 $u_n(x)$ 称为函数项级数(10.2)的通项.

当 x 在区间 I 上取某个特定值 x_0 时,函数项级数(10.2)就变为常数项级数

$$\sum_{n=1}^{\infty} u_n(x_0) = u_1(x_0) + u_2(x_0) + \cdots + u_n(x_0) + \cdots.$$

定义 10.8 若级数 $\displaystyle\sum_{n=1}^{\infty} u_n(x_0)$ 收敛,则称点 x_0 为函数项级数 $\displaystyle\sum_{n=1}^{\infty} u_n(x)$ 的**收敛点**,级数 $\displaystyle\sum_{n=1}^{\infty} u_n(x)$ 的收敛点的全体,称为该级数的**收敛域**. 若级数 $\displaystyle\sum_{n=1}^{\infty} u_n(x_0)$ 发散,则称点 x_0 为函数项级数 $\displaystyle\sum_{n=1}^{\infty} u_n(x)$ 的**发散点**.

对收敛域内每一点 x,$\displaystyle\sum_{n=1}^{\infty} u_n(x)$ 都有一个确定的和与之对应,因此,在收敛域内 $\displaystyle\sum_{n=1}^{\infty} u_n(x)$ 的和是 x 的函数,称这个函数为 $\displaystyle\sum_{n=1}^{\infty} u_n(x)$ 的**和函数**,记为 $S(x)$. 在收敛域内有

$$S(x) = \sum_{n=1}^{\infty} u_n(x).$$

例如,等比级数 $\displaystyle\sum_{n=0}^{\infty} x^n = 1 + x + x^2 + \cdots + x^n + \cdots$,其收敛域是 $(-1, 1)$,在收敛域

内的和函数为 $S(x) = \dfrac{1}{1-x}$.

函数项级数 $\sum\limits_{n=1}^{\infty} u_n(x)$ 的前 n 项部分和记作 $S_n(x)$,在收敛域内有
$$\lim_{n\to\infty} S_n(x) = S(x).$$
$r_n(x) = S(x) - S_n(x)$ 叫做函数项级数的余项,在收敛域内有 $\lim\limits_{n\to\infty} r_n(x) = 0$.

在函数项级数中,最常用的是幂级数和三角级数. 幂级数是最简单的一种函数项级数,它是表示函数(特别是非初等函数)和计算函数近似值的非常有用的工具. 常用对数表、自然对数表、三角函数值表等都是借助于幂级数计算出来的.

2. 幂级数的概念

定义 10.9 形如
$$\sum_{n=0}^{\infty} a_n(x-x_0)^n = a_0 + a_1(x-x_0) + a_2(x-x_0)^2 + \cdots + a_n(x-x_0)^n + \cdots$$
$$\tag{10.3}$$

的函数项级数称为**幂级数**,其中 $a_0, a_1, a_2, \cdots$ 称为幂级数的**系数**. 我们着重讨论 $x_0 = 0$ 的情形,即
$$\sum_{n=0}^{\infty} a_n x^n = a_0 + a_1 x + a_2 x^2 + \cdots + a_n x^n \cdots. \tag{10.4}$$
因为只要把幂级数(10.4)中的 x 换成 $x-x_0$ 就可得到幂级数(10.3).

下面讨论幂级数的敛散性问题.

定理 10.5(阿贝尔定理)

(1)级数 $\sum\limits_{n=0}^{\infty} a_n x^n$ 在 $x=0$ 处收敛;

(2)若幂级数 $\sum\limits_{n=0}^{\infty} a_n x^n$ 在点 $x_1 (x_1 \neq 0)$ 处收敛,则当 $|x| < |x_1|$ 时,该幂级数收敛,且绝对收敛;

(3)若幂级数 $\sum\limits_{n=0}^{\infty} a_n x^n$ 在点 $x_2 (x_2 \neq 0)$ 处发散,则当 $|x| > |x_2|$ 时,该幂级数必发散.

由定理 10.5 可知,对于幂级数 $\sum\limits_{n=0}^{\infty} a_n x^n$ 来说,必有一个非负数 R,使得幂级数当 $|x| < R$ 时收敛,当 $|x| > R$ 时发散,称数 R 为该幂级数的**收敛半径**,称 $(-R, R)$ 为幂级数的**收敛区间**,当我们进一步判别出端点 $x = \pm R$ 处的收敛性后,便可得出幂级数 $\sum\limits_{n=0}^{\infty} a_n x^n$ 的**收敛域**,如图 10-2.

3. 幂级数收敛半径及收敛区间、收敛域的求法

定理 10.6 对于幂级数 $\sum\limits_{n=0}^{\infty} a_n x^n$,如果 $\lim\limits_{n\to\infty} \left| \dfrac{a_{n+1}}{a_n} \right| = \rho$,则

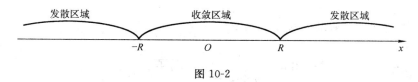

图 10-2

(1)当 $0<\rho<+\infty$ 时,级数的收敛半径为 $R=\dfrac{1}{\rho}$;

(2)当 $\rho=0$ 时,收敛半径为 $R=+\infty$;

(3)当 $\rho=+\infty$ 时,收敛半径为 $R=0$,级数只在点 $x=0$ 处收敛.

证明略.

例 10.13　求下列幂级数的收敛半径、收敛区间和收敛域:

(1) $\displaystyle\sum_{n=1}^{\infty}(-1)^{n-1}\dfrac{x^{n}}{n}$;　(2) $\displaystyle\sum_{n=0}^{\infty}\dfrac{x^{n}}{n!}$;　(3) $\displaystyle\sum_{n=0}^{\infty}n^{n}x^{n}$

解　(1)因为 $\rho=\lim\limits_{n\to\infty}\left|\dfrac{a_{n+1}}{a_{n}}\right|=\lim\limits_{n\to\infty}\dfrac{n}{n+1}=1$,所以收敛半径为 $R=\dfrac{1}{\rho}=1$,收敛区间为 $(-1,1)$.

当 $x=1$ 时,级数 $\displaystyle\sum_{n=1}^{\infty}\dfrac{(-1)^{n}}{n}=-1+\dfrac{1}{2}-\dfrac{1}{3}+\dfrac{1}{4}-\cdots$ 为交错级数,由莱布尼茨定理知其收敛;当 $x=-1$ 时,级数 $\displaystyle\sum_{n=1}^{\infty}\left(-\dfrac{1}{n}\right)$ 发散,所以收敛域为 $(-1,1]$

(2)因为 $\rho=\lim\limits_{n\to\infty}\left|\dfrac{a_{n+1}}{a_{n}}\right|=\lim\limits_{n\to\infty}\dfrac{n!}{(n+1)!}=\lim\limits_{n\to\infty}\dfrac{1}{n+1}=0$,所以收敛半径为 $R=+\infty$,收敛区间和收敛域都是 $(-\infty,+\infty)$.

(3)因为 $\rho=\lim\limits_{n\to\infty}\left|\dfrac{a_{n+1}}{a_{n}}\right|=\lim\limits_{n\to\infty}\dfrac{(n+1)^{n+1}}{n^{n}}=\lim\limits_{n\to\infty}(1+\dfrac{1}{n})^{n}(n+1)=+\infty$,所以收敛半径 $R=0$,级数只在点 $x=0$ 处收敛.

例 10.14　求幂级数 $\displaystyle\sum_{n=1}^{\infty}3^{n}x^{2n-1}$ 的收敛半径及收敛区间.

解　所给幂级数缺少奇次幂项,不能用定理 10.6 求收敛半径,但可以用正项级数的比值判别法及收敛半径的定义直接求收敛半径.

考虑绝对值级数 $\displaystyle\sum_{n=1}^{\infty}|3^{n}x^{2n-1}|$,因为 $\lim\limits_{n\to\infty}\left|\dfrac{u_{n+1}(x)}{u_{n}(x)}\right|=\lim\limits_{n\to\infty}\left|\dfrac{3^{n+1}x^{2n+1}}{3^{n}x^{2n-1}}\right|=3|x|^{2}$,当 $3|x|^{2}<1$,即 $|x|<\dfrac{\sqrt{3}}{3}$ 时,幂级数绝对收敛;当 $3|x|^{2}>1$,即 $|x|>\dfrac{\sqrt{3}}{3}$ 时,幂级数发散.因此幂级数收敛半径 $R=\dfrac{\sqrt{3}}{3}$,收敛区间为 $\left(-\dfrac{\sqrt{3}}{3},\dfrac{\sqrt{3}}{3}\right)$.

例 10.15　求幂级数 $\displaystyle\sum_{n=0}^{\infty}\dfrac{(x-2)^{n}}{\sqrt{n+1}}$ 的收敛半径、收敛区间与收敛域.

解 设 $t=x-2$，则得级数 $\sum\limits_{n=0}^{\infty}\dfrac{t^n}{\sqrt{n+1}}$，

因为 $\rho=\lim\limits_{n\to\infty}\left|\dfrac{a_{n+1}}{a_n}\right|=\lim\limits_{n\to\infty}\dfrac{1}{\sqrt{n+1+1}}\cdot\sqrt{n+1}=1$，

所以级数 $\sum\limits_{n=0}^{\infty}\dfrac{1}{\sqrt{n+1}}t^n$ 的收敛半径为 $R_1=1$，收敛区间为 $(-1,1)$.

当 $t=-1$ 时，$\sum\limits_{n=0}^{\infty}\dfrac{t^n}{\sqrt{n+1}}=\sum\limits_{n=0}^{\infty}\dfrac{(-1)^n}{\sqrt{n+1}}$ 为交错级数，收敛；

当 $t=1$ 时，$\sum\limits_{n=0}^{\infty}\dfrac{t^n}{\sqrt{n+1}}=\sum\limits_{n=0}^{\infty}\dfrac{1}{\sqrt{n+1}}$ 为 $p=\dfrac{1}{2}<1$ 的 p -级数，它是发散的.

所以 $\sum\limits_{n=0}^{\infty}\dfrac{t^n}{\sqrt{n+1}}$ 的收敛域为 $[-1,1)$.

由于 $t=x-2$，有 $x=t+2$，故原级数收敛半径为 $R=1$，收敛区间为 $(1,3)$；收敛域为 $[1,3)$.

10.2.2 幂级数的运算

设幂级数 $\sum\limits_{n=0}^{\infty}a_nx^n$ 在收敛区间 $(-R_1,R_1)$ 内的和函数为 $f(x)$，幂级数 $\sum\limits_{n=0}^{\infty}b_nx^n$ 在收敛区间 $(-R_2,R_2)$ 内的和函数为 $g(x)$，取 $R=\min(R_1,R_2)$，则在 $(-R,R)$ 内可进行下列运算.

(1)加减运算

$$\sum_{n=0}^{\infty}(a_n\pm b_n)x^n=\sum_{n=0}^{\infty}a_nx^n\pm\sum_{n=0}^{\infty}b_nx^n=f(x)\pm g(x).$$

(2)乘法运算

$$\left(\sum_{n=0}^{\infty}a_nx^n\right)\left(\sum_{n=0}^{\infty}b_nx^n\right)=\sum_{n=0}^{\infty}(a_0b_n+a_1b_{n-1}+a_2b_{n-2}+\cdots+a_nb_0)x^n=f(x)g(x).$$

(3)微分运算

$$\left(\sum_{n=0}^{\infty}a_nx^n\right)'=\sum_{n=0}^{\infty}(a_nx^n)'=\sum_{n=1}^{\infty}na_nx^{n-1}=f'(x).$$

注：逐项求导后的幂级数与原幂级数有相同的收敛半径.

(4)积分运算

$$\int_0^x\left(\sum_{n=0}^{\infty}a_nx^n\right)\mathrm{d}x=\sum_{n=0}^{\infty}\int_0^x a_nx^n\mathrm{d}x=\sum_{n=0}^{\infty}\dfrac{a_nx^{n+1}}{n+1}=\int_0^x f(x)\mathrm{d}x.$$

注：逐项积分后的幂级数与原幂级数有相同的收敛半径.

例 10.16 求下列幂级数的和函数：

(1) $\displaystyle\sum_{n=1}^{\infty} nx^{n-1}$；　(2) $\displaystyle\sum_{n=1}^{\infty} \frac{(-1)^{n-1}x^{2n-1}}{2n-1}$；　(3) $\displaystyle\sum_{n=0}^{\infty} \frac{x^n}{n!}$

解　(1)易知幂级数收敛区间为$(-1,1)$，

设和函数为 $S(x) = \displaystyle\sum_{n=1}^{\infty} nx^{n-1}$，$x \in (-1,1)$，

两端逐项积分得 $\displaystyle\int_0^x S(t)\mathrm{d}t = \int_0^x \Big[\sum_{n=1}^{\infty} n\, t^{n-1}\Big]\mathrm{d}t = \sum_{n=1}^{\infty}\int_0^x nt^{n-1}\mathrm{d}t = \sum_{n=1}^{\infty} (t^n)\Big|_0^x = \sum_{n=1}^{\infty} x^n$

$$= x + x^2 + x^3 + \cdots = \frac{x}{1-x}, x \in (-1,1).$$

即 $\displaystyle\int_0^x S(t)\mathrm{d}t = \frac{x}{1-x}, x \in (-1,1).$

将上式两边对 x 求导得　$S(x) = \Big[\dfrac{x}{1-x}\Big]' = \dfrac{1}{(1-x)^2}, x \in (-1,1).$

又当 $x = \pm 1$ 时，级数 $\displaystyle\sum_{n=1}^{\infty} nx^{n-1}$ 都发散．

所以原幂级数的和函数为 $S(x) = \dfrac{1}{(1-x)^2}, x \in (-1,1).$

(2)易求出级数 $\displaystyle\sum_{n=1}^{\infty} \frac{(-1)^{n-1}x^{2n-1}}{2n-1}$ 的收敛区间为$(-1,1)$．

设和函数为 $S(x) = \displaystyle\sum_{n=1}^{\infty} \frac{(-1)^{n-1}x^{2n-1}}{2n-1}, x \in (-1,1).$

两端求导，得 $S'(x) = \displaystyle\sum_{n=1}^{\infty} (-1)^{n-1}x^{2n-2} = 1 - x^2 + x^4 - x^6 + \cdots = \dfrac{1}{1+x^2}$，

$$x \in (-1,1).$$

所以 $\displaystyle\int_0^x S'(t)\mathrm{d}t = \int_0^x \frac{1}{1+t^2}\mathrm{d}t = \arctan x.$

当 $x = 1$ 时，级数 $\displaystyle\sum_{n=1}^{\infty} \frac{(-1)^{n-1}}{2n-1}$ 收敛；当 $x = -1$ 时，级数 $\displaystyle\sum_{n=1}^{\infty} \frac{(-1)^n}{2n-1}$ 收敛．

所以原级数的和函数为 $S(x) = \arctan x, x \in [-1,1].$

特别地，当 $x = 1$ 时，

$$S(1) = 1 - \frac{1}{3} + \frac{1}{5} + \frac{1}{7} + \cdots = \sum_{n=1}^{\infty} (-1)^{n-1}\frac{1}{2n-1} = \arctan 1 = \frac{\pi}{4}.$$

(3)由例 10.13 知，级数 $\displaystyle\sum_{n=0}^{\infty} \frac{x^n}{n!}$ 的收敛区间为$(-\infty, +\infty)$，设和函数为 $S(x) = \displaystyle\sum_{n=0}^{\infty} \frac{x^n}{n!}$．两边求导得

$$S'(x) = \left(\sum_{n=0}^{\infty} \frac{x^n}{n!}\right)' = \sum_{n=0}^{\infty} \left(\frac{x^n}{n!}\right)' = \sum_{n=1}^{\infty} \frac{x^{n-1}}{(n-1)!} = \sum_{n=0}^{\infty} \frac{x^n}{n!} = S(x),$$

解方程 $S'(x)=S(x)$ 得其通解为 $S(x)=Ce^x$, 再注意到 $S(0)=1$, 可得 $C=1$, 所以和

函数为 $S(x) = \sum_{n=0}^{\infty} \frac{x^n}{n!} = e^x$, 即

$$e^x = 1 + x + \frac{x^2}{2!} + \frac{x^3}{3!} + \cdots + \frac{x^n}{n!} + \cdots, x \in (-\infty, +\infty).$$

10.2.3　函数的幂级数展开

前面讨论了幂级数的收敛区间及其和函数. 现在讨论相反的问题, 即对给定的函数 $f(x)$, 能否将其表示为一个幂级数? 这就是本节要介绍的函数的幂级数展开.

在此必须要考虑两个问题：(1)对给定的函数 $f(x)$, 在什么情况下可以表示成一个幂级数的形式；(2)若能表示成幂级数形式, 如何求出这个幂级数.

1. 泰勒公式与麦克劳林公式

针对上述第一个问题, 下面先介绍两个用多项式来表示函数的公式——泰勒公式与麦克劳林公式.

定理 10.7(泰勒中值定理)　如果函数 $f(x)$ 在 x_0 的某邻域内有直至 $n+1$ 阶导数, 则对此邻域内的任意点 x, 有

$$f(x) = f(x_0) + \frac{f'(x_0)}{1!}(x-x_0) + \frac{f''(x_0)}{2!}(x-x_0)^2 + \cdots + \frac{f^{(n)}(x_0)}{n!}(x-x_0)^n + R_n(x)$$

$$(10.5)$$

其中

$$R_n(x) = \frac{f^{(n+1)}(\xi)}{(n+1)!}(x-x_0)^{n+1} \quad (\xi \text{ 在 } x_0 \text{ 与 } x \text{ 之间}).$$

称(10.5)式为 $f(x)$ 在 x_0 处的 n 阶**泰勒公式**, 系数 $\frac{f^{(n)}(x_0)}{n!}$ $(n=1,2,\cdots)$ 称为**泰勒系数**, $R_n(x)$ 为 n 阶泰勒公式的**拉格朗日型余项**, 当 $x \to x_0$ 时, 它是比 $(x-x_0)^n$ 高阶的无穷小.

当 $n=0$ 时, (10.5)式变为

$$f(x) = f(x_0) + f'(\xi)(x-x_0) \quad (\xi \text{ 在 } x_0 \text{ 与 } x \text{ 之间}),$$

这就是拉格朗日中值定理. 所以泰勒中值定理是拉格朗日中值定理的推广.

特别地, 当 $x_0=0$ 时, (10.5)式成为

$$f(x) = f(0) + \frac{f'(0)}{1!}x + \frac{f''(0)}{2!}x^2 + \cdots + \frac{f^{(n)}(0)}{n!}x^n + R_n(x) \quad (10.6)$$

其中 $R_n(x) = \frac{f^{(n+1)}(\xi)}{(n+1)!}x^{n+1}$, ($\xi$ 在 0 与 x 之间). 称(10.6)式为 $f(x)$ 的 n 阶**麦克劳林公式**. 显然麦克劳林公式是泰勒公式的一个特例.

2. 泰勒级数与麦克劳林级数

定义 10.10 如果 $f(x)$ 在 x_0 的某邻域内具有任意阶的导数,则级数

$$\sum_{n=0}^{\infty} \frac{f^{(n)}(x_0)}{n!}(x-x_0)^n = f(x_0) + \frac{f'(x_0)}{1!}(x-x_0) + \frac{f''(x_0)}{2!}(x-x_0)^2 + \cdots +$$

$$\frac{f^{(n)}(x_0)}{n!}(x-x_0)^n + \cdots. \tag{10.7}$$

称为 $f(x)$ 在 $x=x_0$ 处的**泰勒级数**.

可见,只要 $f(x)$ 在 x_0 的某邻域内具有任意阶导数,我们都可按(10.7)式得到 $f(x)$ 的泰勒级数. 但这个泰勒级数在 x_0 的某邻域内是否收敛于函数 $f(x)$?

观察(10.5)式,我们不难发现泰勒级数(10.7)是否收敛于函数 $f(x)$,取决于余项 $R_n(x)$ 的极限是否为零. 为此我们有如下定理.

定理 10.8 如果函数 $f(x)$ 在 x_0 的某邻域内具有任意阶的导数,则 $f(x)$ 在 x_0 处的泰勒级数(10.7)收敛于 $f(x)$ 的充分必要条件是 $\lim\limits_{n\to\infty} R_n(x)=0$.(其中 $R_n(x)$ 为泰勒公式(10.5)的余项)

定理 10.9 告诉我们,只要泰勒公式(10.5)中的余项满足 $\lim\limits_{n\to\infty} R_n(x)=0$,函数 $f(x)$ 的泰勒级数(10.7)就收敛于 $f(x)$. 此时称函数 $f(x)$ 在点 x_0 的某邻域内能展成泰勒级数,即

$$f(x) = f(x_0) + \frac{f'(x_0)}{1!}(x-x_0) + \frac{f''(x_0)}{2!}(x-x_0)^2 + \cdots +$$

$$\frac{f^{(n)}(x_0)}{n!}(x-x_0)^n + \cdots \tag{10.8}$$

我们称(10.8)为函数 $f(x)$ 在 x_0 处的**泰勒展开式**. 可以证明该展开式是唯一的.

当 $x=0$ 时,式(10.8)变为

$$f(x) = f(0) + f'(0)x + \frac{f''(0)}{2!}x^2 + \cdots + \frac{f^{(n)}(0)}{n!}x^n + \cdots = \sum_{n=0}^{\infty} \frac{f^{(n)}(0)}{n!}x^n,$$

$$\tag{10.9}$$

上式右端的级数称为函数 $f(x)$ 的**麦克劳林级数**. 上式称为 $f(x)$ 的麦克劳林展开式.

下面我们结合例子研究如何将函数展开成幂级数.

3. 函数的幂级数展开

把函数 $f(x)$ 展开成幂级数,一般有两种方法,即直接展开法和间接展开法.

(1)直接展开法

直接利用泰勒公式(10.5)和麦克劳林公式(10.6)将函数展开成幂级数的方法,称为直接展开法.

以麦克劳林公式为例,直接展开法的步骤为:

①利用公式 $a_n = \dfrac{f^{(n)}(0)}{n!}$ $(n=1,2,3\cdots)$ 计算出幂级数的各阶系数;

②写出对应的麦克劳林级数 $f(0) + f'(0)x + \dfrac{f''(0)}{2!}x^2 + \cdots + \dfrac{f^{(n)}(0)}{n!}x^n + \cdots$;

③求出上述级数的收敛半径 R 及收敛区间;

④在收敛区间内,考察是否有 $\lim\limits_{n\to\infty} R_n(x) = 0$;若 $\lim\limits_{n\to\infty} R_n(x) = 0$,

则有 $f(x) = \sum\limits_{n=0}^{\infty} \dfrac{f^{(n)}(0)}{n!}x^n$,否则 $f(x)$ 不能展成幂级数.

例 10.17 将函数 $f(x) = e^x$ 展开成 x 的幂级数.

解 因为 $f(x) = f'(x) = f''(x) = \cdots = f^{(n)}(x) = \cdots = e^x$,所以 $f(0) = f'(0) = f''(0) = \cdots = f^{(n)}(0) = \cdots = 1(n=1,2,3,\cdots)$.

于是 e^x 的麦克劳林级数为:$1 + x + \dfrac{x^2}{2!} + \dfrac{x^3}{3!} + \cdots + \dfrac{x^n}{n!} + \cdots$.

易知其收敛半径为 $R = +\infty$.

对任意的 $x \in (-\infty, +\infty)$,当 ξ 介于 0 与 x 之间,有 $|\xi| < |x|$,

于是 $|R_n(x)| = \left| \dfrac{f^{(n+1)}(\xi)}{(n+1)!}x^{n+1} \right| = \left| \dfrac{e^\xi}{(n+1)!}x^{n+1} \right| < e^{|x|} \cdot \dfrac{|x|^{n+1}}{(n+1)!}$.

由于 $e^{|x|}$ 是一个与 n 无关的有限数,而级数 $\sum\limits_{n=0}^{\infty} \dfrac{|x|^{n+1}}{(n+1)!}$ 在 $(-\infty, +\infty)$ 内收敛,所以有 $\lim\limits_{n\to\infty} \dfrac{|x|^{n+1}}{(n+1)!} = 0$,从而 $\lim\limits_{n\to\infty} R_n(x) = 0$,$x \in (-\infty, +\infty)$,

于是 $\quad e^x = \sum\limits_{n=0}^{\infty} \dfrac{x^n}{n!} = 1 + x + \dfrac{x^2}{2!} + \dfrac{x^3}{3!} + \cdots + \dfrac{x^n}{n!} + \cdots, x \in (-\infty, +\infty)$.

类似地可得

$$\sin x = x - \frac{x^3}{3!} + \frac{x^5}{5!} - \frac{x^7}{7!} + \cdots + (-1)^{n-1}\frac{x^{2n-1}}{(2n-1)!} + \cdots, x \in (-\infty, +\infty).$$

$$(1+x)^\alpha = 1 + \alpha x + \frac{\alpha(\alpha-1)}{2!}x^2 + \cdots + \frac{\alpha(\alpha-1)\cdots(\alpha-n+1)}{n!}x^n + \cdots,$$

$$\alpha \in \mathbf{R}, x \in (-1, 1)$$

函数 $(1+x)^\alpha$ 的展开式称为二项级数.特别地,当 $\alpha = m$ 为正整数时,上式右端就成为 x 的 m 次多项式,这就是初等数学中的二项式定理.以下是几个常见的二项级数.

$\alpha = -1$ 时,$\dfrac{1}{1+x} = 1 - x + x^2 - x^3 + \cdots + (-1)^n x^n + \cdots, x \in (-1, 1)$;

$\alpha = \dfrac{1}{2}$ 时,$\sqrt{1+x} = 1 + \dfrac{1}{2}x - \dfrac{1}{2 \cdot 4}x^2 + \dfrac{1 \cdot 3}{2 \cdot 4 \cdot 6}x^3 + \cdots, x \in [-1, 1]$;

$\alpha = -\dfrac{1}{2}$ 时,$\dfrac{1}{\sqrt{1+x}} = 1 - \dfrac{1}{2}x + \dfrac{1 \cdot 3}{2 \cdot 4}x^2 - \dfrac{1 \cdot 3 \cdot 5}{2 \cdot 4 \cdot 6}x^3 + \cdots, x \in (-1, 1)$.

　　用直接展开法将函数展开成幂级数的步骤比较繁杂,而且还必须验证 $\lim\limits_{n\to\infty}R_n(x)=0$,这又往往比较困难.在实际使用中人们常常使用间接展开法.

　　(2)间接展开法

　　间接展开法,就是借助于已知的幂级数展开式,利用幂级数的运算规则,推得所求函数的展开式的方法.

　　例 10.18　　求 $\cos x$ 的麦克劳林展开式.

　　解　　由于 $(\sin x)'=\cos x$,而

$$\sin x=x-\frac{x^3}{3!}+\frac{x^5}{5!}-\frac{x^7}{7!}+\cdots+(-1)^{n-1}\frac{x^{2n-1}}{(2n-1)!}+\cdots,x\in(-\infty,+\infty).$$

两边对 x 逐项求导得

$$\cos x=1-\frac{x^2}{2!}+\frac{x^4}{4!}-\frac{x^6}{6!}+\cdots+(-1)^n\frac{x^{2n}}{(2n)!}+\cdots,x\in(-\infty,+\infty).$$

　　例 10.19　　将 $f(x)=\ln(1+x)$ 展开成 x 的幂级数.

　　解　　由于 $[\ln(1+x)]'=\dfrac{1}{1+x}$,而

$$\frac{1}{1+x}=1-x+x^2-x^3+\cdots+(-1)^nx^n+\cdots=\sum_{n=1}^{\infty}(-1)^{n-1}x^{n-1},x\in(-1,1),$$

两边积分得 $\displaystyle\int_0^x\frac{1}{1+t}\mathrm{d}t=\sum_{n=1}^{\infty}\int_0^x(-1)^{n-1}t^{n-1}\mathrm{d}t=\sum_{n=1}^{\infty}\left[\frac{(-1)^{n-1}}{n}t^n\right]\Bigg|_0^x=\sum_{n=1}^{\infty}\frac{(-1)^{n-1}}{n}x^n,$

故　　　　　　　　　　$\ln(1+x)=\displaystyle\sum_{n=1}^{\infty}\frac{(-1)^{n-1}}{n}x^n,$

即　　　　$\ln(1+x)=x-\dfrac{x^2}{2}+\dfrac{x^3}{3}-\dfrac{x^4}{4}+\cdots+\dfrac{(-1)^{n-1}}{n}x^n+\cdots,x\in(-1,1).$

又 $x=1$ 时,级数 $\displaystyle\sum_{n=1}^{\infty}\frac{(-1)^{n-1}}{n}$ 收敛;$x=-1$ 时,函数无定义,所以

$$\ln(1+x)=x-\frac{x^2}{2}+\frac{x^3}{3}-\frac{x^4}{4}+\cdots+\frac{(-1)^{n-1}}{n}x^n+\cdots,x\in(-1,1].$$

　　用间接展开法将函数展成 x 的幂级数,要熟记下面几个常用函数的麦克劳林级数展开式.

$$\mathrm{e}^x=\sum_{n=0}^{\infty}\frac{x^n}{n!}=1+x+\frac{x^2}{2!}+\frac{x^3}{3!}+\cdots+\frac{x^n}{n!}+\cdots,x\in(-\infty,+\infty);$$

$$\sin x=x-\frac{x^3}{3!}+\frac{x^5}{5!}-\frac{x^7}{7!}+\cdots+(-1)^{n-1}\frac{x^{2n-1}}{(2n-1)!}+\cdots,x\in(-\infty,+\infty);$$

$$\cos x=1-\frac{x^2}{2!}+\frac{x^4}{4!}-\frac{x^6}{6!}+\cdots+(-1)^n\frac{x^{2n}}{(2n)!}+\cdots,x\in(-\infty,+\infty);$$

$$\ln(1+x)=x-\frac{x^2}{2}+\frac{x^3}{3}-\frac{x^4}{4}+\cdots+\frac{(-1)^{n-1}}{n}x^n+\cdots,x\in(-1,1];$$

$$(1+x)^\alpha = 1 + \alpha x + \frac{\alpha(\alpha-1)}{2!}x^2 + \cdots + \frac{\alpha(\alpha-1)\cdots(\alpha-n+1)}{n!}x^n + \cdots, \alpha \in \mathbf{R}, x \in (-1,1).$$

例 10.20　将下列函数展开成关于 $x-1$ 的幂级数.

(1) $f(x) = \dfrac{1}{4-x}$;　　　(2) $f(x) = \ln(x+1)$.

解　(1) 因为 $\dfrac{1}{4-x} = \dfrac{1}{3-(x-1)} = \dfrac{1}{3} \cdot \dfrac{1}{1-\dfrac{x-1}{3}}$,

而　　　　　　$\dfrac{1}{1-x} = 1 + x + x^2 + x^3 + \cdots + x^n + \cdots, x \in (-1,1),$

在上式中以 $\dfrac{x-1}{3}$ 代替 x,得

$$\frac{1}{1-\dfrac{x-1}{3}} = 1 + \frac{x-1}{3} + \frac{(x-1)^2}{3^2} + \cdots + \frac{(x-1)^n}{3^n} + \cdots.$$

其中 $-1 < \dfrac{x-1}{3} < 1$,即 $x \in (-2,4)$,所以

$$\frac{1}{4-x} = \frac{1}{3}\Big[1 + \frac{x-1}{3} + \frac{(x-1)^2}{3^2} + \cdots + \frac{(x-1)^n}{3^n} + \cdots\Big], x \in (-2,4).$$

(2) 因为

$$f(x) = \ln(1+x) = \ln[2+(x-1)] = \ln\Big[2\Big(1+\frac{x-1}{2}\Big)\Big] = \ln 2 + \ln\Big(1+\frac{x-1}{2}\Big),$$

运用例 10.19 的结果,得

$$\ln(1+x) = \ln 2 + \Big[\frac{x-1}{2} - \frac{1}{2}\Big(\frac{x-1}{2}\Big)^2 + \frac{1}{3}\Big(\frac{x-1}{2}\Big)^3 - \cdots + \frac{(-1)^n}{n+1}\Big(\frac{x-1}{2}\Big)^{n+1} + \cdots\Big],$$

其中 $-1 < \dfrac{x-1}{2} < 1$,即 $x \in (-1,3)$,所以

$$\ln(1+x) = \ln 2 + \sum_{n=0}^{\infty} \frac{(-1)^n}{2^{n+1}(n+1)}(x-1)^{n+1}, x \in (-1,3).$$

10.2.4　幂级数展开式的简单应用

1. 求数项级数的和

例 10.21　求 $\displaystyle\sum_{n=1}^{\infty} \frac{1}{n!}$.

解　$\displaystyle\sum_{n=1}^{\infty} \frac{1}{n!}$ 为幂级数 $\displaystyle\sum_{n=1}^{\infty} \frac{x^n}{n!}$ 在 $x = 1$ 时对应的数项级数,

因为　$\displaystyle\lim_{n\to\infty} \frac{\dfrac{1}{(n+1)!}}{\dfrac{1}{n!}} = \lim_{n\to\infty} \frac{n!}{(n+1)!} = \lim_{n\to\infty} \frac{1}{n+1} = 0,$

所以幂级数 $\displaystyle\sum_{n=1}^{\infty} \frac{x^n}{n!}$ 收敛半径为 $R = +\infty$,其收敛区间为 $(-\infty, +\infty)$.

又因为

$$\sum_{n=1}^{\infty}\frac{x^n}{n!}=x+\frac{x^2}{2!}+\frac{x^3}{3!}+\cdots+\frac{x^n}{n!}+\cdots=e^x-1,x\in(-\infty,+\infty),$$

所以

$$\sum_{n=1}^{\infty}\frac{1}{n!}=(e^x-1)\mid_{x=1}=e-1.$$

2. 求近似值

例 10.22 求 e 的近似值(精确到 0.000 1).

解 因为 $e^x=1+x+\frac{x^2}{2!}+\frac{x^3}{3!}+\cdots+\frac{x^n}{n!}+\cdots,x\in(-\infty,+\infty).$

令 $x=1$,得 e 的级数表达式为 $e=1+1+\frac{1}{2!}+\frac{1}{3!}+\cdots+\frac{1}{n!}+\cdots,$

取其前 $n+1$ 项的和作为 e 的近似值,有 $e\approx1+1+\frac{1}{2!}+\frac{1}{3!}+\cdots+\frac{1}{n!},$

所产生的绝对误差为

$$|R|=\frac{1}{(n+1)!}+\frac{1}{(n+2)!}+\frac{1}{(n+3)!}+\cdots$$

$$=\frac{1}{(n+1)!}[1+\frac{1}{n+2}+\frac{1}{(n+3)(n+2)}+\cdots]<\frac{1}{(n+1)!}[1+\frac{1}{n+1}+\frac{1}{(n+1)^2}+\cdots]$$

$$=\frac{1}{(n+1)!}\cdot\frac{1}{1-\frac{1}{n+1}}=\frac{1}{n\cdot n!}.$$

要使 e 的近似值精确到 0.000 1,只要 $\frac{1}{n\cdot n!}<0.000\,1$,通过试验解知,取 $n=7$ 即可.

因此有 $e\approx1+1+\frac{1}{2!}+\frac{1}{3!}+\cdots+\frac{1}{7!}\approx2.718\,3.$

3. 求极限

例 10.23 求 $\lim_{x\to0}\frac{\cos x-e^{-\frac{x^2}{2}}}{x^4}.$

解 $\lim_{x\to0}\frac{\cos x-e^{-\frac{x^2}{2}}}{x^4}=\lim_{x\to0}\frac{(1-\frac{x^2}{2}+\frac{x^4}{24}-\cdots)-(1-\frac{x^2}{2}+\frac{x^4}{2\cdot2^2}-\cdots)}{x^4}$

$$=\lim_{x\to0}\frac{-\frac{x^4}{12}}{x^4}=-\frac{1}{12}.$$

4. 求积分

在前面章节中我们知道,有些不定积分 $\int e^{-x^2}dx,\int\frac{1}{\ln x}dx,\int\frac{1}{\sqrt{1+x^4}}dx$ 是"积不出来"的,其主要原因是原函数不是初等函数. 在此我们尝试用幂级数表示其原函数,将其"积"出来.

例 10.24   求不定积分 $\int e^{-x^2} dx$.

解   由于 $e^{-x^2} = 1 - x^2 + \frac{1}{2!}x^4 - \frac{1}{3!}x^6 + \cdots, x \in (-\infty, +\infty)$.

故逐项积分得

$$\int e^{-x^2} dx = \int dx - \int x^2 dx + \int \frac{1}{2!}x^4 dx - \int \frac{1}{3!}x^6 dx + \cdots\cdots \int (-1)^n \frac{x^{2n}}{n!} dx + \cdots$$
$$= C + x - \frac{x^3}{3} + \frac{x^5}{5 \cdot 2!} - \frac{x^7}{7 \cdot 3!} + \cdots + \frac{(-1)^n x^{2n+1}}{(2n+1) \cdot n!} + \cdots .$$

5. 求解微分方程

例 10.25   求 $y' = 1 + xy$ 满足初始条件 $y|_{x=0} = 1$ 的特解 .

解   易验证利用通解求特解的方法行不通 . 为此,设所求的特解为

$$y = a_0 + a_1 x + a_2 x^2 + a_3 x^3 + \cdots + a_n x^n + \cdots,$$

因为 $y|_{x=0} = 1$,代入上式得 $a_0 = 1$,即有

$$y = 1 + a_1 x + a_2 x^2 + a_3 x^3 + \cdots + a_n x^n + \cdots,$$

对此幂级数逐项求导数,有 $y' = a_1 + 2a_2 x + 3a_3 x^2 + \cdots + na_n x^{n-1} + \cdots,$

代入方程 $y' = 1 + xy$,有

$$a_1 + 2a_2 x + 3a_3 x^2 + \cdots + na_n x^{n-1} + \cdots = 1 + x + a_1 x^2 + a_2 x^3 + \cdots + a_{n-2} x^{n-1} +$$
$$a_{n-1} x^n + \cdots,$$

比较系数得 $a_1 = 1, na_n = a_{n-2}$ 即 $a_n = \frac{1}{n} a_{n-2} (n = 2, 3, \cdots)$. 所以

当 $n = 2k$ 时,有 $a_n = a_{2k} = \frac{1}{2k(2k-2)\cdots 2}$;

当 $n = 2k - 1$ 时,有 $a_n = a_{2k-1} = \frac{1}{(2k-1)(2k-3)\cdots 1}$.

于是求得该微分方程满足初始条件的特解为

$$y = 1 + x + \frac{1}{2}x^2 + \frac{1}{3 \cdot 1}x^3 + \frac{1}{4 \cdot 2}x^4 + \frac{1}{5 \cdot 3 \cdot 1}x^5 + \frac{1}{6 \cdot 4 \cdot 2}x^6 + \cdots .$$

又因为这个幂级数的收敛半径 $R = +\infty$,所以上式成立的范围是 $(-\infty, +\infty)$.

习题   10-2

1. 求下列幂级数的收敛半径、收敛区间和收敛域:

(1) $\sum_{n=1}^{\infty} \frac{(-1)^n}{n^2} x^n$;   (2) $\sum_{n=1}^{\infty} \frac{x^n}{2 \cdot 4 \cdots (2n)}$;   (3) $\sum_{n=1}^{\infty} n! x^n$;   (4) $\sum_{n=1}^{\infty} \frac{(x-5)^n}{\sqrt{n}}$.

2. 求下列幂级数在收敛区间内的和函数:

(1) $\sum_{n=0}^{\infty} (n+1) x^n (-1 < x < 1)$;   (2) $\sum_{n=1}^{\infty} \frac{x^{4n+1}}{4n+1} (-1 < x < 1)$;

$(3) \sum\limits_{n=0}^{\infty} \dfrac{x^{2n}}{2^n n!}(-\infty < x + \infty);$ 　　　　　$(4) \sum\limits_{n=1}^{\infty}(-1)^{n-1}\dfrac{x^{2n-1}}{2n-1}(-1 < x < 1).$

3. 将下列函数展成 x 的幂级数,并求收敛区间:

$(1) \sin\dfrac{x}{2};$ 　$(2) \ln(3+x);$ 　$(3) \dfrac{1}{2-x}.$

4. 利用 $\arcsin x$ 的幂级数展开式,求 π 的近似值(精确到 0.000 1).

5. 求极限 $\lim\limits_{x \to 0} \dfrac{x - \ln(1+x)}{x^2}.$

6. 求 $\displaystyle\int_0^1 \dfrac{\sin x}{x}\mathrm{d}x$ 的近似值(精确到 0.001).

*10.3　傅里叶级数

　　函数除了运用幂级数的形式来表示外,还可以用三角函数构成的函数项级数即三角级数来表示. 由于三角函数具有周期性,所以这种级数对于研究具有周期性的物理现象具有重要意义. 在本节里,我们将重点介绍另一种重要的函数项级数——傅里叶级数. 它在力学、电工学、电子技术等许多领域都有广泛的应用.

10.3.1　三角级数与三角函数系的正交性

　　定义 10.11　形如

$$\dfrac{a_0}{2} + \sum\limits_{n=1}^{\infty}(a_n\cos nx + b_n\sin nx) \tag{10.10}$$

的级数称为**三角级数**,其中常数 $a_0, a_n, b_n(n=1,2,\cdots)$ 称为此**三角级数的系数**.

　　定义 10.12　函数列

$$1, \cos x, \sin x, \cos 2x, \sin 2x, \cdots, \cos nx, \sin nx, \cdots \tag{10.11}$$

所构成的函数系称为**三角函数系**,它们的公共周期是 2π,在区间 $[-\pi,\pi]$ 上具有**正交性**,即在三角函数系(10.11)中,任何两个不同的函数的乘积在区间 $[-\pi,\pi]$ 上的积分等于零. 用式子表示为

$$\int_{-\pi}^{\pi}\cos nx\,\mathrm{d}x = \int_{-\pi}^{\pi}\sin nx\,\mathrm{d}x = 0(n=1,2,\cdots),$$

$$\int_{-\pi}^{\pi}\cos mx\cos nx\,\mathrm{d}x = 0(m,n=1,2,\cdots,\text{且 } m \neq n),$$

$$\int_{-\pi}^{\pi}\sin mx\sin nx\,\mathrm{d}x = 0(m,n=1,2,\cdots,\text{且 } m \neq n),$$

$$\int_{-\pi}^{\pi}\cos mx\sin nx\,\mathrm{d}x = 0(m,n=1,2,\cdots).$$

此外,在三角函数系中,两个相同函数的乘积在区间 $[-\pi,\pi]$ 上的积分不等于零. 有

$$\int_{-\pi}^{\pi} 1^2 \, \mathrm{d}x = 2\pi, \int_{-\pi}^{\pi} \cos^2 nx \, \mathrm{d}x = \int_{-\pi}^{\pi} \sin^2 nx \, \mathrm{d}x = \pi \, (n = 1, 2, \cdots).$$

以上等式,读者可以通过计算定积分来证明.

10.3.2 周期为 2π 的函数展开成傅里叶级数

1. 傅里叶级数

与幂级数类似,这里需要研究的问题是,假设函数 $f(x)$ 能表示成三角级数 (10.10),那么 $f(x)$ 需要满足什么条件? 系数 $a_0, a_n, b_n (n=1,2,\cdots)$ 如何确定? 展开后级数是否收敛于 $f(x)$?

为此,我们不妨先假设函数 $f(x)$ 可以展成三角级数,即

$$f(x) = \frac{a_0}{2} + \sum_{n=1}^{\infty} (a_n \cos nx + b_n \sin nx). \tag{10.12}$$

且假设(10.12)式的右端可以逐项积分.

对式(10.12)两端在区间 $[-\pi, \pi]$ 上积分

$$\int_{-\pi}^{\pi} f(x) \, \mathrm{d}x = \int_{-\pi}^{\pi} \frac{a_0}{2} \mathrm{d}x + \sum_{n=1}^{\infty} \left(a_n \int_{-\pi}^{\pi} \cos nx \, \mathrm{d}x + b_n \int_{-\pi}^{\pi} \sin nx \, \mathrm{d}x \right).$$

由三角函数系的正交性知,上式右端除第一项外,其余各项均为零,于是有

$$\int_{-\pi}^{\pi} f(x) \, \mathrm{d}x = \frac{a_0}{2} \cdot 2\pi = a_0 \pi$$

得

$$a_0 = \frac{1}{\pi} \int_{-\pi}^{\pi} f(x) \, \mathrm{d}x.$$

用 $\cos kx$ 分别乘式(10.12)两边,再在区间上 $[-\pi, \pi]$ 积分,得

$$\int_{-\pi}^{\pi} f(x) \cos kx \, \mathrm{d}x = \frac{a_0}{2} \int_{-\pi}^{\pi} \cos kx \, \mathrm{d}x + \sum_{n=1}^{\infty} \left(a_n \int_{-\pi}^{\pi} \cos nx \cos kx \, \mathrm{d}x + b_n \int_{-\pi}^{\pi} \sin nx \cos kx \, \mathrm{d}x \right)$$

根据三角函数系的正交性,等式右端除 $n = k$ 时 $\int_{-\pi}^{\pi} \cos nx \cos kx \, \mathrm{d}x \neq 0$ 外,其余各项均为零,所以

$$\int_{-\pi}^{\pi} f(x) \cos kx \, \mathrm{d}x = a_k \int_{-\pi}^{\pi} \cos^2 kx \, \mathrm{d}x = a_k \pi,$$

于是得

$$a_k = \frac{1}{\pi} \int_{-\pi}^{\pi} f(x) \cos kx \, \mathrm{d}x \, (k = 1, 2, \cdots).$$

类似地,再将式(10.12)两端乘以 $\sin kx$,积分后,可求得

$$b_k = \frac{1}{\pi} \int_{-\pi}^{\pi} f(x) \sin kx \, \mathrm{d}x \, (k = 1, 2, \cdots).$$

注意到 $n=0$ 时,a_n 的表达式恰好为 a_0,故将上面的 a_0, a_n, b_n 的表达式合并为

$$\begin{cases} a_n = \dfrac{1}{\pi} \displaystyle\int_{-\pi}^{\pi} f(x) \cos nx \, \mathrm{d}x & (n = 0, 1, 2, \cdots), \\ b_n = \dfrac{1}{\pi} \displaystyle\int_{-\pi}^{\pi} f(x) \sin nx \, \mathrm{d}x & (n = 1, 2, \cdots). \end{cases} \tag{10.13}$$

由此可见,如果以 2π 为周期的函数 $f(x)$ 在$[-\pi,\pi]$上可以展成三角级数,其系数必由公式(10.13)给出.

定义 10.13 由式(10.13)所确定的系数 $a_0,a_n,b_n,(n=1,2,3,\cdots)$称为函数 $f(x)$ 的**傅里叶系数**,由傅里叶系数所确定的三角级数

$$\frac{a_0}{2}+\sum_{n=1}^{\infty}(a_n\cos nx+b_n\sin nx),\qquad(10.14)$$

称为函数 $f(x)$ 的**傅里叶级数**.

特别地,如果 $f(x)$ 是$[-\pi,\pi]$上的周期为 2π 的奇函数,它的傅里叶系数为

$$\begin{cases}a_n=0 & (n=0,1,2,\cdots),\\ b_n=\dfrac{2}{\pi}\displaystyle\int_0^{\pi}f(x)\sin nx\,\mathrm{d}x & (n=1,2,\cdots).\end{cases}$$

由此所确定的傅里叶级数成为只含有正弦项的**正弦级数** $\displaystyle\sum_{n=1}^{\infty}b_n\sin nx$.

如果 $f(x)$ 是$[-\pi,\pi]$上的周期为 2π 的偶函数,它的傅里叶系数为

$$\begin{cases}a_n=\dfrac{2}{\pi}\displaystyle\int_0^{\pi}f(x)\cos nx\,\mathrm{d}x & (n=0,1,2,\cdots),\\ b_n=0 & (n=1,2,\cdots).\end{cases}$$

由此所确定的傅里叶级数成为只含有常数项与余弦项的**余弦级数** $\dfrac{a_0}{2}+\displaystyle\sum_{n=1}^{\infty}a_n\cos nx$.

2. 傅里叶级数的收敛性

上面我们解决了函数 $f(x)$ 如何表示成傅里叶级数的问题.那么,函数 $f(x)$ 的傅里叶级数(10.14)在$[-\pi,\pi]$上是否收敛?是否收敛于函数 $f(x)$ 呢?

定理 10.9(狄利克雷收敛定理) 若 $f(x)$ 是以 2π 为周期的周期函数,在区间$[-\pi,\pi]$上满足:

(1)连续或只有有限个第一类间断点;

(2)至多有有限个极值点.

则 $f(x)$ 的傅里叶级数收敛,且有

①当 x 是 $f(x)$ 的连续点时,级数收敛于 $f(x)$;

②当 x 是 $f(x)$ 的间断点时,级数收敛于 $\dfrac{f(x-0)+f(x+0)}{2}$.

由收敛定理条件不难看出,函数展开成傅里叶级数比展开成幂级数所需要的条件要弱得多,这也是傅里叶级数广泛应用的原因之一.

例 10.26 设 $f(x)$ 是周期为 2π 的周期函数,它在$[-\pi,\pi]$上的表达式为

$$f(x)=\begin{cases}-1, & -\pi\leqslant x<0,\\ 1, & 0\leqslant x<\pi,\end{cases}$$

(1)将函数 $f(x)$ 展开成傅里叶级数;(2)求 $f(x)$ 的傅里叶级数的和函数.

解 函数 $f(x)$ 图形如图 10-3 所示.(1)先计算 $f(x)$ 的傅里叶系数,

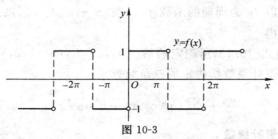

图 10-3

因为 $f(x)$ 为奇函数,所以 $a_n=0(n=1,2,\cdots)$,

$$b_n=\frac{1}{\pi}\int_{-\pi}^{\pi}f(x)\sin nx\,\mathrm{d}x=\frac{2}{\pi}\int_{0}^{\pi}\sin nx\,\mathrm{d}x=\frac{2}{n\pi}(\cos nx)\Big|_{0}^{\pi}=\begin{cases}\dfrac{4}{n\pi}, & n=1,3,5,\cdots\\[2mm] 0, & n=2,4,6,\cdots\end{cases}$$

于是 $f(x)$ 的傅里叶级数展开式为

$$\frac{4}{\pi}\left(\sin x+\frac{1}{3}\sin 3x+\frac{1}{5}\sin 5x+\cdots+\frac{1}{2k-1}\sin(2k-1)x+\cdots\right).$$

(2)因为 $f(x)$ 在 $x=k\pi(k=0,\pm1,\pm2,\cdots)$ 处不连续,在其他点连续. 从而由收敛定理知,当 $x=k\pi$ 时,$f(x)$ 的傅里叶级数收敛于

$$\frac{f(x+0)+f(x-0)}{2}=\frac{1+(-1)}{2}=0;当 x\neq k\pi 时,收敛于 f(x).$$

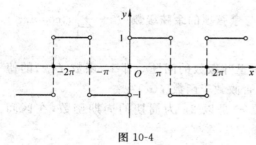

图 10-4

所以 $f(x)$ 傅里叶级数的和函数为

$$S(x)=\begin{cases}f(x), & x\neq k\pi\\ 0, & x=k\pi\end{cases}(k=0,\pm1,\pm2,\cdots).\ 即$$

$$\frac{4}{\pi}\sum_{n=1}^{\infty}\frac{1}{2n-1}\sin(2n-1)x=\begin{cases}f(x), & x\neq k\pi\\ 0, & x=k\pi\end{cases}$$

$(k=0,\pm1,\pm2,\cdots)$,如图 10-4 所示.

10.3.3　有限区间上的函数展开成傅里叶级数

1. 在 $[-\pi,\pi]$ 上的函数展开成傅里叶级数

若函数 $f(x)$ 只在 $[-\pi,\pi]$ 上有定义,并且满足收敛定理的条件,那么傅里叶级数收敛定理的结论仍然成立.

事实上,可以在 $[-\pi,\pi]$ 或 $(-\pi,\pi)$ 之外补充函数 $f(x)$ 的定义,使它延拓成以 2π 为周期的周期函数 $F(x)$,这种拓广方式称为**周期延拓**. 再将 $f(x)$ 展开成傅里叶级数,然后限制 x 在 $(-\pi,\pi)$ 内,此时 $F(x)=f(x)$,$F(x)$ 的傅里叶级数展开式就是 $f(x)$ 的傅里叶级数展开式. 由收敛定理知,该级数在区间端点 $x=\pm\pi$ 处,收敛于 $\dfrac{f(-\pi+0)+f(\pi-0)}{2}$.

例 10.27　将定义在 $[-\pi,\pi]$ 上的函数 $f(x)=x^2$ 展开成傅里叶级数.

解　将 $f(x)$ 在整个数轴上作周期延拓,如图 10-5 所示. 由于在 $[-\pi,\pi]$ 上 $f(x)$ 为偶函数,所以

$$a_0 = \frac{2}{\pi} \int_0^{\pi} f(x) \mathrm{d}x = \frac{2}{\pi} \int_0^{\pi} x^2 \mathrm{d}x = \frac{2\pi^2}{3},$$

$$
\begin{aligned}
a_n &= \frac{2}{\pi} \int_0^{\pi} f(x) \cos nx \, \mathrm{d}x \\
&= \frac{2}{\pi} \int_0^{\pi} x^2 \cos nx \, \mathrm{d}x \\
&= \frac{2}{n\pi} (x^2 \sin nx) \Big|_0^{\pi} - \frac{4}{n\pi} \int_0^{\pi} x \sin nx \, \mathrm{d}x \\
&= \frac{4}{n^2 \pi} (x \cos nx) \Big|_0^{\pi} - \frac{4}{n^2 \pi} \int_0^{\pi} \cos nx \, \mathrm{d}x \\
&= \frac{4}{n^2} (-1)^n \quad (n = 1, 2, 3, \cdots),
\end{aligned}
$$

$$b_n = 0 \quad (n = 1, 2, 3, \cdots)$$

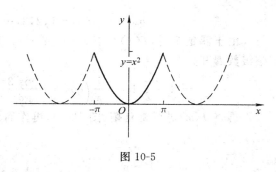

图 10-5

于是,函数 $f(x)$ 在连续点处的傅里叶级数展开式为

$$x^2 = \frac{\pi^2}{3} - 4\left(\cos x - \frac{\cos 2x}{2^2} + \frac{\cos 3x}{3^2} - \cdots \right).$$

因为 $f(x)$ 在 $[-\pi, \pi]$ 上连续,经延拓后 $x = \pm \pi$ 仍为 $f(x)$ 的连续点,因此函数 $f(x)$ 的傅里叶级数在区间 $[-\pi, \pi]$ 上收敛于 x^2.

2. 在 $[0, \pi]$ 上的函数展开成傅里叶级数

若函数 $f(x)$ 只定义在区间 $[0, \pi]$ 上且满足收敛定理条件,可以补充函数 $f(x)$ 在区间 $(-\pi, 0)$ 内的定义,使补充定义后的函数 $F(x)$ 成为区间 $(-\pi, \pi)$ 内的奇函数(这个过程称为**奇延拓**)或者偶函数(这个过程称为**偶延拓**). 即

$$F(x) = \begin{cases} -f(-x), & -\pi \leqslant x < 0, \\ 0, & x = 0, \\ f(x), & 0 < x \leqslant \pi, \end{cases} \quad \text{或 } F(x) = \begin{cases} f(-x), & -\pi \leqslant x < 0, \\ f(x), & 0 \leqslant x \leqslant \pi. \end{cases}$$

再将 $F(x)$ 作周期延拓,展开成傅里叶级数,这个级数必定是正弦函数或余弦函数. 限制 x 在 $[0, \pi]$ 上,此时 $F(x) = f(x)$,从而得到函数 $f(x)$ 在 $(0, \pi)$ 内的正弦级数或余弦级数. 而在区间端点以及区间 $(0, \pi)$ 内的间断点处,则可根据收敛定理判定其收敛情况.

例 10.28 将函数 $f(x) = x + 1 (0 \leqslant x \leqslant \pi)$ 分别展开成余弦级数和正弦级数.

解 先展开成余弦级数. 为此将 $f(x)$ 进行偶延拓(图 10-6),再作周期延拓,于是

$$a_0 = \frac{2}{\pi} \int_0^{\pi} f(x) \mathrm{d}x = \frac{2}{\pi} \int_0^{\pi} (x+1) \mathrm{d}x = \pi + 2$$

$$
\begin{aligned}
a_n &= \frac{2}{\pi} \int_0^{\pi} f(x) \cos nx \, \mathrm{d}x = \frac{2}{\pi} \int_0^{\pi} (x+1) \cos nx \, \mathrm{d}x \\
&= \frac{2}{n\pi} \left(x \sin nx + \frac{1}{n} \cos nx + \sin nx \right) \Big|_0^{\pi} \\
&= \frac{2}{n^2 \pi} [(-1)^n - 1] \\
&= \begin{cases} -\dfrac{4}{n^2 \pi} & (n \text{ 为奇数}), \\ 0 & (n \text{ 为偶数}). \end{cases}
\end{aligned}
$$

$$b_n = 0 \quad (n = 1, 2, 3, \cdots)$$

由于偶延拓后，$f(x)$在点 $x=0$ 及 $x=\pi$ 都连续，所以由收敛定理得函数 $f(x)$ 的余弦级数展开式为

$$x+1 = \frac{\pi}{2} + 1 - \frac{4}{\pi}\left(\cos x + \frac{\cos 3x}{3^2} + \frac{\cos 5x}{5^2} + \cdots\right) \quad (0 \leqslant x \leqslant \pi).$$

再将 $f(x)$ 进行奇延拓(图 10-7)，再作周期延拓，展开成正弦级数. 于是

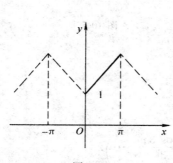

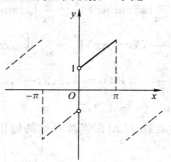

图 10-6　　　　　　　　　　　　　　　　　图 10-7

$$a_n = 0 \quad (n = 0, 1, 2, \cdots).$$

$$b_n = \frac{2}{\pi}\int_0^\pi f(x)\sin nx \, dx = \frac{2}{\pi}\int_0^\pi (x+1)\sin nx \, dx$$

$$= \frac{2}{n\pi}\left[-x\cos nx + \frac{\sin nx}{n} - \cos nx\right]_0^\pi$$

$$= \frac{2}{n\pi}\left[1 - (\pi+1)\cos n\pi\right]$$

$$= \begin{cases} \dfrac{2}{n\pi}(\pi+2) & (n \text{ 为奇数}), \\[2mm] -\dfrac{2}{n} & (n \text{ 为偶数}). \end{cases}$$

所以函数 $f(x)$ 的正弦级数展开式为

$$x+1 = \frac{2}{\pi}\left[(\pi+2)\sin x - \frac{\pi}{2}\sin 2x + \frac{1}{3}(\pi+2)\sin 3x - \frac{\pi}{4}\sin 4x + \cdots\right] (0 < x < \pi).$$

在端点 $x=0$ 处收敛于 $\dfrac{f(0-0)+f(0+0)}{2} = 0$ 与 $x=\pi$ 处级数收敛于 $\dfrac{f(\pi+0)+f(\pi-0)}{2} = 0$，函数间断，级数的和为零，它不代表原来函数 $f(x)$ 的值.

习题　10-3

1. 将下列周期为 2π 的函数展开成傅里叶级数：

(1) $f(x) = x^2 + 1 (-\pi \leqslant x \leqslant \pi)$；　　　　(2) $f(x) = \cos\dfrac{x}{2}(-\pi \leqslant x \leqslant \pi)$；

(3) $f(x) = x(-\pi \leqslant x \leqslant \pi)$.

2.(1)把函数 $f(x)=|x|$　$x\in[-\pi,\pi]$ 展为傅里叶级数；

(2)将 $f(x)=2x^2(0\leqslant x\leqslant\pi)$ 分别展开成正弦级数和余弦级数.

本章知识结构图

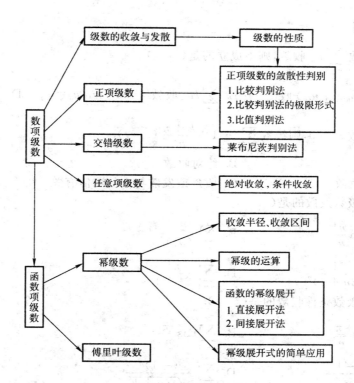

复习题 10

1. 填空题

(1)级数 $\displaystyle\sum_{n=2}^{\infty}\frac{2^n}{n!}$ 的和是_____.

(2)幂级数 $\displaystyle\sum_{n=1}^{\infty}\frac{n}{2^n+(-3)^n}x^{2n-1}$ 的收敛半径 $R=$_____.

(3)已知幂级数 $\displaystyle\sum_{n=1}^{\infty}\frac{x^n}{n}$ 的收敛区间为 $[-1,1)$,则幂级数 $\displaystyle\sum_{n=1}^{\infty}\frac{(4-x)^n}{n}$ 的收敛区间为_____.

(4)若级数 $\displaystyle\sum_{n=1}^{\infty}u_n$ 收敛于 s,则级数 $\displaystyle\sum_{n=2}^{\infty}u_n$ 收敛于_____.

(5)幂级数 $\displaystyle\sum_{n=0}^{\infty}\frac{(-1)^n}{n!}x^{2n}$ 在 $(-\infty,+\infty)$ 内的和函数是_____.

(6)将 $f(x) = \dfrac{1}{1+x}$ 展开成 $x-1$ 的幂级数为 _____.

*(7)设 $f(x) = \begin{cases} -1, & -\pi < x < 0, \\ 1+x^2, & 0 < x \leqslant \pi \end{cases}$，则其以为 2π 周的傅立叶级数在点 $x = \pi$ 收敛于 _____.

2. 选择题

(1)若级数 $\displaystyle\sum_{n=1}^{\infty} u_n$ 收敛,则不成立的是(   ).

A. $\displaystyle\sum_{n=1}^{\infty}(u_{2n-1}+u_{2n})$ 收敛   B. $\displaystyle\sum_{n=1}^{\infty} ku_n$ 收敛   C. $\displaystyle\lim_{n \to \infty} u_n = 0$ D. $\displaystyle\sum_{n=1}^{\infty}|u_n|$ 收敛

(2)设常数 $k > 0$,则级数 $\displaystyle\sum_{n=1}^{\infty}(-1)^n \dfrac{k+n}{n^2}$ (   ).

A. 发散   B. 绝对收敛

C. 条件收敛   D. 收敛或发散与 k 的取值有关

(3)下列级数发散的是(   ).

A. $\displaystyle\sum_{n=1}^{\infty} \sin \dfrac{n!}{n^n}$ B. $\displaystyle\sum_{n=1}^{\infty} \dfrac{2n^2}{(n!)^2}$

C. $\displaystyle\sum_{n=1}^{\infty} \dfrac{1}{(2n+1)^2}$ D. $\displaystyle\sum_{n=1}^{\infty} \dfrac{n!}{2^n+1}$

(4)下列级数条件收敛的是(   ).

A. $\displaystyle\sum_{n=1}^{\infty} \sin \dfrac{\pi}{n^2}$ B. $\displaystyle\sum_{n=1}^{\infty} \cos \dfrac{\pi}{n^2}$

C. $\displaystyle\sum_{n=1}^{\infty} \dfrac{(-1)^n}{\sqrt{n^3}}$ D. $\displaystyle\sum_{n=1}^{\infty} \dfrac{(-1)^n}{\sqrt{n(n+1)}}$

(5)若级数 $\displaystyle\sum_{n=0}^{\infty} a_n x^n$ 在 $x=-2$ 处收敛,在 $x=3$ 处发散,则该级数(   ).

A. 必在 $x=-3$ 处发散   B. 必在 $x=2$ 处收敛

C. 必在 $|x|>3$ 处发散   D. 其收敛域为 $[-2,3)$

(6)若 $\displaystyle\sum_{n=1}^{\infty} a_n x^n$ 的收敛半径为 8,则 $\displaystyle\sum_{n=1}^{\infty} a_n x^{3n}$ 的收敛半径为(   ).

A. $\dfrac{1}{4}$ B. 8   C. $\dfrac{1}{2}$ D. 2

3. 判断级数的敛散性(若是交错级数,要指出是哪种收敛):

(1) $\displaystyle\sum_{n=1}^{\infty} \left(\dfrac{n}{n+1}\right)^n$;   (2) $\displaystyle\sum_{n=1}^{\infty}(-1)^{n-1} \dfrac{n}{3^{n-1}}$.

4. 解答下列各题:

(1)求 $\displaystyle\sum_{n=1}^{\infty} \dfrac{nx^n}{n+1}$ 在收敛域 $|x|<1$ 内的和函数;

(2)求 $\displaystyle\sum_{n=1}^{\infty} \frac{2n-1}{2^n} x^{2n-2}$ 的收敛半径、收敛域及和函数.

*5. 将以 2π 为周期的矩形脉冲的波形 $u(t)=\begin{cases} E_m, & 0\leqslant t<\pi, \\ -E_m, & -\pi\leqslant t<0, \end{cases}$ 展开为傅里叶级数.

中外数学家

傅里叶

　　傅里叶(1768—1830)生于法国中部欧塞尔一个裁缝家庭,8 岁时成为孤儿,就读于地方军校,1795 年任巴黎综合工科大学助教,1798 年随拿破仑军队远征埃及,受到拿破仑器重,回国后被任命为格伦诺布尔省省长,由于对热传导理论的贡献于 1817 年当选为巴黎科学院院士,1822 年成为科学院终身秘书.

　　傅里叶早在 1807 年就写成关于热传导的基本论文,但经拉格朗日、拉普拉斯和勒让德审阅后被科学院拒绝,1811 年又提交了经修改的论文,该文获科学院大奖,却未正式发表. 1822 年,傅里叶终于出版了专著

《热的解析理论》. 这部经典著作将欧拉、伯努利等人在一些特殊情形下应用的三角级数方法发展成内容丰富的一般理论,三角级数后来就以傅里叶的名字命名. 傅里叶应用三角级数求解热传导方程,同时为了处理无穷区域的热传导问题又导出了现在所称的“傅里叶积分”,这一切都极大地推动了偏微分方程边值问题的研究. 然而傅里叶的工作意义远不止此,它迫使人们对函数概念作修正、推广,特别是引起了对不连续函数的探讨;三角级数收敛性问题更刺激了集合论的诞生. 因此,《热的解析理论》影响了整个 19 世纪分析严格化的进程.

11 拉普拉斯变换

连续系统的复频域分析法

在电子工程、信号与系统分析中，当在时域内求解 LTI（线性时不变）系统的响应时，运用卷积积分可使系统响应的求解变得比较简洁，但如果想深入研究系统的响应、性质、定性、模拟以及系统设计等问题，就比较复杂，引用卷积积分常常不便。这时，引入法国数学家拉普拉斯提出的拉普拉斯变换，把以 t 为变量的时域微分方程变为以复数 $s = \sigma + j\omega$ 为变量的代数方程，通过求解代数方程，再通过反变换即可得相应的时域解。特别需要说明的是，这种方法可以同时考虑初始状态和输入信号，一举求得系统的全响应，由于拉普拉斯变换采用的独立变量是复频率 s，故这种方法常称为复频率分析法或 s 分析法。

（一）学习目标

1. 了解拉普拉斯变换及其逆变换的概念；拉普拉斯变换的性质。
2. 掌握拉普拉斯变换的计算和应用。
3. 会用性质求函数的拉普拉斯变换及其逆变换。

（二）学习重点和难点

重点 拉普拉斯变换及其逆变换的计算。

难点 用性质求函数的拉普拉斯变换及其逆变换。

在工程计算中常常会碰到一些复杂的计算问题，为了把复杂计算转化为较简单的计算，往往采用变换的方法，拉普拉斯变换（简称拉氏变换）就是其中的一种，它是通过积分运算把一个函数变成另一个函数的变换。拉氏变换是分析和求解常系数线性微分方程的常用方法，它可使微分方程变成代数方程，从而简化运算。另外在电学、控制论等学科里拉普拉斯变换也有着广泛的应用。

11.1 拉普拉斯变换的概念

本节介绍拉氏变换的定义，利用定义给出一些常用函数如 $u(t), \delta(t), e^{at}, \sin \omega t, \cos \omega t$ 的拉氏变换。

定义 11.1 设函数 $f(t)$ 在 $[0, +\infty)$ 上有定义，且广义积分 $\int_0^{+\infty} f(t) e^{-st} dt$ 在 s 的某一邻域内收敛，则由此积分确定的参数 s 的函数

$$F(s) = \int_0^{+\infty} f(t) e^{-st} dt \tag{11.1}$$

称为函数 $f(t)$ 的拉普拉斯变换，简称拉氏变换，记作

$$F(s) = L[f(t)].$$

函数 $F(s)$ 也可称为 $f(t)$ 的**像函数**.

若 $F(s)$ 是 $f(t)$ 的拉氏变换，则称 $f(t)$ 是 $F(s)$ 的**拉氏逆变换**（或称为 $F(s)$ 的**像原函数**），记作

$$f(t) = L^{-1}[F(s)].$$

关于拉氏变换的定义，在这里做两点说明：

(1) 在拉氏变换中，只要求 $f(t)$ 在 $[0, +\infty)$ 内有定义，为研究方便，以后假定在 $(-\infty, 0)$ 内 $f(t) \equiv 0$；

(2) 在较为深入地讨论中，拉氏变换中的参数 s 是在复数域中取值的，为了方便起见，本节我们只讨论 s 是实数的情况，所得结论也适用于 s 是复数的情况.

例 11.1 求指数函数 $f(t) = e^{at}$（$t \geqslant 0$，a 是常数）的拉氏变换.

解 由式(10.1)有 $L[e^{at}] = \int_0^{+\infty} e^{at} e^{-st} dt = \int_0^{+\infty} e^{-(s-a)t} dt$，

此积分在 $s > a$ 时收敛，且有 $\int_0^{+\infty} e^{-(s-a)t} dt = \dfrac{1}{s-a}$，所以 $L[e^{at}] = \dfrac{1}{s-a}$ $(s > a)$.

例 11.2 求单位阶梯函数 $u(t) = \begin{cases} 0, & t < 0 \\ 1, & t \geqslant 0 \end{cases}$ 的拉氏变换.

解 $L[u(t)] = \int_0^{+\infty} e^{-st} dt$，此积分在 $s > 0$ 时收敛，且有 $\int_0^{+\infty} e^{-st} dt = \dfrac{1}{s}$ $(s > 0)$，所以 $L[u(t)] = \dfrac{1}{s}$ $(s > 0)$.

例 11.3 求 $f(t) = at$（a 为常数）的拉氏变换.

解 $L[at] = \int_0^{+\infty} at e^{-st} dt = -\dfrac{a}{s} \int_0^{+\infty} t\, \mathrm{d}e^{-st} = -\dfrac{a}{s}(te^{-st})\Big|_0^{+\infty} + \dfrac{a}{s} \int_0^{+\infty} e^{-st} dt$

$$= -\dfrac{a}{s^2}(e^{-st})\Big|_0^{+\infty} = \dfrac{a}{s^2} (s > 0).$$

特别地，$a = 1$ 时，$L[t] = \dfrac{1}{s^2}$.

例 11.4 求正弦函数 $f(t) = \sin \omega t$ 的拉氏变换.

解 $L[\sin \omega t] = \int_0^{+\infty} \sin \omega t\, e^{-st} dt$

$$= \dfrac{1}{s^2 + \omega^2}[-e^{-st}(s\sin \omega t + \omega \cos \omega t)]\Big|_0^{+\infty} = \dfrac{\omega}{s^2 + \omega^2} (s > 0).$$

类似地可得余弦的拉氏变换 $L[\cos \omega t] = \dfrac{s}{s^2 + \omega^2}$ $(s > 0)$.

下面我们给出狄拉克函数的拉氏变换.

在许多实际问题中,常常会遇到一种集中在极短时间内作用的量,这种瞬间作用的量不能用通常的函数表示. 为此假设

$$\delta_\tau(t) = \begin{cases} \dfrac{1}{\tau}, & 0 \leqslant t \leqslant \tau, \\ 0, & 其他, \end{cases}$$

其中 τ 是一个很小的正数. 当 $\tau \to 0$ 时,$\delta_\tau(t)$ 的极限 $\delta(t) = \lim\limits_{\tau \to 0} \delta_\tau(t)$ 称为**狄拉克函数**,简称 δ-函数. $\delta_\tau(t)$ 的图形如图 11-1 所示.

显然,对任何 $\tau > 0$,有 $\displaystyle\int_{-\infty}^{+\infty} \delta_\tau(t) \mathrm{d}t = \int_0^\tau \dfrac{1}{\tau} \mathrm{d}t = 1$,所以规定 $\displaystyle\int_{-\infty}^{+\infty} \delta(t) \mathrm{d}t = 1$.

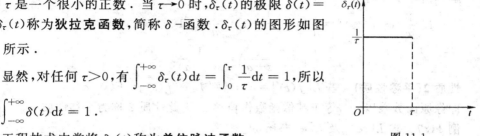

图 11-1

工程技术中常将 $\delta_\tau(t)$ 称为**单位脉冲函数**.

例 11.5 求狄拉克函数的拉氏变换.

解 先对 $\delta_\tau(t)$ 作拉氏变换,

$$L[\delta_\tau(t)] = \int_0^{+\infty} \delta_\tau(t) \mathrm{e}^{-st} \mathrm{d}t = \int_0^\tau \frac{1}{\tau} \mathrm{e}^{-st} \mathrm{d}t = \frac{1}{\tau s}(1 - \mathrm{e}^{-\tau s}),$$

$\delta(t)$ 的拉氏变换为 $L[\delta(t)] = \lim\limits_{\tau \to 0} L[\delta_\tau(t)] = \lim\limits_{\tau \to 0} \dfrac{1 - \mathrm{e}^{-\tau s}}{\tau s}$.

用洛必达法则计算极限,得 $\lim\limits_{\tau \to 0} \dfrac{1 - \mathrm{e}^{-\tau s}}{\tau s} = \lim\limits_{\tau \to 0} \dfrac{s \mathrm{e}^{-\tau s}}{s} = 1$,所以 $L[\delta(t)] = 1$.

本节关键是要把拉氏变换的定义(11.1)搞清楚,按式(11.1)求拉氏变换. 另外,要熟悉几个常用的拉氏变换结果,如 $u(t), \delta(t), \mathrm{e}^{at}, \sin \omega t, \cos \omega t$ 的拉氏变换.

习题 11-1

1. 求下列函数的拉氏变换:

(1) $f(t) = \mathrm{e}^{-4t}$; (2) $f(t) = t^2$; (3) $f(t) = \cos 2t$; (4) $f(t) = \begin{cases} -1, & 0 \leqslant t < 4, \\ 1, & t \geqslant 4. \end{cases}$

2. 若 $L[f(t)] = F(s)$,证明当 $a > 0$ 时,有 $L[f(at)] = \dfrac{1}{a} F\left(\dfrac{s}{a}\right)$.

11.2 拉普拉斯变换的性质

本节介绍拉氏变换的性质,它们在拉氏变换的实际应用中都很重要. 利用这些性质,会很方便地求出函数的拉氏变换式.

性质 1(线性性质) 若 a、b 是常数,且 $L[f_1(t)] = F_1(s), L[f_2(t)] = F_2(s)$,则

$$L[af_1(t) + bf_2(t)] = aL[f_1(t)] + bL[f_2(t)] = aF_1(s) + bF_2(s).$$

性质 1 可以推广到有限个函数的线性组合的情形. 即若 k_i 是常数,且

$$L[f_i(t)] = F_i(s)(i = 1, 2, \cdots, n),$$

则

$$L\left[\sum_{i=1}^{n} k_i f_i(t)\right] = \sum_{i=1}^{n} k_i L[f_i(t)]$$

例 11.6 求函数 $f(t) = \dfrac{1}{a}(1 - e^{-at})$ 的拉氏变换.

解 由性质 1 有

$$L[\frac{1}{a}(1 - e^{-at})] = \frac{1}{a} L[(1 - e^{at})] = \frac{1}{a}\{L[1] - L[e^{-at}]\}$$

$$= \frac{1}{a}\left(\frac{1}{s} - \frac{1}{s+a}\right) = \frac{1}{s(s+a)}.$$

性质 2(平移性质) 若 $L[f(t)] = F(s)$,则 $L[e^{at} f(t)] = F(s-a)$.
即像原函数乘以 e^{at},等于其像函数作位移 a,因此性质 2 称为平移性质.

例 11.7 求 $L[t e^{at}]$ 及 $L[e^{-at} \sin \omega t]$

解 由平移性质及 $L[t] = \dfrac{1}{s^2}, L[\sin \omega t] = \dfrac{\omega}{s^2 + \omega^2}$,得 $L[t e^{at}] = \dfrac{1}{(s-a)^2}$,

$$L[e^{-at} \sin \omega t] = \frac{\omega}{(s+a)^2 + \omega^2}.$$

性质 3(延滞性质) 若 $L[f(t)] = F(s)$,则

$$L[f(t-a)] = e^{-as} F(s) \quad (a > 0).$$

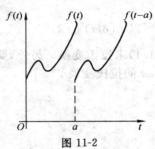

图 11-2

函数 $f(t-a)$ 与 $f(t)$ 相比,滞后了 a 个单位,若 t 表示时间,性质 3 表明,时间延迟了 a 个单位,相当于像函数乘以指数因子 e^{-at},如图 11-2 所示.

例 11.8 求函数 $u(t-a) = \begin{cases} 0, t < a, \\ 1, t \geqslant a \end{cases}$ 的拉氏变换.

解 由 $L[u(t)] = \dfrac{1}{s}$ 及性质 3,可得 $L[u(t-a)] = \dfrac{1}{s} e^{-as}$.

例 11.9 求如图 11-3 所示的分段函数 $h(t) = \begin{cases} 1, a \leqslant t \leqslant b, \\ 0, 其他 \end{cases}$ 的拉氏变换.

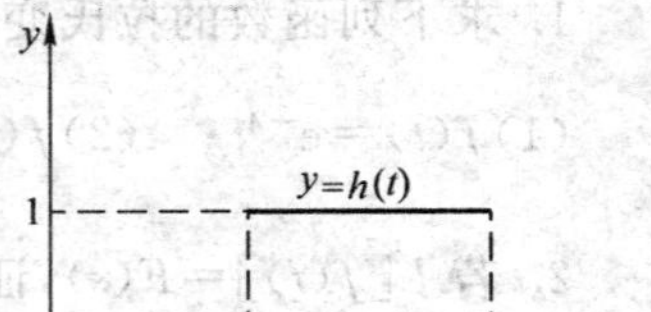

解 由 $h(t) = u(t-a) - u(t-b)$ 得

$$L[h(t)] = L[u(t-a) - u(t-b)]$$

$$= L[u(t-a)] - L[u(t-b)]$$

$$= \frac{1}{s} e^{-as} - \frac{1}{s} e^{-bs} = \frac{1}{s}(e^{-as} - e^{-bs}).$$

图 11-3

性质 4(微分性质) 若 $L[f(t)] = F(s)$,则 $L[f'(t)] = sF(s) - f(0)$.
即一个函数求导后取拉氏变换,等于这个函数的拉氏变换乘以参数 s,再减去这个函数的初值.

性质 4 可以推广到函数的 n 阶导数的情形.

推论　若 $L[f(t)] = F(s)$，则

$$L[f^{(n)}(t)] = s^n F(s) - [s^{n-1} f(0) + s^{n-2} f'(0) + \cdots + f^{(n-1)}(0)] \qquad (11.2)$$

特别地，若 $f(0) = f'(0) = \cdots = f^{(n-1)}(0) = 0$，则

$$L[f^{(n)}(t)] = s^n F(s) \quad (n = 1, 2, \cdots).$$

性质 4 使我们有可能将 $f(t)$ 的微分方程化作 $F(s)$ 的代数方程．因此性质 4 在解微分方程中有重要作用．

例 11.10　利用微分性质求 $L[\sin \omega t]$．

解　令 $f(t) = \sin \omega t$，则 $f(0) = 0, f'(t) = \omega \cos \omega t, f'(0) = \omega, f''(t) = -\omega^2 \sin \omega t$．
由式 (11.2)，得 $L[-\omega^2 \sin \omega t] = L[f''(t)] = s^2 F(s) - s f(0) - f'(0)$，

即 $-\omega^2 L[\sin \omega t] = s^2 L[\sin \omega t] - \omega$．移项并化简，即得 $L[\sin \omega t] = \dfrac{\omega}{s^2 + \omega^2}$．

这与 11.1 中例 4 的结果相同．

例 11.11　利用微分性质，求 $f(t) = t^m$ 的拉氏变换，其中 m 是正整数．

解　注意到 $f(0) = f'(0) = \cdots = f^{(m-1)}(0) = 0$，及 $f^{(m)}(t) = m!$，由式 (11.2)，有
$L[f^{(m)}(t)] = L[m!] = s^m F(s)$，而 $L[m!] = m! \cdot L[1] = \dfrac{m!}{s}$，即得 $F(s) = \dfrac{m!}{s^{m+1}}$，于是

$$L[t^m] = \frac{m!}{s^{m+1}}.$$

性质 5(积分性质)　若 $L[f(t)] = F(s)$，则 $L\left[\displaystyle\int_0^t f(t) \mathrm{d}t\right] = \dfrac{F(s)}{s}$．

即一个函数积分后取拉氏变换，等于这个函数的拉氏变换除以参数 s．

性质 5 也可以推广到有限次积分的情形，

$$L\Big[\overbrace{\int_0^t \mathrm{d}t \int_0^t \mathrm{d}t \cdots \int_0^t f(t) \mathrm{d}t}^{n次}\Big] = \frac{F(s)}{s^n} \quad (n = 1, 2, \cdots).$$

除了上述五个性质外，拉氏变换还有一些性质，一并列入表 11.1.

表 11.1

序号	拉氏变换的性质 (设 $L[f(t)] = F(s)$)
1	$L[a f_1(t) + b f_2(t)] = a L[f_1(t)] + b L[f_2(t)] = a F_1(s) + b F_2(s)$
2	$L[\mathrm{e}^{at} f(t)] = F(s - a)$
3	$L[f(t - a)] = \mathrm{e}^{-at} F(s)$
4	$L[f'(t)] = s F(s) - f(0)$
5	$L[f^{(n)}(t)] = s^n F(s) - [s^{n-1} f(0) + s^{n-2} f'(0) + \cdots + f^{(n-1)}(0)]$
6	$L\left[\displaystyle\int_0^t f(t) \mathrm{d}t\right] = \dfrac{F(s)}{s}$

续表

序号	拉氏变换的性质（设 $L[f(t)] = F(s)$）
7	$L[f(at)] = \dfrac{1}{a}F(\dfrac{s}{a}) \quad a > 0$
8	$L[t^n f(t)] = (-1)^n F^{(n)}(s)$
9	$L\left[\dfrac{f(t)}{t}\right] = \displaystyle\int_s^{+\infty} F(s)\,\mathrm{d}s$
10	如果 $f(t)$ 有周期 $T > 0$，即 $f(t+T) = f(t)$，则 $L[f(t)] = \dfrac{1}{1-\mathrm{e}^{-sT}}\displaystyle\int_0^T \mathrm{e}^{-st}f(t)\,\mathrm{d}t$
11	如果 $L[f(t)] = F(s), L[g(t)] = G(s)$，则 $L\left[\displaystyle\int_0^t f(u)g(t-u)\,\mathrm{d}u\right] = F(s)G(s)$

另外，我们并不总是用定义求函数的拉氏变换，还可查表，现将常用函数的拉氏变换如列表 11.2 所示．

表 11.2

序号	$f(t)$	$F(s)$	序号	$f(t)$	$F(s)$
1	$\delta(t)$	1	12	$\cos(\omega t + \varphi)$	$\dfrac{s\cos\varphi - \omega\sin\varphi}{s^2+\omega^2}$
2	$u(t)$	$\dfrac{1}{s}$	13	$t\sin\omega t$	$\dfrac{2\omega s}{(s^2+\omega^2)^2}$
3	t	$\dfrac{1}{s^2}$	14	$t\cos\omega t$	$\dfrac{s^2-\omega^2}{(s^2+\omega^2)^2}$
4	$t^n(n=1,2,\cdots)$	$\dfrac{n!}{s^{n+1}}$	15	$\mathrm{e}^{-at}\sin\omega t$	$\dfrac{\omega}{(s+a)^2+\omega^2}$
5	e^{at}	$\dfrac{1}{s-a}$	16	$\mathrm{e}^{-at}\cos\omega t$	$\dfrac{s+a}{(s+a)^2+\omega^2}$
6	$1-\mathrm{e}^{at}$	$\dfrac{a}{s(s+a)}$	17	$\dfrac{1}{a^2}(1-\cos at)$	$\dfrac{1}{s(s^2+a^2)}$
7	$t\mathrm{e}^{at}$	$\dfrac{1}{(s-a)^2}$	18	$\mathrm{e}^{at}-\mathrm{e}^{bt}$	$\dfrac{a-b}{(s-a)(s-b)}$
8	$t^n\mathrm{e}^{at}(n=1,2,\cdots)$	$\dfrac{n!}{(s-a)^{n+1}}$	19	$\sin\omega t - \omega t\cos\omega t$	$\dfrac{2\omega^3}{(s^2+\omega^2)^2}$
9	$\sin\omega t$	$\dfrac{\omega}{s^2+\omega^2}$	20	$2\sqrt{\dfrac{t}{\pi}}$	$\dfrac{1}{s\sqrt{s}}$
10	$\cos\omega t$	$\dfrac{s}{s^2+\omega^2}$	21	$\dfrac{1}{\sqrt{\pi t}}$	$\dfrac{1}{\sqrt{s}}$
11	$\sin(\omega t+\varphi)$	$\dfrac{s\sin\varphi+\omega\cos\varphi}{s^2+\omega^2}$			

例 11.12 查表求 $L\left[\dfrac{\sin t}{t}\right]$.

解 令 $f(t)=\sin t$，则由表 11-2 的序号 9 得 $L[\sin t]=\dfrac{1}{s^2+1^2}=F(s)$.

再由 11.1 的序号 9 得 $L\left[\dfrac{\sin t}{t}\right]=\displaystyle\int_s^{+\infty}\dfrac{1}{s^2+1^2}\mathrm{d}s=\arctan s\Big|_s^{+\infty}=\dfrac{\pi}{2}-\arctan s$.

例 11.13 求 $L\left[\mathrm{e}^{-4t}\cos\left(2t+\dfrac{\pi}{4}\right)\right]$.

解 由 $\cos\left(2t+\dfrac{\pi}{4}\right)=\dfrac{1}{\sqrt{2}}(\cos 2t-\sin 2t)$，

得
$$L\left[\mathrm{e}^{-4t}\cos\left(2t+\dfrac{\pi}{4}\right)\right]=\dfrac{1}{\sqrt{2}}L[\mathrm{e}^{-4t}\cos 2t-\mathrm{e}^{-4t}\sin 2t]$$
$$=\dfrac{1}{\sqrt{2}}L[\mathrm{e}^{-4t}\cos 2t]-\dfrac{1}{\sqrt{2}}L[\mathrm{e}^{-4t}\sin 2t],$$

查表 11-2 的序号 16 及 15 得 $L[\mathrm{e}^{-4t}\cos 2t]=\dfrac{s+4}{(s+4)^2+2^2}$，

$$L[\mathrm{e}^{-4t}\sin 2t]=\dfrac{2}{(s+4)^2+2^2},$$

于是 $L\left[\mathrm{e}^{-4t}\cos\left(2t+\dfrac{\pi}{4}\right)\right]=\dfrac{1}{\sqrt{2}}\left[\dfrac{s+4}{(s+4)^2+4}-\dfrac{2}{(s+4)^2+4}\right]=\dfrac{1}{\sqrt{2}}\dfrac{s+2}{(s+4)^2+4}$.

利用拉氏变换的性质做题时，关键是要熟记有关性质，在代换过程中要清楚代换哪一部分内容.

习题 11-2

1. 求下列函数的拉氏变换：

(1) $5\sin 2t-3\cos 2t$；　(2) $8\sin^2 3t$；　(3) $\mathrm{e}^{3t}\sin 4t$；　(4) $t^2\mathrm{e}^{-2t}$.

2. 设 $f(t)=t\sin at$，验证 $f''(t)+a^2 f(t)=2a\cos at$，并求 $L[f(t)]$.

11.3　拉普拉斯变换的逆变换

在这一节中，我们从像函数出发，求像原函数. 在实际应用中，会碰到大量这样的问题，也就是拉氏逆变换的问题. 这要求我们熟记拉氏变换的一些常用公式，从而方便地求出拉氏逆变换.

在求像原函数时，常从拉氏变换表 11-2 中查找，同时要结合拉氏变换的性质，因此把常用的拉氏变换的性质用逆变换的形式列出如下.

设 $L[f_1(t)]=F_1(s),L[f_2(t)]=F_2(s),L[f(t)]=F(s)$.

1. 线性性质　$L^{-1}[aF_1(s)+bF_2(s)]=aL^{-1}[F_1(s)]+bL^{-1}[F_2(s)]$
$$=af_1(t)+bf_2(t);$$

2. 平移性质　$L^{-1}[F(s-a)]=e^{at}L^{-1}[F(s)]=e^{at}f(t);$

3. 延滞性质　$L^{-1}[e^{as}F(s)]=f(t-a)u(t-a).$

例 11.14　求下列函数的拉氏逆变换：

$(1)F(s)=\dfrac{1}{s+3};$　$(2)F(s)=\dfrac{1}{(s-2)^2};$　$(3)F(s)=\dfrac{2s-5}{s^2};$　$(4)F(s)=\dfrac{4s-3}{s^2+4}.$

解　(1)由表 11-2 中的序号 5，取 $a=-3$，得 $f(t)=L^{-1}\left[\dfrac{1}{s+3}\right]=e^{-3t}.$

(2)由表 11-2 中的序号 7，取 $a=2$，得 $f(t)=L^{-1}\left[\dfrac{1}{(s-2)^2}\right]=te^{2t}.$

(3)由性质 1 及表 11.2 中的序号 2、3，得

$$f(t)=L^{-1}\left[\frac{2s-5}{s^2}\right]=2L^{-1}\left[\frac{1}{s}\right]-5L^{-1}\left[\frac{1}{s^2}\right]=2-5t.$$

(4)由性质 1 及表 11-2 中的序号 10、9，得

$$f(t)=L^{-1}\left[\frac{4s-3}{s^2+4}\right]=4L^{-1}\left[\frac{s}{s^2+4}\right]-\frac{3}{2}L^{-1}\left[\frac{2}{s^2+4}\right]=4\cos 2t-\frac{3}{2}\sin 2t$$

例 11.15　求 $F(s)=\dfrac{2s+3}{s^2-2s+5}$ 的拉氏逆变换.

解　$f(t)=L^{-1}\left[\dfrac{2s+3}{s^2-2s+5}\right]=L^{-1}\left[\dfrac{2s+3}{(s-1)^2+4}\right]$

$$=2L^{-1}\left[\frac{s-1}{(s-1)^2+4}\right]+\frac{5}{2}L^{-1}\left[\frac{2}{(s-1)^2+4}\right]=2e^t\cos 2t+\frac{5}{2}e^t\sin 2t$$

$$=e^t\left(2\cos 2t+\frac{5}{2}\sin 2t\right)$$

在用拉氏变换解决工程技术中的应用问题时，经常遇到的像函数是有理分式．一般可将其分解为部分分式之和，然后再利用拉氏变换表求出像原函数．

例 11.16　求 $F(s)=\dfrac{s+9}{s^2+5s+6}$ 的拉氏逆变换.

解　先将 $F(s)$ 分解为部分分式之和

$$\frac{s+9}{s^2+5s+6}=\frac{s+9}{(s+2)(s+3)}=\frac{A}{s+2}+\frac{B}{s+3},$$

用待定系数法求得 $A=7,B=-6$，

所以　　$\dfrac{s+9}{s^2+5s+6}=\dfrac{7}{s+2}-\dfrac{6}{s+3},$

则有　　$f(t)=L^{-1}\left[\dfrac{s+9}{s^2+5s+6}\right]=L^{-1}\left[\dfrac{7}{s+2}-\dfrac{6}{s+3}\right]$

$$=7L^{-1}\left[\frac{1}{s+2}\right]-6L^{-1}\left[\frac{1}{s+3}\right]=7e^{-2t}-6e^{-3t}.$$

例 11.17 求 $F(s)=\dfrac{s+3}{s^3+4s^2+4s}$ 的拉氏变换.

解 设 $\dfrac{s+3}{s^3+4s^2+4s}=\dfrac{s+3}{s(s+2)^2}=\dfrac{A}{s}+\dfrac{B}{s+2}+\dfrac{C}{(s+2)^2}$,

用待定系数法求得 $A=\dfrac{3}{4},B=-\dfrac{3}{4},C=-\dfrac{1}{2}$,

所以 $F(s)=\dfrac{s+3}{s^3+4s^2+4s}=\dfrac{\frac{3}{4}}{s}-\dfrac{\frac{3}{4}}{s+2}-\dfrac{\frac{1}{2}}{(s+2)^2}$,

则有 $L^{-1}[F(s)]=L^{-1}\left[\dfrac{3}{4}\dfrac{1}{s}-\dfrac{3}{4}\dfrac{1}{s+2}-\dfrac{1}{2}\dfrac{1}{(s+2)^2}\right]$

$$=\dfrac{3}{4}L^{-1}\left[\dfrac{1}{s}\right]-\dfrac{3}{4}L^{-1}\left[\dfrac{1}{s+2}\right]-\dfrac{1}{2}L^{-1}\left[\dfrac{1}{(s+2)^2}\right]=\dfrac{3}{4}-\dfrac{3}{4}e^{-2t}-\dfrac{1}{2}te^{-2t}.$$

例 11.18 求 $F(s)=\dfrac{s^2}{(s+2)(s^2+2s+2)}$ 的拉氏逆变换.

解 先将 $F(s)$ 分解为部分分式之和

设 $F(s)=\dfrac{s^2}{(s+2)(s^2+2s+2)}=\dfrac{A}{s+2}+\dfrac{Bs+C}{s^2+2s+2}$,

用待定系数法,求得 $A=2,B=-1,C=-2$,

所以 $F(s)=\dfrac{2}{s+2}-\dfrac{s+2}{s^2+2s+2}=\dfrac{2}{s+2}-\dfrac{s+1}{(s+1)^2+1}-\dfrac{1}{(s+1)^2+1}$,

于是 $f(t)=L^{-1}[F(s)]=L^{-1}\left[\dfrac{2}{s+2}-\dfrac{s+1}{(s+1)^2+1}-\dfrac{1}{(s+1)^2+1}\right]$

$$=L^{-1}\left[\dfrac{2}{s+2}\right]-L^{-1}\left[\dfrac{s+1}{(s+1)^2+1}\right]-L^{-1}\left[\dfrac{1}{(s+1)^2+1}\right]$$

$$=2e^{-2t}-e^t\cos t-e^t\sin t=2e^{2t}-e^t(\cos t+\sin t).$$

利用拉氏逆变换的性质做题,就像求不定积分时要熟记导数公式一样,要熟记拉氏变换及其性质,只有这样,才能得心应手地解题.

习题 **11-3**

1. 求下列函数的拉氏逆变换:

$(1)F(s)=\dfrac{2}{s-3}$; $(2)F(s)=\dfrac{1}{3s+5}$; $(3)F(s)=\dfrac{4}{s^2+16}$;

$(4)F(s)=\dfrac{1}{4s^2+9}$; $(5)F(s)=\dfrac{2s-8}{s^2+36}$; $(6)F(s)=\dfrac{s}{(s+3)(s+5)}$;

$(7)F(s)=\dfrac{4}{s^2+4s+10}$; $(8)F(s)=\dfrac{s}{s+2}$.

11.4 拉普拉斯变换的应用举例

在工程技术中,例如在一个力学系统、电路系统或机电系统中,常常把对系统的研究归结为一个满足叠加原理的数学模型,一般用一个线性微分方程来描述.本节讨论应用拉氏变换解线性方程的方法.

本节中我们只举例说明拉氏变换在解常系数线性微分方程中的应用.通过取拉氏变换把微分方程化为像函数的代数方程,根据代数方程解出像函数,然后再取拉氏逆变换求出原微分方程的解.整个过程参见图 11-4.

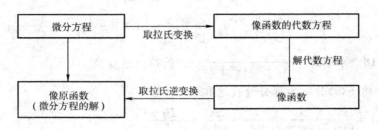

图 11-4

下面举例说明拉氏变换在解常微分方程中的用法.

例 11.19 求微分方程 $y''+4y'-12y=0$ 满足初始条件 $y(0)=1,y'(0)=0$ 的解.

解 第一步 对方程两端取拉氏变换,并设 $L[y]=Y(s)$,有
$$L[y''+4y'-12y]=L[0],$$
由拉氏变换的线性性质及 $L(0)=0$,得 $L[y'']+4L[y']-12L[y]=0$.

再由微分性质,得 $[s^2 L[y]-sy(0)-y'(0)]+4[sL[y]-y(0)]-12L[y]=0$.

将初始条件 $y(0)=1,y'(0)=0$ 代入上式,得 $(s^2+4s-12)Y(s)-s-4=0$.

这样,原来的微分方程经过拉氏变换后,就得到了一个像原函数的代数方程.

第二步 解出 $Y(s)$,即 $Y(s)=\dfrac{s+4}{s^2+4s-12}$.

第三步 求得未知函数 $y(t)$ 的拉氏变换 $Y(s)$ 后,下面再通过拉氏逆变换求 $y(t)$.

将 $Y(s)$ 分解为部分分式,得 $Y(s)=\dfrac{s+4}{s^2+4s-12}=\dfrac{\frac{1}{4}}{s+6}+\dfrac{\frac{3}{4}}{s-2}$,

于是
$$y(t)=L^{-1}[Y(s)]=L^{-1}\left[\frac{\frac{1}{4}}{s+6}+\frac{\frac{3}{4}}{s-2}\right]$$
$$=\frac{1}{4}L^{-1}\left[\frac{1}{s+6}\right]+\frac{3}{4}L^{-1}\left[\frac{1}{s-2}\right]=\frac{1}{4}e^{-6t}+\frac{3}{4}e^{2t}.$$

这样就得到了微分方程的解 $y(t)=\dfrac{1}{4}e^{-6t}+\dfrac{3}{4}e^{2t}$.

由例 11.19 可以看出,用拉氏变换解常系数线性微分方程大体分为三步:

(1)对方程两端取拉氏变换,并设 $L[y(t)]=Y(s)$,得出关于 $Y(s)$ 的代数方程.

(2)解此代数方程,求出 $Y(s)$.

(3)对 $Y(s)$ 作拉氏逆变换,即可求得原微分方程的解.

例 11.20 求微分方程 $y''+4y=2\sin 2t$ 满足初始条件的特 $y(0)=0,y'(0)=1$ 解.

解 方程两端取拉氏变换,得 $L[y'']+4L[y]=2L[\sin 2t]$,

设 $L[y]=Y[s]$,并将初始条件代入,得 $s^2Y(s)-1+4Y(s)=\dfrac{4}{s^2+4}$,

求得
$$Y(s)=\frac{s^2+8}{s^2+4}=\frac{1}{s^2+4}+\frac{4}{(s^2+4)^2},$$

所以 $y(t)=L^{-1}[Y(s)]=L^{-1}\left[\dfrac{1}{s^2+4}+\dfrac{4}{(s^2+4)^2}\right]=L^{-1}\left[\dfrac{1}{s^2+4}\right]+L^{-1}\left[\dfrac{4}{(s^2+4)^2}\right].$

查表 11-2,得 $y(t)=\dfrac{1}{2}\sin 2t+\dfrac{1}{4}(\sin 2t-2t\cos 2t)=\dfrac{3}{4}\sin 2t-\dfrac{1}{2}t\cos 2t.$

即为所给微分方程满足初始条件的解.

例 11.21 如图 11-5 所示,在 RLC 电路中串接直流电路 E(电动势为正),求回路中电流 $i(t)$.

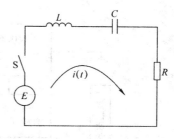

图 11-5

解 根据基尔霍夫定律,有其中 $u_R=Ri(t)$,

$i(t)=C\dfrac{\mathrm{d}u_C}{\mathrm{d}t}$,即 $u_C=\dfrac{1}{C}\displaystyle\int_0^t i(t)\mathrm{d}t$

而 $u_L=L\dfrac{\mathrm{d}i}{\mathrm{d}t}$,代入 $u_c+u_r+u_L=E$,

得 $\dfrac{1}{C}\displaystyle\int_0^t i(t)\mathrm{d}t+Ri(t)+L\dfrac{\mathrm{d}i}{\mathrm{d}t}=E$,且 $i(0)=i'(0)=0$,

设 $L[i(t)]=I(s)$,对方程两端取拉氏变换,则得
$$\frac{1}{Cs}I(s)+RI(s)+LsI(s)=\frac{E}{s},$$

所以
$$I(s)=\frac{E}{L\left(s^2+\dfrac{R}{L}s+\dfrac{1}{LC}\right)}=\frac{E}{L(s-r_1)(s-r_2)},$$

式中 r_1,r_2 表示方程 $s^2+\dfrac{R}{L}s+\dfrac{1}{LC}$ 的根.

对 $I(s)$ 取拉氏逆变换,得 $i(t)=\dfrac{E}{L}\left[\dfrac{\mathrm{e}^{r_1t}}{r_1-r_2}+\dfrac{\mathrm{e}^{r_2t}}{r_2-r_1}\right]=\dfrac{E}{L}\dfrac{\mathrm{e}^{r_1t}-\mathrm{e}^{r_2t}}{r_1-r_2}.$

利用拉氏变换解常微分方程,核心仍是求有关函数的拉氏变换及其逆变换,一般解题过程中要用到拉氏变换的微分性质,特别是在带初始条件时要细心,要正确求出像函数 $Y(s)$.

习题 11-4

1. 用拉氏变换解下列微分方程:

(1) $\dfrac{\mathrm{d}i}{\mathrm{d}t}+5i=10\mathrm{e}^{3t}$, $i(0)=0$;

(2) $\dfrac{\mathrm{d}^2y}{\mathrm{d}t^2}+\omega^2y=0$, $y(0)=0$, $y'(0)=\omega$;

(3) $y''(t)+16y(t)=32t$, $y(0)=3$, $y'(0)=-2$.

2. 一质点沿 x 轴运动,其位置 x 与时间 t 的函数关系满足 $\dfrac{\mathrm{d}^2x}{\mathrm{d}t^2}+2\dfrac{\mathrm{d}x}{\mathrm{d}t}+2x=t\mathrm{e}^{-t}$, 若质点由静止在 $x=0$ 点处出发,求 x 与 t 的关系.

本章知识结构图

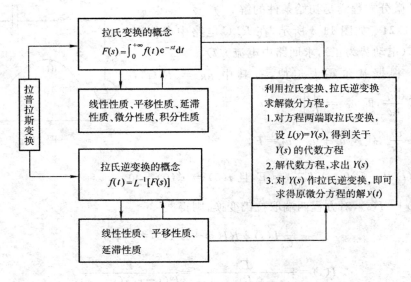

复 习 题 11

1. 选择题

(1) $f(t)=t\mathrm{e}^{2t}\sin 3t$,则 $L[f(t)]$ 为(   ).

A. $\dfrac{3}{(s+2)^2+9}$ B. $\dfrac{3}{(s-2)^2+6}$

C. $\dfrac{6(2-s)}{[(s-2)^2+9]^2}$ D. $\dfrac{6(s-2)}{[(s-2)^2+9]^2}$

(2) 设 $F(s)=\dfrac{s}{(s-m)(s-n)}$,则 $L^{-1}[F(s)]$ 为(   ).

A. $\dfrac{m e^{nt} - m e^{mt}}{m - n}$ B. $\dfrac{n e^{nt} - m e^{-mt}}{m - n}$

C. $\dfrac{m e^{nt} - n e^{mt}}{m - n}$ D. $\dfrac{m e^{mt} - n e^{nt}}{m - n}$

(3)拉普拉斯变换 $F(s) = \displaystyle\int_0^{+\infty} f(t) e^{-st} \mathrm{d}t$ 中的 $f(t)$ 的自变量的范围是(   ).

A. $(0, +\infty)$ B. $[0, +\infty)$ C. $(-\infty, +\infty)$ D. $(-\infty, 0)$

(4)若 $L(y) = F(s)$,且 $f(0) = f'(0) = 0$,那么 $L[f''(t)]$(   ).

A. $sF'(s)$ B. $F''(s)$ C. $s^2 F(s)$ D. $s^2 F(s)$

2. 求下列函数的拉氏变换:

(1)$\cos^2 t$;   (2)$(t-1)^2 e^t$;   (3)$\dfrac{1}{\sqrt{t}}$;   (4)$t^n e^{kt}$.

3. 求下列函数的拉氏逆变换.

(1)$\dfrac{1}{(s-2)^3}$;   (2)$\dfrac{s+2}{s^2 + 2s + 3}$.

4. 用拉普拉斯变换解微分方程.

(1)$y'' - 3y' + 2y = 4$,$y(0) = 0$,$y'(0) = 1$;

(2)$y'' + 2y' - 3y = 4e^{-t}$,$y(0) = 0$,$y'(0) = 1$.

中外数学家

拉普拉斯

拉普拉斯(1749—1827),天体力学的主要奠基人,天体演化学的创立者之一,分析概率论的创始人,应用数学的先驱.拉普拉斯用数学方法证明了行星的轨道大小只有周期性变化,这就是著名拉普拉斯定理.他发表的天文学、数学和物理学的论文有270多篇,专著合计有4 006多页.其中最有代表性的专著有《天体力学》、《宇宙体系论》和《概率分析理论》.1796年,他发表《宇宙体系论》,因研究太阳系稳定性的动力学问题被誉为法国的牛顿和天体力学之父.

拉普拉斯从青年时期就显示出卓越的数学才能,18岁时离家赴巴黎,决定从事数学工作.于是带着一封推荐信去找当时法国著名学者达朗贝尔,但被后者拒绝接见.拉普拉斯就寄去一篇力学方面的论文给达朗贝尔.这篇论文出色至极,以致达朗贝尔忽然高兴得要当他的教父,并使拉普拉斯被推荐到军事学校教书.此后,他同拉瓦锡在一起工作了一个时期,他们测定了许多物质的比热.1780年,他们两人证明了将一种化合物分解为其组成元素所需的热量就等于这些元素形成该化合物时所放出的热量.这是热化学的开端,也是继布拉克关于潜热的研究工作之后向能量守恒定律迈进的又一个里程碑.

1773年他解决了一个当时著名的难题:解释木星轨道为什么在不断地收缩,而同时土星的轨道又在不断地膨胀.拉普拉斯用数学方法证明行星平均运动的不变性,并证明为偏心率和倾角的3次幂.这就是著名的拉普拉斯定理,从此开始了太阳系稳定性问题的研究.同年,他成为法国科学院副院士.1784～1785年,他求得天体对其外任一质点的引力分量可以用一个势函数来表示,这个势函数满足一个偏微分方程,即著名的拉普拉斯方程.1785年他被选为科学院院士.1786年证明行星轨道的偏心率和倾角总保持很小和恒定,能自动调整,即摄动效应是守恒和周期性的,即不会积累也不会消解.1787年发现月球的加速度同地球轨道的偏心率有关,从理论上解决了太阳系动态中观测到的最后一个反常问题.1796年他的著作《宇宙体系论》问世,书中提出了对后来有重大影响的关于行星起源的星云假说.他长期从事大行星运动理论和月球运动理论方面的研究,在总结前人研究的基础上取得大量重要成果,他的这些成果集中在1799～1825年出版的5卷16册巨著《天体力学》之内.

拉普拉斯在数学上也有许多贡献.1812年发表了重要的《概率分析理论》一书.

拉普拉斯的著名杰作《天体力学》集各家之大成,书中第一次提出了"天体力学"的学科名称,是经典天体力学的代表著作.《宇宙系统论》是拉普拉斯另一部名垂千古的杰作.在这部书中,他独立于康德,提出了第一个科学的太阳系起源理论——星云说.康德的星云说是从哲学角度提出的,而拉普拉斯则从数学、力学角度充实了星云说,因此,人们常常把他们两人的星云说称为"康德-拉普拉斯星云说".

拉普拉斯在数学和物理学方面也有重要贡献,以他的名字命名的拉普拉斯变换和拉普拉斯方程,在科学技术的各个领域有着广泛的应用.

12   矩阵及其应用

投入产出问题

一个施工公司由建筑队、电气队、机械队组成,他们商定在某一时期内相互提供服务,建筑队每单位产值分别需要电气队、机械队的 0.1、0.3 单位服务,电气队每单位产值分别需要建筑队、机械队的 0.2、0.4 单位服务,机械队每单位产值分别需要建筑队、电气队的 0.3、0.4 单位服务. 又知在该时期内,他们都对外服务,创造的产值分别为建筑队 500 万元,电气队 700 万元,机械队 600 万元.

问这一时期内,每个工程队创造的总产值是多少? 每个工程队之间的中间投入 x_{ij} $(i,j=1,2,3)$ 和初始投入 $z_j(j=1,2,3,\cdots)$ 各是多少?

在解决这个问题的过程中,用到了直接消耗系数矩阵、最终产品矩阵;列出分配平衡线性方程组;利用矩阵解线性方程组;利用矩阵的乘法运算求出每个工程队之间的中间投入.

矩阵在自然科学、工程技术和经济管理等许多学科中有着广泛的应用,且矩阵的运算给解线性方程组提供了有力的工具.

(一)学习目标
1. 了解行列式的定义;克拉默法则;矩阵、矩阵的秩及逆矩阵的概念.
2. 理解行列式的含义;线性方程组有解的充分必要条件.
3. 掌握行列式的计算;行列式和矩阵的性质;矩阵的运算;矩阵的初等行变换.
4. 会求逆矩阵、矩阵的秩;会解线性方程组.
(二)学习重点和难点
重点 矩阵的运算;求逆矩阵、矩阵的秩;用矩阵的初等行变换求解线性方程组.
难点 矩阵的运算;求逆矩阵、矩阵的秩;用矩阵的初等行变换求解线性方程组.

许多问题都可以直接或近似地表示成一些变量之间的线性关系. 因此,研究线性关系是非常重要的,而行列式、矩阵是研究线性代数的重要工具. 它们在自然科学、工程技术和经济管理中,都有着广泛的应用.

12.1 n 阶行列式

本节由比较简单的二阶和三阶行列式给出 n 阶行列式的定义、行列式的性质,进而讨论行列式在求解线性方程组方面的应用,即线性方程组的克拉默法则.

12.1.1 二阶和三阶行列式

在中学代数中,求解二元一次方程组

$$\begin{cases} a_{11}x_1 + a_{12}x_2 = b_1, \\ a_{21}x_1 + a_{22}x_2 = b_2, \end{cases} \tag{12.1}$$

用加减消元法可得

$$\begin{cases} (a_{11}a_{22} - a_{12}a_{21})x_1 = b_1a_{22} - b_2a_{12}, \\ (a_{11}a_{22} - a_{12}a_{21})x_2 = b_2a_{11} - b_1a_{21}, \end{cases} \tag{12.1'}$$

如果 $a_{11}a_{22} - a_{12}a_{21} \neq 0$,那么方程组(12.1)的解为

$$x_1 = \frac{b_1a_{22} - b_2a_{12}}{a_{11}a_{22} - a_{12}a_{21}},$$

$$x_2 = \frac{b_2a_{11} - b_1a_{21}}{a_{11}a_{22} - a_{12}a_{21}}. \tag{12.2}$$

为了便于表示上述结果,规定记号

$$\begin{vmatrix} a & b \\ c & d \end{vmatrix} = ad - bc,$$

并称之为**二阶行列式**. 利用二阶行列式的概念,可以把方程组(12.1′)中未知量 x_1, x_2 的系数用二阶行列式表示:

$$D = \begin{vmatrix} a_{11} & a_{12} \\ a_{21} & a_{22} \end{vmatrix} = a_{11}a_{22} - a_{12}a_{21},$$

其中 $a_{11}, a_{12}, a_{21}, a_{22}$ 称为这个二阶行列式的元素. 横排称为**行**,竖排称为**列**. 从左上角到右下角的对角线称为行列式的**主对角线**,从右上角到左下角的对角线称为行列式的**次对角线**.

利用二阶行列式的概念,(12.2)式中的分子可以分别记为

$$D_1 = \begin{vmatrix} b_1 & a_{12} \\ b_2 & a_{22} \end{vmatrix}, D_2 = \begin{vmatrix} a_{11} & b_1 \\ a_{21} & b_2 \end{vmatrix}.$$

因此,当二元一次方程组(12.1)的系数组成的行列式 $D \neq 0$ 时,它的解就可以简洁地表示为

$$x_1 = \frac{D_1}{D}, x_2 = \frac{D_2}{D}. \tag{12.3}$$

例 12.1 解二元一次方程组 $\begin{cases} 2x_1 + x_2 = 5, \\ x_1 - 3x_2 = -1. \end{cases}$

解 因为系数行列式

$$D = \begin{vmatrix} 2 & 1 \\ 1 & -3 \end{vmatrix} = 2 \times (-3) - 1 \times 1 = -7 \neq 0,$$

且

$$D_1 = \begin{vmatrix} 5 & 1 \\ -1 & -3 \end{vmatrix} = -14, D_2 = \begin{vmatrix} 2 & 5 \\ 1 & -1 \end{vmatrix} = -7.$$

由公式(12.3)知,方程组的解为

$$x_1 = \frac{D_1}{D} = \frac{-14}{-7} = 2, x_2 = \frac{D_2}{D} = \frac{-7}{-7} = 1.$$

类似地,为了方便表示三元一次方程组

$$\begin{cases} a_{11}x_1 + a_{12}x_2 + a_{13}x_3 = b_1, \\ a_{21}x_1 + a_{22}x_2 + a_{23}x_3 = b_2, \\ a_{31}x_1 + a_{32}x_2 + a_{33}x_3 = b_3 \end{cases} \tag{12.4}$$

的解,引进记号

$$D = \begin{vmatrix} a_{11} & a_{12} & a_{13} \\ a_{21} & a_{22} & a_{23} \\ a_{31} & a_{32} & a_{33} \end{vmatrix}$$

$$= (-1)^{1+1}a_{11}\begin{vmatrix} a_{22} & a_{23} \\ a_{32} & a_{33} \end{vmatrix} + (-1)^{1+2}a_{12}\begin{vmatrix} a_{21} & a_{23} \\ a_{31} & a_{33} \end{vmatrix} + (-1)^{1+3}a_{13}\begin{vmatrix} a_{21} & a_{22} \\ a_{31} & a_{32} \end{vmatrix}$$

$$= a_{11}(a_{22}a_{33} - a_{23}a_{32}) - a_{12}(a_{21}a_{33} - a_{23}a_{31}) + a_{13}(a_{21}a_{32} - a_{22}a_{31})$$

$$= a_{11}a_{22}a_{33} - a_{11}a_{23}a_{32} - a_{12}a_{21}a_{33} + a_{12}a_{23}a_{31} + a_{13}a_{21}a_{32} - a_{13}a_{22}a_{31},$$

称为**三阶行列式**,其中 $\begin{vmatrix} a_{22} & a_{23} \\ a_{32} & a_{33} \end{vmatrix}$ 是原三阶行列式 D 中划去元素 a_{11} 所在的第一行、第一列后剩下的元素按原来顺序组成的二阶行列式,称为元素 a_{11} 的**余子式**,记作 M_{11},即 $M_{11} = \begin{vmatrix} a_{22} & a_{23} \\ a_{32} & a_{33} \end{vmatrix}$. 类似地,记 $M_{12} = \begin{vmatrix} a_{21} & a_{23} \\ a_{31} & a_{33} \end{vmatrix}, M_{13} = \begin{vmatrix} a_{21} & a_{22} \\ a_{31} & a_{32} \end{vmatrix}$.

并且令 $A_{ij} = (-1)^{i+j}M_{ij} (i,j=1,2,3)$ 称为元素 a_{ij} 的**代数余子式**.

因此,三阶行列式也可以表示为

$$D = \begin{vmatrix} a_{11} & a_{12} & a_{13} \\ a_{21} & a_{22} & a_{23} \\ a_{31} & a_{32} & a_{33} \end{vmatrix} = a_{11}A_{11} + a_{12}A_{12} + a_{13}A_{13} = \sum_{j=1}^{3} a_{1j}A_{1j}.$$

这样它的值就可以转化为计算二阶行列式而得到.

利用三阶行列式的概念,当方程组(12.4)的系数行列式 $D \neq 0$ 时,它的解也可以表示为

$$x = \frac{D_1}{D}, x_2 = \frac{D_2}{D}, x_3 = \frac{D_3}{D}, \tag{12.5}$$

其中 D_1, D_2, D_3 是将方程组(12.4)中的系数行列式 D 的第一列、第二列、第三列分别换成常数列得到的三阶行列式.

例 12.2　解三元一次方程组

$$\begin{cases} x_1 - x_2 + 2x_3 = 13, \\ x_1 + x_2 + x_3 = 10, \\ 2x_1 + 3x_2 - x_3 = 1. \end{cases}$$

解 利用公式(12.5)，先计算系数行列式

$$D = \begin{vmatrix} 1 & -1 & 2 \\ 1 & 1 & 1 \\ 2 & 3 & -1 \end{vmatrix} = 1 \times \begin{vmatrix} 1 & 1 \\ 3 & -1 \end{vmatrix} - (-1) \times \begin{vmatrix} 1 & 1 \\ 2 & -1 \end{vmatrix} + 2 \times \begin{vmatrix} 1 & 1 \\ 2 & 3 \end{vmatrix}$$

$$= (1 \times (-1) - 1 \times 3) + (1 \times (-1) - 1 \times 2) + 2 \times (1 \times 3 - 1 \times 2)$$

$$= -1 - 3 - 1 - 2 + 6 - 4 = -5 \neq 0.$$

$$D_1 = \begin{vmatrix} 13 & -1 & 2 \\ 10 & 1 & 1 \\ 1 & 3 & -1 \end{vmatrix} = -5, \qquad D_2 = \begin{vmatrix} 1 & 13 & 2 \\ 1 & 10 & 1 \\ 2 & 1 & -1 \end{vmatrix} = -10,$$

$$D_3 = \begin{vmatrix} 1 & -1 & 13 \\ 1 & 1 & 10 \\ 2 & 3 & 1 \end{vmatrix} = -35,$$

所以方程的解为

$$x_1 = \frac{D_1}{D} = 1, x_2 = \frac{D_2}{D} = 2, x_3 = \frac{D_3}{D} = 7.$$

12.1.2 n 阶行列式

前面在表示二元、三元线性方程组的解时，我们引入了二阶行列式、三阶行列式，下面我们介绍 n 阶行列式.

定义 12.1 由 n^2 个元素组成的一个算式，记为 D，

$$D = \begin{vmatrix} a_{11} & a_{12} & \cdots & a_{1n} \\ a_{21} & a_{22} & \cdots & a_{2n} \\ \vdots & \vdots & \ddots & \vdots \\ a_{n1} & a_{n2} & \cdots & a_{nn} \end{vmatrix},$$

称为 **n 阶行列式**，其中 a_{ij} 称为 D 的第 i 行第 j 列的元素 $(i, j = 1, 2, \cdots, n)$.

当 $n = 1$ 时，规定

$$D = |a_{11}| = a_{11}.$$

假设 $(n-1)$ 阶行列式已经定义，则

$$D = a_{11}A_{11} + a_{12}A_{12} + \cdots + a_{1n}A_{1n} = \sum_{j=1}^{n} a_{1j}A_{1j}, \qquad (12.6)$$

其中 A_{ij} 为元素 a_{ij} 的代数余子式.

对于 $n = 2$ 的情形，我们有

$$D = \begin{vmatrix} a_{11} & a_{12} \\ a_{21} & a_{22} \end{vmatrix} = a_{11}A_{11} + a_{12}A_{12} = a_{11}a_{22} - a_{12}a_{21}.$$

例 12.3　写出四阶行列式

$$\begin{vmatrix} 2 & 0 & -3 & 5 \\ 5 & 4 & -9 & 8 \\ -1 & 3 & 0 & -2 \\ 3 & -7 & 5 & 1 \end{vmatrix}$$

的元素 a_{23} 的余子式和代数余子式.

解　划去已知行列式的第二行和第三列后,剩下元素按原来顺序组成的三阶行列式就是元素 a_{23} 的余子式,记为 M_{23};而其代数余子式 A_{23} 是在余子式 M_{23} 前面加一个符号因子 $(-1)^{2+3}$,即 $M_{23} = \begin{vmatrix} 2 & 0 & 5 \\ -1 & 3 & -2 \\ 3 & -7 & 1 \end{vmatrix}$,

$$A_{23} = (-1)^{2+3} M_{2+3} = -\begin{vmatrix} 2 & 0 & 5 \\ -1 & 3 & -2 \\ 3 & -7 & 1 \end{vmatrix}.$$

定义 12.1 中的 (12.6) 式是 n 阶行列式 D 按第一行的展开式.依次展开下去,通过二阶、三阶行列式的展开式可以推出,n 阶行列式的完全展开式中共有 $n!$ 个乘积项,每个乘积项中含有 n 个取自不同行、不同列的元素,并且带正号和带负号的项各占一半.

下面我们介绍三类特殊的 n 阶行列式:n 阶对角形行列式、n 阶下三角形行列式和 n 阶上三角形行列式,由式 12.6 可知,它们的值都是主对角线上元素的乘积.

$$\begin{vmatrix} a_{11} & 0 & \cdots & 0 \\ 0 & a_{22} & \cdots & 0 \\ \vdots & \vdots & \ddots & \vdots \\ 0 & 0 & \cdots & a_{nn} \end{vmatrix} = a_{11}a_{22}\cdots a_{nn}, \qquad \begin{vmatrix} a_{11} & 0 & \cdots & 0 \\ a_{21} & a_{22} & \cdots & 0 \\ \vdots & \vdots & \ddots & \vdots \\ a_{n1} & a_{n2} & \cdots & a_{nn} \end{vmatrix} = a_{11}a_{22}\cdots a_{nn},$$

$$\begin{vmatrix} a_{11} & a_{12} & \cdots & a_{1n} \\ 0 & a_{22} & \cdots & a_{2n} \\ \vdots & \vdots & \ddots & \vdots \\ 0 & 0 & \cdots & a_{nn} \end{vmatrix} = a_{11}a_{22}\cdots a_{nn}.$$

12.1.3　行列式的性质

为了应用行列式来处理问题或简化行列式本身的计算,下面我们不加证明地介绍行列式的一些基本性质.

我们把行列式 D 中的行与列按原顺序互换以后的行列式称为 D 的**转置行列式**,记为 D^{T}.

如 $D = \begin{vmatrix} 1 & 2 & 3 \\ 4 & 5 & 6 \\ 7 & 8 & 9 \end{vmatrix}$,则 $D^{\mathrm{T}} = \begin{vmatrix} 1 & 4 & 7 \\ 2 & 5 & 8 \\ 3 & 6 & 9 \end{vmatrix}$.

性质 1 行列式 D 与它的转置行列式 D^T 相等,即 $D = D^T$.

例如 $D = \begin{vmatrix} a & b \\ c & d \end{vmatrix} = ad - bc = \begin{vmatrix} a & c \\ b & d \end{vmatrix} = D^T$.

这个性质说明对于行列式而言,行与列的地位是相当的,凡是行列式对行成立的性质对列也是成立的.

性质 2 行列式的两行(列)互换,其值改变符号.

如 $\begin{vmatrix} c & d \\ a & b \end{vmatrix} = -\begin{vmatrix} a & b \\ c & d \end{vmatrix}$.

推论 行列式中有两行(列)元素相同,则此行列式的值为零.

性质 3 行列式的某一行(列)元素有公因子,则可把公因子提出.

如 $\begin{vmatrix} a_1 & b_1 & c_1 \\ ka_2 & kb_2 & kc_2 \\ a_3 & b_3 & c_3 \end{vmatrix} = k \begin{vmatrix} a_1 & b_1 & c_1 \\ a_2 & b_2 & c_2 \\ a_3 & b_3 & c_3 \end{vmatrix}$.

推论 行列式有一行(列)元素全为零,则此行列式的值为零.

推论 行列式有两行(列)元素对应成比例,则此行列式的值为零.

性质 4 行列式中某行(列)的元素均为两项之和,则该行列式可拆分为两个行列式之和.

例如 $\begin{vmatrix} a_1 & b_1 & c_1 \\ a_2+a & b_2+b & c_2+c \\ a_3 & b_3 & c_3 \end{vmatrix} = \begin{vmatrix} a_1 & b_1 & c_1 \\ a_2 & b_2 & c_2 \\ a_3 & b_3 & c_3 \end{vmatrix} + \begin{vmatrix} a_1 & b_1 & c_1 \\ a & b & c \\ a_3 & b_3 & c_3 \end{vmatrix}$.

性质 5 把行列式的一行(列)乘上一常数加到另一行(列)上,所得行列式的值与原行列式相等.

例如 $\begin{vmatrix} a_1 & b_1 & c_1 \\ a_2 & b_2 & c_2 \\ a_3 & b_3 & c_3 \end{vmatrix} = \begin{vmatrix} a_1 & b_1 & c_1 \\ ka_1+a_2 & kb_1+b_2 & kc_1+c_2 \\ a_3 & b_3 & c_3 \end{vmatrix}$

性质 6 行列式可以按任一行(列)展开,即

$$D = \begin{vmatrix} a_{11} & a_{12} & \cdots & a_{1n} \\ a_{21} & a_{22} & \cdots & a_{2n} \\ \vdots & \vdots & \ddots & \vdots \\ a_{n1} & a_{n2} & \cdots & a_{nn} \end{vmatrix} = a_{i1}A_{i1} + a_{i2}A_{i2} + \cdots + a_{in}A_{in}, (i=1,2,\cdots n),$$

性质 7 行列式任一行(列)的元素与另一行(列)对应元素的代数余子式乘积之和等于零,即当 $i \neq k$ 时,$a_{i1}A_{k1} + a_{i2}A_{k2} + \cdots + a_{in}A_{kn} = 0$.

如对于行列式 $\begin{vmatrix} a_1 & b_1 & c_1 \\ a_2 & b_2 & c_2 \\ a_3 & b_3 & c_3 \end{vmatrix}$,有

$a_{11}A_{31} + a_{12}A_{32} + a_{13}A_{33} = 0, a_{21}A_{31} + a_{22}A_{32} + a_{23}A_{33} = 0$ 等.

为了便于表达,我们在行列式计算过程中约定采用下列标记法:

(1)以 r_i 代表第 i 行,c_i 代表第 i 列;

(2)第 i 行与第 j 行位置互换,记作 $r_i \leftrightarrow r_j$,第 i 列与第 j 列位置互换,记作 $c_i \leftrightarrow c_j$;

(3)把第 i 行(或第 i 列)的每一个元素的 k 倍对应加到第 j 行(或第 j 列),记作 $r_j + kr_i$(或 $c_j + kc_i$);

(4)行列式的第 i 行(或第 i 列)中所有元素都乘以常数 k,记作 kr_i(或 kc_i).

例 12.4 计算 $D = \begin{vmatrix} 1 & 3 & 0 & 2 \\ 1 & 4 & 2 & 5 \\ 2 & 0 & 2 & 3 \\ 3 & 4 & 2 & 1 \end{vmatrix}$.

解 $D \xrightarrow{r_2+(-r_1)} \begin{vmatrix} 1 & 3 & 0 & 2 \\ 0 & 1 & 2 & 3 \\ 2 & 0 & 2 & 3 \\ 3 & 4 & 2 & 1 \end{vmatrix} \xrightarrow{r_3+(-2r_1)} \begin{vmatrix} 1 & 3 & 0 & 2 \\ 0 & 1 & 2 & 3 \\ 0 & -6 & 2 & -1 \\ 3 & 4 & 2 & 1 \end{vmatrix} \xrightarrow{r_4+(-3r_1)} \begin{vmatrix} 1 & 3 & 0 & 2 \\ 0 & 1 & 2 & 3 \\ 0 & -6 & 2 & -1 \\ 0 & -5 & 2 & -5 \end{vmatrix}$

$\xrightarrow{r_3+6r_2} \begin{vmatrix} 1 & 3 & 0 & 2 \\ 0 & 1 & 2 & 3 \\ 0 & 0 & 14 & 17 \\ 0 & -5 & 2 & -5 \end{vmatrix} \xrightarrow{r_4+5r_2} \begin{vmatrix} 1 & 3 & 0 & 2 \\ 0 & 1 & 2 & 3 \\ 0 & 0 & 14 & 17 \\ 0 & 0 & 12 & 10 \end{vmatrix} \xrightarrow{r_4+(-\frac{6}{7}r_3)} \begin{vmatrix} 1 & 3 & 0 & 2 \\ 0 & 1 & 2 & 3 \\ 0 & 0 & 14 & 17 \\ 0 & 0 & 0 & -\frac{32}{7} \end{vmatrix}$

$= 1 \times 1 \times 14 \times (-\frac{32}{7}) = -64.$

由上例可知,在计算高阶行列式时,尽量将它化成上(下)三角行列式的形式,然后利用前面介绍过的上(下)三角行列式的特殊性质,这样就简化了计算.

12.1.4 克拉默法则

由前面的知识,二元线性方程组 $\begin{cases} a_{11}x_1 + a_{12}x_2 = b_1, \\ a_{21}x_1 + a_{22}x_2 = b_2, \end{cases}$

当 $D = a_{11}a_{22} - a_{12}a_{21} \neq 0$ 时,其解为 $x_1 = \dfrac{D_1}{D}$,$x_2 = \dfrac{D_2}{D}$,

其中 $D_j(j=1,2)$ 是把系数行列式 D 中第 j 列的元素用 b_1, b_2 代替后所得的二阶行列式,即

$$D_1 = \begin{vmatrix} b_1 & a_{12} \\ b_2 & a_{22} \end{vmatrix}, D_2 = \begin{vmatrix} a_{11} & b_1 \\ a_{21} & b_2 \end{vmatrix}.$$

对于含有 n 个未知量 $x_1, x_2, \cdots, x_n$ 和 n 个线性方程的方程组

$$\begin{cases} a_{11}x_1 + a_{12}x_2 + \cdots + a_{1n}x_n = b_1, \\ a_{21}x_1 + a_{22}x_2 + \cdots + a_{2n}x_n = b_2, \\ \vdots \\ a_{n1}x_1 + a_{n2}x_2 + \cdots + a_{nn}x_n = b_n, \end{cases} \tag{12.7}$$

与二元线性方程组类似,在一定条件下,它的解也可以用 n 阶行列式来表示.

定理 12.1 (克拉默法则)如果线性方程组(12.7)的系数行列式不等于零,即

$$D=\begin{vmatrix} a_{11} & a_{12} & \cdots & a_{1n} \\ a_{21} & a_{22} & \cdots & a_{2n} \\ \vdots & \vdots & \ddots & \vdots \\ a_{n1} & a_{n2} & \cdots & a_{nn} \end{vmatrix}\neq 0$$

则方程组(12.7)有唯一解 $x_1=\dfrac{D_1}{D},x_2=\dfrac{D_2}{D},\cdots,x_n=\dfrac{D_n}{D}$,其中 $D_j(j=1,2,\cdots,n)$ 是把系数行列式 D 中第 j 列元素用方程组右端的常数列代替后所得的 n 阶行列式.

例 12.5 用克拉默法则解线性方程组

$$\begin{cases} x_1-x_2+2x_3-x_4=3, \\ 2x_1+2x_3+x_4=5, \\ 4x_1+x_2+x_3=4, \\ x_1+x_2-2x_3+2x_4=-2. \end{cases}$$

解 计算系数行列式

$$D=\begin{vmatrix} 1 & -1 & 2 & -1 \\ 2 & 0 & 2 & 1 \\ 4 & 1 & 1 & 0 \\ 1 & 1 & -2 & 2 \end{vmatrix}=-14\neq 0,$$

由克拉默法则计算下列行列式的值,

$$D_1=\begin{vmatrix} 3 & -1 & 2 & -1 \\ 5 & 0 & 2 & 1 \\ 4 & 1 & 1 & 0 \\ -2 & 1 & -2 & 2 \end{vmatrix}=-4,\qquad D_2=\begin{vmatrix} 1 & 3 & 2 & -1 \\ 2 & 5 & 2 & 1 \\ 4 & 4 & 1 & 0 \\ 1 & -2 & -2 & 2 \end{vmatrix}=-12,$$

$$D_3=\begin{vmatrix} 1 & -1 & 3 & -1 \\ 2 & 0 & 5 & 1 \\ 4 & 1 & 4 & 0 \\ 1 & 1 & -2 & 2 \end{vmatrix}=-28,\qquad D_4=\begin{vmatrix} 1 & -1 & 2 & 3 \\ 2 & 0 & 2 & 5 \\ 4 & 1 & 1 & 4 \\ 1 & 1 & -2 & -2 \end{vmatrix}=-6,$$

于是该方程组的解为

$$x_1=\frac{D_1}{D}=\frac{2}{7},x_2=\frac{D_2}{D}=\frac{6}{7},x_3=\frac{D_3}{D}=2,x_4=\frac{D_4}{D}=\frac{3}{7}.$$

克拉默法则是 n 阶行列式的一个直接应用,它的意义主要在于给出了方程组的解与系数之间的关系,这在理论研究中有重要的地位,但在实际中往往要应付大量的运算.

注:应用克拉默法则解线性方程组时要有两个前提条件:

①方程个数要与未知数个数相等;

②系数行列式的值不等于零.

如果线性方程组(12.7)中的常数项 $b_1,b_2,\cdots,b_n$ 都等于零,则方程组

$$\begin{cases} a_{11}x_1 + a_{12}x_2 + \cdots + a_{1n}x_n = 0, \\ a_{21}x_1 + a_{22}x_2 + \cdots + a_{2n}x_n = 0, \\ \qquad\qquad\vdots \\ a_{n1}x_1 + a_{n2}x_2 + \cdots + a_{nn}x_n = 0 \end{cases} \tag{12.8}$$

叫做**齐次线性方程组**. 显然 $x_1 = x_2 = \cdots = x_n = 0$ 是方程组(12.8)的解,这种全为零的解叫做方程组的**零解**. 对于齐次线性方程组除零解外是否还有非零解,可由下面定理判定.

定理 12.2　齐次线性方程组(12.8)只有零解当且仅当它的系数行列式 $D \neq 0$.

定理 12.3　齐次线性方程组(12.8)有非零解当且仅当它的系数行列式 $D = 0$.

例 12.6　要使下列齐次线性方程组有非零解,常数 k 应取何值?

$$\begin{cases} kx_1 + x_3 = 0, \\ x_1 + 2x_2 - x_3 = 0, \\ (k+2)x_1 - x_2 + 4x_3 = 0. \end{cases}$$

解　该齐次方程组的系数行列式为

$$D = \begin{vmatrix} k & 0 & 1 \\ 1 & 2 & -1 \\ k+2 & -1 & 4 \end{vmatrix} = 5(k-1),$$

如果方程组有非零解,则 $D = 0$,可得 $k = 1$.

习题　12-1

1. 计算下列各行列式的值:

(1) $\begin{vmatrix} a+b & -b \\ b & a-b \end{vmatrix}$;　　　(2) $\begin{vmatrix} 1 & 2 & 3 \\ 2 & 3 & 2 \\ 3 & 2 & 1 \end{vmatrix}$.

2. 利用行列式解下列方程组:

(1) $\begin{cases} 3x + 4y = 6, \\ 4x + 3y = 5; \end{cases}$　　　(2) $\begin{cases} 3x + y - 5z = 0, \\ 2x - y + 3z = 3, \\ 4x - y + z = 3. \end{cases}$

3. 按指定的行或列展开并计算下列各行列式:

(1) $\begin{vmatrix} 2 & 6 & 1 & 3 \\ 0 & 1 & -2 & 1 \\ 0 & 1 & -1 & 3 \\ 3 & 0 & 2 & 4 \end{vmatrix}$;(第一列)　(2) $\begin{vmatrix} 0 & 1 & 1 & 1 \\ s & t & u & v \\ 1 & 1 & 0 & 1 \\ 1 & 1 & 1 & 0 \end{vmatrix}$.(第二行)

4. 利用行列式性质证明:

(1) $\begin{vmatrix} c_1 & a_1+b_1x & a_1x+b_1 \\ c_2 & a_2+b_2x & a_2x+b_2 \\ c_3 & a_3+b_3x & a_3x+b_3 \end{vmatrix} = (1-x^2)\begin{vmatrix} a_1 & b_1 & c_1 \\ a_2 & b_2 & c_2 \\ a_3 & b_3 & c_3 \end{vmatrix};$

(2) $\begin{vmatrix} a & b & c & d \\ a & a+b & a+b+c & a+b+c+d \\ a & 2a+b & 3a+2b+c & 4a+3b+2c+d \\ a & 3a+b & 6a+3b+c & 10a+6b+3c+d \end{vmatrix} = a^4;$ (3) $\begin{vmatrix} c & a & d & b \\ a & c & b & b \\ a & c & b & d \\ c & a & b & d \end{vmatrix} = 0.$

5. 用行列式的性质计算下列各行列式:

(1) $\begin{vmatrix} 1 & 2 & 1 \\ 1 & 1 & 2 \\ 2 & 1 & 1 \end{vmatrix};$ (2) $\begin{vmatrix} 1 & 1 & 1 \\ a & b & c \\ b+c & c+a & a+b \end{vmatrix};$ (3) $\begin{vmatrix} 1+\cos x & 1+\sin x & 1 \\ 1-\sin x & 1+\cos x & 1 \\ 1 & 1 & 1 \end{vmatrix};$

(4) $\begin{vmatrix} 1 & 1 & 1 & 1 \\ 1 & -1 & 1 & 1 \\ 1 & 1 & -1 & 1 \\ 1 & 1 & 1 & -1 \end{vmatrix};$ (5) $\begin{vmatrix} 0 & 1 & 1 & 1 \\ 1 & 0 & 1 & 1 \\ 1 & 1 & 0 & 1 \\ 1 & 1 & 1 & 0 \end{vmatrix};$ (6) $\begin{vmatrix} 1 & 2 & 3 & 4 \\ 2 & 3 & 4 & 1 \\ 3 & 4 & 1 & 2 \\ 4 & 1 & 2 & 3 \end{vmatrix};$

(7) $\begin{vmatrix} a_{11} & a_{12} & a_{13} & a_{14} \\ a_{21} & a_{22} & a_{23} & 0 \\ a_{31} & a_{32} & 0 & 0 \\ a_{41} & 0 & 0 & 0 \end{vmatrix};$ (8) $\begin{vmatrix} a & b & b & b \\ b & a & b & b \\ b & b & a & b \\ b & b & b & a \end{vmatrix}.$

6. 用克拉默法则解方程组:

(1) $\begin{cases} 5x_1+4x_3+2x_4=3, \\ x_1-x_2+2x_3+x_4=1, \\ 4x_1+x_2+2x_3=1, \\ x_1+x_2+x_3+x_4=0; \end{cases}$ (2) $\begin{cases} 5x_1+6x_2=11, \\ x_1+5x_2+6x_3=0, \\ x_2+5x_3+6x_4=-4, \\ x_3+5x_4=-1. \end{cases}$

7. 如果下面的齐次线性方程组有非零解,k 应取什么值?

$$\begin{cases} x-y+z=0, \\ 2x+ky+(2-k)z=0, \\ x+(k+1)y=0. \end{cases}$$

12.2 矩阵

线性代数的重要内容之一是线性方程组的求解,而矩阵的运算给解线性方程组提供了有力的工具. 本节着重介绍矩阵、逆矩阵的概念及其运算方法.

12.2.1 矩阵的概念

1. 引例

矩阵是线性代数中的一个基本概念,也是一种重要的数学工具,它从实际问题中抽象出来,应用范围广泛,先看下面的一个例子.

例 12.7 线性方程组

$$\begin{cases} a_{11}x_1 + a_{12}x_2 + \cdots + a_{1n}x_n = b_1, \\ a_{21}x_1 + a_{22}x_2 + \cdots + a_{2n}x_n = b_2, \\ \qquad\qquad\qquad\vdots \\ a_{n1}x_1 + a_{n2}x_2 + \cdots + a_{nn}x_n = b_n, \end{cases}$$

把它的系数按原来的次序排成系数表 $\begin{bmatrix} a_{11} & a_{12} & \cdots & a_{1n} \\ a_{21} & a_{22} & \cdots & a_{2n} \\ \vdots & \vdots & \ddots & \vdots \\ a_{n1} & a_{n2} & \cdots & a_{nn} \end{bmatrix}$,

常数项也排成一个表 $\begin{bmatrix} b_1 \\ b_2 \\ \vdots \\ b_n \end{bmatrix}$,

有了这两个表,上述线性方程组就被完全确定了.

类似的这种矩形表,在工程技术和自然科学以及经济领域中经常被应用,这种数表在数学上叫做矩阵.

2. 矩阵的定义

定义 12.2 由 $m \times n$ 个数 $a_{ij}(i=1,2,\cdots,m; j=1,2,\cdots,n)$ 排列成一个 m 行 n 列的数表

$$\begin{bmatrix} a_{11} & a_{12} & \cdots & a_{1n} \\ a_{21} & a_{22} & \cdots & a_{2n} \\ \vdots & \vdots & \ddots & \vdots \\ a_{m1} & a_{m2} & \cdots & a_{mn} \end{bmatrix}.$$

该数表叫做 m 行 n 列**矩阵**,简称 $m \times n$ 矩阵,其中 a_{ij} 叫做矩阵的**元素**,第一个下标 i 表示元素所在的**行**,第二个下标 j 表示元素所在的**列**. 有时为了方便,可以将上述矩阵缩写为 $[a_{ij}]_{m \times n}$,一般用大写字母 $A,B,C,\cdots,Z$ 表示矩阵,为了指明矩阵的行数与列数,也常记作 $A_{m \times n}$. 如果 $m=n$,则矩阵 $A_{n \times n}$ 叫做 n **阶方阵**,用 A_n 表示. 在方阵 A_n 中,左上角到右下角的连线叫做**主对角线**,该对角线上的元素 $a_{11},a_{22},\cdots,a_{nn}$ 叫做**主对角线元素**.

注:(1)由定义可知,矩阵和行列式是两个截然不同的概念,矩阵是一张数表,行列式则是一个算式,当元素是具体的数字时,行列式即是一个数值.

(2)若矩阵 $A=[a_{ij}]_{m \times n}$ 与 $B=[b_{ij}]_{m \times n}$,它们都是 $m \times n$ 矩阵,并且对应元素相等,即 $a_{ij}=b_{ij}(i=1,2,\cdots,m; j=1,2,\cdots,n)$,则称矩阵 A 与矩阵 B **相等**,记作 $A=B$.

3. 几类特殊的矩阵

(1)**零矩阵**:所有元素都等于零的矩阵叫做零矩阵,记作 O.

(2)**行矩阵、列矩阵**:$1 \times n$ 矩阵

$$[a_1, a_2, \cdots, a_n]$$

叫做行矩阵；$m \times 1$ 矩阵

$$\begin{bmatrix} b_1 \\ b_2 \\ \vdots \\ b_m \end{bmatrix}$$

叫做列矩阵.

（3）**对角矩阵**：主对角线以外的元素全为零的方阵称为对角矩阵，它的一般形式为

$$\begin{bmatrix} a_1 & 0 & \cdots & 0 \\ 0 & a_2 & \cdots & 0 \\ \vdots & \vdots & \ddots & \vdots \\ 0 & 0 & \cdots & a_n \end{bmatrix},$$

有时简记为 $\mathrm{diag}[a_1, a_2, \cdots, a_n]$.

（4）**单位矩阵**：主对角线元素全为 1 的对角矩阵叫做单位矩阵，记作 E_n 或者 E，即

$$E_n = \begin{bmatrix} 1 & 0 & \cdots & 0 \\ 0 & 1 & \cdots & 0 \\ \vdots & \vdots & \ddots & \vdots \\ 0 & 0 & \cdots & 1 \end{bmatrix}$$

（5）**对称矩阵**：满足条件 $a_{ij} = a_{ji}(i, j = 1, 2, \cdots, n)$ 的方阵 $[a_{ij}]_{n \times n}$ 叫做对称矩阵.
对称矩阵的特点是，它的元素关于主对角线是对称的.

例如，三阶矩阵

$$\begin{bmatrix} 2 & 3 & 5 \\ 3 & 1 & 2 \\ 5 & 2 & 7 \end{bmatrix}$$

是对称矩阵.

12.2.2　矩阵的线性运算

1. 矩阵的加（减）法运算

定义 12.3　设有两个 $m \times n$ 矩阵 $\boldsymbol{A} = [a_{ij}]_{m \times n}$ 与 $\boldsymbol{B} = [b_{ij}]_{m \times n}$，则 $m \times n$ 矩阵

$$C = \begin{bmatrix} a_{11} + b_{11} & a_{12} + b_{12} & \cdots & a_{1n} + b_{1n} \\ a_{21} + b_{21} & a_{22} + b_{22} & \cdots & a_{2n} + b_{2n} \\ \vdots & \vdots & \ddots & \vdots \\ a_{m1} + b_{m1} & a_{m2} + b_{m2} & \cdots & a_{mn} + b_{mn} \end{bmatrix}$$

叫做矩阵 $\boldsymbol{A}$ 与矩阵 $\boldsymbol{B}$ 的和，记作 $\boldsymbol{A} + \boldsymbol{B}$，即

$$C = A + B = [a_{ij} + b_{ij}]_{m \times n}$$

由于矩阵的加法归结为它们的元素的加法，也就是数的加法，所以，容易证明如下运算性质（设 $\boldsymbol{A}$、$\boldsymbol{B}$、$\boldsymbol{C}$ 都是 $m \times n$ 矩阵）.

结合律　$A+(B+C)=(A+B)+C$；

交换律　$A+B=B+A$.

如果矩阵 $A=[a_{ij}]_{m\times n}$ 与矩阵 $B=[b_{ij}]_{m\times n}$ 满足如下关系：

$$a_{ij}=-b_{ij}(i=1,2,\cdots,m;j=1,2,\cdots,n)$$

则称 A 与 B 互为**负矩阵**，记作 $A=-B$.

有了负矩阵的概念后，就可以定义两个同阶矩阵 A 与 B 的差，即 $A-B=A+(-B)$.

2. 数与矩阵相乘

定义 12.4　以常数 k 乘矩阵 A 的每一个元素所得到的矩阵，叫做数 k 与矩阵 A 的积，记作 kA 或者 Ak. 如果 $A=[a_{ij}]_{m\times n}$，则

$$kA=\begin{bmatrix} ka_{11} & ka_{12} & \cdots & ka_{1n} \\ ka_{21} & ka_{22} & \cdots & ka_{2n} \\ \vdots & \vdots & \ddots & \vdots \\ ka_{m1} & ka_{m2} & \cdots & ka_{mn} \end{bmatrix}.$$

矩阵的**数乘运算**具有以下**性质**（其中 A、B 为 $m\times n$ 矩阵；k、l 为常数）

(1) $kA=Ak$　　　　　　　　　　(2) $k(A+B)=kA+kB$

(3) $(k+l)A=kA+lA$　　　　　　(4) $k(lA)=(kl)A$

(5) $A+(-A)=O$　　　　　　　　(6) $1A=A$

例 12.8　已知 $A=\begin{bmatrix} 2 & 0 & 3 \\ -1 & 2 & 4 \end{bmatrix}$，$B=\begin{bmatrix} 3 & -2 & 1 \\ 0 & 4 & 1 \end{bmatrix}$，求 $2A-B$.

解

$$2A-B=2\begin{bmatrix} 2 & 0 & 3 \\ -1 & 2 & 4 \end{bmatrix}-\begin{bmatrix} 3 & -2 & 1 \\ 0 & 4 & 1 \end{bmatrix}$$

$$=\begin{bmatrix} 4 & 0 & 6 \\ -2 & 4 & 8 \end{bmatrix}-\begin{bmatrix} 3 & -2 & 1 \\ 0 & 4 & 1 \end{bmatrix}=\begin{bmatrix} 1 & 2 & 5 \\ -2 & 0 & 7 \end{bmatrix}.$$

例 12.9　已知 $A=\begin{bmatrix} 1 & 0 & -2 \\ 3 & 5 & 1 \\ 0 & -3 & 4 \end{bmatrix}$，$B=\begin{bmatrix} 0 & 2 & 1 \\ 4 & 2 & -4 \\ 1 & 2 & 3 \end{bmatrix}$，矩阵 X 满足 $A-2X=B$，求 X.

解　由式子 $A-2X=B$ 变形可得

$$X=\frac{1}{2}(A-B)=\frac{1}{2}\begin{bmatrix} 1 & -2 & -3 \\ -1 & 3 & 5 \\ -1 & -5 & 1 \end{bmatrix}=\begin{bmatrix} \frac{1}{2} & -1 & -\frac{3}{2} \\ -\frac{1}{2} & \frac{3}{2} & \frac{5}{2} \\ -\frac{1}{2} & -\frac{5}{2} & \frac{1}{2} \end{bmatrix}.$$

12.2.3　矩阵的乘法运算

定义 12.5　设有矩阵 $A=[a_{ik}]_{m\times s}$，$B=[b_{kj}]_{s\times n}$，规定矩阵 $C=[c_{ij}]_{m\times n}$，其中 $c_{ij}=$

$a_{i1}b_{1j}+a_{i2}b_{2j}+\cdots+a_{is}b_{sj}=\sum\limits_{k=1}^{s}a_{ik}b_{kj}\,(i=1,2,\cdots,m;j=1,2,\cdots,n)$，矩阵 C 叫做矩阵 A 与矩阵 B 的乘积，记作 $C=AB$. 乘积矩阵 $C=AB$ 的元素 c_{ij} 就是矩阵 A 的第 i 行元素与矩阵 B 的第 j 列对应元素乘积的和，即

$$AB=\begin{bmatrix}\cdots & \cdots & \cdots & \cdots \\ a_{i1} & a_{i2} & \cdots & a_{is} \\ \cdots & \cdots & \cdots & \cdots\end{bmatrix}_{m\times s}\times\begin{bmatrix}\cdots & b_{1j} & \cdots \\ \cdots & b_{2j} & \cdots \\ \vdots & \vdots & \vdots \\ \cdots & b_{sj} & \cdots\end{bmatrix}_{s\times n}=\begin{bmatrix}\cdots & \cdots & \cdots \\ \cdots & c_{ij} & \cdots \\ \cdots & \cdots & \cdots\end{bmatrix}=C.$$

注：(1) 只有当前一矩阵 A 的列数等于后一矩阵 B 的行数时，这两个矩阵才能相乘，否则乘积矩阵没有意义.

(2) 乘积矩阵 C 的行数等于矩阵 A 的行数，C 的列数等于矩阵 B 的列数.

例 12.10 已知矩阵 $A=\begin{bmatrix}3 & 2 & 1 \\ 1 & 0 & 2\end{bmatrix}$，$B=\begin{bmatrix}-1 & 2 \\ 2 & -3 \\ 0 & 1\end{bmatrix}$，求乘积矩阵 AB 与 BA.

解 由矩阵乘积定义，有

$$AB=\begin{bmatrix}3 & 2 & 1 \\ 1 & 0 & 2\end{bmatrix}\begin{bmatrix}-1 & 2 \\ 2 & -3 \\ 0 & 1\end{bmatrix}=\begin{bmatrix}3\times(-1)+2\times2+1\times0 & 3\times2+2\times(-3)+1\times1 \\ 1\times(-1)+0\times2+2\times0 & 1\times2+0\times(-3)+2\times1\end{bmatrix}$$

$$=\begin{bmatrix}1 & 1 \\ -1 & 4\end{bmatrix},$$

$$BA=\begin{bmatrix}-1 & 2 \\ 2 & -3 \\ 0 & 1\end{bmatrix}\begin{bmatrix}3 & 2 & 1 \\ 1 & 0 & 2\end{bmatrix}$$

$$=\begin{bmatrix}-1\times3+2\times1 & -1\times2+2\times0 & -1\times1+2\times2 \\ 2\times3+(-3)\times1 & 2\times2+(-3)\times0 & 2\times1+(-3)\times2 \\ 0\times3+1\times1 & 0\times2+1\times0 & 0\times1+1\times2\end{bmatrix}$$

$$=\begin{bmatrix}-1 & -2 & 3 \\ 3 & 4 & -4 \\ 1 & 0 & 2\end{bmatrix}.$$

例 12.11 已知矩阵 $A=\begin{bmatrix}4 & 2 \\ 2 & 1\end{bmatrix}$，$B=\begin{bmatrix}2 & -6 \\ -1 & 3\end{bmatrix}$，$C=\begin{bmatrix}1 & -5 \\ 1 & 1\end{bmatrix}$，$D=\begin{bmatrix}6 & 3 \\ 2 & 1\end{bmatrix}$，求乘积矩阵 AB、BD、AC.

解 $\qquad\qquad AB=\begin{bmatrix}4 & 2 \\ 2 & 1\end{bmatrix}\begin{bmatrix}2 & -6 \\ -1 & 3\end{bmatrix}=\begin{bmatrix}6 & -18 \\ 3 & -9\end{bmatrix}$,

$$AC=\begin{bmatrix}4 & 2 \\ 2 & 1\end{bmatrix}\begin{bmatrix}1 & -5 \\ 1 & 1\end{bmatrix}=\begin{bmatrix}6 & -18 \\ 3 & -9\end{bmatrix},$$

$$BD = \begin{bmatrix} 2 & -6 \\ -1 & 3 \end{bmatrix} \begin{bmatrix} 6 & 3 \\ 2 & 1 \end{bmatrix} = \begin{bmatrix} 0 & 0 \\ 0 & 0 \end{bmatrix}.$$

注:(1)矩阵的乘法不满足交换律,即在一般情况下 $AB \neq BA$(如例 12.10),因此矩阵相乘时必须注意顺序,但对于某些特殊的矩阵,$AB = BA$ 可能成立.

例如:$A = \begin{bmatrix} 3 & 1 \\ 4 & 0 \end{bmatrix}$,$B = \begin{bmatrix} 2 & 1 \\ 4 & -1 \end{bmatrix}$,满足 $AB = BA = \begin{bmatrix} 10 & 2 \\ 8 & 4 \end{bmatrix}$.

对于矩阵 A、B 如果满足 $AB = BA$,则称 A、B 是可交换的.

(2)矩阵乘法不满足消去律,即由 $AB = AC$(其中 $A \neq O$)一般不能得到 $B = C$. 如在例 12.11 中 $AB = AC$(且 $A \neq O$),但 $B \neq C$.

(3)两个非零矩阵的乘积可能是零矩阵,即由 $AB = O$ 一般不能得到 $A \neq O$ 时 $B = O$. 如在例 12.11 中 $BD = O$,但 $B \neq O$,$D \neq O$.

不难验证　$A_{m \times n} E_n = E_m A_{m \times n} = A_{m \times n}$,$A_{m \times n} O_n = O_m A_{m \times n} = O_{m \times n}$.

矩阵乘法具有下列性质(假定下列运算都有意义):

(1)**结合律**:$(AB)C = A(BC)$,

(2)**分配律**:$(A + B)C = AC + BC$,$A(B + C) = AB + AC$,

(3)$k(AB) = (kA)B = A(kB)$(k 是常数);

对于 n 阶方阵 A,规定

$$A^k = \underbrace{AA \cdots A}_{k \uparrow A}(\text{其中 } k \text{ 是正整数})$$

为 A 的 k 次幂.

当 k、l 都是正整数时,容易验证

$$A^k A^l = A^{k+l};(A^k)^l = A^{kl}$$

注:因为矩阵乘法一般不满足交换律,所以一般地

$$(AB)^k \neq A^k B^k,(A + B)^2 \neq A^2 + 2AB + B^2.$$

规定　$A^0 = E$,$A^1 = A$.

例 12.12　设 $f(\lambda) = \lambda^2 - \lambda + 2$,而 $A = \begin{bmatrix} 1 & 2 \\ -3 & 1 \end{bmatrix}$,求 $f(A)$.

解　法 1　$f(A) = A^2 + A - 2E = \begin{bmatrix} 1 & 2 \\ -3 & 1 \end{bmatrix}^2 + \begin{bmatrix} 1 & 2 \\ -3 & 1 \end{bmatrix} - 2\begin{bmatrix} 1 & 0 \\ 0 & 1 \end{bmatrix}$

$$= \begin{bmatrix} -5 & 4 \\ -6 & -5 \end{bmatrix} + \begin{bmatrix} 1 & 2 \\ -3 & 1 \end{bmatrix} - \begin{bmatrix} 2 & 0 \\ 0 & 2 \end{bmatrix} = \begin{bmatrix} -6 & 6 \\ -9 & -6 \end{bmatrix}.$$

法 2　$f(A) = A^2 + A - 2E = (A - E)(A + 2E)$

$$= \begin{bmatrix} 0 & 2 \\ -3 & 0 \end{bmatrix} \begin{bmatrix} 3 & 2 \\ -3 & 3 \end{bmatrix} = \begin{bmatrix} -6 & 6 \\ -9 & -6 \end{bmatrix}.$$

12.2.4　矩阵的转置运算

定义 12.6　把 $m \times n$ 矩阵 A 的行与列互换,得到的 $n \times m$ 矩阵叫做 A 的**转置矩阵**,记作 A^T.

例如，矩阵 $A=\begin{bmatrix} 1 & 2 & 3 \\ -2 & 4 & 5 \\ -3 & -5 & 6 \end{bmatrix}$ 的转置矩阵为 $A^T=\begin{bmatrix} 1 & -2 & -3 \\ 2 & 4 & -5 \\ 3 & 5 & 6 \end{bmatrix}$.

列矩阵 $D=\begin{bmatrix} a_1 \\ a_2 \\ \vdots \\ a_n \end{bmatrix}$，其转置矩阵为行矩阵 $D^T=\begin{bmatrix} a_1 & a_2 & \cdots & a_n \end{bmatrix}$.

矩阵的**转置**具有下列**性质**（假定下面的运算都有意义）：

(1) $(A^T)^T=A$；

(2) $(A+B)^T=A^T+B^T$；

(3) $(kA)^T=kA^T$（k 是一个常数）；

(4) $(AB)^T=B^TA^T$.

例 12.13 已知矩阵

$$A=\begin{bmatrix} 1 & 0 & 2 \\ -2 & 1 & 3 \end{bmatrix}, B=\begin{bmatrix} 1 & 0 \\ 2 & 3 \\ 1 & -2 \end{bmatrix},$$

求 $(AB)^T$.

解　法 1　因为 $AB=\begin{bmatrix} 1 & 0 & 2 \\ -2 & 1 & 3 \end{bmatrix}\begin{bmatrix} 1 & 0 \\ 2 & 3 \\ 1 & -2 \end{bmatrix}=\begin{bmatrix} 3 & -4 \\ 3 & -3 \end{bmatrix}$,

所以 $(AB)^T=\begin{bmatrix} 3 & 3 \\ -4 & -3 \end{bmatrix}$.

法 2　根据转置矩阵的性质可知 $(AB)^T=B^TA^T$，又

$$A^T=\begin{bmatrix} 1 & -2 \\ 0 & 1 \\ 2 & 3 \end{bmatrix}, B^T=\begin{bmatrix} 1 & 2 & 1 \\ 0 & 3 & -2 \end{bmatrix},$$

那么 $(AB)^T=B^TA^T=\begin{bmatrix} 1 & 2 & 1 \\ 0 & 3 & -2 \end{bmatrix}\begin{bmatrix} 1 & -2 \\ 0 & 1 \\ 2 & 3 \end{bmatrix}=\begin{bmatrix} 3 & 3 \\ -4 & -3 \end{bmatrix}$.

12.2.5　逆矩阵的概念

1. 方阵的行列式

定义 12.7　由 n 阶方阵 $A=\begin{bmatrix} a_{11} & a_{12} & \cdots & a_{1n} \\ a_{21} & a_{22} & \cdots & a_{2n} \\ \vdots & \vdots & \ddots & \vdots \\ a_{n1} & a_{n2} & \cdots & a_{nn} \end{bmatrix}$

所确定的 n 阶行列式

$$\begin{vmatrix} a_{11} & a_{12} & \cdots & a_{1n} \\ a_{21} & a_{22} & \cdots & a_{2n} \\ \vdots & \vdots & \ddots & \vdots \\ a_{n1} & a_{n2} & \cdots & a_{nn} \end{vmatrix}$$

称为 n 阶方阵 $\boldsymbol{A}$ 的行列式,记为 $|\boldsymbol{A}|$ 或者 $\det\boldsymbol{A}$.

方阵的行列式具有下列性质(设 $\boldsymbol{A}$、$\boldsymbol{B}$ 是 n 阶方阵,k 是常数):

(1) $|\boldsymbol{A}^{\mathrm{T}}| = |\boldsymbol{A}|$;

(2) $|k\boldsymbol{A}| = k^n |\boldsymbol{A}|$;

(3) $|\boldsymbol{A}\boldsymbol{B}| = |\boldsymbol{A}||\boldsymbol{B}| = |\boldsymbol{B}||\boldsymbol{A}| = |\boldsymbol{B}\boldsymbol{A}|$.

例 12.14　已知矩阵求 $\boldsymbol{A} = \begin{bmatrix} 4 & -1 \\ 2 & 1 \end{bmatrix}$,$\boldsymbol{B} = \begin{bmatrix} 2 & 2 \\ -1 & 3 \end{bmatrix}$,求 $|2\boldsymbol{A}\boldsymbol{B}|$.

解　$|2\boldsymbol{A}\boldsymbol{B}| = |2\boldsymbol{A}||\boldsymbol{B}| = 2^2|\boldsymbol{A}||\boldsymbol{B}| = 4\begin{vmatrix} 4 & -1 \\ 2 & 1 \end{vmatrix}\begin{vmatrix} 2 & 2 \\ -1 & 3 \end{vmatrix} = 192$.

2. 线性方程组的矩阵表示

对于如下线性方程组

$$\begin{cases} a_{11}x_1 + a_{12}x_2 + \cdots + a_{1n}x_n = b_1, \\ a_{21}x_1 + a_{22}x_2 + \cdots + a_{2n}x_n = b_2, \\ \qquad\qquad\qquad \vdots \\ a_{m1}x_1 + a_{m2}x_2 + \cdots + a_{mn}x_n = b_m, \end{cases} \tag{12.9}$$

如果记矩阵

$$\boldsymbol{A} = \begin{bmatrix} a_{11} & a_{12} & \cdots & a_{1n} \\ a_{21} & a_{22} & \cdots & a_{2n} \\ \vdots & \vdots & \ddots & \vdots \\ a_{m1} & a_{m2} & \cdots & a_{mn} \end{bmatrix}, \boldsymbol{X} = \begin{bmatrix} x_1 \\ x_2 \\ \vdots \\ x_n \end{bmatrix}, \boldsymbol{B} = \begin{bmatrix} b_1 \\ b_2 \\ \vdots \\ b_m \end{bmatrix},$$

则根据矩阵的乘法,可得

$$\boldsymbol{A}\boldsymbol{X} = \begin{bmatrix} a_{11} & a_{12} & \cdots & a_{1n} \\ a_{21} & a_{22} & \cdots & a_{2n} \\ \vdots & \vdots & \ddots & \vdots \\ a_{m1} & a_{m2} & \cdots & a_{mn} \end{bmatrix}\begin{bmatrix} x_1 \\ x_2 \\ \vdots \\ x_n \end{bmatrix} = \begin{bmatrix} a_{11}x_1 + a_{12}x_2 + \cdots + a_{1n}x_n \\ a_{21}x_1 + a_{22}x_2 + \cdots + a_{2n}x_n \\ \vdots \\ a_{m1}x_1 + a_{m2}x_2 + \cdots + a_{mn}x_n \end{bmatrix}.$$

它是一个 $m \times 1$ 矩阵. 由方程组(12.9)及矩阵相等的定义可得

$$\begin{bmatrix} a_{11}x_1 + a_{12}x_2 + \cdots + a_{1n}x_n \\ a_{21}x_1 + a_{22}x_2 + \cdots + a_{2n}x_n \\ \vdots \\ a_{m1}x_1 + a_{m2}x_2 + \cdots + a_{mn}x_n \end{bmatrix} = \begin{bmatrix} b_1 \\ b_2 \\ \vdots \\ b_m \end{bmatrix},$$

即　　　　　　　　　　　　　　　　　$\boldsymbol{A}\boldsymbol{X} = \boldsymbol{B}$

上式就是方程组(12.9)的矩阵表达式,其中所有系数组成的矩阵 A 叫做方程组的**系数矩阵**.另外,所有系数与常数组成的 $m \times (n+1)$ 矩阵

$$\begin{bmatrix} a_{11} & a_{12} & \cdots & a_{1n} & b_1 \\ a_{21} & a_{22} & \cdots & a_{2n} & b_2 \\ \vdots & \vdots & \ddots & \vdots & \vdots \\ a_{m1} & a_{m2} & \cdots & a_{mn} & b_m \end{bmatrix}$$

叫做方程组的**增广矩阵**,记作 $\tilde{A}$.

对于一般的代数方程 $ax = b(a \neq 0)$,可以在方程两边同时乘以 a^{-1} 就可以得到它的解 $x = a^{-1}b$. 对于线性方程组 $AX = B$,是否存在一个矩阵不妨记作 A^{-1} 使得 $X = A^{-1}B$？如果存在,矩阵 A 需要满足什么条件？对于这样的矩阵 A^{-1},意义又是什么？为此,引入逆矩阵的概念.

3. 逆矩阵的概念

定义 12.8　设 A 是 n 阶方阵,如果存在一个 n 阶方阵 B,使得 $AB = BA = E$,则称方阵 A 是**可逆的**,并把方阵 B 叫做方阵 A 的**逆矩阵**,记作 A^{-1}.

显然有
$$AA^{-1} = A^{-1}A = E.$$

根据逆矩阵的定义可知

(1)单位矩阵 E 的逆矩阵就是它本身；

(2)可逆矩阵的行列式的值都不等于零；

(3)如果方阵 A 是可逆的,则它的逆矩阵是唯一的；

(4)如果 B 是 A 的逆矩阵,那么 B 也是可逆的,并且 A 也就是 B 的逆矩阵,即
$$A^{-1} = B, B^{-1} = A.$$

12.2.6　逆矩阵的存在性及其求法

定义 12.9　若 n 阶方阵 A 的行列式 $|A| \neq 0$,则称 A 为非奇异矩阵,否则称 A 为奇异矩阵.

定理 12.4　n 阶方阵 A 为可逆矩阵的充分必要条件是 A 为非奇异矩阵,而且

$$A^{-1} = \frac{1}{|A|} \begin{bmatrix} A_{11} & A_{21} & \cdots & A_{n1} \\ A_{12} & A_{22} & \cdots & A_{n2} \\ \vdots & \vdots & \ddots & \vdots \\ A_{1n} & A_{2n} & \cdots & A_{nn} \end{bmatrix},$$

其中 A_{ij} 是 $|A|$ 中元素 a_{ij} 的代数余子式.

证明：先证必要性.

设 A 是可逆矩阵,则存在 A^{-1} 使得 $AA^{-1} = E$,从而有 $|AA^{-1}| = |E|$,即 $|A||A^{-1}| = 1$,显然 $|A| \neq 0$,即 A 为非奇异矩阵.

再证充分性.

设 A 是非奇异矩阵,则 $|A| \neq 0$,故矩阵

$$B = \frac{1}{|A|} \begin{bmatrix} A_{11} & A_{21} & \cdots & A_{n1} \\ A_{12} & A_{22} & \cdots & A_{n2} \\ \vdots & \vdots & \ddots & \vdots \\ A_{1n} & A_{2n} & \cdots & A_{nn} \end{bmatrix},$$

有意义,只需验证 $AB = BA = E$ 即可,先来验证 $AB = E$.

$$AB = \frac{1}{|A|} \begin{bmatrix} a_{11} & a_{12} & \cdots & a_{1n} \\ a_{21} & a_{22} & \cdots & a_{2n} \\ \vdots & \vdots & \ddots & \vdots \\ a_{n1} & a_{n2} & \cdots & a_{nn} \end{bmatrix} \begin{bmatrix} A_{11} & A_{21} & \cdots & A_{n1} \\ A_{12} & A_{22} & \cdots & A_{n2} \\ \vdots & \vdots & \ddots & \vdots \\ A_{1n} & A_{2n} & \cdots & A_{nn} \end{bmatrix}$$

$$= \frac{1}{|A|} \begin{bmatrix} |A| & 0 & \cdots & 0 \\ 0 & |A| & \cdots & 0 \\ \vdots & \vdots & \ddots & \vdots \\ 0 & 0 & \cdots & |A| \end{bmatrix} = \begin{bmatrix} 1 & 0 & \cdots & 0 \\ 0 & 1 & \cdots & 0 \\ \vdots & \vdots & \ddots & \vdots \\ 0 & 0 & \cdots & 1 \end{bmatrix} = E,$$

同样的方法可以证明 $BA = E$.

由此可知 A 是可逆矩阵,并且它的逆矩阵为 $A^{-1} = \frac{1}{|A|} \begin{bmatrix} A_{11} & A_{21} & \cdots & A_{n1} \\ A_{12} & A_{22} & \cdots & A_{n2} \\ \vdots & \vdots & \ddots & \vdots \\ A_{1n} & A_{2n} & \cdots & A_{nn} \end{bmatrix}$,

矩阵 $\begin{bmatrix} A_{11} & A_{21} & \cdots & A_{n1} \\ A_{12} & A_{22} & \cdots & A_{n2} \\ \vdots & \vdots & \ddots & \vdots \\ A_{1n} & A_{2n} & \cdots & A_{nn} \end{bmatrix}$ 叫做矩阵 A 的**伴随矩阵**,记作 A^*,于是

$$A^{-1} = \frac{1}{|A|} A^*.$$

这里需要注意 A^* 中第 k 行第 l 列交叉处的元素是 A 中元素 a_{lk} 的代数余子式 A_{lk}.
定理不但给出了方阵 A 可逆的充分必要条件,还具体给出了求 A^{-1} 的方法.

例 12.15 求矩阵 $A = \begin{bmatrix} 1 & -2 & 0 \\ 2 & 1 & 1 \\ 3 & 0 & 2 \end{bmatrix}$ 的逆矩阵.

解 由于 $|A| = \begin{vmatrix} 1 & -2 & 0 \\ 2 & 1 & 1 \\ 3 & 0 & 2 \end{vmatrix} = 4 \neq 0$,所以 A 是可逆矩阵.

另外

$$A_{11}=\begin{vmatrix}1 & 1\\ 0 & 2\end{vmatrix}=2,\qquad A_{12}=-\begin{vmatrix}2 & 1\\ 3 & 2\end{vmatrix}=-1, A_{13}=\begin{vmatrix}2 & 1\\ 3 & 0\end{vmatrix}=-3,$$

$$A_{21}=-\begin{vmatrix}-2 & 0\\ 0 & 2\end{vmatrix}=4, A_{22}=\begin{vmatrix}1 & 0\\ 3 & 2\end{vmatrix}=2,\qquad A_{23}=-\begin{vmatrix}1 & -2\\ 3 & 0\end{vmatrix}=-6,$$

$$A_{31}=\begin{vmatrix}-2 & 0\\ 1 & 1\end{vmatrix}=-2, A_{32}=-\begin{vmatrix}1 & 0\\ 2 & 1\end{vmatrix}=-1, A_{33}=\begin{vmatrix}1 & -2\\ 2 & 1\end{vmatrix}=5,$$

那么

$$A^{-1}=\frac{1}{|A|}A^{*}=\frac{1}{4}\begin{bmatrix}2 & 4 & -2\\ -1 & 2 & -1\\ -3 & -6 & 5\end{bmatrix}=\begin{bmatrix}\frac{1}{2} & 1 & -\frac{1}{2}\\ -\frac{1}{4} & \frac{1}{2} & -\frac{1}{4}\\ -\frac{3}{4} & -\frac{3}{2} & \frac{5}{4}\end{bmatrix}.$$

根据逆矩阵的定义,还可以推得以下性质.

(1) $(A^{-1})^{-1}=A$;

(2) $(A^{T})^{-1}=(A^{-1})^{T}$;

(3) 两个同阶可逆矩阵 A、B 的乘积矩阵仍是可逆矩阵,且

$$(AB)^{-1}=B^{-1}A^{-1}.$$

12.2.7　用逆矩阵解线性方程组

前面提及一个线性方程组可以用矩阵形式表示,$AX=B$,其中 A 是系数矩阵,X 是未知矩阵,该方程叫做矩阵方程. 另外形如 $XB=C$,$AXB=C$ 的方程也都是矩阵方程. 当 A、B 都是可逆矩阵时,上述方程都可以用逆矩阵理论求出解.

例 12.16　解矩阵方程 $XB=C$,其中 $B=\begin{bmatrix}1 & -2\\ 1 & 3\end{bmatrix}$,$C=\begin{bmatrix}1 & 2\\ 0 & 1\\ 2 & -1\end{bmatrix}$.

解　因为 $|B|=\begin{vmatrix}1 & -2\\ 1 & 3\end{vmatrix}=5\neq0$,所以 B 可逆,且可求得 $B^{-1}=\begin{bmatrix}\frac{3}{5} & \frac{2}{5}\\ -\frac{1}{5} & \frac{1}{5}\end{bmatrix}$,以

B^{-1} 右乘方程两边,得 $X=CB^{-1}=\begin{bmatrix}1 & 2\\ 0 & 1\\ 2 & -1\end{bmatrix}\begin{bmatrix}\frac{3}{5} & \frac{2}{5}\\ -\frac{1}{5} & \frac{1}{5}\end{bmatrix}=\begin{bmatrix}\frac{1}{5} & \frac{4}{5}\\ -\frac{1}{5} & \frac{1}{5}\\ \frac{7}{5} & \frac{3}{5}\end{bmatrix}.$

例 12.17　用逆矩阵解线性方程组

$$\begin{cases}x_1+2x_2-x_3=3,\\ x_2+x_3=2,\\ x_1-x_2+2x_3=4.\end{cases}$$

解 已知线性方程组可以写为

$$\begin{bmatrix} 1 & 2 & -1 \\ 0 & 1 & 1 \\ 1 & -1 & 2 \end{bmatrix} \begin{bmatrix} x_1 \\ x_2 \\ x_3 \end{bmatrix} = \begin{bmatrix} 3 \\ 2 \\ 4 \end{bmatrix},$$

则

$$\begin{bmatrix} x_1 \\ x_2 \\ x_3 \end{bmatrix} = \begin{bmatrix} 1 & 2 & -1 \\ 0 & 1 & 1 \\ 1 & -1 & 2 \end{bmatrix}^{-1} \begin{bmatrix} 3 \\ 2 \\ 4 \end{bmatrix} = \begin{bmatrix} \frac{1}{2} & -\frac{1}{2} & \frac{1}{2} \\ \frac{1}{6} & \frac{1}{2} & -\frac{1}{6} \\ -\frac{1}{6} & \frac{1}{2} & \frac{1}{6} \end{bmatrix} \begin{bmatrix} 3 \\ 2 \\ 4 \end{bmatrix} = \begin{bmatrix} \frac{5}{2} \\ \frac{5}{6} \\ \frac{7}{6} \end{bmatrix},$$

根据矩阵相等的定义,由上式可知

$$x_1 = \frac{5}{2}, x_2 = \frac{5}{6}, x_3 = \frac{7}{6}.$$

习题　12-2

1. 设 $\begin{bmatrix} x & y \\ 1 & z \end{bmatrix} = \begin{bmatrix} 2 & 1 \\ 1 & x+y \end{bmatrix}$,求 x, y, z.

2. 设 $\boldsymbol{A} = \begin{bmatrix} 2 & -1 & 1 \\ 0 & 1 & 3 \end{bmatrix}, \boldsymbol{B} = \begin{bmatrix} 1 & 2 & -1 \\ -2 & 1 & -3 \end{bmatrix}$求:

(1) $2\boldsymbol{A} + 3\boldsymbol{B}$;(2) $3\boldsymbol{A} - \boldsymbol{B}$;

(3)若矩阵 $\boldsymbol{X}$ 满足 $\boldsymbol{A} + \boldsymbol{X} = \boldsymbol{B}$,求 $\boldsymbol{X}$;

(4)若矩阵 $\boldsymbol{Y}$ 满足 $2(\boldsymbol{A} + \boldsymbol{Y}) = \boldsymbol{B} + \boldsymbol{Y}$,求 $\boldsymbol{Y}$.

3. 计算:

(1) $\begin{bmatrix} 1 \\ 2 \\ 3 \end{bmatrix} \begin{bmatrix} 3 & 2 & 1 \end{bmatrix}$; 　(2) $\begin{bmatrix} 1 & 2 & 3 \end{bmatrix} \begin{bmatrix} 1 \\ 2 \\ 3 \end{bmatrix}$; 　(3) $\begin{bmatrix} 2 & 1 & 3 \\ 0 & -1 & 2 \end{bmatrix} \begin{bmatrix} 1 & 0 & 1 \\ 2 & -1 & 3 \\ 1 & 0 & 2 \end{bmatrix}$;

(4) $\begin{bmatrix} 1 & 2 & 3 \\ 2 & 4 & 6 \\ 3 & 6 & 9 \end{bmatrix} \begin{bmatrix} -1 & -2 & -4 \\ -1 & -2 & -4 \\ 1 & 2 & 4 \end{bmatrix}$; 　(5) $\begin{bmatrix} x_1 & x_2 & x_3 \end{bmatrix} \begin{bmatrix} a_{11} & a_{12} & a_{13} \\ a_{21} & a_{22} & a_{23} \\ a_{31} & a_{32} & a_{33} \end{bmatrix} \begin{bmatrix} x_1 \\ x_2 \\ x_3 \end{bmatrix}$.

4. 设 $\boldsymbol{A} = \begin{bmatrix} 1 & 1 \\ -1 & 1 \end{bmatrix}, \boldsymbol{B} = \begin{bmatrix} 1 & 2 \\ 3 & 1 \end{bmatrix}$,

求(1) $\boldsymbol{AB} - 3\boldsymbol{B}$; 　(2) $\boldsymbol{AB} - \boldsymbol{BA}$; 　(3) $(\boldsymbol{A} + \boldsymbol{B})(\boldsymbol{A} - \boldsymbol{B})$; 　(4) $\boldsymbol{A}^2 - \boldsymbol{B}^2$.

5. 设 $\boldsymbol{A} = \begin{bmatrix} 1 & 2 & -1 \\ 0 & -1 & 2 \end{bmatrix}, \boldsymbol{B} = \begin{bmatrix} 1 & 0 & 3 \\ 2 & 1 & -1 \end{bmatrix}, \boldsymbol{C} = \begin{bmatrix} 1 & -1 & 4 \\ 0 & 0 & 2 \end{bmatrix}$,求 $(2\boldsymbol{A} + \boldsymbol{B})\boldsymbol{C}^{\mathrm{T}}$.

6. 已知 $\boldsymbol{AB} = \boldsymbol{AC}$,而方阵 $\boldsymbol{A}$ 的行列式 $|\boldsymbol{A}| \neq 0$,证明 $\boldsymbol{B} = \boldsymbol{C}$.

7. 已知 $\boldsymbol{AB} = \boldsymbol{BA}$,且 $|\boldsymbol{A}| \neq 0$,求证 $\boldsymbol{A}^{-1}\boldsymbol{B} = \boldsymbol{BA}^{-1}$.

8. 求下列矩阵的逆矩阵:

$$(1)\begin{bmatrix}1&3\\2&5\end{bmatrix};\quad(2)\begin{bmatrix}3&0&0\\0&2&0\\0&0&1\end{bmatrix};\quad(3)\begin{bmatrix}1&2&-3\\0&1&2\\0&1&1\end{bmatrix};\quad(4)\begin{bmatrix}2&2&-1\\2&-1&2\\-1&2&2\end{bmatrix}.$$

9. 解下列矩阵方程:

$$(1)\begin{bmatrix}1&3\\2&4\end{bmatrix}\boldsymbol{X}=\begin{bmatrix}1&0&1\\4&3&1\end{bmatrix};\quad(2)\begin{bmatrix}3&0&8\\3&-1&6\\-2&0&-5\end{bmatrix}\boldsymbol{X}=\begin{bmatrix}1&-1&2\\-1&3&4\\-2&0&5\end{bmatrix};$$

$$(3)\begin{bmatrix}1&3\\2&4\end{bmatrix}\boldsymbol{X}\begin{bmatrix}2&3\\1&5\end{bmatrix}=\begin{bmatrix}1&2\\1&3\end{bmatrix}.$$

10. 解下列线性方程组:

$$(1)\begin{cases}2x_1-5x_2=4,\\3x_1-8x_2=-5;\end{cases}\quad(2)\begin{cases}x_1+2x_2+3x_3=-7,\\2x_1-x_2+2x_3=-8,\\x_1+3x_2=7.\end{cases}$$

12.3　矩阵的初等变换与矩阵的秩

初等变换是矩阵理论中十分重要的变换方法,对矩阵施行一系列的初等变换,可以把一个复杂的矩阵变换成与它等价的一个简单矩阵. 利用初等变换,可以方便地求逆矩阵,计算矩阵的秩.

12.3.1　矩阵的初等变换

1. 矩阵的初等变换

定义 12.10　以下三种变换叫做矩阵的**初等行变换**:

(1)两行互换(第 i 行与第 j 行互换,记作 $r_i \leftrightarrow r_j$);

(2)以非零常数 k 乘矩阵的某一行的所有元素(数 k 乘以第 i 行记作 kr_i);

(3)将某一行所有元素的 k 倍加到另一行对应元素上去(第 i 行的 k 倍加到第 j 行,记作 $r_j + kr_i$).

相应地也有矩阵的**初等列变换**,表示方法与行初等变换相似,只是要用 c 表示列. 矩阵的初等行变换与初等列变换统称为矩阵的**初等变换**.

2. 用初等行变换求逆矩阵

把 n 阶可逆方阵 A 和 n 阶单位矩阵 E 合成一个 $n \times 2n$ 的矩阵,即写成 $[AE]_{n \times 2n}$ 的形式,然后对它施以初等行变换,当左边的矩阵 A 变成单位矩阵 E,右边的矩阵 E 就变成了 A 的逆矩阵 A^{-1},即

$$[\boldsymbol{AE}]_{n\times 2n}\xrightarrow{\text{初等行变换}}[\boldsymbol{EA}^{-1}]_{n\times 2n}.$$

例 12.18　用初等变换求矩阵 $\boldsymbol{A}=\begin{bmatrix}1&2&1\\1&0&1\\3&2&2\end{bmatrix}$ 的逆矩阵 $\boldsymbol{A}^{-1}$.

解　$[AE] = \begin{bmatrix} 1 & 2 & 1 & 1 & 0 & 0 \\ 1 & 0 & 1 & 0 & 1 & 0 \\ 3 & 2 & 2 & 0 & 0 & 1 \end{bmatrix} \xrightarrow{r_1 \leftrightarrow r_2} \begin{bmatrix} 1 & 0 & 1 & 0 & 1 & 0 \\ 1 & 2 & 1 & 1 & 0 & 0 \\ 3 & 2 & 2 & 0 & 0 & 1 \end{bmatrix}$

$\xrightarrow{r_2 + (-1)r_1} \begin{bmatrix} 1 & 0 & 1 & 0 & 1 & 0 \\ 0 & 2 & 0 & 1 & -1 & 0 \\ 3 & 2 & 2 & 0 & 0 & 1 \end{bmatrix} \xrightarrow{r_3 + (-3)r_1} \begin{bmatrix} 1 & 0 & 1 & 0 & 1 & 0 \\ 0 & 2 & 0 & 1 & -1 & 0 \\ 0 & 2 & -1 & 0 & -3 & 1 \end{bmatrix}$

$\xrightarrow{r_3 + (-1)r_2} \begin{bmatrix} 1 & 0 & 1 & 0 & 1 & 0 \\ 0 & 2 & 0 & 1 & -1 & 0 \\ 0 & 0 & -1 & -1 & -2 & 1 \end{bmatrix} \xrightarrow{r_1 + r_3} \begin{bmatrix} 1 & 0 & 0 & -1 & -1 & 1 \\ 0 & 2 & 0 & 1 & -1 & 0 \\ 0 & 0 & -1 & -1 & -2 & 1 \end{bmatrix}$

$\xrightarrow[-r_3]{\frac{1}{2}r_2} \begin{bmatrix} 1 & 0 & 0 & -1 & -1 & 1 \\ 0 & 1 & 0 & \frac{1}{2} & -\frac{1}{2} & 0 \\ 0 & 0 & 1 & 1 & 2 & -1 \end{bmatrix},$

所以　　$A^{-1} = \begin{bmatrix} -1 & -1 & 1 \\ \frac{1}{2} & -\frac{1}{2} & 0 \\ 1 & 2 & -1 \end{bmatrix}.$

12.3.2　矩阵的秩

1. 矩阵的秩及其求法

定义 12.11　设 A 是 $m \times n$ 矩阵,从 A 中任取 k 行 k 列($k \leqslant \min(m, n)$),位于这些行和列的相交处的元素,保持它们原来的相对位置所构成的 k 阶行列式,叫做矩阵 A 的一个 **k 阶子式**.如果子式的值不为零,它就叫做**非零子式**.

定义 12.12　设 A 是 $m \times n$ 矩阵,如果 A 中非零子式的最高阶数为 r,而任何 $r+1$ 阶子式都是零,则称 r 为**矩阵 A 的秩**,记作 $r(A)$,即 $r(A) = r$. 当 $A = O$ 时,规定 $r(A) = 0$.

性质 1　$r(A) = r(A^{\mathrm{T}})$.

性质 2　设 A 是 $m \times n$ 矩阵,则 $0 \leqslant r(A) \leqslant \min(m, n)$.

当 $r(A) = m$ 时,称矩阵 A 为**行满秩矩阵**;当 $r(A) = n$ 时,称矩阵 A 为**列满秩矩阵**.

若 n 阶方阵 A 的行列式 $|A| \neq 0$,那么 $r(A) = n$,同时称 A 为**满秩方阵**.

例 12.19　求矩阵 $A = \begin{bmatrix} 2 & -1 & -3 & 0 \\ 1 & 2 & 1 & 5 \\ 4 & 3 & -1 & 10 \end{bmatrix}$ 的秩.

解　计算它的二阶子式,容易看出 $\begin{vmatrix} 2 & -1 \\ 1 & 2 \end{vmatrix} = 5 \neq 0$,

于是继续计算它的三阶子式.经计算它的四个三阶子式都为零,

$\begin{vmatrix} 2 & -1 & -3 \\ 1 & 2 & 1 \\ 4 & 3 & -1 \end{vmatrix} = 0,$　　　　　$\begin{vmatrix} 2 & -1 & 0 \\ 1 & 2 & 5 \\ 4 & 3 & 10 \end{vmatrix} = 0,$

$$\begin{vmatrix} -1 & -3 & 0 \\ 2 & 1 & 5 \\ 3 & -1 & 10 \end{vmatrix}=0, \qquad \begin{vmatrix} 2 & -3 & 0 \\ 1 & 1 & 5 \\ 4 & -1 & 10 \end{vmatrix}=0,$$

所以矩阵 A 的秩为 $r(A)=2$.

2. 利用初等变换求矩阵的秩

由上述例 12.19 可以看出,根据矩阵的秩的定义来求矩阵的秩,一般来说计算量都比较大.下面介绍求矩阵的秩的简便方法,为此先引入行阶梯形矩阵的概念.

定义 12.13   满足下列两个条件的矩阵称为**行阶梯形矩阵**:

(1)矩阵的零行(元素全为零的行)在非零行(元素不全为零的行)的下方;

(2)各个非零行的第一个非零元素的列标随着行标的递增而严格增大.

例如,矩阵

$$\begin{bmatrix} 2 & 1 & 3 \\ 0 & 1 & 7 \\ 0 & 0 & 3 \end{bmatrix}, \begin{bmatrix} 0 & 2 & 3 & 0 \\ 0 & 0 & 1 & 2 \\ 0 & 0 & 0 & 0 \end{bmatrix}, \begin{bmatrix} 1 & 2 & 3 & 0 & 1 \\ 0 & 2 & 4 & 5 & 0 \\ 0 & 0 & 0 & 6 & 1 \\ 0 & 0 & 0 & 0 & 2 \end{bmatrix}$$

都是行阶梯形矩阵.

定义 12.14   如果行阶梯形矩阵满足下列两个条件,则称其为**行最简阶梯形矩阵**:

(1)非零行的第一个非零元素都是 1;

(2)非零行的第一个非零元素所在的列的其他元素全为零.

例如,矩阵

$$\begin{bmatrix} 1 & 2 & 0 & 3 & 0 \\ 0 & 0 & 1 & 4 & 0 \\ 0 & 0 & 0 & 0 & 1 \\ 0 & 0 & 0 & 0 & 0 \end{bmatrix}$$

是一个行最简阶梯形矩阵.

定理 12.5   任何一个矩阵总可以经过一系列初等行变换化为行阶梯形矩阵和行最简阶梯形矩阵;任何一个满秩方阵,总可以经过一系列初等变换化为单位矩阵.

定理 12.6   行阶梯形矩阵的秩就是它的非零行的行数.

定理 12.7   矩阵的初等行变换不改变矩阵的秩.

根据以上定理,可以得到用矩阵初等行变换求矩阵 A 的秩的方法:对矩阵 A 进行若干次初等行变换,把 A 化为行阶梯形矩阵 B,若 B 的非零行的行数是 r,则 $r(A)=r$.

例 12.20   求矩阵 $A=\begin{bmatrix} 1 & -2 & 3 \\ -2 & 4 & 5 \\ 3 & 6 & 7 \\ -1 & 3 & -3 \end{bmatrix}$ 的秩.

解   对 A 施行初等行变换,将 A 转化为阶梯形矩阵

$$A = \begin{bmatrix} 1 & -2 & 3 \\ -2 & 4 & -5 \\ 3 & 6 & 7 \\ -1 & 3 & -3 \end{bmatrix} \xrightarrow[\substack{r_3-3r_1 \\ r_4+r_1}]{r_2+2r_1} \begin{bmatrix} 1 & -2 & 3 \\ 0 & 0 & 1 \\ 0 & 12 & -2 \\ 0 & 1 & 0 \end{bmatrix} \xrightarrow{r_3-12r_4} \begin{bmatrix} 1 & -2 & 3 \\ 0 & 0 & 1 \\ 0 & 0 & -2 \\ 0 & 1 & 0 \end{bmatrix}$$

$$\xrightarrow{r_2 \leftrightarrow r_4} \begin{bmatrix} 1 & -2 & 3 \\ 0 & 1 & 0 \\ 0 & 0 & -2 \\ 0 & 0 & 1 \end{bmatrix} \xrightarrow{r_3 \leftrightarrow r_4} \begin{bmatrix} 1 & -2 & 3 \\ 0 & 1 & 0 \\ 0 & 0 & 1 \\ 0 & 0 & -2 \end{bmatrix} \xrightarrow{r_4+2r_3} \begin{bmatrix} 1 & -2 & 3 \\ 0 & 1 & 0 \\ 0 & 0 & 1 \\ 0 & 0 & 0 \end{bmatrix} = B,$$

容易看出，最后得到阶梯形矩阵不为 0 的子式的最高阶数为 3，所以 $r(A) = r(B) = 3$. 利用矩阵的初等变换可以把一个满秩的方阵 A 化为单位矩阵 E；利用矩阵的初等变换可以求出满秩矩阵 A 的逆矩阵 A^{-1}；利用矩阵的初等变换可以求矩阵 A 的秩．

习题　12-3

1. 用矩阵的初等行变换求下列方阵的逆矩阵：

$$(1) \begin{bmatrix} 2 & 2 & 3 \\ 1 & -1 & 0 \\ -1 & 2 & 1 \end{bmatrix}; \qquad (2) \begin{bmatrix} 1 & 3 & 5 \\ 2 & 4 & -3 \\ -1 & -2 & 1 \end{bmatrix}; \qquad (3) \begin{bmatrix} 1 & 2 & 3 & 4 \\ 0 & 1 & 2 & 3 \\ 0 & 0 & 1 & 2 \\ 0 & 0 & 0 & 1 \end{bmatrix}.$$

2. 求下列矩阵的秩：

$$(1) \begin{bmatrix} 1 & 2 & -1 & 2 \\ 2 & -3 & 4 & 0 \\ -1 & -1 & 3 & -4 \end{bmatrix}; \qquad (2) \begin{bmatrix} 1 & 2 & 3 & 1 \\ 3 & -1 & 2 & -4 \\ -1 & 2 & 1 & 3 \\ -2 & -3 & 0 & 1 \end{bmatrix}.$$

$$(3) \begin{bmatrix} 1 & -2 & -1 & -1 \\ 2 & -1 & 0 & 1 & -2 \\ -2 & -5 & -4 & 8 & 3 \\ 1 & 1 & 1 & -1 & -2 \end{bmatrix}; \qquad (4) \begin{bmatrix} \lambda-2 & 0 \\ 1 & \lambda+4 \end{bmatrix}.$$

12.4　线性方程组

在前面，我们研究了行列式、矩阵、矩阵的秩等内容，并且利用克拉默法则求解了方程的个数与未知数的个数相等的线性方程组．本节将综合运用行列式、矩阵、矩阵秩的理论方法深入讨论一般线性方程组解的存在以及求解方法．

12.4.1　消元法

用克拉默法则或逆矩阵求解线性方程组，要求系数行列式 $D \neq 0$，对于 $D = 0$ 或含有 n 个未知量 m 个方程的线性方程组（$m \neq n$），克拉默法则和逆矩阵求解法均失效，为此将运用消元法来讨论一般的线性方程组的解．先考察下面的例子．

例 12.21　解线性方程组

$$\begin{cases} 2x_1 + 3x_2 = 3, \\ x_1 - 2x_2 = -2. \end{cases}$$

解　用消元法解这个方程组，并观察增广矩阵 $\tilde{A}$ 相应的变化过程．
所以线性方程组的解为 $x_1 = 0, x_2 = 1$．

方程组的消元过程	增广矩阵的变化过程
$\begin{cases} 2x_1+3x_2=3 & (1) \\ x_1-2x_2=-2 & (2) \end{cases}$	$\tilde{A}=\begin{bmatrix} 2 & 3 & 3 \\ 1 & -2 & -2 \end{bmatrix}$
交换方程(1)和(2)的位置 $\begin{cases} x_1-2x_2=-2 & (2) \\ 2x_1+3x_2=3 & (1) \end{cases}$	$\xrightarrow{r_1 \leftrightarrow r_2} \begin{bmatrix} 1 & -2 & -2 \\ 2 & 3 & 3 \end{bmatrix}$
$(1)-2\times(2)$ $\begin{cases} x_1-2x_2=-2 & (2) \\ 7x_2=7 & (3) \end{cases}$	$\xrightarrow{r_2-2r_1} \begin{bmatrix} 1 & -2 & -2 \\ 0 & 7 & 7 \end{bmatrix}$
$\frac{1}{7}\times(3)$ $\begin{cases} x_1-2x_2=-2 \\ x_2=1 & (4) \end{cases}$	$\xrightarrow{\frac{1}{7}r_2} \begin{bmatrix} 1 & -2 & -2 \\ 0 & 1 & 1 \end{bmatrix}$
$(2)+2\times(4)$ $\begin{cases} x_1=0 \\ x_2=1 \end{cases}$	$\xrightarrow{r_1+2r_2} \begin{bmatrix} 1 & 0 & 0 \\ 0 & 1 & 1 \end{bmatrix}$

上述解线性方程组的方法称为**高斯消元法**．从上例可见，消元法实际上是对线性方程组进行如下变换：

(1)互换两个方程的位置；

(2)用一个数 k 乘某个方程后加到另一个方程上；

(3)用一个非零常数乘方程两端．

我们把这三种变换统称为线性方程组的初等变换．可以证明，对线性方程组施行上述任意一种初等变换，所得的线性方程组与原线性方程组同解．

从上例还可以看出，对线性方程组施行初等变换与对其增广矩阵施行相应的初等行变换是一致的．因此，用高斯消元法解线性方程组时，只要将线性方程组的增广矩阵 $\tilde{A}$ 在初等行变换下化为行最简阶梯形矩阵，由行最简阶梯形矩阵即可得线性方程组的解．

例 12.22　求解线性方程组 $\begin{cases} 2x_2-x_3=1, \\ 2x_1+2x_2+3x_3=5, \\ x_1+2x_2+2x_3=4. \end{cases}$

解 对增广矩阵 $\tilde{A}$ 施行初等行变换,将其化为行最简阶梯形矩阵

$$\tilde{A}=\begin{bmatrix} 0 & 2 & -1 & 1 \\ 2 & 2 & 3 & 5 \\ 1 & 2 & 2 & 4 \end{bmatrix} \xrightarrow{r_1 \leftrightarrow r_3} \begin{bmatrix} 1 & 2 & 2 & 4 \\ 2 & 2 & 3 & 5 \\ 0 & 2 & -1 & 1 \end{bmatrix} \xrightarrow{r_2-2r_1} \begin{bmatrix} 1 & 2 & 2 & 4 \\ 0 & -2 & -1 & -3 \\ 0 & 2 & -1 & 1 \end{bmatrix}$$

$$\xrightarrow[r_3+r_2]{r_1+r_2} \begin{bmatrix} 1 & 0 & 1 & 1 \\ 0 & -2 & -1 & -3 \\ 0 & 0 & -2 & -2 \end{bmatrix} \xrightarrow{-\frac{1}{2}\times r_3} \begin{bmatrix} 1 & 0 & 1 & 1 \\ 0 & -2 & -1 & -3 \\ 0 & 0 & 1 & 1 \end{bmatrix} \xrightarrow[r_2+r_3]{r_1-r_3}$$

$$\begin{bmatrix} 1 & 0 & 0 & 0 \\ 0 & -2 & 0 & -2 \\ 0 & 0 & 1 & 1 \end{bmatrix}$$

$$\xrightarrow{-\frac{1}{2}\times r_2} \begin{bmatrix} 1 & 0 & 0 & 0 \\ 0 & 1 & 0 & 1 \\ 0 & 0 & 1 & 1 \end{bmatrix},$$

得原方程组的同解方程组 $\begin{cases} x_1=0, \\ x_2=1, \\ x_3=1, \end{cases}$ 即为线性方程组的解.

12.4.2 一般线性方程组的求解问题

1. 非齐次线性方程组

对于含有 n 个未知数 m 个方程的线性方程组

$$\begin{cases} a_{11}x_1+a_{12}x_2+\cdots+a_{1n}x_n=b_1, \\ a_{21}x_1+a_{22}x_2+\cdots+a_{2n}x_n=b_2, \\ \qquad\qquad\qquad\vdots \\ a_{m1}x_1+a_{m2}x_2+\cdots+a_{mn}x_n=b_m, \end{cases}$$

有以下定理.

定理 12.8 线性方程组(12.9)有解的充分必要条件是它的系数矩阵 A 与增广矩阵 $\tilde{A}$ 有相同的秩,即 $r(A)=r(\tilde{A})$.

例 12.23 线性方程组 $\begin{cases} 2x_1-x_2-x_3+x_4=1, \\ x_1+2x_2-x_3-2x_4=0, \\ 3x_1+x_2-2x_3-x_4=2 \end{cases}$ 是否有解?

解

$$\tilde{A}=\begin{bmatrix} 2 & -1 & -1 & 1 & 1 \\ 1 & 2 & -1 & -2 & 0 \\ 3 & 1 & -2 & -1 & 2 \end{bmatrix} \xrightarrow{r_1-r_2} \begin{bmatrix} 1 & 2 & -1 & -2 & 0 \\ 2 & -1 & -1 & 1 & 1 \\ 3 & 1 & -2 & -1 & 2 \end{bmatrix}$$

$$\xrightarrow[r_3-3r_1]{r_2-2r_1}\begin{bmatrix}1 & 2 & -1 & -2 & 0\\ 0 & -5 & 1 & 5 & 1\\ 0 & -5 & 1 & 5 & 2\end{bmatrix}\xrightarrow{r_3-r_2}\begin{bmatrix}1 & 2 & -1 & -2 & 0\\ 0 & -5 & 1 & 5 & 1\\ 0 & 0 & 0 & 0 & 1\end{bmatrix}=\boldsymbol{B},$$

由 $\boldsymbol{B}$ 可知 $r(\boldsymbol{A})=2$,而 $r(\tilde{\boldsymbol{A}})=3$,即 $r(\boldsymbol{A})\neq r(\tilde{\boldsymbol{A}})$,所以方程组无解.

如果方程组(12.9)有解,那么它的解是唯一的还是无穷多个? 下面的定理回答了这个问题.

定理 12.9　设方程组(12.9)中,$r(\boldsymbol{A})=r(\tilde{\boldsymbol{A}})=r$,

(1)若 $r=n$,则方程组(12.9)有唯一解;

(2)若 $r<n$,则方程组(12.9)有无穷多组解.

例 12.24　解线性方程组

$$\begin{cases}x_1-x_2+2x_3=1,\\ x_1-2x_2-x_3=2,\\ 3x_1-x_2+5x_3=3,\\ -2x_1+2x_2+3x_3=-4.\end{cases}$$

解　对增广矩阵 $\tilde{\boldsymbol{A}}$ 施行初等行变换,将其化为行最简阶梯形矩阵,

$$\tilde{\boldsymbol{A}}=\begin{bmatrix}1 & -1 & 2 & 1\\ 1 & -2 & -1 & 2\\ 3 & -1 & 5 & 3\\ -2 & 2 & 3 & -4\end{bmatrix}\xrightarrow[\substack{r_3-3r_1\\ r_4+2r_1}]{r_2-r_1}\begin{bmatrix}1 & -1 & 2 & 1\\ 0 & -1 & -3 & 1\\ 0 & 2 & -1 & 0\\ 0 & 0 & 7 & -2\end{bmatrix}$$

$$\xrightarrow{r_3+2r_2}\begin{bmatrix}1 & -1 & 2 & 1\\ 0 & -1 & -3 & 1\\ 0 & 0 & -7 & 2\\ 0 & 0 & 7 & -2\end{bmatrix}\xrightarrow{r_4+2r_3}\begin{bmatrix}1 & -1 & 2 & 1\\ 0 & -1 & -3 & 1\\ 0 & 0 & -7 & 2\\ 0 & 0 & 0 & 0\end{bmatrix}$$

$$\xrightarrow{(-1)\times r_2,(-\frac{1}{7})\times r_3}\begin{bmatrix}1 & -1 & 2 & 1\\ 0 & 1 & 3 & -1\\ 0 & 0 & 1 & -\dfrac{2}{7}\\ 0 & 0 & 0 & 0\end{bmatrix}\xrightarrow{r_1+r_2}\begin{bmatrix}1 & 0 & 5 & 0\\ 0 & 1 & 3 & -1\\ 0 & 0 & 1 & -\dfrac{2}{7}\\ 0 & 0 & 0 & 0\end{bmatrix}$$

$$\xrightarrow[r_2-3r_3]{r_1-5r_3}\begin{bmatrix}1 & 0 & 0 & \dfrac{10}{7}\\ 0 & 1 & 0 & -\dfrac{1}{7}\\ 0 & 0 & 1 & -\dfrac{2}{7}\\ 0 & 0 & 0 & 0\end{bmatrix},$$

因为 $r(\tilde{A}) = r(A) = 3$,故方程组有唯一解,且解为
$$\begin{cases} x_1 = \dfrac{10}{7}, \\ x_2 = -\dfrac{1}{7}, \\ x_3 = -\dfrac{2}{7}. \end{cases}$$

例 12.25 求解线性方程组
$$\begin{cases} x_1 + 2x_2 + 3x_3 - x_4 = 2, \\ 3x_1 + 2x_2 + x_3 - x_4 = 4, \\ x_1 - 2x_2 - 5x_3 + x_4 = 0. \end{cases}$$

解
$$\tilde{A} = \begin{bmatrix} 1 & 2 & 3 & -1 & 2 \\ 3 & 2 & 1 & -1 & 4 \\ 1 & -2 & -5 & 1 & 0 \end{bmatrix} \xrightarrow[r_3 - r_1]{r_2 - 3r_1} \begin{bmatrix} 1 & 2 & 3 & -1 & 2 \\ 0 & -4 & -8 & 2 & -2 \\ 0 & -4 & -8 & 2 & -2 \end{bmatrix}$$

$$\xrightarrow{r_3 - r_2} \begin{bmatrix} 1 & 2 & 3 & -1 & 2 \\ 0 & -4 & -8 & 2 & -2 \\ 0 & 0 & 0 & 0 & 0 \end{bmatrix} \xrightarrow{(-\frac{1}{4}) \times r_2} \begin{bmatrix} 1 & 2 & 3 & -1 & 2 \\ 0 & 1 & 2 & -\dfrac{1}{2} & \dfrac{1}{2} \\ 0 & 0 & 0 & 0 & 0 \end{bmatrix}$$

$$\xrightarrow{r_1 - 2r_2} \begin{bmatrix} 1 & 0 & -1 & 0 & 1 \\ 0 & 1 & 2 & -\dfrac{1}{2} & \dfrac{1}{2} \\ 0 & 0 & 0 & 0 & 0 \end{bmatrix} = B,$$

因为 $r(\tilde{A}) = r(A) = 2$,且小于未知数的个数 4,所以方程组有无穷多组解. 它的同解方程组是
$$\begin{cases} x_1 - x_3 = 1, \\ x_2 + 2x_3 - \dfrac{1}{2}x_4 = \dfrac{1}{2}. \end{cases}$$

解之,可得原方程组的通解为
$$\begin{cases} x_1 = 1 + x_3, \\ x_2 = \dfrac{1}{2} - 2x_3 + \dfrac{1}{2}x_4, \end{cases}$$

其中 x_3, x_4 可以取任意实数. 若令 $x_3 = c_1, x_4 = c_2$,则方程组的通解还可以表示为
$$\begin{cases} x_1 = 1 + c_1, \\ x_2 = \dfrac{1}{2} - 2c_1 + \dfrac{1}{2}c_2, \\ x_3 = c_1, \\ x_4 = c_2, \end{cases}$$
这里 c_1、c_2 是任意实数.

2. 齐次线性方程组

设有 n 个未知数 m 个方程的齐次线性方程组

$$\begin{cases} a_{11}x_1 + a_{12}x_2 + \cdots + a_{1n}x_n = 0, \\ a_{21}x_1 + a_{22}x_2 + \cdots + a_{2n}x_n = 0, \\ \vdots \\ a_{m1}x_1 + a_{m2}x_2 + \cdots + a_{mn}x_n = 0, \end{cases} \tag{12.10}$$

显然方程组(12.10)的增广矩阵与系数矩阵的秩是相等的,因此根据定理 12.8 可知,齐次线性方程组总是有解的. 根据定理 12.9,可以得出以下定理.

定理 12.10 设在方程组(12.10)中,$r(A)=r$,

(1)若 $r=n$,则方程组只有零解;

(2)若 $r<n$,则方程组有无穷多组非零解.

例 12.26 求解线性方程组 $\begin{cases} x_1 + 2x_2 + 5x_3 = 0, \\ x_1 + 3x_2 - 2x_3 = 0, \\ 3x_1 + 7x_2 + 8x_3 = 0, \\ x_1 + 4x_2 - 9x_3 = 0. \end{cases}$

解

$$A = \begin{bmatrix} 1 & 2 & 5 \\ 1 & 3 & -2 \\ 3 & 7 & 8 \\ 1 & 4 & -9 \end{bmatrix} \xrightarrow[\substack{r_3 - 3r_1 \\ r_4 - r_1}]{r_2 - r_1} \begin{bmatrix} 1 & 2 & 5 \\ 0 & 1 & -7 \\ 0 & 1 & -7 \\ 0 & 2 & -14 \end{bmatrix} \xrightarrow[\substack{r_3 - r_2 \\ r_4 - 2r_2}]{r_1 - 2r_2} \begin{bmatrix} 1 & 0 & 19 \\ 0 & 1 & -7 \\ 0 & 0 & 0 \\ 0 & 0 & 0 \end{bmatrix},$$

因 $R(A)=2<3$,则方程组有无穷多组非零解. 它的同解方程组为 $\begin{cases} x_1 + 19x_3 = 0, \\ x_2 - 7x_3 = 0, \end{cases}$

解得 $\begin{cases} x_1 = -19x_3, \\ x_2 = 7x_3, \end{cases}$ 或 $\begin{cases} x_1 = -19c, \\ x_2 = 7c, \\ x_3 = c, \end{cases}$ 其中 c 为任意实数.

例 12.27 λ 为何值时,线性方程组

$$\begin{cases} \lambda x_1 + x_2 + x_3 = 1, \\ x_1 + \lambda x_2 + x_3 = \lambda, \\ x_1 + x_2 + \lambda x_3 = \lambda^2, \end{cases}$$

(1)有唯一解;(2)有无穷多组解;(3)无解.

解 (1)当 $r(\bar{A})=r(A)=3$ 时,方程组有唯一解.

由于 $$|A| = \begin{vmatrix} \lambda & 1 & 1 \\ 1 & \lambda & 1 \\ 1 & 1 & \lambda \end{vmatrix} = (\lambda-1)^2(\lambda+2),$$

故当 $\lambda \neq 1$ 且 $\lambda \neq -2$ 时,方程组有唯一解.

(2)当 $\lambda = 1$ 时,

$$\overset{\approx}{A}=\begin{bmatrix} 1 & 1 & 1 & 1 \\ 1 & 1 & 1 & 1 \\ 1 & 1 & 1 & 1 \end{bmatrix} \xrightarrow[r_3-r_1]{r_2-r_1} \begin{bmatrix} 1 & 1 & 1 & 1 \\ 0 & 0 & 0 & 0 \\ 0 & 0 & 0 & 0 \end{bmatrix},$$

$r(\overset{\approx}{A})=r(A)=1<3$ 所以方程组有无穷组解.

（3）当 $\lambda=-2$ 时，

$$\overset{\approx}{A}=\begin{bmatrix} -2 & 1 & 1 & 1 \\ 1 & -2 & 1 & -2 \\ 1 & 1 & -2 & 4 \end{bmatrix} \xrightarrow{r_1+r_2} \begin{bmatrix} -1 & -1 & 2 & -1 \\ 1 & -2 & 1 & -2 \\ 1 & 1 & -2 & 4 \end{bmatrix}$$

$$\xrightarrow[r_3+r_1]{r_2+r_1} \begin{bmatrix} -1 & -1 & 2 & -1 \\ 0 & -3 & 3 & -3 \\ 0 & 0 & 0 & 3 \end{bmatrix},$$

$r(A)=2,r(\overset{\approx}{A})=3$ 所以方程组无解.

解齐次、非齐次线性方程组，首先要弄清楚解的结构，然后再按照定理所给出的方法正确写出方程的解.

习题 12-4

1. 判别下列线性方程组是否有解？

$$(1)\begin{cases} 4x_1+2x_2-x_3=2, \\ 3x_1-x_2+2x_3=4, \\ 11x_1+3x_2=8; \end{cases} \quad (2)\begin{cases} -3x_1+x_2+4x_3=-1, \\ x_1+x_2+x_3=0, \\ -2x_1+x_3=-1, \\ x_1+x_2-2x_3=0; \end{cases}$$

$$(3)\begin{cases} x_1+x_2+x_3+x_4=1, \\ x_1+x_2-x_3-x_4=2, \\ x_1-x_2-x_3-x_4=1, \\ x_1-x_2-x_3+x_4=1. \end{cases}$$

2. λ 取何值时，线性方程组 $\begin{cases} -2x_1+x_2+x_3=-2, \\ x_1-2x_2+x_3=\lambda, \\ x_1+x_2-2x_3=\lambda^2 \end{cases}$ 有解？并在有解时求其解.

3. λ 取何值时，线性方程组 $\begin{cases} (2-\lambda)x_1+2x_2-2x_3=1, \\ 2x_1+(5-\lambda)x_2-4x_3=2, \\ -2x_1-4x_2+(5-\lambda)x_3=\lambda-1 \end{cases}$

（1）无解；（2）有唯一解；（3）有无穷解.

4. 解下列线性方程组：

$$(1)\begin{cases}x_1+x_2-x_3=4,\\2x_1+3x_2-5x_3=7,\\3x_1+x_2+2x_3=13;\end{cases}\quad(2)\begin{cases}x_1-2x_2+4x_3=-5,\\2x_1+3x_2+x_3=4,\\3x_1+8x_2-2x_3=13;\end{cases}$$

$$(3)\begin{cases}3x_1-5x_2+x_3-2x_4=0,\\2x_1+3x_2-5x_3+x_4=0,\\-x_1+7x_2-4x_3+3x_4=0,\\4x_1+15x_2-7x_3+8x_4=0;\end{cases}\quad(4)\begin{cases}3x_1+4x_2+x_3+2x_4+3x_5=0,\\5x_1+7x_2+x_3+3x_4+4x_5=0,\\4x_1+5x_2+2x_3+x_4+5x_5=0,\\7x_1+10x_2+x_3+6x_4+5x_5=0.\end{cases}$$

本章知识结构图

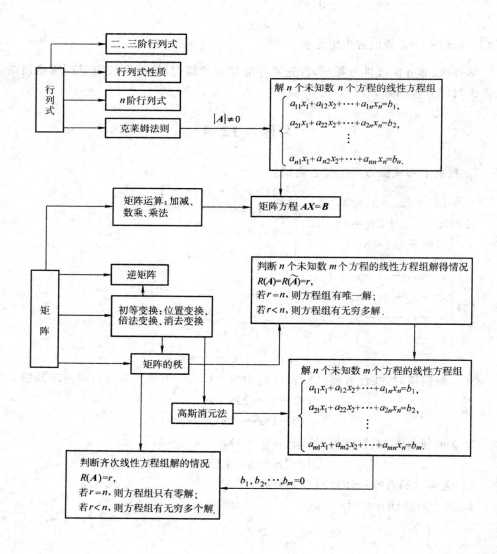

复 习 题 12

1. 判断题

(　　)(1) $\begin{vmatrix} a+x & b+y \\ c+z & d+w \end{vmatrix} = \begin{vmatrix} a & b \\ c & d \end{vmatrix} + \begin{vmatrix} x & y \\ z & w \end{vmatrix}.$

(　　)(2) $\begin{vmatrix} 0 & 0 & 0 & 0 & 1 \\ 0 & 0 & 0 & 2 & 0 \\ 0 & 0 & 3 & 0 & 0 \\ 0 & 4 & 0 & 0 & 0 \\ 5 & 0 & 0 & 0 & 0 \end{vmatrix} = 5!.$

(　　)(3) 对任意 n 阶方阵 A,B,C,若 $AB=AC$,则有矩阵 $B=C$.

(　　)(4) 设矩阵 A 的秩为 r,则 A 中可能有等于零的 r 阶子式.

(　　)(5) 若 A^* 是 n 阶矩阵 A 的伴随矩阵,则有 $|A^*|=|A|^n$.

2. 选择题

(1) 对任意 n 阶矩阵 A,B,总有(　　).

A. $|A+B|=|A|+|B|$ 　　　　 B. $(AB)^T=A^TB^T$

C. $(A+B)^2=A^2+2AB+B^2$ 　　 D. $|AB|=|A||B|$

(2) 设矩阵 $A=\begin{bmatrix} 3 & -2 & 0 & 1 \\ 0 & 2 & 2 & 1 \\ 0 & -2 & -3 & -2 \\ 0 & 1 & 2 & 1 \end{bmatrix}$,则 $R(A)=$(　　).

A. 4 　　　　 B. 3 　　　　 C. 2 　　　　 D. 1

(3) 对 n 阶矩阵 A 和非零数 k,下列等式正确的有(　　).

A. $|kA|=k|A|$ 　　　　 B. $|kA|=kA$

C. $|kA|=k^nA$ 　　　　 D. $|kA|=k^n|A|$

(4) 已知方程组 $AX=B$,对应的齐次方程组 $AX=0$,则下列命题正确的是(　　).

A. 若 $AX=0$ 只有零解,则 $AX=B$ 一定有唯一解

B. 若 $AX=0$ 有非零解,则 $AX=B$ 一定有无穷解

C. 若 $AX=B$ 有无穷解,则 $AX=0$ 一定有非零解

D. 若 $AX=B$ 有无穷解,则 $AX=0$ 一定只有零解

3. 填空题.

(1) $\begin{vmatrix} 3 & 4 \\ 5 & 6 \end{vmatrix} = $＿＿＿＿.

(2) $\begin{vmatrix} 2 & -1 & 0 \\ -6 & 1 & 0 \\ 1 & 3 & 1 \end{vmatrix} = $＿＿＿＿.

(3)设 1×2 矩阵 $\boldsymbol{A}=[-1,2]$,则 $\boldsymbol{A}\boldsymbol{A}^{\mathrm{T}}=$ _____,$\boldsymbol{A}^{\mathrm{T}}\boldsymbol{A}=$ _____.

(4)设 $\begin{bmatrix} 2 & 5 \\ 1 & 3 \end{bmatrix}\boldsymbol{X}=\begin{bmatrix} 1 & 1 \\ -1 & 0 \end{bmatrix}$,则矩阵 $\boldsymbol{X}=$ _____.

4. 计算 n 阶行列式

$$\begin{vmatrix} a & b & b & \cdots & b \\ b & a & b & \cdots & b \\ b & b & a & \cdots & b \\ \vdots & \vdots & \vdots & \cdots & \vdots \\ b & b & b & \cdots & a \end{vmatrix}.$$

5. 解矩阵方程:

(1) $\begin{bmatrix} 2 & 5 \\ 1 & 3 \end{bmatrix}\boldsymbol{X}=\begin{bmatrix} 4 & -6 \\ 2 & 1 \end{bmatrix}$;

(2) $\begin{bmatrix} -1 & 2 \\ 1 & 1 \end{bmatrix}\boldsymbol{X}\begin{bmatrix} 3 & 0 & 1 \\ 0 & 2 & 1 \\ -1 & 1 & 1 \end{bmatrix}=\begin{bmatrix} -1 & 8 & 2 \\ 13 & 1 & 4 \end{bmatrix}.$

6. 解线性方程组:

(1) $\begin{cases} 3x_1+4x_2-5x_3+7x_4=0, \\ 2x_1-3x_2+3x_3-2x_4=0, \\ 4x_1+11x_2-13x_3+16x_4=0, \\ 7x_1-2x_2+x_3+3x_4=0; \end{cases}$
(2) $\begin{cases} 4x_1+2x_2-x_3=2, \\ 3x_1-x_2+2x_3=10, \\ 11x_1+3x_2=8. \end{cases}$

中外数学家

克拉默

　　克拉默,瑞士数学家. 1704 年 7 月 31 日生于日内瓦,1752 年 1 月 4 日卒于法国塞兹河畔巴尼奥勒.

　　克拉默早年在日内瓦读书,1724 年起在日内瓦加尔文学院任教,1734 年成为几何学教授,1750 年任哲学教授.

　　1727 年他进行为期两年的旅行访学,在巴塞尔与约翰·伯努利、欧拉等人学习交流,结为挚友. 后又到英国、荷兰、法国等地拜见许多数学名家,回国后在与他们的长期通信中,加强了数学家之间的联系,为数学宝库留下大量有价值的文献. 他一生未婚,专心治学平易近人且德高望重,先后当选为伦敦皇家学会、柏林研究院和法国、意大利等国学会成员.

　　他的主要著作《代数曲线的分析引论》(1750),定义了正则、非正则、超越曲线和无理曲线等概念,第一次正式引入坐标系的纵轴(Y 轴),然后讨论曲线变换,并依据曲线方程的阶数将曲线进行分类. 为了确定经过 5 个点的一般二次曲线的系数,应用了著名的"克拉默法则",即由线性方程组的系数确定方程组解的表达式. 该法则于 1729 年由英国数学家麦克劳林得到,1748 年发表,但克拉默的优越符号使之流传.

13 概率论初步

(一)为什么在"机会型"赌博中庄家总是赢?

我们来看一种在国外颇为盛行的赌博,"碰运气游戏". 他的规则如下:每个参加者每次先付赌金 1 元,然后将三个骰子一起掷出. 他可以赌一个点数,譬如赌"1"点. 如果三枚骰子中出现"1"点,庄家除把赌金 1 元返还给你外,再奖 1 元;如果出现两个"1"点除返还赌金外,再奖 2 元;如果全是"1"点,那么返还赌金,再奖 3 元.

看起来,一枚骰子赌"1"点,取胜的可能性是 1/6;两枚骰子就有 1/3 的可能性,三枚就有 1/2 的可能性. 即使是 1 元对 1 元的奖励,机会也是均等的,何况还有 2 倍、3 倍奖励的可能性,自然是对参加者有利. 其实,这只是一个假象.

所谓机会型赌博,就是说胜败完全靠碰运气,它最容易引诱青少年上当受骗. 因为表面上看来机会均等,甚至有利于参加者,事实上,几乎所有的机会型赌博,机会都不是均等的,总是有利于庄家的. 这究竟是为什么? 学了概率论后,你就会明白的.

(二)为什么要和"数学期望"打交道?

一个企业家在投资时会遇到风险. 例如:若投资项目 A 成功可获利 100 万元,但成功率较低,为 80%;若投资项目 B,成功后只可获利 80 万元,但成功率较高,为 90%. 那么,我们如何比较这两个项目的利弊呢? 这就要用到"数学期望"的知识.

(一)学习目标

1. 了解随机事件、概率、离散型随机变量、连续型随机变量等相关概念;了解概率的基本性质;了解事件的独立性.
2. 理解分布列、概率密度、分布函数的概念和性质.
3. 会求事件的概率、数学期望及方差;掌握几种特殊分布的数学期望与方差.

(二)学习重点和难点

重点 求事件的概率、数学期望、方差.

难点 事件之间的关系;随机变量与分布函数的概念;计算数学期望、方差.

13.1　随机事件与概率

随机事件和随机事件的概率是概率论中两个基本的概念,研究随机事件间的关系和运算、概率的性质及概率的计算是概率中的一些基本问题,这些都是我们要讨论的主要内容.

13.1.1　随机事件

自然界和日常生活中我们经常会遇到这样一类现象:在同样的条件下,多次进行同一试验,所得的结果并不完全一样,并且在每次试验前并不能确切地预料将出现什么结果. 我们把这种现象,称为**随机现象**.

例如(1)在相同条件下,重复抛掷同一枚硬币,其结果可能是正面向上,也可能是反面向上,但事先无法肯定抛掷的结果是什么;(2)掷一枚均匀的骰子,观察出现的点数.

如果一个试验在相同的条件下可以重复进行,并且试验的所有可能结果事前是明确的,但每次试验的具体结果在试验前是无法预知的,称这种试验为**随机试验**.

在随机试验中,可能出现也可能不出现的试验结果,称为**随机事件**,简称**事件**. 一般用英文大写字母 $A,B,C,\cdots$ 表示.

例如,$A=\{$抛硬币出现正面向上$\}$;$B=\{$掷骰子出现 6 点$\}$;有时,为了区分事件中的某种数值特征,可用英文大写字母配合下标来表示事件,如 $B_6=\{$掷骰子出现 6 点$\}$.

例 13.1　为了解一批产品的质量情况,从中随机抽出 50 件来检查(随机抽出就是每个产品被抽出的可能性是一样的),结果可能$\{$没有次品$\}$,可能$\{$有 1 件次品$\}$,可能$\{$有 2 件次品$\}$,$\cdots$,可能$\{$全都是次品$\}$,等等,其中每一个结果都是一个随机事件. 用字母表示这些随机事件,可分别记作 $A_0=\{$没有次品$\}$,$A_1=\{$有 1 件次品$\}$,$A_2=\{$有 2 件次品$\}$,$\cdots$,$A_{50}=\{$有 50 件次品$\}$. 也可统一表示为 $A_i=\{$有 i 件次品$\}(i=0,1,2,\cdots,50)$.

此外还有$\{$次品不多于 2 件$\}$、$\{$次品在 5 件与 10 件之间$\}$、$\{$次品多于 20 件$\}$等事件.

在上述这些事件中,$\{$没有次品$\}$、$\{$有 1 件次品$\}$、$\{$有 2 件次品$\}$、$\cdots$、$\{$有 50 件次品$\}$等,是不可再分解的事件,称为**基本事件**,又称为**样本点**,记为 ω 或 ω_i.

而$\{$次品不多于 2 件$\}$、$\{$次品在 5 件和 10 件之间$\}$、$\{$次品多于 20 件$\}$等,是由一些基本事件组成的可分解为若干个基本事件的,称为**复合事件**.

一个随机试验中全部基本事件的集合,称为**基本空间**,又称**样本空间**,记为 Ω.

例如,掷一枚骰子的试验中,样本空间由"出现 1 点"、"出现 2 点"、$\cdots$、"出现 6 点"6 个基本事件组成. 可记为 $\Omega=\{\omega_1,\omega_2,\omega_3,\omega_4,\omega_5,\omega_6\}$.

例 13.2　袋中有五个球,其中有三个黑球,编号分别为 $1,2,3$. 另两个白球,编号分别为 $4,5$,现从中任取一球,(1)观察颜色;(2)观察号码,试分别写出其基本空间.

解　(1)基本空间 $\Omega_1=\{$黑,白$\}$;

(2)基本空间 $\Omega_2=\{1,2,3,4,5\}$.

随机试验中有些结果是必然发生的,称为**必然事件**,记作 U;还有些结果是不可能发生的,称为**不可能事件**,记作∅. 例13.1 中,{次品数在 0 与 50 之间}是必然事件;{次品数不在 0 与 50 之间}是不可能事件. 今后为讨论问题方便,必然事件和不可能事件也看作是随机事件.

13.1.2 事件间的关系与运算

由于任意事件都可以看作是基本事件的集合,因此事件的关系与运算同集合类似.

1. 事件的包含与相等

如果事件 A 发生必然导致事件 B 发生,则称事件 B **包含事件** A,或说事件 A **包含于事件** B. 记作 $A \subset B$ 或 $B \supset A$.

如果 $A \subset B$ 和 $B \subset A$ 同时成立,则称事件 A 与 B **相等**,记作 $B = A$.

例如 一批产品中有合格品与不合格品,合格品中有一、二、三等品,从中随机抽取一件,是合格品记作 A,是一等品记作 B,显然 B 发生时 A 一定发生,因此 $B \subset A$.

2. 事件的和(并)

由事件 A 与事件 B 至少发生一个构成的事件,称为事件 A 与事件 B 的**和(并)事件**,记作 $A+B$,或 $A \cup B$. 即

$A+B = \{A$ 与 B 至少发生一个$\}$.

例如 甲、乙二人同时向同一目标射击,设 $A = \{$甲击中目标$\}$,$B = \{$乙击中目标$\}$,$C = \{$目标被击中$\}$. 那么 C 发生,就相当于 A 与 B 中至少有一个发生. 即 C 为 A 与 B 的和事件,$C = A+B$.

根据事件和的定义可知,对于任意事件 A,有 $A+U = U$,$A+\varnothing = A$.

3. 事件的积(交)

由事件 A 与事件 B 同时发生构成的事件,称为事件 A 与事件 B 的**积(交)事件**,记作 AB,或 $A \cap B$. 即

$AB = \{A$ 与 B 同时发生$\}$.

例如 设 $A = \{$甲厂生产的产品$\}$,$B = \{$合格品$\}$,$C = \{$甲厂生产的合格品$\}$,则 $C = AB$.

根据事件积的定义可知,对任意事件 A,有 $AU = A$,$A\varnothing = \varnothing$.

4. 事件的差

由事件 A 发生而事件 B 不发生构成的事件,称为事件 A 与事件 B 的**差**,记作 $A-B$.

已知条件同上,设 $D = \{$甲厂生产的不合格品$\}$,则 D 就是{甲厂生产的产品}与{合格品}两个事件的差,即 $D = A-B$.

5. 互斥事件(或互不相容事件)

若事件 A 与事件 B 满足 $AB = \varnothing$,则称事件 A 与事件 B **互斥**,或称事件 A 与事件 B 是**互不相容**的.

事件 A 与事件 B 互斥,即事件 A、B 不能同时发生,或 A 与 B 同时发生是不可能事件.

显然,同一试验中的各个基本事件是互斥的.

例如 掷一颗骰子,令 $A=\{$ 出偶数点 $\}$,$B=\{$ 出奇数点 $\}$,则事件 A、B 是互斥的,即 $AB=\varnothing$.

6. 互逆事件(或对立事件)

若在随机试验中,事件 A 与 B 必有一个事件且仅有一个事件发生,则称事件 A 与 B **互逆**,称 A 是 B 的**逆事件(或对立事件)**,记作 $A=\overline{B}$. 显然,如果 A 与 B 互逆,则 B 也是 A 的逆事件(对立事件),记作 $B=\overline{A}$.

由定义可知,若 A 与 B 互逆,则有 $A+B=U$,$AB=\varnothing$.

注:互逆与互斥是不同的两个概念,互逆必互斥,但互斥不一定互逆.

例如,事件 $\{$ 射中 10 环 $\}$ 与 $\{$ 射中 9 环 $\}$ 是互斥的,但不是互逆的. 因为不能说 $\{$ 没有射中 10 环 $\}$ 就是 $\{$ 射中 9 环 $\}$,$\{$ 射中 10 环 $\}$ 的逆事件是 $\{$ 没有射中 10 环 $\}$.

根据事件互逆的定义,对任意两个事件 A,B,有下列结论成立.

(1)$A-B=A\overline{B}$.

A 与 B 的差事件 $A-B$ 实际上就是事件 A 与 $\overline{B}$ 的积事件.

(2)$\overline{\overline{A}}=A$.

即 A 也是 $\overline{A}$ 的逆事件. 这是因为在一次试验中,A 和 $\overline{A}$ 不可能同时发生,且必有一个发生,A 和 $\overline{A}$ 满足 $A+\overline{A}=U$,$A\overline{A}=\varnothing$.

(3)(德·摩根定律)$\overline{A+B}=\overline{A}\,\overline{B}$,$\overline{AB}=\overline{A}+\overline{B}$.

13.1.3　随机事件的概率

随机事件在一次试验中是否发生,事先是不能预言的,但在大量重复试验的情况下,它的发生呈现出一定的规律性. 因此,为判断随机事件发生的可能性的大小,一个可靠的方法就是通过大量的重复试验,从中分析出它的规律性.

设有一个随机试验,A 表示随机试验中的任意随机事件,n 表示试验次数,m 表示在这 n 次试验中事件 A 发生的次数(**频数**),则称 $\dfrac{m}{n}$ 为事件 A 在这 n 次试验中发生的**频率**. 显然,任何随机事件的频率都是介于 0 与 1 之间的一个数.

表 13-1 列出了历史上几位著名科学家关于抛硬币试验的结果.

表 13-1

试验者	硬币次数 n	"正面向上"次数 m	"正面向上"频率
摩根	2 048	1 061	0.518 1
蒲丰	4 040	2 048	0.506 9
皮尔逊	12 000	6 019	0.501 6
皮尔逊	24 000	12 012	0.500 5
维尼	30 000	14 994	0.499 8

从表中我们看到,抛硬币的次数越多,出现正面的频率就越接近于常数 0.5,并稳定在 0.5 附近摆动. 经验告诉我们,当试验次数 n 很大时,事件 A 的频率具有一定的稳定性,其数值将会在某个确定的数值附近摆动,并且试验次数越多,事件 A 发生的频率越接近这个数值. 我们称这个数值为事件 A 发生的**概率**. 这便是概率的统计定义.

1. 概率的统计定义

定义 13.1　在随机试验中,如果随着试验次数的增加,事件 A 发生的频率 $\dfrac{m}{n}$ 稳定地在某一常数 p 的附近摆动,则称常数 p 为事件 A 发生的**概率**,记作 $P(A)=p$.

概率从数量上反映了一个随机事件发生的可能性大小. 抛掷一枚硬币出现"正面朝上"的概率是 0.5,是指出现"正面朝上"的可能性是 50%.

概率的统计定义实际给出了计算随机事件 A 的概率方法:当试验次数 n 充分大时,可以用频率 $\dfrac{m}{n}$ 作为概率 $P(A)$ 的近似值.

2. 概率的古典定义

对于某些随机事件,我们不必通过大量的试验去确定它的概率,而是通过研究它的内在规律去确定它的概率. 观察"抛硬币"、"掷骰子"等试验,发现它们具有下列特点:

(1)每次试验的可能结果是有限的,即基本事件的个数是有限的,如"抛硬币"试验的结果只有两个,即{正面向上}和{反面向上};

(2)每个试验结果出现的可能性相同,即每个基本事件的发生是等可能的,如"抛硬币"试验出现{正面向上}和{反面向上}的可能性都是 1/2.

满足上述条件的试验模型称为**古典概型**.

定义 13.2　在古典概型中,如果一个随机试验的所有基本事件的个数是 n,事件 A 包含的基本事件的个数是 m,则事件 A 发生的概率为

$$P(A)=\frac{m}{n}=\frac{\text{事件 } A \text{ 包含的基本事件的个数}}{\text{所有基本事件的个数}}. \tag{13.1}$$

概率的这种定义,称为**概率的古典定义**.

古典概型是等可能概型. 实际中古典概型的例子很多,例如:袋中摸球;产品质量检查等试验,都属于古典概型.

例 13.3　已知 30 件产品中有 5 件次品,从中抽取三次,每次任取一件,试求在下列情况下取出的三件都是正品的概率.

(1)每次随机取一件,检验后放回,再继续随机抽取下一件(**放回抽样**).

(2)每次随机取一件,检验后不放回,再继续随机抽取下一件(**不放回抽样**).

解　(1)因为每次检验后放回,故每次随机地取一件,有 $C_{30}^1=30$ 种取法,接连三次,共有 30^3 取法,因而,样本空间包含的样本点总数是 30^3.

设事件 $A=\{$取出 3 件都是正品$\}$. 事件 A 发生,相当于从 25 件正品中有放回地连取三次,每次取一件,共有 25^3 种取法,即事件 A 包含的样本点个数为 25^3. 于是

$$P(A)=\frac{25^3}{30^3}\approx 0.578\ 7.$$

(2)因为每次检验后不放回,所以每抽取一次,产品总数就减少 1 件,因而样本空间所含的样本总数为 $C_{30}^1 C_{29}^1 C_{28}^1=30\times 29\times 28$.

事件 $A=\{$取出的 3 件都是正品$\}$,所含的样本点个数是 $25\times 24\times 23$. 于是

$$P(A)=\frac{25\times 24\times 23}{30\times 29\times 28}\approx 0.566\ 5.$$

例 13.4 设盒中有 8 个球,其中红球 3 个,白球 5 个.

(1)从中任取一球,设 $A=\{$取出的是红球$\}$,$B=\{$取出的是白球$\}$,求 $P(A),P(B)$;

(2)从中任取两球,设 $C=\{$两个都是白球$\}$,$D=\{$两球一红一白$\}$,求 $P(C),P(D)$;

(3)从中任取 5 球,设 $E=\{$取到的 5 个球中恰有 2 个白球$\}$,求 $P(E)$.

解 (1)从 8 个球中任取 1 个球,取出方式有 C_8^1 种,即基本事件的总数为 C_8^1,事件 A 包含的基本事件的个数为 C_3^1,事件 B 包含的基本事件的个数为 C_5^1,故

$$P(A)=\frac{C_3^1}{C_8^1}=\frac{3}{8},P(B)=\frac{C_5^1}{C_8^1}=\frac{5}{8}.$$

(2)从 8 个球中任取 2 球,基本事件的总数为 C_8^2,事件 C 包含的基本事件的个数为 C_5^2,事件 D 包含的基本事件的个数为 $C_3^1 C_5^1$,故

$$P(C)=\frac{C_5^2}{C_8^2}=\frac{5\times 4}{2\times 1}\times\frac{2\times 1}{8\times 7}\approx 0.357\ 1,P(D)=\frac{C_3^1 C_5^1}{C_8^2}=\frac{3\times 5\times 2\times 1}{8\times 7}\approx 0.535\ 7.$$

(3)从 8 个球中任取 5 个球,基本事件的总数为 C_8^5,事件 E 包含的基本事件的个数为 $C_3^3 C_5^2$,故 $P(E)=\frac{C_3^3\times C_5^2}{C_8^5}=\frac{1\times 5\times 4}{2\times 1}\times\frac{5\times 4\times 3\times 2\times 1}{8\times 7\times 6\times 5\times 4}\approx 0.178\ 6.$

习题 13-1

1. 写出下列随机试验的样本空间:

(1)一个袋中有四个球,它们分别标有号码 1,2,3,4. 从袋中任取一球后,不放回袋中,再从袋中任取一球,记录两次取球号码;

(2)将(1)的取球方式改为一次取球记录号码后放回袋中,再第二次取球并记录号码.

2. 设 A,B,C 为三事件,用 A,B,C 的运算关系表示下列各事件:

(1)A 发生,B 与 C 不发生;

(2)A 与 B 都发生,而 C 不发生;

(3)A,B,C 中至少有一个发生;

(4) A,B,C 都发生；

(5) A,B,C 都不发生；

(6) A,B,C 中不多于一个发生；

(7) A,B,C 中不多于两个发生；

(8) A,B,C 中至少两个发生.

3. 将 3 个球随机地放入 4 个杯子中去,求杯子中球的最大个数分别为 1,2,3 的概率.

4. 储蓄卡的密码是一组四位数字,每位上的数字可以在 0 到 9 这 10 位数字中选取,问

(1)使用储蓄卡时如果随意按下一组四位数字密码,恰好按对这张储蓄卡的密码的概率是多少?

(2)某人未记准储蓄卡的密码的最后一位数字,他在使用这张储蓄卡时如果随意按下密码的最后一位数字,问恰好按对密码的概率是多少?

5. 在 10 只同样型号的晶体管中,有一等品 7 只,二等品 2 只,三等品 1 只,从这 10 只中任取 2 只,计算(1)2 只都是一等品的概率;(2)1 只是一等品,1 只是二等品的概率

13.2　概率的基本性质与公式

13.2.1　概率的基本性质

由概率的统计定义和古典定义可知,概率具有如下基本性质:

性质 1　对任意事件 A,有 $0 \leqslant P(A) \leqslant 1$.

性质 2　$P(U)=1,P(\varnothing)=0$.

性质 3　若事件 A,B 满足 $A \subset B$,则 $P(A) \leqslant P(B)$

13.2.2　概率的加法公式

1. 互斥事件概率的加法公式

定理 13.1　对于两个事件 A、B,若 $AB=\varnothing$,则 $P(A+B)=P(A)+P(B)$.

$$(13.2)$$

即两互斥事件之和的概率等于两事件的概率之和.

例 13.5　掷一粒均匀骰子,出现{2 点或 5 点}的概率是多少?

解　设 $A=\{$出现 2 点$\}$,$B=\{$出现 5 点$\}$,因为骰子的六面是匀称的,故

$$P(A)=P(B)=\frac{1}{6}.$$

显然 $A+B$ 就是出现{2 点或 5 点},A 与 B 是互斥的,于是由加法公式得

$$P(A+B)=P(A)+P(B)=\frac{1}{6}+\frac{1}{6}=\frac{1}{3}.$$

由加法公式可以得到如下推论.

推论 1 若事件 $A_1, A_2, \cdots, A_n$ 两两互不相容,则
$$P(A_1 + A_2 + \cdots + A_n) = P(A_1) + P(A_2) + \cdots + P(A_n),$$
即互斥事件之和的概率等于各事件的概率之和.

推论 2 设 A 为任意随机事件,则 $P(\overline{A}) = 1 - P(A)$.

推论 3 若事件 $B \subset A$,则 $P(A - B) = P(A) - P(B)$.

推论 2 告诉我们,如果正面计算事件 A 的概率有困难时,可以先求其逆事件 $\overline{A}$ 的概率.

例 13.6 某班级有 6 人是 1990 年 9 月出生的,求其中至少有 2 人生日相同的概率.

解 设 $A = \{6$ 人中至少有两个人生日相同$\}$. 显然,A 包含下列几种情况.

A_1:有 2 个人生日相同;A_2:有 3 个人生日相同;A_3:有 4 个人生日相同;

A_4:有 5 个人生日相同;A_5:有 6 个人生日相同.

$A = A_1 + A_2 + \cdots + A_n$. 显然 $A_i (i = 1, 2, 3, \cdots, 5)$ 之间是两两互斥的,

由推论 1 知,$P(A) = P(A_1) + P(A_2) + P(A_3) + P(A_4) + P(A_5)$.

这个计算是繁琐的,因此考虑用逆事件 $\overline{A}$ 计算.

设 $A_0 = \{6$ 人中没有生日相同$\}$,则 $A_0 + A_1 + A_2 + A_3 + A_4 + A_5 = A_0 + A = U$. 又因为 $A_0 A = \varnothing$,所以 $A_0 = \overline{A}$,于是 $P(A) = 1 - P(\overline{A}) = 1 - P(A_0)$.

由于 9 月共有 30 天,每个人可以在这 30 天里的任一天出生,于是全部的可能数为 30^6. 没有 2 人生日相同就是 30 中取 6 的排列 P_{30}^6,于是

$$P(A_0) = \frac{30 \times 29 \times 28 \times 27 \times 26 \times 25}{30^6} \approx 0.586\ 4,$$

因此 $P(A) = 1 - P(\overline{A}) = 1 - P(A_0) = 1 - 0.586\ 4 = 0.413\ 6$.

2. 任意事件概率的加法公式

定理 13.2 对任意两个事件 A、B,有 $P(A + B) = P(A) + P(B) - P(AB)$.

$$(13.3)$$

推论 对任意三个事件 A、B、C,有下列加法公式.

$$P(A + B + C) = P(A) + P(B) + P(C) - P(AB) - P(BC) - P(AC) + P(ABC).$$

$$(13.4)$$

例 13.7 已知某职业学院 07 经贸韩语一、二、三班男、女生的人数如下表所示.

表 13-2

班级 性别	一班	二班	三班	总计
男	23	22	24	69
女	25	24	22	71
总计	48	46	46	140

从中随机抽取一人,求该学生是一班学生或是男学生的概率是多少?

解 设 $A=\{$一班学生$\}$,$B=\{$男学生$\}$,则

$$P(A)=\frac{48}{140},P(B)=\frac{69}{140},P(AB)=\frac{23}{140},$$

于是 $$P(A+B)=P(A)+P(B)-P(AB)$$

$$=\frac{48}{140}+\frac{69}{140}-\frac{23}{140}=\frac{47}{70}\approx0.671\ 4.$$

即该学生是一班学生或是男学生的概率是 $0.671\ 4$.

3. 条件概率与乘法公式

在实际问题中,常会遇到在事件 B 已经发生的条件下事件 A 发生的概率,称这种概率为条件概率,简称为 A 对 B 的条件概率,记作 $P(A|B)$.

定义 13.3 设 A,B 是两个事件,且 $P(B)\neq0$,称 $P(A|B)=\dfrac{P(AB)}{P(B)}$ (13.5)

为在事件 B 发生的条件下事件 A 发生的**条件概率**.

类似地,如果 $P(A)\neq0$,则在事件 A 发生条件下事件 B 发生的条件概率为

$$P(B|A)=\frac{P(AB)}{P(A)}.$$ (13.6)

由式(13.5)和式(13.6)得到**概率的乘法公式**为

$$P(AB)=P(B)P(A|B)=P(A)P(B|A).$$ (13.7)

乘法公式可推广到有限多个,若 A、B、C 为三任意事件,则有

$$P(ABC)=P(A)P(B|A)P(C|AB).$$ (13.8)

例 13.8 已知盒子中装有 10 只电子元件,其中 6 只正品,从其中不放回地任取两次,每次取一只,问两次都取到正品的概率是多少?

解 设 $A=\{$第一次取到正品$\}$,$B=\{$第二次取到正品$\}$,则

$$P(A)=\frac{6}{10},P(B|A)=\frac{5}{9}.$$

两次都取到正品的概率是 $P(AB)=P(A)P(B|A)=\dfrac{6}{10}\times\dfrac{5}{9}=\dfrac{1}{3}.$

例 13.9 某动物活到 15 岁的概率为 0.8,活到 20 岁的概率为 0.4,问现龄为 15 岁的这种动物活到 20 岁的概率是多少?

解 设事件 $A=\{$活到 15 岁$\}$,$B=\{$活到 20 岁$\}$,则 $B|A$ 表示"现龄为 15 岁的动物活到 20 岁". 因为"活到 20 岁"一定"活到 15 岁",所以 $AB=B$,

$$P(B|A)=\frac{P(AB)}{P(A)}=\frac{P(B)}{P(A)}=\frac{0.4}{0.8}=\frac{1}{2}.$$

4. 全概率公式

为了从已知的简单事件的概率推算未知的复杂事件的概率,往往把一个复杂

事件分解为若干个两两互斥的简单事件的和,然后利用概率的有限可加性得到最终结果.

设 $A_1,A_2,\cdots,A_n$ 是两两互斥事件,且 $A_1+A_2+\cdots+A_n=U,P(A_i)>0(i=1,2,\cdots,n)$,则对任意事件 B,有

$$P(B)=\sum_{i=1}^{n}P(A_i)P(B|A_i). \tag{13.9}$$

式(13.9)称为**全概率公式**.

当 $P(A_i)$ 和 $P(B|A_i)$ 已知或较易计算时,可利用此公式计算 $P(B)$.

注:$A_1,A_2,\cdots,A_n$ 不一定等概率.

例 13.10 设袋中共有 10 个球,其中 2 个带有中奖标志,两人分别从袋中任取一球,问第二个人中奖的概率是多少?

解 设 $A=\{$第一人中奖$\},B=\{$第二人中奖$\}$. 则 $P(A)=\dfrac{2}{10},P(\overline{A})=\dfrac{8}{10}$,

$$P(B|A)=\frac{1}{9},P(B|\overline{A})=\frac{2}{9},$$

$$P(B)=P(BA+B\overline{A})=P(BA)+P(B\overline{A})$$
$$=P(A)P(B|A)+P(\overline{A})P(B|\overline{A})$$
$$=\frac{2}{10}\times\frac{1}{9}+\frac{8}{10}\times\frac{2}{9}=\frac{1}{5}.$$

注:第二人中奖的概率与第一人中奖的概率是相等的.

读者考虑一下:如果已知第一人中奖,那么第二人中奖的概率是多少?

例 13.11 某厂有四条流水线生产同一产品,该四条流水线的产量分别占总产量的 15%,20%,30%,35%,各流水线的次品率分别为 0.05,0.04,0.03,0.02. 从出厂产品中随机抽取一件,求此产品为次品的概率是多少?

解 设 $B=\{$任取一件产品是次品$\},A_i=\{$第 i 条流水线生产的产品$\}(i=1,2,3,4)$,
则 $P(A_1)=15\%,P(A_2)=20\%,P(A_3)=30\%,P(A_4)=35\%$,
$P(B|A_1)=0.05,P(B|A_2)=0.04,P(B|A_3)=0.03,P(B|A_4)=0.02$,

$$P(B)=\sum_{i=1}^{4}P(A_i)P(B|A_i)$$
$$=P(A_1)P(B|A_1)+P(A_2)P(B|A_2)+P(A_3)P(B|A_3)+P(A_4)P(B|A_4)$$
$$=15\%\times0.05+20\%\times0.04+30\%\times0.03+35\%\times0.02=0.031\,5.$$

习题 13-2

1. 某城市甲乙两家通讯运营商为争取城市居民手机用户展开竞争. 已知甲争取

到 20 万户的可能性为 0.6,乙争取到 20 万户的可能性为 0.5,又知当乙争取到 20 万户时甲也争取到 20 万户的可能性为 0.3,求

(1)当甲争取到 20 万户时乙也争取到 20 万户的概率;

(2)甲、乙同时争取到 20 万户的概率.

2. 甲乙两炮同时向一架敌机射击,已知甲炮的击中率是 0.5,乙炮的击中率是 0.6,甲乙两炮都击中的概率是 0.3,求飞机被击中的概率是多少?

3. 设有 100 个圆柱形零件,其中 95 个长度合格,92 个直径合格,87 个长度直径都合格. 现从中任取一件该产品,求:

(1)该产品是合格品的概率;

(2)若已知该产品直径合格,求该产品是合格品的概率;

(3)若已知该产品长度合格,求该产品是合格品的概率.

4. 已知随机事件 $A,B,P(A)=\dfrac{1}{2},P(B)=\dfrac{1}{3},P(B|A)=\dfrac{1}{2}$,

求 $P(AB),P(A+B),P(A|B)$.

5. 已知 100 个零件中有 5 个次品,每次从中任取一个,取后不放回,求:

(1)第一次取得的是次品,而第二次取得正品的概率;

(2)第二次取得正品的概率.

13.3 事件的独立性

13.3.1 事件的独立性的概念

定义 13.4 如果两个事件 A,B 中任一事件的发生不影响另一事件的概率,即
$$P(A|B)=P(A),\text{或 }P(B|A)=P(B),$$
则称事件 A 与事件 B 是**相互独立的**,否则,称为是**不独立的**.

定理 13.3 若事件 A 与 B 相互独立,则 $\overline{A}$ 与 B,A 与 $\overline{B},\overline{A}$ 与 $\overline{B}$ 都相互独立.

定理 13.4 两个事件 A,B 相互独立的充分必要条件是
$$P(AB)=P(A)P(B). \tag{13.10}$$

定理 13.4 给出了两个相互独立事件 A,B 的积事件的概率计算公式,它相当于是乘法公式的一种特殊情形,也称为**乘法公式**.

例如,袋中有 5 个球,其中 2 个白球,从中抽取两球. 设事件 A 表示{第二次抽得白球},事件 B 表示{第一次抽得白球}. 如果第一次抽取一球观察颜色后放回,则事件 A 与事件 B 是相互独立的,因为
$$P(A|B)=P(A)=\dfrac{2}{5}.$$

如果观察颜色后不放回,则事件 A 与事件 B 不是独立的,因为
$$P(A|B)=\dfrac{1}{4},\text{而 }P(A)=\dfrac{2}{5}.$$

　　实际应用中,一般不借助定义或定理来验证事件的独立性,往往根据问题的具体情况,按照独立性的直观意义或经验来判断事件的独立性.

　　例 13.12　一个骰子掷两次,{两次都出现 1 点}的概率是多少?

　　解　用 $A_i(i=1,2)$ 表示{第 i 次出现 1 点}的事件,因为第一次的结果不会影响到第二次,于是 A_1,A_2 是相互独立的,且 $P(A_i)=\dfrac{1}{6},(i=1,2)$,由定理 13.4 得

$$P(A_1A_2)=P(A_1)P(A_2)=\frac{1}{6}\times\frac{1}{6}=\frac{1}{36}.$$

　　例 13.13　甲、乙两人考大学,甲考上的概率是 0.9,乙考上的概率是 0.8,问(1)甲乙两人都考上的概率是多少? (2)甲乙两人至少一人考上大学的概率是多少?

　　解　设 $A=\{$甲考上大学$\},B=\{$乙考上大学$\}$,则 $P(A)=0.9,P(B)=0.8.$

　　(1)甲、乙两人考上大学的事件是相互独立的,故甲、乙两人同时考上大学的概率是
$$P(AB)=P(A)P(B)=0.9\times0.8=0.72.$$

　　(2)甲、乙两人至少一人考上大学的概率是
$$P(A+B)=P(A)+P(B)-P(AB)=0.9+0.8-0.72=0.98.$$

　　例 13.14　电路如图 13-1,其中 A,B,C 为开关.设备开关闭合与否相互独立,且每一开关闭合的概率均为 p,求 L 与 R 为通路(用 D 表示)的概率.

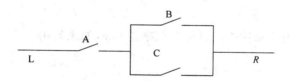

图 13-1

　　解　用 A,B,C 表示开关闭合,于是 $D=AB+AC$,从而,由概率的性质及 A,B,C 的相互独立性,有　
$$P(D)=P(AB)+P(AC)-P(ABAC)$$
$$=P(AB)+P(AC)-P(ABC)$$
$$=P(A)P(B)+P(A)P(C)-P(A)P(B)P(C)$$
$$=p^2+p^2-p^3=2p^2-p^3.$$

　　两个事件的独立性概念可以推广到有限多个事件独立的情形.

　　定义 13.5　对任意三个事件 A,B,C,若同时满足下列等式

$$P(AB)=P(A)P(B),$$

$$P(AC)=P(A)P(C),$$

$$P(BC)=P(B)P(C),$$

$$P(ABC)=P(A)P(B)P(C),$$

则称**事件** A,B,C **相互独立**,简称 A,B,C 独立.

设 $A_1,A_2,\cdots,A_n$ 为 n 个事件,如果对于所有可能的组合 $1\leqslant i<j<k<\cdots\leqslant n$,下列各式同时成立

$$\begin{cases} P(A_iA_j)=P(A_i)P(A_j), \\ P(A_iA_jA_k)=P(A_i)P(A_j)P(A_k), \\ \qquad\qquad\qquad\vdots \\ P(A_1A_2\cdots A_n)=P(A_1)P(A_2)\cdots P(A_n), \end{cases}$$

则称事件 $A_1,A_2,\cdots,A_n$ 是**全面独立的**.

13.3.2　伯努利概型

定义 13.6　若试验 E 单次试验的结果只有两个 $A,\overline{A}$,且 $P(A)=p$ 保持不变,将试验 E 在相同条件下独立地重复做 n 次,称这 n 次试验为 n **重独立试验序列**,这个试验模型称为 n **重独立试验序列概型**,也称为 n **重伯努利概型**,简称**伯努利概型**.

定理 13.5　若单次试验中事件 A 发生的概率为 $p(0<p<1)$,则在 n 次独立重复试验中事件 A 恰好发生了 k 次的概率为

$$P(A\text{ 恰好发生 }k\text{ 次})=C_n^kp^kq^{n-k} \quad (q=1-p,k=0,1,2,\cdots,n). \tag{13.11}$$

由于 $C_n^kp^kq^{n-k}$ 刚好是二项展开式中的第 $k+1$ 项,故(13.11)也称为**二项概率公式**.

例 13.15　某射手每次击中目标的概率是 0.6,如果射击 5 次,求至少击中两次的概率.

解　$P(\text{至少击中两次})=\displaystyle\sum_{k=2}^{5}P(\text{击中 }k\text{ 次})$

$\qquad\qquad\qquad\quad =1-P(\text{击中 }0\text{ 次})-P(\text{击中 }1\text{ 次})$

$\qquad\qquad\qquad\quad =1-C_5^0(0.6)^0(0.4)^5-C_5^1(0.6)^1(0.4)^4$

$\qquad\qquad\qquad\quad \approx 0.913\,0.$

二项概率公式应用的前提是 n 重独立重复试验. 在实际中,真正完全重复的现象并不常见,常见的只不过是近似的重复. 尽管如此,还是可用上述二项概率公式作近似处理.

例 13.16　某种产品的次品率为 5%,现从一大批该产品中抽出 20 个进行检验,问20 个该产品中恰有 2 个次品的概率是多少?

解　这里是不放回抽样,由于一批产品的总数很大,且抽出样品的数量相对较小,因而可以近似当作是有放回抽样处理,这样做会有一些误差,但误差不会太大. 抽出20 个样品检验,可看作是做了 20 次独立试验,每一次是否为次品可看成是一次试验的结果,因此 20 个该产品中恰有 2 个次品的概率是

$$P(\text{恰有 }2\text{ 个次品})=C_{20}^2(0.05)^2(0.95)^{18}\approx 0.188\,7.$$

习题 13-3

1. 三人独立地去破译一份密码,已知各人能译出的概率分别为 $1/5,1/3,1/4$. 问三人中至少有一人能将此码译出的概率是多少?

2. 甲、乙两射手同时独立地向某一目标各射一次,命中率分别为 0.6、0.7,求:

(1)两个都命中的概率;(2)甲命中,乙没命中的概率;

(3)恰有一人命中的概率;(4)至少有一人命中的概率.

3. 一批玉米种子,出苗率 0.8,现每穴种 5 粒种子,求:

(1)5 粒中恰有 4 粒出苗的概率;

(2)5 粒中至少有 4 粒出苗的概率.(结果保留两位有效数字)

13.4 随机变量及其分布

随机变量及其分布是概率论中极为重要的概念,它的引入既实现了随机试验的数量化描述,又为微积分这一工具进入概率论提供了方便,从而把随机事件及其概率引向深入.

13.4.1 随机变量与分布函数

1. 随机变量

随机试验的可能结果可以是数量,也可以不是数量,但可以在引入若干实数值之后,实现试验结果的数量化.先看以下几个例子.

例 13.17 在 10 件产品中,有 3 件次品,现任取 2 件. 用一个变量 X 表示"2 件中的次品数",X 的取值是随机的,可能的取值有 $0,1,2$. 显然"$X=0$"表示次品数为 0,它与事件"取出的 2 件中没有次品"是等价的. 由此可知,"$X=1$"等价于"恰好有 1 件次品","$X=2$"等价于"恰好有 2 件次品". 于是由古典概率可求得

$$P(X=0)=\frac{C_3^0 C_7^2}{C_{10}^2}=\frac{7}{15}, P(X=1)=\frac{C_3^1 \cdot C_7^1}{C_{10}^2}=\frac{7}{15}, P(X=2)=\frac{C_3^2 \cdot C_7^0}{C_{10}^2}=\frac{1}{15},$$

此结果可统一表示成 $P(X=i)=\dfrac{C_3^i \cdot C_7^{2-i}}{C_{10}^2}(i=0,1,2)$.

例 13.18 抛掷一枚硬币的两个可能结果是"出现正面"或"出现反面",为了方便起见,将每一个结果用一个实数表示,即"1"表示"出现正面","0"表示"出现反面". 于是,把硬币在一次抛掷后的结果数量化,用变量 Y 表示,它可能取值为 $0,1$.

且知 $$P(Y=0)=\frac{1}{2}, P(Y=1)=\frac{1}{2}.$$

例 13.19 测试某种电子元件寿命(单位:h). 用 Z 表示它的寿命,易知 Z 是一个变量,它的可能取值为区间 $[0,+\infty)$ 上的某个数.

上述例题中的 X,Y,Z 具有下列特征：

(1)取值是随机的,事前并不知道取到哪一个值；

(2)所取的每一个值,都相应于某一随机现象；

(3)所取的每个值的概率大小是确定的.

定义 13.7 一般地,如果一个变量,它的取值随着试验结果的不同而变化着,当试验结果确定后,它所取的值也就相应地确定,这种变量称为**随机变量**.

随机变量可用英文大写字母 $X,Y,Z,\cdots$（或希腊字母 $\xi,\eta,\zeta,\cdots$）等表示. 随机变量不仅具有取值的随机性,而且具有取值的统计规律性,即随机变量取某一个值或某些值的概率是完全确定的.

不论对什么样的随机现象,都可以用随机变量来描述. 这样对随机事件的研究就更突出了数量这一侧面,就可以借助微积分的知识,更深入、细致地讨论问题.

根据随机变量取值的情况,我们可以把随机变量分为两类:离散型随机变量和连续型随机变量. 若随机变量 X 的所有可能取值是有限多个或无限可列多个(可列也称可数,简单地说,如果一组无穷多个数可以按照某种规则把它们按顺序排列起来,这组数就叫做可列的,否则就叫做不可列的. 例如,整数集、有理数集是可列的,无理数集、实数集则是不可列的),则称 X 为**离散型随机变量**,如例 13.17,例 13.18 中的随机变量,都是离散型随机变量；若随机变量 X 的取值不是单个取值,而是取某一区间内的一切值时,则称 X 为**连续型随机变量**,如例 13.19 中的电子元件寿命以及公交车的候车时间等都是连续型随机变量.

2. 分布函数

定义 13.8 设 X 是一个随机变量,x 为任意实数,则称定义在实数轴上的函数

$$F(x)=P(X\leqslant x)$$

为随机变量 X 的**概率分布函数**,简称分布函数. 记作 $X\sim F(x)$.

如果将 X 看作随机点的坐标,则分布函数 $F(x)$ 的值就表示 X 落在区间 $(-\infty,x]$ 内的概率,且有

$$P(a<X\leqslant b)=P(X\leqslant b)-P(X\leqslant a)=F(b)-F(a), \tag{13.12}$$

$$P(X>a)=1-P(X\leqslant a)=1-F(a). \tag{13.13}$$

分布函数 $F(x)$ 具有如下性质:

性质1 $0\leqslant F(x)\leqslant 1$(因为 $F(x)$ 就是某种概率).

性质2 $F(x)$ 是单调不减函数,且

$$F(+\infty)=\lim_{x\to+\infty}P(X\leqslant x)=1,$$

$$F(-\infty)=\lim_{x\to-\infty}P(X\leqslant x)=0.$$

例 13.20 设随机变量 X 的分布函数为

$$F(x)=\begin{cases}0, & x<1,\\ \ln x, & 1\leqslant x<\mathrm{e},\\ 1, & x\geqslant\mathrm{e}\end{cases}$$

求(1)$P(X \leqslant 2)$；(2)$P(0 < X \leqslant 3)$；(3)$P(X > 2)$.

解 (1)$P(X \leqslant 2) = F(2) = \ln 2$.

(2)$P(0 < X \leqslant 3) = F(3) - F(0) = 1 - 0 = 1$.

(3)$P(X > 2) = 1 - F(2) = 1 - \ln 2$.

13.4.2 离散型随机变量及分布

1. 分布列

定义 13.9 设离散型随机变量 X 的所有取值为 $x_1, x_2, \cdots, x_k, \cdots$，并且 X 取每个可能值的概率分别为

$$p_k = P(X = x_k), k = 1, 2, \cdots \qquad (13.14)$$

称(13.14)式为离散型随机变量 X 的**概率分布**，简称**分布列**或**分布律**.

为清楚起见，X 及其分布列也可以用表格的形式表示

X	x_1	x_2	$\cdots$	x_k	$\cdots$
p_k	p_1	p_2	$\cdots$	p_k	$\cdots$

易知，任一离散型随机变量的分布列具有如下性质：

性质 1(非负性) $p_k \geqslant 0 (k = 1, 2, \cdots)$.

性质 2(规范性) $\sum\limits_k p_k = 1$.

由分布函数的定义可知，对于离散型随机变量有

$$F(x) = P(X \leqslant x) = \sum_{x_k \leqslant x} P(x = x_k) = \sum_{x_k \leqslant x} p_k.$$

易知

$$P(a < X \leqslant b) = F(b) - F(a)$$

$$P(X > a) = 1 - P(X \leqslant a) = 1 - F(a).$$

由此可知分布函数是概率分布的累积函数.

例 13.17 中"任取 2 件，2 件中的次品件数 X"的分布列是

X	0	1	2
p_k	$\frac{7}{15}$	$\frac{7}{15}$	$\frac{1}{15}$

在例 13.15 中，设随机变量 Y 表示 5 次射击中击中目标的次数，计算 Y 取 $0, 1, \cdots, 5$ 的概率

$$P(Y = 0) = C_5^0 0.6^0 0.4^5 = 0.010,$$

$$P(Y = 1) = C_5^1 0.6^1 0.4^4 = 0.077,$$

$$P(Y = 2) = C_5^2 0.6^2 0.4^3 = 0.230,$$

$$P(Y = 3) = C_5^3 0.6^3 0.4^2 = 0.346,$$

$$P(Y = 4) = C_5^4 0.6^4 0.4^1 = 0.259,$$

$$P(Y=5)=C_5^5 0.6^5 0.4^0=0.078,$$

于是得到"5 次射击中恰有 Y 次命中"的分布列是

i	0	1	2	3	4	5
$P(Y=i)$	0.010	0.077	0.230	0.346	0.259	0.078

例 13.21　设随机变量 X 的分布列如下表所示,试求 X 的分布函数.

X	0	1	2
p_k	0.2	0.5	0.3

解　根据分布函数的定义:$F(x)=P(X\leqslant x)$,由随机变量 X 所取的值分几种情况讨论.

当 $x<0$ 时,有 $F(x)=P(\varnothing)=0$;

当 $0\leqslant x<1$ 时,有 $F(x)=P(X=0)=0.2$;

当 $1\leqslant x<2$ 时,有 $F(x)=P(X=0)+P(X=1)=0.7$;

当 $x\geqslant 2$ 时,有 $F(x)=P(\Omega)=1$.

于是,所求的分布函数为

$$F(x)=\begin{cases} 0, & x<0, \\ 0.2, & 0\leqslant x<1, \\ 0.7, & 1\leqslant x<2, \\ 1, & x\geqslant 2. \end{cases}$$

2. 几种常见离散型随机变量的分布

(1)两点分布:$X\sim B(0,1)$

若随机变量 X 的可能取值只有两个,一般记为 0,1,它的概率分布是

$$P(X=1)=p, P(X=0)=1-p, (0<p<1)$$

则称 X 服从两点分布,可简记为 $X\sim B(0,1)$.

凡是只取两种状态或可归结为两种状态的随机试验均可用两点分布来描述,如抛掷硬币的反面或正面,一颗种子的不发芽还是发芽,一次天气预报为无雨或有雨,新生婴儿进行性别登记等问题.

(2)二项分布:$X\sim B(n,p)$

若随机变量 X 的概率分布为

$$p_k=P(X=k)=C_n^k p^k(1-p)^{n-k}, k=0,1,2,\cdots,n \quad 其中(0<p<1),$$

则称随机变量 X 服从参数为 n,p 的二项分布,记为 $X\sim B(n,p)$.

二项分布的实际背景是,对只有两个试验结果的试验,记事件 A 发生的概率为 p,即

$$P(A)=p, P(\overline{A})=1-p,$$

独立地重复地进行 n 次,事件 A 发生的次数 X 服从参数为 n,p 的二项分布 $B(n,p)$.

例 13.22 某工厂生产的螺丝的次品率为 0.05,设每个螺丝是否为次品是相互独立的,出厂时 10 个螺丝包成一包,并保证若发现一包内多于一个次品即可退货,求某包螺丝次品个数 X 的分布列和售出螺丝的退货率.

解 根据题意,一包螺丝的次品数 X 服从二项分布 $B(10,0.05)$,所求的概率分布是

$$P(X=k)=C_{10}^k(0.05)^k(0.95)^{10-k}(k=0,1,\cdots,10).$$

设 $A=\{$该包螺丝被退回工厂$\}$,则

$$P(A)=P(X>1)=1-P(X\leqslant1)=1-P(X=0)-P(X=1)$$
$$=1-C_{10}^0(0.05)^0(0.95)^{10}-C_{10}^1(0.05)^1(0.95)^9$$
$$=0.086\ 1,$$

即退货率为 8.61%.

(3)泊松分布:$X\sim P(\lambda)$

若随机变量 X 的取值为可列多个 $0,1,2,\cdots$,其相应的概率分布为

$$P(X=k)=\frac{\lambda^k}{k!}e^{-\lambda},k=0,1,2,\cdots, \tag{13.15}$$

其中 λ 为参数($\lambda>0$),则称 X 服从参数为 λ 的泊松分布,记作 $X\sim P(\lambda)$.

产生泊松分布的客观背景是:单位"时间"内需要"服务"的"顾客"数,并假设在不相重叠的"时间"区间内需要"服务"的"顾客"数是相互独立.这里所指的"时间"、"服务"、"顾客"都是广义的概念.如:单位时间内,某种商品的销售量;单位时间内,访问某个网站的人数;单位长度内,某棉纱的疵点数.所以,泊松分布在经济、管理、自然科学领域都是十分重要的.实际计算中,可以查阅泊松分布数值表.

例 13.23 电话交换台每分钟接到的呼叫次数 X 为随机变量,设 $X\sim P(4)$,求一分钟内呼叫次数:(1)恰为 8 次的概率;(2)不超过 1 次的概率.

解 在这里 $\lambda=4$,故

$$P(X=k)=\frac{4^k}{k!}e^{-4},k=0,1,2,\cdots$$

(1)查阅附表 C 泊松分布表,得

$$P(X=8)=\frac{4^8}{8!}e^{-4}=0.029\ 8,$$

(2)$P(X\leqslant1)=P(X=0)+P(X=1)=\frac{4^0}{0!}e^{-4}+\frac{4^1}{1!}e^{-4}=0.091\ 6.$

当 n 很大,p 很小时,二项分布可以用泊松分布近似计算,有

$$C_n^kp^k(1-p)^{n-k}\approx\frac{\lambda^k}{k!}e^{-\lambda},$$

其中 $\lambda=np$.即泊松分布可看作是一个概率很小的事件在大量试验中出现的次数的概率分布.实际计算中,当二项分布的 $n>10,p<0.1$ 时,就可以用上述近似公式.

例 13.24 某单位为职工买保险,已知某种险种的死亡率是 0.002 5,该单位有职工 800 人,试求在未来的一年里该单位死亡人数恰有 2 人的概率.

解 用 X 表示死亡人数,则 $X \sim B(800, 0.0025)$. 若用二项分布计算,则

$$P(X=2) = C_{800}^2 (0.0025)^2 (0.9975)^{798},$$

由于计算较繁,故用泊松分布计算

$n=800, p=0.0025, \lambda=np=2, k=2.$ 于是

$$P(X=2) = \frac{2^2}{2!} e^{-2} \approx 0.2707.$$

13.4.3 连续型随机变量及分布

1. 概率密度

定义 13.10 对于随机变量 X,如果存在非负可积函数 $f(x)(-\infty<x<+\infty)$,使得对任意实数 $a \leqslant b$,有

$$P(a \leqslant X \leqslant b) = \int_a^b f(x) \mathrm{d}x, \tag{13.16}$$

则称 X 为**连续型随机变量**,称 $f(x)$ 为 X 的**概率密度函数**,简称概率密度或分布密度.

由定义 13.10 可知,概率密度有下列性质.

性质 1(非负性) $f(x) \geqslant 0$ (因为概率不能小于 0).

性质 2(规范性) $\int_{-\infty}^{+\infty} f(x) \mathrm{d}x = 1.$

概率密度 $f(x)$ 是一个普通的实值函数,它刻画了随机变量 X 取值的规律,性质 1 表示 $y=f(x)$ 的曲线位于 x 轴上方,性质 2 表示 $y=f(x)$ 与 x 轴之间的平面图形的面积等于 1. 另外,由微积分的知识可知,对任意实数 a,有 $P(X=a)=0$,这是因为

$$P(X=a) = \lim_{\Delta x \to 0^+} P(a \leqslant X \leqslant a+\Delta x)$$

$$= \lim_{\Delta x \to 0^+} \int_a^{a+\Delta x} f(x) \mathrm{d}x = 0,$$

即连续型随机变量取任意指定值的概率都是 0,所以计算连续型随机变量落在某一区间上的概率时,不必考虑该区间是开区间还是闭区间,所有这些概率都是相等的. 即

$$P(a<x<b) = P(a<X \leqslant b) = P(a \leqslant X<b) = P(a \leqslant X \leqslant b) = \int_a^b f(x) \mathrm{d}x.$$

由分布函数的定义可知,对于连续型的随机变量有

$$F(x) = P(X \leqslant x) = \int_{-\infty}^x f(t) \mathrm{d}t.$$

由微积分的知识可知 $F'(x) = f(x).$

例 13.25 设随机变量 X 的概率密度函数是

$$f(x) = \begin{cases} \dfrac{A}{\sqrt{1-x^2}}, & |x|<1, \\ 0, & \text{其他,} \end{cases}$$

试求:(1)系数 A;

(2)X 落在区间 $\left(-\dfrac{1}{2}, \dfrac{1}{2}\right)$、$\left(-\dfrac{\sqrt{3}}{2}, 2\right)$ 内的概率.

解　(1)根据概率密度函数的性质 2,可得

$$1=\int_{-\infty}^{+\infty}f(x)\mathrm{d}x=\int_{-1}^{1}\frac{A}{\sqrt{1-x^2}}\mathrm{d}x=A\arcsin x\Big|_{-1}^{1}=A\pi,所以\ A=\frac{1}{\pi};$$

(2)$P\left(-\frac{1}{2}<X<\frac{1}{2}\right)=\int_{-\frac{1}{2}}^{\frac{1}{2}}\frac{1}{\pi}\frac{1}{\sqrt{1-x^2}}\mathrm{d}x=\frac{1}{\pi}\arcsin x\Big|_{-\frac{1}{2}}^{\frac{1}{2}}=\frac{1}{3},$

$$P\left(-\frac{\sqrt{3}}{2}<X<2\right)=\int_{-\frac{\sqrt{3}}{2}}^{2}\frac{1}{\pi}\frac{1}{\sqrt{1-x^2}}\mathrm{d}x=\int_{-\frac{\sqrt{3}}{2}}^{1}\frac{1}{\pi}\frac{1}{\sqrt{1-x^2}}\mathrm{d}x=\frac{1}{\pi}\arcsin x\Big|_{-\frac{\sqrt{3}}{2}}^{1}=\frac{5}{6}.$$

2. 几种常见连续型随机变量的分布

1)均匀分布:$X\sim U(a,b)$

若随机变量 X 的概率密度是 $f(x)=\begin{cases}\dfrac{1}{b-a},a\leqslant x\leqslant b,\\0,\quad\ \ 其他\end{cases}$,则称 X 服从 $[a,b]$ 上的均匀

分布,记作 $X\sim U(a,b)$.

如果 X 在 $[a,b]$ 上服从均匀分布,则对任意满足 $a\leqslant c<d\leqslant b$ 的 c,d 有

$$P(c\leqslant X\leqslant d)=\int_{c}^{d}f(x)\mathrm{d}x=\frac{d-c}{b-a}.$$

这表明,X 取值于 $[a,b]$ 中任一小区间的概率与该小区间的长度成正比,而与该小区间的具体位置无关,这就是均匀分布的概率意义. 均匀分布 $U(a,b)$ 的概率密度函数的图像如图 13-3 所示.

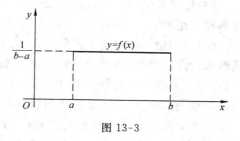

图 13-3

例 13.26　一位乘客到某公共汽车站等候汽车,则他的候车时间 X 是一个随机变量. 假设该汽车站每隔 6 min 有一辆汽车通过,则乘客在 0 到 6 min 内乘上汽车的可能性是相同的,因此随机变量 X 服从均匀分布,分布密度函数为

$$f(x)=\begin{cases}\dfrac{1}{6},0\leqslant x\leqslant 6,\\0,\ \ 其他,\end{cases}$$

可以计算他等候时间不超过 3 min 的概率是

$$P(0\leqslant x\leqslant 3)=\int_{0}^{3}\frac{1}{6}\mathrm{d}x=0.5,$$

超过 4 min 的概率是

$$P(4\leqslant x\leqslant 6)=\int_{4}^{6}\frac{1}{6}\mathrm{d}x=\frac{1}{3}.$$

2)指数分布:$X\sim e(\lambda)$

若随机变量 X 的概率密度函数是 $f(x)=\begin{cases}\lambda\mathrm{e}^{-\lambda x},x>0\\0,\qquad x\leqslant 0\end{cases}$ 其中 $\lambda>0$,则称 X 服从参数为 λ 的**指数分布**. 记作 $X\sim e(\lambda)$.

例 13.27 若某电子元件的寿命 X 服从参数 $\lambda = \dfrac{1}{2\ 000}$ 的指数分布,求 $P(X \leqslant 1\ 200)$.

解 $P(X \leqslant 1\ 200) = \displaystyle\int_0^{1\ 200} \dfrac{1}{2\ 000} e^{-\frac{x}{2\ 000}} dx = -e^{-\frac{x}{2\ 000}} \Big|_0^{1\ 200} = 1 - e^{-0.6} \approx 0.451.$

电子元件的使用寿命、电话的通话时间等都可以用指数分布来描述.

3)正态分布:$X \sim N(\mu, \sigma^2)$

若随机变量 X 的概率密度函数是

$$f(x) = \frac{1}{\sigma\sqrt{2\pi}} e^{-\frac{(x-\mu)^2}{2\sigma^2}} \quad (-\infty < x < +\infty), \tag{13.17}$$

则称 X 服从正态分布,记作 $X \sim N(\mu, \sigma^2)$,其中 $(-\infty < \mu < +\infty, \sigma > 0)$ 是两个常数,称为参数. 正态分布的概率密度函数的图像如图 13-4 所示.

利用微积分的知识可知道正态分布概率密度函数的性态:

(1)曲线 $y = f(x)$ 以 $x = \mu$ 为对称轴,$f(x)$ 在 $x = \mu$ 处达最大,最大值为 $\dfrac{1}{\sigma\sqrt{2\pi}}$.

(2)当 $x \to \pm\infty$ 时,$f(x) \to 0$,即 $y = f(x)$ 以 x 轴为渐近线.

(3)用求导的方法可以证明:$x = \mu \pm \sigma$ 为 $f(x)$ 的两个拐点的横坐标,且 σ 为拐点到对称轴的距离.

(4)若固定 σ 而改变 μ 的值时,正态分布曲线的位置沿着 x 轴平行移动,而不改变其形状,可见曲线的位置完全由参数 μ 确定,因此 μ 又称为**位置参数**;若固定 μ 改变 σ 的值,则当 σ 越小时图形变得越陡峭;反之,当 σ 越大时图形变得越平缓,因此,σ 的值刻画了曲线的形状,因此 σ 又称为**形状参数**.

正态分布是一个比较重要的分布,在数理统计中占有重要的地位,这一方面是因为自然现象和社会现象中,大量的随机变量如:测量误差;灯泡寿命;农作物的收获量;人的身高、体重;射击时弹着点与靶心的距离等都可以认为服从正态分布;另一方面,只要某个随机变量是大量相互独立的随机因素的和,而且每个因素的个别影响都很微小,那么这个随机变量也可以认为服从或近似服从正态分布.

4)标准正态分布:$X \sim N(0, 1)$

当正态分布 $N(\mu, \sigma^2)$ 中的两个参数 $\mu = 0, \sigma = 1$ 时,相应的分布 $N(0, 1)$ 称为**标准正态分布**. 标准正态分布的图形关于 y 轴对称,见图 13-5.

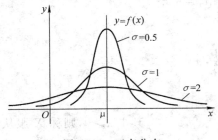

图 13-4　正态分布

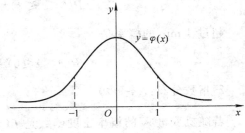

图 13-5　标准正态分布

通常用 $\varphi(x)$ 表示标准正态分布 $N(0,1)$ 的概率密度,

即
$$\varphi(x)=\frac{1}{\sqrt{2\pi}}e^{-\frac{x^2}{2}}. \tag{13.18}$$

用 $\Phi(x)$ 表示 $N(0,1)$ 的分布函数,则

$$\Phi(x)=P(X\leqslant x)=\int_{-\infty}^{x}\varphi(t)\,\mathrm{d}t=\int_{-\infty}^{x}\frac{1}{\sqrt{2\pi}}e^{-\frac{t^2}{2}}\,\mathrm{d}t \tag{13.19}$$

这说明:若随机变量 $X\sim N(0,1)$,则事件 $\{X\leqslant x\}$ 的概率是标准正态概率密度曲线下小于 x 的区域面积,如图 13-6 所示的阴影部分的面积. 由此不难得到事件 $\{X\leqslant b\}$, $\{a<X\leqslant b\}$, $\{X\geqslant b\}$ 的概率分别为

$$P(X\leqslant b)=\int_{-\infty}^{b}\frac{1}{\sqrt{2\pi}}e^{-\frac{t^2}{2}}\,\mathrm{d}t=\Phi(b), \tag{13.20}$$

$$P(a\leqslant X\leqslant b)=\int_{a}^{b}\frac{1}{\sqrt{2\pi}}e^{-\frac{t^2}{2}}\,\mathrm{d}t=\Phi(b)-\Phi(a), \tag{13.21}$$

$$P(X\geqslant b)=1-P(X\leqslant b)=1-\int_{-\infty}^{b}\frac{1}{\sqrt{2\pi}}e^{-\frac{t^2}{2}}\,\mathrm{d}t=1-\Phi(b), \tag{13.22}$$

由于 $\varphi(x)$ 是偶函数(见图 13-7),故有

$$\Phi(-x)=1-\Phi(x),\text{或 }\Phi(x)=1-\Phi(-x), \tag{13.23}$$

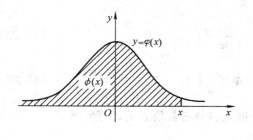

图 13-6　$\Phi(x)$ 的含义

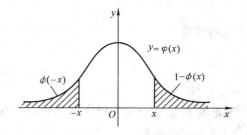

图 13-7　$\Phi(-x)$ 的含义

显然　$\Phi(0)=0.5$.

$\Phi(x)$ 的计算是很困难的,为此编制了它的近似值表(附表 D:标准正态分布数值表).

例 13.28　查表,求 $\Phi(1.65)$,$\Phi(0.21)$,$\Phi(-1.96)$ 的值.

解　求 $\Phi(1.65)$:在标准正态分布数值表中第 1 列找到"1.6"的行,再从表顶行找到"0.05"的列,它们交叉处的数"0.950 5"就是所求的 $\Phi(1.65)$,即 $\Phi(1.65)=0.950\ 5$.

求 $\Phi(0.21)$：在标准正态分布数值表中第 1 列找到"0.2"的行，再从表顶行找到"0.01"的列，它们交叉处的数"0.583 2"就是所求的 $\Phi(0.21)$，即 $\Phi(0.21)=0.583\ 2$．

求 $\Phi(-1.96)$：标准正态分布数值表中只给出了 $x\geqslant0$ 时 $\Phi(x)$ 的值，当 $x<0$ 时，用

$$\Phi(-x)=1-\Phi(x).$$

于是 $\Phi(-1.96)=1-\Phi(1.96)=1-0.975\ 0=0.025\ 0$．

例 13.29 设随机变量 $X\sim N(0,1)$，求 $P(x<1.65)$，$P(1.65\leqslant X<2.09)$，$P(X\geqslant 2.09)$．

解 $P(x<1.65)=\Phi(1.65)=0.950\ 5$，

$P(1.65\leqslant X<2.09)=\Phi(2.09)-\Phi(1.65)=0.981\ 7-0.950\ 5=0.031\ 2$，

$P(X\geqslant2.09)=1-P(X<2.09)=1-0.981\ 7=0.018\ 3$．

现在讨论非标准正态分布 $N(\mu,\sigma^2)$ 的概率计算问题．设 $X\sim N(\mu,\sigma^2)$，对任意的 $x_1<x_2$，由概率密度的定义，有

$$P(x_1\leqslant X<x_2)=\int_{x_1}^{x_2}\frac{1}{\sigma\sqrt{2\pi}}e^{-\frac{(x-\mu)^2}{2\sigma^2}}dx.$$

做积分换元，设 $y=\dfrac{x-\mu}{\sigma}$，则

$$\int_{x_1}^{x_2}\frac{1}{\sigma\sqrt{2\pi}}e^{-\frac{(x-\mu)^2}{2\sigma^2}}dx=\int_{\frac{x_1-\mu}{\sigma}}^{\frac{x_2-\mu}{\sigma}}\frac{1}{\sqrt{2\pi}}e^{-\frac{y^2}{2}}dy=\Phi\left(\frac{x_2-\mu}{\sigma}\right)-\Phi\left(\frac{x_1-\mu}{\sigma}\right)$$

即

$$P(x_1\leqslant X<x_2)=\Phi\left(\frac{x_2-\mu}{\sigma}\right)-\Phi\left(\frac{x_1-\mu}{\sigma}\right). \tag{13.24}$$

同理可得

$$P(X\leqslant x)=\Phi\left(\frac{x-\mu}{\sigma}\right), \tag{13.25}$$

$$P(X\geqslant x)=1-\Phi\left(\frac{x-\mu}{\sigma}\right). \tag{13.26}$$

于是非标准正态分布的概率计算化成了查标准正态分布数值表的计算问题．

从上述的推导过程，我们得到如下定理．

定理 13.6 若随机变量 $X\sim N(\mu,\sigma^2)$，则随机变量 $Y=\dfrac{X-\mu}{\sigma}\sim N(0,1)$.

此定理中的线性代换 $Y=\dfrac{X-\mu}{\sigma}\sim N(0,1)$ 称为**随机变量 X 的标准正态化**．

例 13.30 设 $X\sim N(1,0.2^2)$，求 $P(X<1.2)$ 及 $P(0.7\leqslant X<1.1)$．

解 设 $Y=\dfrac{X-\mu}{\sigma}=\dfrac{X-1}{0.2}$，则 $Y\sim N(0,1)$，于是

$$P(X<1.2)=P\left(Y<\frac{1.2-1}{0.2}\right),$$
$$=P(Y<1)=\Phi(1)=0.841\ 3,$$

$$P(0.7 \leqslant X < 1.1) = P\left(\frac{0.7-1}{0.2} \leqslant \frac{X-1}{0.2} < \frac{1.1-1}{0.2}\right)$$

$$= P(-1.5 \leqslant Y < 0.5) = \Phi(0.5) - \Phi(-1.5)$$

$$= \Phi(0.5) + \Phi(1.5) - 1 = 0.6915 + 0.9332 - 1 = 0.6247.$$

例 13.31 设 $X \sim N(3,4)$，试求：

(1) $P(|X| > 2)$；　　　　(2) $P(X > 3)$；

(3) 若 $P(X > c) = P(X \leqslant c)$，问 c 为何值？

解 (1) $P(|X| > 2) = 1 - P(|X| \leqslant 2) = 1 - P(-2 \leqslant X \leqslant 2)$

$$= 1 - \left[\Phi\left(\frac{2-3}{2}\right) - \Phi\left(\frac{-2-3}{2}\right)\right]$$

$$= 1 - [\Phi(-0.5) - \Phi(-2.5)]$$

$$= \Phi(0.5) + 1 - \Phi(2.5) = 0.6915 + 1 - 0.9938 = 0.6977.$$

(2) $P(X > 3) = 1 - P(X \leqslant 3) = 1 - \Phi\left(\frac{3-3}{2}\right) = 1 - \Phi(0) = 1 - 0.5 = 0.5.$

(3) 要使 $P(X > c) = P(X \leqslant c)$，即

$$1 - P(X \leqslant c) = P(X \leqslant c).$$

于是

$$P(X \leqslant c) = \frac{1}{2},$$

即 c 应满足

$$\Phi\left(\frac{c-3}{2}\right) = \frac{1}{2},$$

反查标准正态分布数值表，得 $\frac{c-3}{2} = 0$，故 $c = 3$.

例 13.32 已知某车间工人完成某道工序的时间 X 服从正态分布 $N(10, 3^2)$，问：

(1) 从该车间工人中任选一人，其完成该道工序的时间不到 7 min 的概率；

(2) 为了保证生产连续进行，要求以 95% 的概率保证该道工序上工人完成工作时间不多于 15 min，这一要求能否得到保证？

解 根据已知条件，$X \sim N(10, 3^2)$ 故 $Y = \frac{X-10}{3} \sim N(0,1)$.

(1) $P(X \leqslant 7) = P\left(\frac{X-10}{3} < \frac{7-10}{3}\right) = P(Y < -1)$

$$= \Phi(-1) = 1 - \Phi(1) = 1 - 0.8413 = 0.1587,$$

即从该车间工人中任选一人，其完成该道工序的时间不到 7 min 的概率是 0.1587.

(2) $P(X \leqslant 15) = P\left(Y \leqslant \frac{15-10}{3}\right) = \Phi(1.67) = 0.9525 > 0.95,$

即该道工序可以 95% 的概率保证工人完成工作的时间不多于 15 min,因此可以保证生产连续进行.

3. 正态分布的 3σ 原则

当随机变量 $X \sim N(0,1)$ 时,

$$P(|X|<1)=P(-1<X<1)=\Phi(1)-\Phi(-1)=2\Phi(1)-1=0.682\,6,$$

$$P(|X|<2)=P(-2<X<2)=\Phi(2)-\Phi(-2)=2\Phi(2)-1=0.954\,4,$$

$$P(|X|<3)=P(-3<X<3)=\Phi(3)-\Phi(-3)=2\Phi(3)-1=0.997\,4,$$

可见,X 的取值几乎全落在 $(-3,3)$ 范围内(约占 99.74 %).

将这些结论推广到一般正态分布,若随机变量 $X \sim N(\mu,\sigma^2)$ 时,则有

$$P(|X-\mu|<\sigma)=0.682\,6,$$

$$P(|X-\mu|<2\sigma)=0.954\,4,$$

$$P(|X-\mu|<3\sigma)=0.997\,4,$$

显然 $|X-\mu|\geqslant 3\sigma$ 的概率是很小的. 因此当我们确认一个数据是来自正态分布 $N(\mu,\sigma^2)$ 时,总认为这个数据必须满足不等式 $|X-\mu|<3\sigma$,否则就不予承认,这就是实际中经常用到的,通常所说的 3σ 原则.

人们在长期的实践中总结出"概率很小的事件在一次试验中实际上是不可能发生的"(实际推断原理或小概率原理).

如果在一次试验中得来的数据,出现 $|X-\mu|\geqslant 3\sigma$ 这种情况,则人们是很难接受的. 例如,抽查袋装食盐每包的重量,已知测量值遵从 $N(1\,000,10^2)$,今发现测量中有一个数据是 1 050,是否可以怀疑机械出了故障? 显然,根据 3σ 原则可知,正常状态下全部数据应在 $(\mu-3\sigma,\mu+3\sigma)$ 之间,即 $(1\,000-30,1\,000+30)=(970,1\,030)$ 之间,而 1 050>1 030,故有理由怀疑机械出了故障.

习题　13-4

1. 下列各表是否能作为离散型随机变量的分布列? 为什么?

(1)

X	-1	0	1
p	0.5	0.2	0.3

(2)

X	1	3	5
p	0.3	0.3	0.3

2. 设随机变量 X 服从两点分布 $P(X=1)=p$, $P(X=0)=1-p$, 求 X 的分布函数.

3. 设随机变量 X 的密度函数是

$$f(x)=\begin{cases} Cx, 0\leqslant x\leqslant 1; \\ 0, \text{其他}. \end{cases}$$

求：(1)常数 C；(2)分别求 X 落在区间$(0.3, 0.7)$和$(0.5, 1.2)$内的概率.

4. 设 $X \sim N(0,1)$, 求：

(1)$P(0<X<1.90)$；

(2)$P(-1.83<X<0)$；

(3)$P(|X|<1)$；

(4)$P(|X|<2)$.

5. 设 $X \sim N(1,4)$, 求 $P(1<X\leqslant 1.6)$ 和 $P(X\leqslant -1.6)$.

13.5 随机变量的数字特征——数学期望与方差

随机变量 X 的分布能够完整地描述随机变量的统计规律性. 但要确定一个随机变量的分布有时是比较困难的,实际问题中,有时只需知道随机变量取值的平均数以及描述随机变量取值分散程度等一些特征数即可. 这些特征数在一定程度上刻画出随机变量的基本性态,而且也可用数理统计的方法估计它们. 因此,研究随机变量的数字特征无论在理论上还是实际中都有着重要的意义.

13.5.1 数学期望(均值)

1. 离散型随机变量的数学期望

设随机变量 X 取值为 $x_1, \cdots, x_k, \cdots$ 相应的概率为 $p_1, \cdots, p_k, \cdots$ 即

$$P(X=x_k)=p_k, k=1,2,\cdots.$$

很明显,x_k 出现的概率 p_k 越大,X 取这个值的可能性也就越大,X 的均值受其影响也就越大,即 X 依概率 $p_1, \cdots, p_k, \cdots$ 来反映数据 $x_1, \cdots, x_k, \cdots$. 以 $p_1, \cdots, p_k, \cdots$ 为权,对 $x_1, \cdots, x_k, \cdots$ 进行平均,得到 $\sum\limits_{k} x_k p_k$ 就是 X 的加权平均值.

定义 13.11 设离散型随机变量的概率分布为

X	x_1	x_2	$\cdots$	x_n	$\cdots$
$P(X=x)$	p_1	p_2	$\cdots$	p_n	$\cdots$

且 $\sum\limits_{k=1}^{\infty} |x_k| p_k < +\infty$, 则称 $\sum\limits_{k=1}^{\infty} x_k p_k$ 为随机变量 X 的**数学期望**,简称**期望**或**均值**,记作 $E(X)$,

即
$$E(X) = \sum_{k=1}^{\infty} x_k p_k. \tag{13.27}$$

注:要求 $\sum_{k=1}^{\infty} |x_k| p_k < +\infty$,是保证和式 $\sum_{k=1}^{\infty} x_k p_k$ 的值不随和式中各项次序的改变而改变.

对于离散型随机变量 X 的函数 $Y = f(X)$ 的数学期望有如下公式.

如果 $f(X)$ 的数学期望存在,则 $E(f(X)) = \sum_k f(x_k) p_k (k = 1, 2, \cdots)$. $\tag{13.28}$

例 13.33   设 X 的概率分布为

x_k	-1	0	2	3
p_k	$\frac{1}{8}$	$\frac{1}{4}$	$\frac{3}{8}$	$\frac{1}{4}$

求:$E(X)$;$E(X^2)$;$E(-2X+1)$.

解 $E(X) = (-1) \times \frac{1}{8} + 0 \times \frac{1}{4} + 2 \times \frac{3}{8} + 3 \times \frac{1}{4} = \frac{11}{8}$,

$$E(X^2) = (-1)^2 \times \frac{1}{8} + 0^2 \times \frac{1}{4} + 2^2 \times \frac{3}{8} + 3^2 \times \frac{1}{4} = \frac{31}{8},$$

$$E(-2X+1) = 3 \times \frac{1}{8} + 1 \times \frac{1}{4} + (-3) \times \frac{3}{8} + (-5) \times \frac{1}{4} = -\frac{7}{4}.$$

2. 连续型随机变量的数学期望

定义 13.12   设连续型随机变量 X 的概率密度是 $f(x)$,若积分 $\int_{-\infty}^{+\infty} |x| f(x) \mathrm{d}x$ 收敛,则称积分 $\int_{-\infty}^{+\infty} x f(x) \mathrm{d}x$ 为随机变量 X 的**数学期望**,记作 $E(X)$,

即
$$E(X) = \int_{-\infty}^{+\infty} x f(x) \mathrm{d}x. \tag{13.29}$$

同样,如果 $g(X)$ 的数学期望存在,则连续型随机变量 X 的函数 $Y = g(X)$ 的数学期望

$$E(g(X)) = \int_{-\infty}^{+\infty} g(x) f(x) \mathrm{d}x, \tag{13.30}$$

其中 $f(x)$ 是 X 的分布密度函数.

例 13.34   设随机变量 X 服从均匀分布 $f(x) = \begin{cases} \dfrac{1}{a}, & 0 < x < a, \\ 0, & \text{其他}. \end{cases}$ 求 X 和 $Y = 5X^2$ 的数学期望$(k > 0, k$ 为常数$)$.

解 $E(X) = \int_{-\infty}^{+\infty} x f(x) \mathrm{d}x = \int_0^a x \cdot \frac{1}{a} \cdot \mathrm{d}x = \frac{1}{2}a$,

$$E(Y) = \int_{-\infty}^{+\infty} 5x^2 f(x) \mathrm{d}x = \int_0^a 5x^2 \cdot \frac{1}{a} \cdot \mathrm{d}x = \frac{5}{3}a^2.$$

13.5.2 **方差**

先看例子:已知一批零件的平均长度是 $E(X)=10$ cm,仅由这一个指标还不能断定这批零件的长度是否合格,这是由于若其中一部分的长度比较长,而另一部分的长度比较短,它们的平均数也可能是 10 cm. 为了评定这批零件的长度是否合格,还应考察零件长度与平均长度的偏离程度. 若偏离程度较小,说明这批零件的长度基本稳定在 10 cm 附近,整体质量较好;反之,若偏离程度较大,说明这批零件的长度参差不齐,整体质量不好,那么如何考察随机变量 X 与其均值 $E(X)$ 的偏离程度呢? 因为 $X-E(X)$ 有正有负,$E(X-E(X))$ 正负相抵会掩盖其真实性. 所以容易想到用 $E|X-E(X)|$ 来度量 X 与其均值 $E(X)$ 的偏离程度,但由于此式含有绝对值,运算上不方便,因此通常用 $E[X-E(X)]^2$ 来度量 X 与其均值 $E(X)$ 的偏离程度.

定义 13.13 设 X 是一个随机变量,若 $E[X-E(X)]^2$ 存在,则称 $E[X-E(X)]^2$ 为 X 的方差,记为 $D(X)$,即 $D(X)=E[X-E(X)]^2$. (13.31)

实际使用中,为了使单位统一,引入**标准差** $\sqrt{D(X)}$ 描述 X 的偏离程度

$$\sqrt{D(X)}=\sqrt{E[X-E(X)]^2}. \text{(又称均方差或根方差)} \tag{13.32}$$

若离散型随机变量 X 的分布列为 $p_k=P(X=x_k)$,则 X 的方差为

$$D(X)=\sum_k [x_k-E(X)]^2 p_k. \tag{13.33}$$

若连续型随机变量 X 的概率密度是 $f(x)$,则 X 的方差为

$$D(X)=\int_{-\infty}^{+\infty} [x-E(X)]^2 f(x)\mathrm{d}x. \tag{13.34}$$

注意到分布密度 $f(x)$,有性质 $\int_{-\infty}^{+\infty} f(x)\mathrm{d}x=1$,于是

$$\int_{-\infty}^{+\infty} [x-E(X)]^2 f(x)\mathrm{d}x=\int_{-\infty}^{+\infty} x^2 f(x)\mathrm{d}x-[E(X)]^2.$$

上式右端的第一项为 $E(X^2)$,从而得到**方差的简化计算公式**

$$D(X)=E(X^2)-[E(X)]^2 \tag{13.35}$$

此公式对离散型随机变量也成立.

例 13.35 计算例 13.33 的方差.

解 $D(X)=E(X^2)-[E(X)]^2=\frac{31}{8}-(\frac{11}{8})^2=\frac{127}{64}$.

例 13.36 设 $X\sim N(0,1)$,求 X 的期望与方差.

解 因为 $X\sim N(0,1)$,于是

$$E(X)=\int_{-\infty}^{+\infty} x\cdot\frac{1}{\sqrt{2\pi}}\mathrm{e}^{-\frac{x^2}{2}}\mathrm{d}x.$$

由于被积函数为奇函数,故积分为零. 即 $E(X)=0$.

$$E(X^2)=\int_{-\infty}^{+\infty} x^2\cdot\frac{1}{\sqrt{2\pi}}\mathrm{e}^{-\frac{x^2}{2}}\mathrm{d}x=\int_{-\infty}^{+\infty} x\mathrm{d}(-\frac{1}{\sqrt{2\pi}}\mathrm{e}^{-\frac{x^2}{2}})$$

$$=-x\frac{1}{\sqrt{2\pi}}\mathrm{e}^{-\frac{x^2}{2}}\Big|_{-\infty}^{+\infty}+\int_{-\infty}^{+\infty}\frac{1}{\sqrt{2\pi}}\mathrm{e}^{-\frac{x^2}{2}}\mathrm{d}x=0+1=1.$$

于是 $D(X) = E(X^2) - [E(X)]^2 = 1 - 0 = 1.$

13.5.3 期望和方差的性质

随机变量 X 的期望和方差具有下列性质.

性质 1 $E(c) = c, D(c) = 0$(c 为任意常数).

性质 2   设 k 为常数,则 $E(kX) = kE(X), D(kX) = k^2 D(X).$

性质 3   对于任意两个随机变量 X, Y 有 $E(X \pm Y) = E(X) \pm E(Y).$

对于相互独立的两个随机变量 X, Y 有 $D(X \pm Y) = D(X) + D(Y).$

性质 4 $E(aX + b) = aE(X) + b, D(aX + b) = a^2 D(X).$

例 13.37   已知 $Y \sim N(2, 0.3^2)$,求 $E(Y)$ 和 $D(Y)$.

解   令 $X = \dfrac{Y - 2}{0.3}$,则 $X \sim N(0, 1), Y = 0.3X + 2.$

由例 13.36 知 $E(X) = 0, D(X) = 1$,再由性质 4 知
$$E(Y) = E(0.3X + 2) = 0.3E(X) + 2 = 2,$$
$$D(Y) = D(0.3X + 2) = 0.3^2 D(X) = 0.3^2.$$

由此可知,正态分布 $N(\mu, \sigma^2)$ 中的两个参数 μ, σ 即为正态分布的期望和标准差.

13.5.4 常用分布的期望与方差

1. **两点分布**   若 $X \sim B(0, 1)$ 其分布列是 $P(X = 1) = p, P(X = 0) = 1 - p = q$,则
$$E(X) = p, D(X) = pq.$$

2. **二项分布**   若 $X \sim B(n, p)$ 其分布列为 $p_k = P(X = k) = C_n^k p^k (1 - p)^{n-k}, k = 0, 1, 2, \cdots n$,则
$$E(X) = np, D(X) = npq.$$

3. **泊松分布**   若 $X \sim P(\lambda)$,其分布列为 $P(X = k) = \dfrac{\lambda^k}{k!} e^{-\lambda} (k = 1, 2, \cdots)$,则
$$E(X) = \lambda, D(X) = \lambda.$$

4. **均匀分布**   若 $X \sim U(a, b)$,则 $E(X) = \dfrac{a + b}{2}, D(X) = \dfrac{(b - a)^2}{12}.$

5. **指数分布**   若 $X \sim e(\lambda)$,则 $E(X) = \dfrac{1}{\lambda}, D(X) = \dfrac{1}{\lambda^2}$

6. **正态分布**   若 $X \sim N(\mu, \sigma^2)$,则 $E(X) = \mu, D(X) = \sigma^2.$

习题   13-5

1. 已知随机变量 X 的分布列如下表所示

X	-1	0	1	5
p	0.2	0.3	0.1	0.4

试求(1)$E(X), E(2 - 3X), E(X^2), E(X^2 - 2X + 3)$;   (2)$D(X), D(2 - 3X).$

2. 设 10 000 件产品中有 100 件废品,从中抽取 100 件进行检查,求

(1)查得废品数 X 的概率分布； (2)$E(X),D(X)$.

3. 某城市地铁的运行间隔时间为 120s,一乘客在任意时刻进入站台,求候车时间的数学期望与方差.

4. 在相同条件下,对两个工人加工的滚珠直径进行测量(单位:mm),数据如下:

甲	5.1	4.95	5.0	5.05	4.9
乙	5.0	5.2	4.8	5.1	4.9

试问这两个工人谁的技术好一些?

本章知识结构图

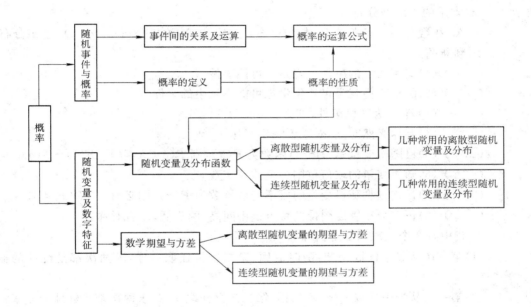

复 习 题 13

1. 选择题

(1)设 A,B 为任意两个事件,$P(A+B)=0.7,P(AB)=0.2,P(A)=0.4$,则 $P(B)$ ( ).

    A. 0.5   B. 0.3   C. 0.6   D. 0.9

(2)有 6 本数学书和 4 本英语书任意地放在书架上,则 4 本英语书放在一起的概率是( ).

    A. $\dfrac{4!\ 6!}{10!}$ B. $\dfrac{7}{10}$ C. $\dfrac{4!\ 7!}{10!}$ D. $\dfrac{4}{10}$

(3)甲乙两人射击,用 A,B 表示甲,乙射中目标,则 $\overline{AB}$ 表示( ).

    A. 两人都没射中   B. 两人没有都射中

C. 两人都射中   D. 至少有一人没射中

(4)若事件 A、B 满足 $AB=\phi$,则称 A 与 B 为(   )事件.

  A. 对立　　　　　B. 互逆　　　　　C. 互斥　　　　　D. 独立

(5)设随机变量 $X\sim B(n,p)$ 则 $\dfrac{D(X)}{E(X)}=$(   ).

  A. n　　　　　B. $1-p$　　　　　C. p　　　　　D. $n-p$

(6)当随机变量 X 服从(   )分布时,有 $E(X)=D(X)$.

  A. 正态　　　　　B. 指数　　　　　C. 均匀　　　　　D. 泊松

(7)已知 $E(X)=-1,D(X)=3$ 则 $E[3(X^2-2)]=$(   ).

  A. 9　　　　　B. 6　　　　　C. 30　　　　　D. 36

(8)常用的连续型分布有(   ).

  A. 指数分布　　　　　B. 均匀分布　　　　　C. 泊松分布　　　　　D. 正态分布

2. 判断题

(　　)(1)概率为 0 的事件一定是不可能事件.

(　　)(2)随机事件就是可能发生也可能不发生的事件.

(　　)(3)若 A 为随机事件,则必有 $0<P(A)<1$.

(　　)(4)互斥必然对立,对立不一定互斥.

(　　)(5)设随机变量 X 的分布函数为 $F(x)$,则 $P(a<X\leqslant b)=F(b)-F(a)$.

(　　)(6)随机变量的取值范围为全体正实数.

(　　)(7)设连续型随机变量的概率密度函数为 $P(x)$,则必有 $0<P(x)<1$.

(　　)(8)正态分布密度图像的特点是中间高,两头低,左右对称.

3. 袋中有 3 个红球和 2 个白球.

(1)第一次从袋中任取一球,随时放回,第二次再任取一球,求两次都是红球的概率?

(2)第一次从袋中任取一球,不放回,第二次再任取一球,求两次都是红球的概率?

4. 某一车间里有 12 台车床,由于工艺上的原因,每台车床时常要停车.设各台车床停车(或开车)是相互独立的,且在任一时刻处于停车状态的概率为 0.3,计算在任一指定时刻里有 2 台车床处于停车状态的概率.

5. 某厂甲、乙、丙三车间加工同一种零件,三个车间的产量分别占总产量的 50%,30%,20%,三个车间的次品率分别是 2%,3%,5%. 从中任意抽取一个零件,求:

(1)是次品的概率;

(2)是甲车间生产的次品的概率;

(3)已知是甲车间生产的产品,问是次品的概率;

(4)已知是次品,问是甲车间生产的概率.

6. 某射手对目标进行射击,若每次射击的命中率为 0.8,求射击 10 次中:

(1)仅中 3 次的概率;　　(2)至少中 9 次的概率.

7. 已知随机变量 $X\sim P(\lambda),p(X=0)=0.4$,求参数 λ.

8. 随机变量 X 的密度函数为
$$f(x)=ke^{-|x|}, -\infty<x<+\infty.$$
求:(1)常数 k; (2)分布函数 $F(x)$; (3)随机变量 X 落在区间 $(0,1)$ 内的概率;
  (4)$E(X),D(X).$

9. 已知随机变量 $X\sim N(10,4)$,试求:
(1) 概率 $P(X<-2.8),P(X>11),P(9<X<13),P(|X-10|<2.3)$;
(2)$E(3X-10),D(3X-10).$

数学天地

概率论的产生和发展

概率论作为一门学科,酝酿于 16 世纪前后的两百余年之间,产生于 17 世纪中期前后,主要是由于当时保险行业的产生与发展以及赌博的盛行.

16 世纪前后,相当多的数学家对赌博中的问题有浓厚的兴趣,费尔马与帕斯卡是同时期的法国著名数学家,两人也是挚友.帕斯卡的朋友,赌徒梅累曾向帕斯卡提出这样一个问题:甲、乙两人相约赌若干局,谁先赢 s 局谁就是胜者,就获得全部赌金,现在甲赢 $a(a<s)$ 局,乙赢 $b(b<s)$ 局,赌博中断,问二人应按怎样的比例分配赌金? 帕斯卡接到了这个问题以后,转告了费尔马,于是两人就这个问题开始了频繁的通信研究,在他们的来往信件中,有关于这个问题的不同解法,被认为是概率论较早的几篇论文.

3 年后,也就是 1657 年,荷兰著名的天文、物理兼数学家惠更斯企图自己解决这一问题,结果写成了《论机会游戏的计算》一书,这就是最早的概率论著作.

18 世纪对概率论有贡献的数学家很多.雅各布·伯努利的巨著《猜度术》(1713 年)是概率论发展史上的古典名著之一.可以认为雅各布·伯努利是概率论这一学科的奠基人.欧拉将概率论应用于人口统计和保险;泊松又将概率应用于射击的各种问题;蒲丰将概率应用于几何.

19 世纪概率论朝着建立完整的理论体系和更广泛的应用方向发展.在这方面作出重大贡献的数学家,法国数学家拉普拉斯 1812 年出版了他的经典著作《分析概率论》.

19 世纪后半叶,近代概率论的开拓者俄国数学家切比雪夫和他的学生马尔可夫,使概率论有了很大发展.

1933 年苏联数学家柯尔莫哥洛夫以勒贝格测度论为基础,给出了概率论的公理体系,从此概率论成为一门完整、严谨的数学分支.

概率论传入我国的迹象最早体现在 1896 年我国晚清数学家华蘅芳译出的名为《决疑数学》,后来被译可"可遇率"、"或是率"、"或然率"、"适遇"、"可能率"、"几率"、"盖然率"、"结率"等.1935 年《数学词典》定名为"几率"或"概率".1964 年,《数学名词补编》开始确定用"概率".

近几十年来,随着科技的蓬勃发展,概率论大量应用到国民经济、工农业生产及各学科领域.许多兴起的应用数学,如信息论、对策论、排队论、控制论等,都是以概率论作为基础的.

附录 A　初等数学常用公式

（一）代数

1. 绝对值

(1)定义：$|a| = \begin{cases} a, & a \geqslant 0, \\ -a, & a < 0; \end{cases}$

(2)性质：$|a| = |-a|$，$|ab| = |a| \, |b|$，$\left|\dfrac{a}{b}\right| = \dfrac{|a|}{|b|}(b \neq 0)$，$|a| \leqslant A \Leftrightarrow -A \leqslant a \leqslant A$，$|a \pm b| \leqslant |a| + |b|$，$|a \pm b| \geqslant |a| - |b|$.

2. 指数

(1)$a^m \cdot a^n = a^{m+n}$；(2)$\dfrac{a^m}{a^n} = a^{m-n}$；(3)$(ab)^m = a^m \cdot b^m$；(4)$a^{\frac{m}{n}} = \sqrt[n]{a^m}$；(5)$a^{-m} = \dfrac{1}{a^m}$；(6)$a^0 = 1(a \neq 0)$.

3. 对数

设 $a > 0, a \neq 1$，则

(1)$\log_a xy = \log_a x + \log_a y$；(2)$\log_a \dfrac{x}{y} = \log_a x - \log_a y$；(3)$\log_a x^b = b\log_a x$；(4)$\log_a x = \dfrac{\log_b x}{\log_b a}$；(5)$a^{\log_a x} = x$，$\log_a 1 = 0$，$\log_a a = 1$.

4. 二项式定理

$$(a+b)^n = a^n + na^{n-1}b + \frac{n(n-1)}{2!}a^{n-2}b^2 + \cdots + \frac{n(n-1)\cdots(n-k+1)}{k!}a^{n-k}b^k + \cdots + b^n$$

5. 两数 n 次方的和与差

(1)无论 n 为奇数或偶数，$a^n - b^n = (a-b)(a^{n-1} + a^{n-2}b + \cdots + ab^{n-2} + b^{n-1})$；

(2)当 n 为偶数时，$a^n - b^n = (a+b)(a^{n-1} - a^{n-2}b + \cdots + ab^{n-2} - b^{n-1})$；

(3)当 n 为奇数时，$a^n + b^n = (a+b)(a^{n-1} - a^{n-2}b + \cdots - ab^{n-2} + b^{n-1})$.

6. 数列的和

(1)$a + aq + aq^2 + \cdots + aq^{n-1} = \dfrac{a(1-q^n)}{1-q}$，$|q| \neq 1$

(2)$1 + 2 + 3 + \cdots + n = \dfrac{1}{2}n(n+1)$；

(3)$1 + 3 + 5 + \cdots + (2n-1) = n^2$；

(4)$1^2 + 2^2 + 3^2 + \cdots + n^2 = \dfrac{1}{6}n(n+1)(2n+1)$；

(5)$1^3 + 2^3 + 3^3 + \cdots + n^3 = \left[\dfrac{1}{2}n(n+1)\right]^2$.

（二）几何

1. 圆　周长 $C = 2\pi r$，面积 $S = \pi r^2$，r 为半径．

2. **扇形** 面积 $S=\dfrac{1}{2}r^2\alpha$，α 为扇形的圆心角，以弧度为单位，r 为半径.

3. **平行四边形** 面积 $S=bh$，b 为底边长，h 为高.

4. **梯形** 面积 $S=\dfrac{1}{2}(a+b)h$，a,b 分别为上底与下底边长，h 为高.

5. **棱柱体** 体积 $V=Sh$，S 为下底面积，h 为高.

6. **圆柱体** 体积 $V=\pi r^2 h$，侧面积 $L=2\pi rh$，r 为底面半径，h 为高.

7. **棱锥体** 体积 $V=\dfrac{1}{3}Sh$，S 为下底面积，h 为高.

8. **圆椎体** 体积 $V=\dfrac{1}{3}\pi r^2 h$，侧面积 $L=\pi rl$，r 为底面半径，h 为高，l 为斜高.

9. **棱台** 体积 $V=\dfrac{1}{3}h(S_1+\sqrt{S_1 S_2}+S_2)$，$S_1$ 与 S_2 分别为上下底面积，h 为高.

10. **圆台** 体积 $V=\dfrac{1}{3}\pi h(R^2+Rr+r^2)$，侧面积 $S=\pi l(R+r)$，R 与 r 分别为上下底半径，h 为高，l 为斜高.

11. **球** 体积 $V=\dfrac{4}{3}\pi r^3$，表面积 $S=4\pi r^2$，r 为球的半径.

（三）三角

(1)**度与弧度** $1°=\dfrac{\pi}{180}\mathrm{rad}$，$1\mathrm{rad}=\dfrac{180°}{\pi}$.

(2)**平方关系** $\sin^2 x+\cos^2 x=1$，$1+\tan^2 x=\sec^2 x$，$1+\cot^2 x=\csc^2 x$

(3)**两角和与差的三角函数**

$\sin(x\pm y)=\sin x\cos y\pm\cos x\sin y;$

$\cos(x\pm y)=\cos x\cos y\mp\sin x\sin y;$

$\tan(x\pm y)=\dfrac{\tan x\pm\tan y}{1\mp\tan x\tan y}.$

(4)**和差化积公式**

$\sin x+\sin y=2\sin\dfrac{x+y}{2}\cos\dfrac{x-y}{2};$

$\sin x-\sin y=2\cos\dfrac{x+y}{2}\sin\dfrac{x-y}{2};$

$\cos x+\cos y=2\cos\dfrac{x+y}{2}\cos\dfrac{x-y}{2};$

$\cos x-\cos y=-2\sin\dfrac{x+y}{2}\sin\dfrac{x-y}{2}.$

(5)**积化和差公式**

$2\sin x\cos y=\sin(x+y)+\sin(x-y);$

$2\cos x\sin y=\sin(x+y)-\sin(x-y);$

$2\cos x\cos y=\cos(x+y)+\cos(x-y);$

$2\sin x\sin y=\cos(x-y)-\cos(x+y).$

(6)**三角形边角关系：**

正弦定理 $\dfrac{a}{\sin A}=\dfrac{b}{\sin B}=\dfrac{c}{\sin C};$

余弦定理 $a^2 = b^2 + c^2 - 2bc \cos A, b^2 = c^2 + a^2 - 2ca \cos B,$
$$c^2 = a^2 + b^2 - 2ab \cos C.$$

(7)三角形面积：

$$S = \frac{1}{2} bc \sin A, S = \frac{1}{2} ca \sin B, S = \frac{1}{2} ab \sin C, S = \sqrt{p(p-a)(p-b)(p-c)}, \text{其中} p = \frac{1}{2}(a+b+c)$$

（四）平面解析几何

1. 距离与斜率

(1)两点 $P_1(x_1, y_1)$ 与 $P_2(x_2, y_2)$ 之间的距离 $d = \sqrt{(x_2-x_1)^2 + (y_2-y_1)^2}$；

(2)线段 $P_1 P_2$ 的斜率 $k = \dfrac{y_2-y_1}{x_2-x_1}$.

2. 直线的方程

(1)点斜式 $y - y_1 = k(x - x_1)$；

(2)斜截式 $y = kx + b$；

(3)两点式 $\dfrac{y-y_1}{y_2-y_1} = \dfrac{x-x_1}{x_2-x_1}$；

(4)截距式 $\dfrac{x}{b} + \dfrac{y}{b} = 1$.

3. 两直线的夹角

设两直线的斜率分别为 k_1 和 k_2，夹角为 θ，则 $\tan\theta = \dfrac{k_2-k_1}{1+k_2 k_1}$.

4. 点到直线的距离

点 $P(x_1, y_1)$ 到直线 $Ax + By + C = 0$ 的距离 $d = \dfrac{|Ax_1 + By_1 + C|}{\sqrt{A^2 + B^2}}$.

5. 直角坐标与极坐标之间的关系

$x = \rho \cos\theta, y = \rho \sin\theta, \rho = \sqrt{x^2 + y^2}, \theta = \arctan\dfrac{y}{x}$.

6. 圆

方程 $(x-a)^2 + (y-b)^2 = R^2$，圆心 (a, b)，半径为 R.

7. 抛物线

方程 $y^2 = 2px$，焦点 $(\frac{p}{2}, 0)$，准线 $x = -\dfrac{p}{2}$；

方程 $x^2 = 2py$，焦点 $(0, \frac{p}{2})$，准线 $y = -\dfrac{p}{2}$；

方程 $y = ax^2 + bx + c$，顶点坐标 $(-\frac{b}{2a}, \frac{4ac-b^2}{4a})$，对称轴的方程 $x = -\dfrac{b}{2a}$.

8. 椭圆

方程 $\dfrac{x^2}{a^2} + \dfrac{y^2}{b^2} = 1(a>b)$，焦点在 x 轴上.

9. 双曲线

方程 $\dfrac{x^2}{a^2} - \dfrac{y^2}{b^2} = 1$，焦点在 x 轴上.

10. 等轴双曲线

方程 $xy=k$.

11. 一般二元二次方程

$Ax^2+2Bxy+Cy^2+2Dx+2E+F=0, \Delta=B^2-AC$

(1)若 $\Delta<0$,方程为椭圆;

(2)当 $\Delta>0$,方程为双曲线;

(3)若 $\Delta=0$,方程为抛物线.

附录 B　常用平面曲线及其方程

1. 正态分布曲线　$y = \mathrm{e}^{-ax^2}\ (a > 0)$.

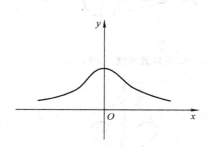

2. 笛卡儿叶形线　$x^3 + y^3 - 3axy = 0$.

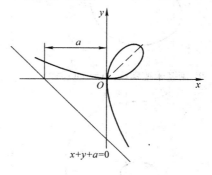

$x + y + a = 0$

3. 抛物线　$x^{\frac{1}{2}} + y^{\frac{1}{2}} = a^{\frac{1}{2}}$.

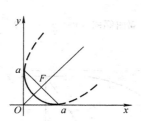

4. 伯努利双扭线　$r^2 = a^2 \cos 2\theta$.

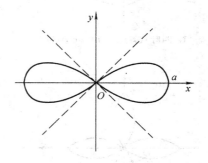

5. 摆线　$\begin{cases} x = a(t - \sin t), \\ y = a(1 - \cos t). \end{cases}$

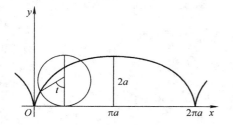

6. 内摆线　$\begin{cases} x = a\cos^3 t, \\ y = a\sin^3 t. \end{cases}$

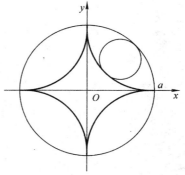

7. **心脏线** $r=a(1+\cos\theta)$.

8. **圆的渐伸线** $\begin{cases} x=a(\cos t+t\sin t), \\ y=a(\sin t-t\cos t). \end{cases}$

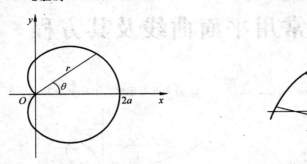

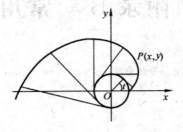

9. **阿基米德螺线** $r=a\theta(r\geqslant 0)$.

10. **三叶玫瑰线** $r=a\sin 3\theta$.

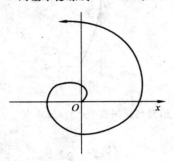

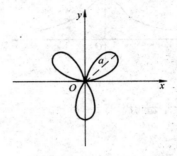

11. **四叶玫瑰线** $r=a\cos 2\theta$.

12. **双曲螺线** $r=\dfrac{a}{\theta}(r>0)$.

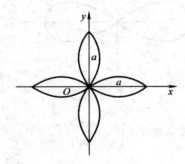

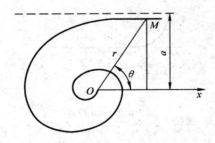

附录 C　泊松分布数值表

函数 $p_\lambda(k)=\dfrac{\lambda^k}{k!}e^{-\lambda}(\lambda>0)$

k＼λ	0.1	0.2	0.3	0.4	0.5	0.6	0.7	0.8	0.9
0	0.904 8	0.818 7	0.740 8	0.670 3	0.606 5	0.548 8	0.496 6	0.449 3	0.406 6
1	0.090 5	0.163 8	0.222 2	0.268 1	0.303 3	0.329 3	0.347 6	0.359 5	0.365 9
2	0.004 5	0.016 4	0.033 3	0.053 6	0.075 8	0.098 8	0.121 7	0.143 8	0.164 7
3	0.000 2	0.001 1	0.003 3	0.007 2	0.012 6	0.019 8	0.028 4	0.038 3	0.049 4
4		0.000 1	0.000 3	0.000 7	0.001 6	0.003 0	0.005 0	0.007 7	0.011 1
5				0.000 1	0.000 2	0.000 4	0.000 7	0.001 2	0.002 0
6							0.000 1	0.000 2	0.000 3

k＼λ	1.0	1.5	2.0	2.5	3.0	3.5	4.0	4.5	5.0
0	0.367 9	0.223 1	0.135 3	0.082 1	0.049 8	0.030 2	0.018 3	0.011 1	0.006 7
1	0.367 9	0.334 7	0.270 7	0.205 2	0.149 4	0.105 7	0.073 3	0.050 0	0.0037
2	0.183 9	0.251 0	0.270 7	0.256 5	0.224 0	0.185 0	0.146 5	0.112 5	0.084 2
3	0.061 3	0.125 5	0.180 4	0.213 8	0.224 0	0.215 8	0.195 4	0.168 7	0.140 4
4	0.015 3	0.047 1	0.090 2	0.133 6	0.168 0	0.188 8	0.195 4	0.189 8	0.175 5
5	0.113 1	0.014 1	0.036 1	0.066 8	0.100 8	0.132 2	0.156 3	0.170 8	0.175 5
6	0.000 5	0.003 5	0.012 0	0.027 8	0.050 4	0.077 1	0.104 2	0.128 1	0.146 2
7	0.000 1	0.000 8	0.003 4	0.009 9	0.021 6	0.038 6	0.059 5	0.082 4	0.104 5
8		0.000 1	0.000 9	0.003 1	0.008 1	0.016 9	0.029 8	0.046 3	0.065 3
9			0.000 2	0.000 9	0.002 7	0.006.6	0.013 2	0.023 2	0.036 3
10			0.000 1	0.000 2	0.000 8	0.002 3	0.005 3	0.010 4	0.018 1
11				0.000 1	0.000 2	0.000 7	0.001 9	0.004 3	0.008 2
12					0.000 1	0.000 2	0.000 6	0.001 6	0.003 4
13						0.000 1	0.000 2	0.000 6	0.001 3
14							0.000 1	0.000 2	0.000 5
15								0.000 1	0.000 2
16									0.000 1

k＼λ	6	7	8	9	10	λ=20 k	p	k	p
0	0.002 5	0.000 9	0.000 3	0.000 1	0.000 5	5	0.0001	20	0.088 8
1	0.014 9	0.006 4	0.002 7	0.001 1	0.002 3	6	0.000 2	21	0.084 6
2	0.044 6	0.022 3	0.010 7	0.005 0	0.007 6	7	0.000 5	22	0.076 9
3	0.089 2	0.052 1	0.028 6	0.015 0	0.018 9	8	0.001 3	23	0.066 9
4	0.133 9	0.091 2	0.057 3	0.033 7	0.037 8	9	0.002 9	24	0.055 7
5	0.160 6	0.127 7	0.091 6	0.060 7	0.063 1	10	0.005 8	25	0.044 6
6	0.160 6	0.149 0	0.122 1	0.091 1	0.063 1	11	0.010 6	26	0.034 3
7	0.137 7	0.149 0	0.139 6	0.117 1	0.090 1	12	0.017 6	27	0.025 4
8	0.103 3	0.130 4	0.139 6	0.131 8	0.112 6	13	0.027 1	28	0.018 2
9	0.068 8	0.101 4	0.124 1	0.131 8	0.125 1	14	0.038 2	29	0.012 5
10	0.041 3	0.071 0	0.099 3	0.118 6	0.125 1	15	0.051 7	30	0.008 3
11	0.22 5	0.045 2	0.072 2	0.097 0	0.113 7	16	0.064 6	31	0.005 4
12	0.011 3	0.026 4	0.048 1	0.072 8	0.094 8	17	0.076 0	32	0.003 4

k \ λ	6	7	8	9	10	k	p	k	p
						\multicolumn{4}{c}{λ=20}			
13	0.005 2	0.014 2	0.029 6	0.050 4	0.072 9	18	0.084 4	33	0.002 0
14	0.002 2	0.007 1	0.016 9	0.032 4	0.052 1	19	0.088 8	34	0.001 2
15	0.000 9	0.003 3	0.009 0	0.019 4	0.034 7			35	0.000 7
16	0.000 3	0.001 5	0.004 5	0.101 9	0.021 7			36	0.000 4
17	0.000 1	0.000 6	0.002 1	0.005 8	0.012 8			37	0.000 2
18		0.000 2	0.000 9	0.002 9	0.007 1			38	0.000 1
19		0.000 1	0.000 4	0.001 4	0.003 7			39	0.000 1
20			0.000 2	0.000 6	0.001 9				
21			0.000 1	0.000 3	0.000 9				
22				0.000 1	0.000 4				
23					0.000 2				
24					0.000 1				

附录 D　标准正态分布数值表

$$\Phi(x)=\frac{1}{\sqrt{2\pi}}\int_{-\infty}^{x}\mathrm{e}^{-\frac{t^2}{2}}\mathrm{d}t \qquad (x\geqslant 0)$$

x	0.00	0.01	0.02	0.03	0.04	0.05	0.06	0.07	0.08	0.09
0.0	0.500 0	0.504 0	0.508 0	0.512 0	0.516 0	0.519 9	0.523 9	0.527 9	0.531 9	0.535 9
0.1	0.539 8	0.543 8	0.547 8	0.551 7	0.555 7	0.559 6	0.563 6	0.567 5	0.571 4	0.575 3
0.2	0.579 3	0.583 2	0.587 1	0.591 0	0.594 8	0.598 7	0.602 6	0.606 4	0.610 3	0.614 1
0.3	0.617 9	0.621 7	0.622 5	0.629 3	0.633 1	0.636 8	0.640 4	0.644 3	0.648 0	0.651 7
0.4	0.655 4	0.659 1	0.662 8	0.666 4	0.670 0	0.673 6	0.677 2	0.680 8	0.684 4	0.687 9
0.5	0.691 5	0.695 0	0.698 5	0.701 9	0.705 4	0.708 8	0.712 3	0.715 7	0.719 0	0.722 4
0.6	0.725 7	0.729 1	0.732 4	0.735 7	0.738 9	0.742 2	0.745 4	0.748 6	0.751 7	0.754 9
0.7	0.758 0	0.761 1	0.764 2	0.767 3	0.770 3	0.773 4	0.776 4	0.779 4	0.782 3	0.785 2
0.8	0.788 1	0.791 0	0.793 9	0.796 7	0.799 5	0.802 3	0.805 1	0.807 8	0.810 6	0.813 3
0.9	0.815 9	0.818 6	0.821 2	0.823 8	0.826 4	0.828 9	0.831 5	0.834 0	0.836 5	0.838 9
1.0	0.841 3	0.843 8	0.846 1	0.848 5	0.850 8	0.853 1	0.855 4	0.857 7	0.859 9	0.862 1
1.1	0.864 3	0.866 5	0.868 6	0.870 8	0.872 9	0.874 9	0.877 0	0.879 0	0.881 0	0.883 0
1.2	0.884 9	0.886 9	0.888 8	0.890 7	0.892 5	0.894 4	0.896 2	0.898 0	0.899 7	0.901 5
1.3	0.903 2	0.904 9	0.906 6	0.908 2	0.909 9	0.911 5	0.913 1	0.914 7	0.916 2	0.917 7
1.4	0.919 2	0.920 7	0.922 2	0.923 6	0.925 1	0.926 5	0.927 9	0.929 2	0.930 6	0.931 9
1.5	0.933 2	0.934 5	0.935 7	0.937 0	0.938 2	0.939 4	0.940 6	0.941 8	0.943 0	0.944 1
1.6	0.945 2	0.946 3	0.947 4	0.948 4	0.949 5	0.950 5	0.951 5	0.952 5	0.953 5	0.953 5
1.7	0.955 4	0.956 4	0.957 3	0.958 2	0.959 1	0.959 9	0.960 8	0.961 6	0.962 5	0.963 3
1.8	0.964 1	0.964 8	0.965 6	0.966 4	0.967 2	0.967 8	0.968 6	0.969 3	0.970 0	0.970 5
1.9	0.971 3	0.971 9	0.972 6	0.973 2	0.973 8	0.974 4	0.975 0	0.975 6	0.976 2	0.976 7
2.0	0.977 2	0.977 8	0.978 3	0.978 8	0.979 3	0.979 8	0.980 3	0.980 8	0.981 2	0.981 7
2.1	0.982 1	0.982 6	0.983 0	0.983 4	0.983 8	0.984 2	0.984 6	0.985 0	0.985 4	0.985 7
2.2	0.986 1	0.986 4	0.986 8	0.987 1	0.987 4	0.987 8	0.988 1	0.988 4	0.988 7	0.989 0
2.3	0.989 3	0.989 6	0.989 8	0.990 1	0.990 4	0.990 6	0.990 9	0.991 1	0.991 3	0.991 6
2.4	0.991 8	0.992 0	0.992 2	0.992 5	0.992 7	0.992 9	0.993 1	0.993 2	0.993 4	0.993 6
2.5	0.993 8	0.994 0	0.994 1	0.994 3	0.994 5	0.994 6	0.994 8	0.994 9	0.995 1	0.995 2
2.6	0.995 3	0.995 5	0.995 6	0.995 7	0.995 9	0.996 0	0.996 1	0.996 2	0.996 3	0.996 4
2.7	0.996 5	0.996 6	0.996 7	0.996 8	0.996 9	0.997 0	0.997 1	0.997 2	0.997 3	0.997 4
2.8	0.997 4	0.997 5	0.997 6	0.997 7	0.997 7	0.997 8	0.997 9	0.997 9	0.998 0	0.998 1
2.9	0.998 1	0.998 2	0.998 2	0.998 3	0.994 0	0.998 4	0.998 5	0.998 5	0.998 6	0.998 6
3	0.998 7	0.999 0	0.999 3	0.999 5	0.999 7	0.999 8	0.999 8	0.999 9	0.999 9	1.000 0

附录 E 习题参考答案

第1章 习题答案

习题 1-1

1. (1)相同;(2)不同;(3)不同;(4)相同.

2. $f(0)=1$; $f\left(\dfrac{1}{x}\right)=\dfrac{1+x^2}{x^2}$; $f(2t)=4t^2+1$;

$f[\varphi(x)]=\cos^2(2x)+1$; $\varphi[f(x)]=\cos 2(x^2+1)$.

3. (1)$(-\infty,1]\bigcup[2,+\infty)$;(2)$(-2,+\infty)$;(3)$(1,2)$;(4)$[-1.0]\bigcup(0,3]$.

4. 定义域:$(-\infty,4]$,$f(-2)=-6$,$f(2)=4$. 图形略.

5. (1)奇函数;(2)非奇非偶函数;(3)奇函数;(4)偶函数;(5)偶函数;(6)非奇非偶函数.

6. (1)$y=\sqrt{1-3x}$,$x\in\left(-\infty,\dfrac{1}{3}\right]$;(2)$y=\sqrt{-x^3}$,$x\in(-\infty,0]$;(3)$y=\ln(1-x^2)$,$x\in(-1,1)$;
(4) 不能复合.

7. (1)$y=3^u$,$u=\sin x$;(2)$y=u^{\frac{1}{3}}$,$u=3x-1$;(3)$y=u^2$,$u=\sin v$,$v=5x+1$;(4)$y=\cos u$,$u=v^{\frac{1}{2}}$,

$v=2x-1$;(5)$y=u^3$,$u=\arcsin v$,$v=1-x^2$;(6)$y=e^u$,$u=\tan v$,$v=\dfrac{1}{x}$.

8. $S=\pi r^2+\dfrac{2V}{r}$.   9. $y=\begin{cases}130x, & 0\leqslant x\leqslant 700, \\ 130\times 700+130\times 0.9(x-700), & 700<x\leqslant 1\,000.\end{cases}$

习题 1-2

1. (1)0; (2)$\dfrac{3}{4}$; (3)无极限; (4)2.

2. (1)1; (2)不存在; (3)不存在; (4)不存在.

3. $\lim\limits_{x\to 0^-}f(x)=0$,$\lim\limits_{x\to 0^+}f(x)=0$,$\lim\limits_{x\to 0}f(x)=0$.

4. $\lim\limits_{x\to 0}f(x)=0$,$\lim\limits_{x\to 1}f(x)=3$,$\lim\limits_{x\to 2}f(x)=12$.

5. (1)无穷小;(2)无穷大;(3)无穷大;(4)无穷大;(5)无穷小;(6)无穷小.

6. (1)$x\to\infty$时是无穷小;$x\to 1$时无穷大;(2)$x\to\dfrac{1}{2}$时是无穷小;$x\to\infty$时无穷大;(3)$x\to-\infty$时是
无穷小;$x\to+\infty$时无穷大;(4)$x\to+\infty$时是无穷小;$x\to-\infty$时无穷大;

7. (1)0;(2)0;(3)0.

8. (1)x^3 比 x 高阶无穷小;(2)$\dfrac{1}{x^2}$比$\dfrac{1}{x}$高阶无穷小;(3)等价无穷小.

习题 **1-3**

1. (1)15; (2)0; (3)∞; (4)$-\frac{1}{4}$; (5)0; (6)$\frac{2^{10}3^{20}}{5^{30}}$;

(7)∞; (8)2; (9)$\frac{\sqrt{3}}{6}$; (10)0; (11)$-\frac{1}{2}$; (12)1.

2. (1)5; (2)π; (3)$\frac{2}{3}$; (4)3; (5)1;

(6)e^3; (7)e^{-2}; (8)e; (9)e; (10)e^2.

习题 **1-4**

1. (1)3; (2)1; (3)0; (4)1; (5)$-\ln 2$; (6)$\sqrt[3]{4}$.
2. $a=1$.
3. (1)$x=0$ 是可去间断点;(2)$x=1$ 是可去间断点,$x=0$ 时无穷间断点.

复习题 **1**

1. (1)$(-\infty,-1]\cup(1,+\infty)$;(2)$[-1,1]$;(3)$f(x)=\begin{cases}-2x, & x\geqslant 0,\\ 1, & x<0;\end{cases}$ (4)$\pi+1$;(5)$\frac{4}{9}$;(6)$x\to$
$\pm 1,x\to\infty$;(7)$a=0,b=6$;(8)$\lim\limits_{x\to 1}f(x)$不存在,$\lim\limits_{x\to 2}f(x)=2$.

2. (1)D. (2)D. (3)D. (4)D. (5)C. (6)D. (7)A. (8)D.

3. (1)$(2,3)$;(2)$\{x|x=\pm 2\}$.

4. $f(x-1)=x^2$, $f(0)=1$.

5. (1)2;(2)e^{-1};(3)1;(4)$\frac{1}{2\sqrt{x}}$;(5)$\frac{1}{3}$;(6)0.

6. $\lim\limits_{x\to 0}f(x)$ 不存在. 7. $a=\frac{1}{2}$. 8. 略.

第 2 章   习题答案

习题 **2-1**

1. (1)$f'(x)=3x^2$, $f'(4)=48$;   (2)$f'(x)=\frac{1}{2}x^{-\frac{1}{2}}$,$f'(4)=\frac{1}{4}$.

2. (1)$2f'(x_0)$; (2)$-f'(x_0)$.

3. (1)$y'=4x^3$;   (2)$y'=\frac{2}{3}x^{-\frac{1}{3}}$;   (3)$y'=-3x^{-4}$;   (4)$y'=\frac{9}{4}x^{\frac{5}{4}}$.

4. $f'(\frac{\pi}{6})=-\frac{1}{2}$, $f'(\frac{\pi}{3})=-\frac{\sqrt{3}}{2}$.

5. $y=-x+2,y=x$.   6. 1.   7. 略.

习题   2-2

1. (1) $y'=3x^2+2\cos x$;   (2) $y'=4x^3+\dfrac{12}{x^4}$;   (3) $y'=a^x\ln a+\mathrm{e}^x$;

(4) $y'=\dfrac{1}{2\sqrt{x}}+\dfrac{1}{x}$;   (5) $y'=\dfrac{1}{x\ln 3}-2\sin x$;   (6) $y'=\dfrac{1}{2(1+x^2)}-\dfrac{1}{4}x^{-\frac{3}{4}}$.

2. (1) $y'=-2(2-4x)^{-\frac{1}{2}}$;   (2) $y'=\dfrac{1}{x^2}\tan\dfrac{1}{x}$;   (3) $y'=5\sin^4 x\cos x$;

(4) $y'=5x^4\cos x^5$;   (5) $y'=\dfrac{\mathrm{e}^{\sqrt{\sin 2x}}\cos 2x}{\sqrt{\sin 2x}}$;   (6) $y'=\dfrac{2}{3}(1+\mathrm{e}^{2x})^{-\frac{2}{3}}\mathrm{e}^{2x}$

(7) $y'=-\mathrm{e}^{-x}(\cos \mathrm{e}^x+\mathrm{e}^x\sin \mathrm{e}^x)$;   (8) $y'=\arcsin\dfrac{x}{2}$

3. (1) $y'=\dfrac{\mathrm{e}^x-y\cos(xy)}{\mathrm{e}^y+x\cos(xy)}$;   (2) $y'=\dfrac{2x\sin y+y^2\sin x}{2y\cos x-x^2\cos y}$;   (3) $y'=\dfrac{x^2-y}{x-y^2}$.

4. (1) $y'=\dfrac{2}{x}\ln x\cdot x^{\ln x}$;   (2) $y'=\left(\dfrac{5}{x}+\dfrac{1}{2(x-1)}-\dfrac{x}{1+x^2}\right)x^5\sqrt{\dfrac{1-x}{1+x^2}}$.

5. (1) $y'=\dfrac{\cos\theta-\theta\sin\theta}{1-\sin\theta-\theta\cos\theta}$;   (2) $y'=\dfrac{\cos t-\sin t}{\sin t+\cos t}$.

习题   2-3

1. (1) $y''=4\mathrm{e}^{2x-1}$;   (2) $y''=2\arctan x+\dfrac{2x}{1+x^2}$;

(3) $f''(x)=4+\dfrac{3}{4}x^{-\frac{5}{2}}+8x^{-3}$;   (4) $f''(x)=\dfrac{\mathrm{e}^x(x^2-2x+2)}{x^3}$.

2. $-\dfrac{8}{9}$.   3. 略 .

4. (1) $y''=-\dfrac{1}{x^2}f(x^2)+(4+2\ln x)f'(x^2)+4x^2\ln x f''(x^2)$;

(2) $y''=\mathrm{e}^x[f'(\mathrm{e}^x)+f''(\mathrm{e}^x)\mathrm{e}^x]$;   (3) $y''=f''(\sin x)\cos^2 x-f'(\sin x)\sin x$;

(4) $y''=\dfrac{-f''(x)f(x)+2[f'(x)]^2}{f^3(x)}$.

5. (1) $(-1)^n\dfrac{(n-2)!}{x^{n-1}}$ $(n\geqslant 2)$;   (2) $\sin\left(x+n\dfrac{\pi}{2}\right)$.

习题   2-4

1. $\Delta y=-0.0599$, $\mathrm{d}y=-0.06$.

2. (1) $\mathrm{d}y\big|_{x=0}=\mathrm{d}x$;   (2) $\mathrm{d}y\big|_{x=1}=8\tan 3\sec^2 3\mathrm{d}x$.

3. (1) $\mathrm{d}y=-\mathrm{e}^{1-3x}(3\cos 2x+2\sin 2x)\mathrm{d}x$;   (2) $\mathrm{d}y=\dfrac{4\cos 2x\ln(1+\sin 2x)}{1+\sin 2x}\mathrm{d}x$;

(3) $\mathrm{d}y=\dfrac{-2x}{1+x^4}\mathrm{d}x$;   (4) $\mathrm{d}y=\dfrac{1}{(1+x^2)^{\frac{3}{2}}}\mathrm{d}x$.

4. (1) 5.004; (2) 0.874 8

复习题 2

1. (1)$2f'(x_0)$; (2)$3a^2 h(a)$; (3)$-\dfrac{2}{x^3}+1$; (4)$2x+3y+3e^{-\frac{5}{3}}=0$; (5)$4,2$.

2. (1)B. (2)C. (3)D. (4)D. (5)B.

3. (1)$y'=\dfrac{3-x}{2\sqrt{(1-x)^3}}$; (2)$y'=\dfrac{2x\sin x}{\cos^3 x}$; (3)$y'=\sin x\ln x+x\cos x\ln x+\sin x$;

(4)$y'=1-\dfrac{x\arcsin x}{\sqrt{1-x^2}}$; (5)$y'=\dfrac{1}{\sqrt{3+2x-x^2}}$; (6)$y'=\dfrac{\ln 2(\ln x-1)}{(\ln x)^2}\cdot 2^{\frac{x}{\ln x}}$.

4. (1)$y'=\dfrac{x^2-ay}{ax-y^2}$; (2)$y'=\dfrac{e^{x+y}-y}{x-e^{x+y}}$;

(3)$y'=-\csc^2(x+y)$; (4)$y'=\dfrac{y\cos x+\sin(x-y)}{\sin(x-y)-\sin x}$.

5. (1) $y'=(1+x^2)^{\sin x}\left[\dfrac{2x\sin x}{1+x^2}+\cos x\ln(1+x^2)\right]$;

(2)$y'=\dfrac{\sqrt{x+2}(3-x)^4}{(x+1)^5}\left[\dfrac{1}{2(x+2)}-\dfrac{4}{3-x}-\dfrac{5}{x+1}\right]$;

(3)$y'=\dfrac{y(y-x\ln y)}{x(x-y\ln x)}$; (4)$y'=\dfrac{1}{2}\sqrt{\dfrac{x(x+2)}{x-1}}\left(\dfrac{1}{x}+\dfrac{1}{x+2}-\dfrac{1}{x-1}\right)$.

6. (1)$dy=e^{-x}[\sin(3-x)-\cos(3-x)]dx$; (2)$dy=e^{x^2}(2x\cos x-\sin x)dx$;

(3)$dy=f'(\sin^2 x)\sin 2x\,dx$; (4)$dy=\dfrac{-f(\cos\sqrt{x})f'(\cos\sqrt{x})\sin\sqrt{x}}{\sqrt{x}}dx$.

7. $a=4,b=5$. 8. (1)$-0.965\,1$; (2)$9.986\,7$.

第 3 章 习题答案

习题 3-1

1. B. 2. B. 3. D. 4. 略.

习题 3-2

1. (1)$-\dfrac{1}{3}$; (2)0; (3)-2; (4)1; (5)$-\dfrac{1}{2}$; (6)1; (7)$e^{-\frac{2}{\pi}}$; (8)$-\dfrac{1}{8}$; (9)2; (10)1.

2. 略.

习题 3-3

1. (1)单调增加区间$(-\infty,-1),(3,+\infty)$,单调减少区间$(-1,3)$;

(2)单调增加区间$(-\infty,+\infty)$;

(3)单调增加区间$(2,+\infty)$,单调减少区间$(0,2)$;

(4)单调减少区间$(-\infty,+\infty)$.

2. 略.

习题 3-4

1. (1)极大值 $y(0)=2$,极小值 $y(-2)=y(2)=-14$; (2)无极值;

(3)极小值 $y(e^{-\frac{1}{2}})=-\frac{1}{2}e^{-1}$; (4)极大值 $y(2)=4e^{-2}$,极小值 $y(0)=0$.

2. (1)最大值 $y\left(\dfrac{3}{4}\right)=\dfrac{5}{4}$,最小值 $y(-5)=-5+\sqrt{6}$;

(2)最大值 $y(2)=\sqrt[3]{4}+1$,最小值 $y(0)=1$;

(3)最大值 $y(3)=27$,最小值 $y(-1)=-5$;

(4)最大值 $y(5)=\dfrac{2}{3}$,最小值 $y(1)=0$.

3. 长 18 m,宽 12 m. 4. 小正方形的边长为 $\dfrac{1}{3}(10-2\sqrt{7})$cm 时,盒子容积最大.

习题 3-5

1.(1)$(-\infty,2)$为凸区间;$(2,+\infty)$为凹区间;拐点为 $\left(2,\dfrac{2}{e^2}\right)$;

(2)$(-\infty,+\infty)$为凹区间,无拐点;

(3)$(-\infty,-2),(2,+\infty)$为凹区间,$(-2,2)$为凸区间;拐点为$(-2,-20),(2,-20)$;

(4)$(-\infty,1)$为凸区间;$(1,+\infty)$为凹区间;拐点为$(1,2)$.

2.(1)水平渐近线 $y=a$;铅直渐近线 $x=b$.

(2)水平渐近线 $y=0$;铅直渐近线 $x=-1$ 与 $x=5$.

(3)铅直渐近线 $x=0$.

(4)水平渐近线 $y=1$;铅直渐近线 $x=-1$.

3. 略.

习题 3-6

1. $E_p=\dfrac{1}{p-1}$,$E_p(0.5)=-2$. 2. $C'(q)=4+\dfrac{1}{\sqrt{q}}$,$C'(900)=\dfrac{121}{30}$.

3. 边际需求为-5,边际价格为$-\dfrac{1}{5}$. 4. $q=30$ 时平均费用最低,最低平均费用为80.

5. 每批生产 2.5 单位时利润最大,最大利润是 3.25(百元).

复习题 3

1.(1)D. (2)C. (3)A. (4)D. (5)C.

2.(1)0;　　(2)2;　　(3)$\frac{1}{2}$;　　(4)0;　　(5)e^{-1};　　(6)1;　　(7)1.

3.(1)单调增加区间$(-1,\frac{1}{5})$,单调减少区间$(-\infty,-1)(\frac{1}{5},+\infty)$;

(2)单调增加区间$(0,1)$,单调减少区间$(-\infty,0)(1,+\infty)$.

4.(1)极小值 $y(\frac{1}{2})=\frac{1}{2}+\ln 2$;　　　(2)极大值 $y(1)=\frac{\pi}{4}-\frac{1}{2}\ln 2$.

5.$a=2,b=3$.

6.(1)$(-\infty,0)$,$(\frac{1}{2},+\infty)$为凸区间,$(0,\frac{1}{2})$为凹区间;拐点为$(0,0)$和$(\frac{1}{2},\frac{1}{16})$;

(2)$(-\infty,0)$为凸区间,$(0,+\infty)$为凹区间,拐点为$(0,0)$.

7.(1)当经济批量为 20 万吨时总费用最小,相应的订货次数为 5 次(提示设订货次数 x,则总费用 $y=1\,000\times0.5\cdot\frac{1\,000\,000}{2x}$).

(2)$q=140$;　　　(3) 取得最大利润时的销售价为 45 元;　　　(4)$\frac{5\sqrt[3]{5}}{4}$.

第 4 章　习题答案

习题　4-1

1.(1)$-\frac{1}{2}x^{-2}+C$;　　(2)$\frac{2}{5}x^{\frac{5}{2}}+C$;　　(3)$\frac{2}{3}x^{\frac{3}{2}}-\ln x-2x^{-\frac{1}{2}}+C$;

(4)$\frac{8}{15}x^{\frac{15}{8}}+C$;　　(5)$e^x-\frac{1}{\ln 2-1}\frac{2^x}{e^x}+C$;　　(6)$\frac{-2}{x}-\arctan x+C$;

(7)$3\arctan x-2\arcsin x+C$;　　(8)$-\cot x-\tan x+C$.

2. 略.

3.(1)$y=x^4+3$;　　(2)60s.

习题　4-2

1.(1)$\frac{1}{2}x^2$;　　(2)$\frac{1}{3}e^{3x}$;　　(3)$-6\cos\frac{x}{6}$;　　(4)$\frac{1}{\ln 3}3^x$;

(5)$\frac{1}{2}\ln|1+2\ln x|$;　　(6)$\frac{1}{3}\arcsin 3x$.(上述各题均可加任意常数 C)

2.(1)$\frac{1}{9}(3x-2)^3+C$;　　(2)$-\frac{1}{2}\cos x^2+C$;　　(3)$\frac{2}{3}\sqrt{x^3-1}+C$;

(4)$2\sin\sqrt{x}+C$;　　(5)$\frac{1}{5}e^{5t}+C$;　　(6)$\ln|\ln\ln x|+C$;　　(7)$\arctan e^x+C$;

(8)$\sec x+C$;　　(9)$\frac{1}{6}\arctan\frac{3}{2}x+C$;　　(10)$\frac{1}{12}\ln\left|\frac{2+3x}{2-3x}\right|+C$.

3.(1)$\frac{2}{5}(\sqrt{x+1})^5-\frac{2}{3}(\sqrt{x+1})^3+C$;　　(2)$\sqrt{2x}-\ln|\sqrt{2x}+1|+C$;

(3)$3\sqrt[3]{x}-6\sqrt[6]{x}+\ln|1+\sqrt[6]{x}|+C$;　　(4)$x-2\sqrt{x}+2\ln|1+\sqrt{x}|+C$.

4.(1)$\frac{1}{2}\arcsin x+\frac{1}{2}x\sqrt{1-x^2}+C$;　　(2)$\ln(x+\sqrt{1+x^2})+C$;

(3)$-\frac{\sqrt{1-x^2}}{x}+C$;　(4)$\frac{x}{\sqrt{1+x^2}}+C$.

习题　4-3

1.(1)$-x\cos x+\sin x+C$;　(2)$x(\ln x-1)+C$;　(3)$-e^{-x}(x+1)+C$;

(4)$x\arctan x-\frac{1}{2}\ln(1+x^2)+C$;　(5)$\frac{1}{3}x^3\ln x-\frac{1}{9}x^3+C$;　(6)$\frac{e^{-x}}{2}(\sin x-\cos x)+C$;

(7)$3e^{\sqrt[3]{x}}(\sqrt[3]{x^2}-2\sqrt[3]{x}+2)+C$;　(8)$\frac{x}{2}(\cos\ln x+\sin\ln x)+C$;

(9)$-\frac{1}{4}x\cos 2x+\frac{1}{8}\sin 2x+C$;　(10)$-\frac{1}{x}(\ln^3 x+3\ln^2 x+6\ln x+6)+C$.

习题　4-4

1.(1)$\frac{1}{3}x^3-\frac{3}{2}x^2+9x-27\ln|x+3|+C$;

(2)$\frac{1}{3}x^3+\frac{1}{2}x^2+x+8\ln|x|-4\ln|x+1|-3\ln|x-1|+C$;

(3)$\frac{1}{x-2}+\ln\left|\frac{x-3}{x-2}\right|+C$;　(4)$\frac{1}{(x+1)^{97}}\left[-\frac{1}{97}+\frac{1}{49(x+1)}-\frac{1}{99(x+1)^2}\right]+C$;

(5)$x+3\ln\left|\frac{x-3}{x-2}\right|+C$;　(6)$\ln\left|\frac{\sin x}{1+\sin x}\right|+\frac{1}{1+\sin x}+C$.

复习题　4

1.(1)$\frac{1}{\ln 3}3^x$(加上任意的常数亦可);　(2)1;　(3)$-\frac{2x}{(1+x^2)^2}$;　(4)$\sin x+C$;　(5)$e^{-x^2}dx$

2.(1)D.　　(2)C.　　(3)B.　　(4)B.　　(5)D.　　(6)A.

3.(1)$x-\frac{2}{3}x^3+C$;　　(2)$\frac{2}{3}x^{\frac{3}{2}}-6x^{\frac{1}{2}}+C$;　　(3)$\frac{1}{2(3-2x)}+C$;　　(4)$\frac{1}{2}(x^3-2)^{\frac{2}{3}}+C$;

(5)$-\frac{3}{2}\cos\frac{2}{3}x+C$;　(6)$\ln(1+e^x)+C$;　(7)$\frac{1}{3}\ln^3 x+C$;　(8)$\frac{2}{5}(x+1)^{\frac{5}{2}}-\frac{2}{3}(x+1)^{\frac{3}{2}}+C$;

(9)$3x\sin\frac{x}{3}+9\cos\frac{x}{3}+C$;　　(10)$-(x^2+2x+2)e^{-x}+C$;　　(11)$(1+x)\ln(1+x)-x+C$;

(12)$\frac{e^{2x}}{5}(2\sin x-\cos x)+C$.

第5章　习题答案

习题　5-1

1.(1)$<$;　　(2)$>$;　　(3)$<$.

2. (1) $\dfrac{7\pi}{12} \leqslant \displaystyle\int_{\frac{\pi}{3}}^{\frac{2\pi}{3}} (\sin^2 x + 1)\mathrm{d}x \leqslant \dfrac{2\pi}{3}$;   (2) $-8\mathrm{e}^2 \leqslant \displaystyle\int_{-2}^{2} x\mathrm{e}^{-x}\mathrm{d}x \leqslant \dfrac{4}{\mathrm{e}}$.

3. (1) 0;   (2) 1

4. $\dfrac{\pi}{4}$.

习题 5-2

1. (1) $-\mathrm{e}^{x^2}$;   (2) $\dfrac{2x}{\sqrt[3]{1+x^4}}$;   (3) $2x\sin x^4 - \sin x^2$.

2. (1) 2;   (2) $\dfrac{1}{2}$.

3. (1) 2;   (2) $3\ln 2 - 1$;   (3) $\dfrac{2}{7}$;   (4) $\dfrac{1}{2}(25 - \ln 26)$ (提示:分子$+x-x$);   (5) $\arctan 2 -$ $\dfrac{\pi}{4}$;   (6) $\dfrac{\pi}{6}$;   (7) $4\sqrt{2}$;   (8) $\sqrt{2} + \sqrt{5} - 2$.

4. 2.   5. 极大值为 $F(0) = 0$;极小值 $F(2) = -\dfrac{4}{3}$.

习题 5-3

1. (1) $4 - 4\ln 3$;   (2) 2π;   (3) $1 - \ln\left(\dfrac{1+\mathrm{e}}{2}\right)$;   (4) $2\left(1 - \dfrac{\pi}{4}\right)$;   (5) $\dfrac{5}{3}$;   (6) $\dfrac{\pi}{12}$; (7) $4 + 2\ln 2$;   (8) $\dfrac{\pi}{4} + \dfrac{1}{2}$.

2. (1) $\dfrac{\pi}{4} - \dfrac{1}{2}$;   (2) $\dfrac{\pi}{2} - 2 + \ln 2$;   (3) $\dfrac{1}{2}(\mathrm{e}^{2\pi} - 1)$;   (4) π;   (5) $\dfrac{1}{2}$.

3. 提示:令 $t = a + b - x$.   4. 提示:令 $x = \dfrac{\pi}{2} - t$.   5. -1.

习题 5-4

1. (1) $\dfrac{1}{2}$;   (2) $\dfrac{\pi}{2}$;   (3) 2;   (4) 发散;   (5) $\dfrac{\pi^2}{8}$;   (6) $\dfrac{\pi}{2}$.

复习题 5

1. (1) C.   (2) A.   (3) A.   (4) D.   (5) D.   (6) B.   (7) C.   (8) C.   (9) A.   (10) A.   (11) C.   (12) C.

2. (1) $\phi(x) = \displaystyle\int_a^x f(t)\mathrm{d}t, x \in [a, b]$; (2) $-\sin a^2$; (3) $f(x) - f(a)$; (4) $\dfrac{1}{3}$; (5) 4;   (6) 1.

3. (1) $\dfrac{1}{6}$; (2) $\sqrt{3} - \dfrac{\pi}{3}$; (3) $2(\mathrm{e}^2 + 1)$; (4) π.

4. 4 年, 16 m³

第 6 章　习题答案

习题　6-1

1. (1) 2； (2)$\pi-1$； (3)$e^2+e^{-2}-2$ ； (4)$2(\sqrt{2}-1)$ ； (5)$\dfrac{3}{2}-\ln 2$ ； (6)$2-\dfrac{2}{e}$ ； (7)$\dfrac{3}{2}a^2\pi$.

2. $\dfrac{125}{48}$　3. $\dfrac{9}{4}$　4. (1) $V_x=\dfrac{8\pi}{3}$, $V_y=\dfrac{8\pi}{3}$; (2) $\dfrac{3\pi}{10}$; (3)π .

5. (1) $2\pi^2 a$;(2) $8a$.

习题　6-2

1. 2.5 (J).　2. 1.764×10^5 (N).　3. (1) 9 750；(2) 9 250.

4. 300 (t)　5. (1)200 台;9990(万元)；(2)减少 100 万元 .

6. (1)36.2(万元);(2) 约 100.56(元).

复 习 题 6

1.(1)D.　(2)B.　(3)B.　(4)B .

2. (1) $7-3\ln 2$; (2)$\dfrac{2\sqrt{2}}{3}$; (3)$\displaystyle\int_a^b \sqrt{1+[f'(x)]^2}\,dx$, $\displaystyle\int_\alpha^\beta \sqrt{[x'(t)]^2+[y'(t)]^2}\,dt$; (4) $\dfrac{272}{3}$;

(5)$4+0.02q+\dfrac{300}{q}$, $16q-0.02q^2-300$.

3. (1) $S_1 : S_2=(9\pi-2):(3\pi+2)$; (2)$\dfrac{46}{15}\pi$.

4. $1.8\times10^4 g$ (N)；

5. (1)$-\dfrac{5}{8}$ (万元);(2)$q=4$ (万元);(3)$C(q)=4q+\dfrac{1}{8}q^2+1$, $L(q)=5q-\dfrac{5}{8}q^2-1$.

第 7 章　习题答案

习题　7-1

1.(1) 不是微分方程,其余均是;(2)为二阶线性;(3)是二阶线性;(4)是一阶非线性;(5)是三阶非线性 .

2.(1) Ce^{2x} 是通解;(2) $y=\ln x+x^3$ 是特解;

(3) $y=\sin 2x$ 为特解, $y=C_1\cos 2x+C_2\sin 2x$ 为通解;

3. (1)、(2)线性无关(3)、(4)线性相关.

4. $y = -\cos x + 1$.　　5. $\begin{cases} m\dfrac{\mathrm{d}v}{\mathrm{d}t} = mg - kv, \\ v|_{t=0} = 0. \end{cases}$　　6. 略.

习题 7-2

1 (1) $y = \mathrm{e}^{Cx}$；(2) $y = C\mathrm{e}^{\sqrt{1-x^2}}$；(3) $y - x - \dfrac{x^2 + y^2}{2} = C$；(4) $y + \sqrt{y^2 - x^2} = Cx^2$.

2. (1) $y = C\mathrm{e}^{-\frac{x^3}{3}}$；(2) $y = -\dfrac{5}{4} + C\mathrm{e}^{-4x}$；(3) $y = x(\ln|\ln x| + C)$；(4) $y = (x + C)\mathrm{e}^{-\sin x}$.

3. (1) $y^2 - 2x + 2 = 0$；(2) $y = (1 + x^2)(1 + \arctan x)$.

4. $y = \mathrm{e}^x - x - 1$.　　5. $m = m_0 \mathrm{e}^{-kt}$.

习题 7-3

1. (1) $y = C_1 \mathrm{e}^{-6x} + C_2 \mathrm{e}^x$；(2) $y = (C_1 + C_2 x)\mathrm{e}^{3x}$；(3) $y = \mathrm{e}^{-x}(C_1 \cos x + C_2 \sin x)$.

2. (1) $y = 2\mathrm{e}^{3x} + 4\mathrm{e}^x$；(2) $S = (4 + 7t)\mathrm{e}^{-\frac{t}{2}}$；(3) $y = \mathrm{e}^{-2x} \sin 5x$.

*3. (1) $y = C_1 \mathrm{e}^{3x} + C_2 \mathrm{e}^{-x} - \dfrac{2}{3}x + \dfrac{1}{9}$；(2) $y = C_1 \mathrm{e}^{-x} + C_2 \mathrm{e}^{2x} - \dfrac{x}{3}\mathrm{e}^{-x}$；

(3) $y = (C_1 \mathrm{e}^{-2x} + C_2 \mathrm{e}^{-x}) + \dfrac{1}{2}\mathrm{e}^{-x}(\sin x - \cos x)$.

*4. (1) $y = \sin 2x + 2x$；(2) $y = \mathrm{e}^x$.

5. $y = \dfrac{A}{x} + Cx$.

复习题 7

1. (1) × (2) × (3) √ (4) √

2. (1) C. (2) A. (3) C. (4) D.

3. (1) $y = -2x + C_1 \cos x + C_2 \sin x$；(2) $f(x) = \dfrac{1}{2}(1 + x^2)[\ln(1 + x^2) - 1]$；

(3) $y = \mathrm{e}^x + C$　(4) $y'' + 3y' + 2y = 0$.

4. (1) $y = x\mathrm{e}^{1 + Cx}$；　(2) $(\mathrm{e}^x + C)\mathrm{e}^y + 1 = 0$；

(3) $x = \dfrac{1}{2}y^2 + Cy^3$；　(4) $y = (x + C)\cos x$.

5. $y = \cos 3x - \dfrac{1}{3}\sin 3x$.

第 8 章　习题答案

习题 8-1

1. (1) Ⅲ. (2) Ⅷ. (3) Ⅴ. (4) Ⅵ.

2. (1) $|OA|=\sqrt{6}$，　$|AB|=\sqrt{6}$；　(2)$(1,1,-2)$.

3. (1)过$(0,1)$点且平行 x 轴的直线；过$(0,1,0)$点且平行于 zOx 面的平面.

(2)圆心在原点，半径为 3 的圆；准线为 $\begin{cases} x^2+y^2=9 \\ z=0. \end{cases}$ 母线平行于 z 轴的圆柱面.

(3)y 轴；yOz 坐标面.

(4)过原点且过一、三象限的直线；过 z 轴的平面.

(5)定点在原点，开口向 x 轴正向的抛物线；准线为 $\begin{cases} y^2=x \\ z=0. \end{cases}$ 母线平行于 z 轴的抛物柱面.

(6)以原点为圆心，以 5 为半径的圆与直线 $y=4$ 的两个交点$(3,4)$，$(-3,4)$；以 z 轴为轴心 5 为半径的柱面与平面 $y=4$ 的两条交线.

习题　8-2

1. 7.　　　2. $3xy+2y$.

3. (1)$D=\{(x,y)|1<x^2+y^2\leqslant4\}$，图略；(2)$D=\{(x,y)|y\leqslant x^2,x\geqslant0,y\geqslant0\}$，图略；

(3)$D=\{(x,y)|x<\frac{1}{2}y^2+\frac{1}{2}\}$，图略；(4)$D=\{(x,y)|x>-y$ 且 $x>y\}$，图略.

习题　8-3

1. (1)$-\frac{1}{4}$.　　(2)0.　　2. 略.

习题　8-4

1. $f'_x(1,1)=2,f'_y(1,1)=3$.　　　2. $f'_x(0,1)=e,f'_y(1,0)=e+3$.

3. (1)$z'_x=3x^2y-y^3$，$z'_y=x^3-3xy^2$；

(2)$z'_x=\dfrac{y^2}{(x^2+y^2)^{\frac{3}{2}}}$，　$z'_y=\dfrac{-xy}{(x^2+y^2)^{\frac{3}{2}}}$

(3)$s'_u=\dfrac{u^2-v^2}{u^2v}$，$s'_v=\dfrac{v^2-u^2}{uv^2}$

(4)$z'_x=\dfrac{1}{y}\sec^2\dfrac{x}{y}$，$z'_y=-\dfrac{x}{y^2}\sec^2\dfrac{x}{y}$；

(5)$z'_x=y\cos(xy)-y\sin(2xy)$，$z'_y=x\cos(xy)-x\sin(2xy)$；

(6)$u'_x=\dfrac{y}{z}x^{\frac{y}{z}-1}$，$u'_y=\dfrac{1}{z}x^{\frac{y}{z}}\ln x$，$u'_z=-\dfrac{y}{z^2}x^{\frac{y}{z}}\ln x$.

4. (1)$z''_{xx}=12x^2-8y^2$，$z''_{xy}=z''_{yx}=-16xy$，$z''_{yy}=12y^2-8x^2$；

(2)$z''_{xx}=2\cos(x^2+2y)-4x^2\sin(x^2+2y)$，$z''_{xy}=z''_{yx}=-4x\sin(x^2+2y)$，$z''_{yy}=-4\sin(x^2+2y)$；

(3)$z''_{xx}=y^x(\ln y)^2$，$z''_{xx}=z''_{yx}=xy^{x-1}\ln y+y^{x-1}$，$z''_{yy}=x(x-1)y^{x-2}$；

(4)$z''_{xx}=\dfrac{y}{x}$，$z''_{xy}=z''_{yx}=\ln(xy)+2$，$z''_{yy}=\dfrac{x}{y}$.

5. 略.

习题 8-5

1. $\mathrm{d}z=7,\Delta z=6.81$.

2. (1) $\mathrm{d}z=2xy\mathrm{d}x+x^2\mathrm{d}y$; (2) $\mathrm{d}z=\mathrm{e}^{x+y}\mathrm{d}x+\mathrm{e}^{x+y}\mathrm{d}y$; (3) $\mathrm{d}z=\dfrac{y}{x^2+y^2}\mathrm{d}x-\dfrac{x}{x^2+y^2}\mathrm{d}y$;

(4) $\mathrm{d}z=[\cos(x+y)-x\sin(x+y)]\mathrm{d}x-x\sin(x+y)\mathrm{d}y$;

(5) $\mathrm{d}z=\dfrac{2x}{x^2-y^2}\mathrm{d}x-\dfrac{2y}{x^2-y^2}\mathrm{d}y$;

(6) $\mathrm{d}z=\mathrm{e}^x[\sin(x+y)+\cos(x+y)]\mathrm{d}x+\mathrm{e}^x\cos(x+y)\mathrm{d}y$;

(7) $\mathrm{d}z=(y+\dfrac{1}{y})\mathrm{d}x+(x-\dfrac{x}{y^2})\mathrm{d}y$ (8) $\mathrm{d}u=yzx^{yz-1}\mathrm{d}x+zx^{yz}\ln x\mathrm{d}y+yx^{yz}\ln x\mathrm{d}z$.

3. $\mathrm{d}u=-\dfrac{1}{2}\mathrm{d}x-\dfrac{1}{2}\mathrm{d}y+\dfrac{1}{2}\mathrm{d}z$.   4. (1)2.93. (2)2.039.

习题 8-6

1. (1) $\dfrac{\partial z}{\partial x}=2\mathrm{e}^{2x}\cos\mathrm{e}^{2x}$, $\dfrac{\partial z}{\partial y}=0$;

(2) $\dfrac{\partial z}{\partial x}=\dfrac{2x}{y^2}\ln(3x-2y)+\dfrac{3x^2}{3xy^2-2y^3}$, $\dfrac{\partial z}{\partial y}=-\dfrac{2x^2}{y^3}\ln(3x-2y)-\dfrac{2x^2}{3xy^2-2y^3}$;

(3) $\dfrac{\partial z}{\partial x}=\dfrac{2(2x-y)(2x+3y)}{(2x+y)^2}$, $\dfrac{\partial z}{\partial y}=\dfrac{(y-2x)(6x+y)}{(2x+y)^2}$;

(4) $\dfrac{\partial z}{\partial x}=2x^2y(x^2+y^2)^{xy-1}+y(x^2+y^2)^{xy}\ln(x^2+y^2)$;

$\dfrac{\partial z}{\partial y}=2xy^2(x^2+y^2)^{xy-1}+x(x^2+y^2)^{xy}\ln(x^2+y^2)$;

(5) $-\mathrm{e}^{-t}-\mathrm{e}^t$; (6) $\dfrac{\mathrm{e}^x(1+x)}{1+x^2\mathrm{e}^{2x}}$.

2. (1) $-\dfrac{y+1}{x+1}$; (2) $\dfrac{x^2y-1}{1-y\ln x}$; (3) $\dfrac{\partial z}{\partial x}=-\dfrac{x}{z}$, $\dfrac{\partial z}{\partial y}=-\dfrac{y}{z}$.

习题 8-7

1. (1)极大值 $f(0,0)=0$;(2)极小值 $f(1,1)=-1$.

2. 箱底的长为 2 m,宽为 2 m,箱高为 1.125 m.

3. $x=1\,000\ \mathrm{kg},y=250\ \mathrm{kg}$.

复 习 题 8

1. (1) $D=\{(x,y)\mid x+y>0$ 且 $x+y\neq1\}$;(2) $\begin{cases}f'_x(x_0,y_0)=0\\f'_y(x_0,y_0)=0\end{cases}$;(3) $\dfrac{\mathrm{e}^x(x^2-x-1)}{(x+x^2)^2}$;

(4) $6x$; (5) $2xy+y\mathrm{e}^{xy}$; (6) $(xy+\dfrac{x}{y})^2$.

2.(1)C. (2)C. (3)D. (4)B. (5)A. (6)A. (7)B. (8)A. (9)D.

3.(1)① $\dfrac{\partial z}{\partial x}\big|_{\substack{x=1\\y=1}}=2,\dfrac{\partial z}{\partial y}\big|_{\substack{x=1\\y=1}}=-1$；② $(e^{x-y}-y)dx+(-e^{x-y}-x)dy$；

③ $\dfrac{\partial z}{\partial x}=e^{x+y}(x^2+2x+a^2),\dfrac{\partial z}{\partial y}=e^{x+y}(x^2+a^2)$；④ $dz|_{(1,e)}=edx+2dy$.

(2)① $\dfrac{\partial z}{\partial x}=2xf'_u(u,v)-\dfrac{y}{x^2}e^{\frac{y}{x}}f'_v(u,v),\dfrac{\partial z}{\partial y}=-2yf'_u(u,v)+\dfrac{1}{x}e^{\frac{y}{x}}f'_v(u,v)$，

其中 $u=x^2-y^2,v=e^{\frac{y}{x}}$；②略.

(3)① $\dfrac{\partial z}{\partial x}=-\dfrac{z}{x},\dfrac{\partial z}{\partial y}=-\dfrac{xz^2e^{xyz}}{xyze^{xyz}+1}$；② $\dfrac{\partial z}{\partial x}=y-e^x,\dfrac{\partial z}{\partial y}=x$

4.(1) $\alpha=\dfrac{\pi}{3},x=8$ cm；　(2)买6个大硬皮笔记本,3个小硬皮笔记本.

第9章　习题答案

习题　9-1

1. $Q=\iint\limits_{D}\mu(x,y)d\sigma$.　2. $\dfrac{28}{3}\ln 3$　3. $\dfrac{1}{12}$.　4. $\dfrac{1-e^{-1}}{2}$.　5. $\pi(\sin a-a\cos a)$.

6. $\int_0^1 dy\int_{y^2}^1 f(x,y)dx$.　7.略.

习题　9-2

1.(1) $\dfrac{55}{6}$；(2) $\dfrac{3}{2}\pi$.　2.略.　3. $\dfrac{\pi^5}{40}$.　4. $(\dfrac{a}{3},\dfrac{a}{3})$.　5. $I=\dfrac{8}{5}a^4\rho$.

复 习 题 9

1.(1)D. (2)B. (3)D.

2.(1) $\int_0^1 dy\int_{2-y}^{1+\sqrt{1-y^2}} f(x,y)dx$；　(2) $\int_{-1}^0 dy\int_{-2\arcsin y}^{\pi} f(x,y)dx+\int_0^1 dy\int_{\arcsin y}^{\pi-\arcsin y} f(x,y)dx$；

(3) $\int_0^1 dx\int_0^1 f(x,y)dy+\int_1^e dx\int_{\ln x}^1 f(x,y)dy$；　(4) $\int_0^1 dx\int_{x-2}^{-\sqrt{x}} f(x,y)dy$.

3.(1) $\dfrac{4}{\pi^3}(2+\pi)$；(2) $\dfrac{3e}{8}-\dfrac{\sqrt{e}}{2}$；(3) $\dfrac{a^2}{4}$；(4) $\dfrac{5}{3}\pi a^3$.

第10章　习题答案

习题　10-1

1.(1) 收敛,和为 $\dfrac{1}{2}$；(2) 收敛,和为 $\dfrac{3}{2}$；(3) 发散.

2.(1) 收敛;(2) 收敛;(3) 收敛;(4) 发散.

3.(1) 收敛;(2) 发散;(3) 收敛;(4) 发散.

4.(1) 条件收敛;(2) 绝对收敛;(3) 发散;(4) 绝对收敛.

习题 10-2

1. (1) $R=1,[-1,1]$;(2) $R=+\infty,(-\infty,+\infty)$;(3) $R=0$, 仅在 $x=0$ 处收敛;(4) $R=1,[4,6)$.

2.(1) $\dfrac{x(2-x)}{(1-x)^2}$;(2) $\dfrac{1}{4}\ln\dfrac{1+x}{1-x}+\dfrac{1}{2}\arctan x-x$. (3) $e^{\frac{x^2}{2}}$;(4) $\arctan x$.

3. (1) $\sin\dfrac{x}{2}=\displaystyle\sum_{n=1}^{\infty}(-1)^{n-1}\dfrac{x^{2n-1}}{(2n-1)!2^{2n-1}}$, $(-\infty,+\infty)$;

(2) $\ln(3+x)=\ln 3+\displaystyle\sum_{n=1}^{\infty}(-1)^{n-1}\dfrac{x^n}{n\cdot 3^n}$,$(-3,3)$;

(3) $\dfrac{1}{2-x}=\displaystyle\sum_{n=0}^{\infty}\dfrac{1}{2^{n+1}}x^n$,$(-2,2)$.

4. 3.141 5.   5. $\dfrac{1}{2}$.   6. 0.946.

习题 10-3

1.(1) $x^2+1=\dfrac{\pi^2}{3}+1+\displaystyle\sum_{n=1}^{\infty}\dfrac{(-1)^n 4}{n^2}\cos nx, x\in(-\pi,\pi)$;

(2) $\cos\dfrac{x}{2}=\dfrac{2}{\pi}+\dfrac{4}{\pi}\displaystyle\sum_{n=1}^{\infty}\dfrac{(-1)^{n-1}}{4n^2-1}\cos nx$, $x\in(-\pi,\pi)$;

(3) $f(x)=2\displaystyle\sum_{n=1}^{\infty}\dfrac{(-1)^{n+1}}{n}\sin nx$,$(-\infty<x<+\infty, x\neq\pm\pi,\pm 3\pi,\cdots)$

2.(1) $|x|=\dfrac{\pi}{2}-\dfrac{4}{\pi}\displaystyle\sum_{k=0}^{\infty}\dfrac{\cos(2k+1)x}{(2k+1)^2}, x\in[-\pi,\pi]$;

(2) $2x^2=\dfrac{4}{\pi}\displaystyle\sum_{n=1}^{\infty}\left\{\dfrac{(-1)^{n+1}\pi^2}{n}-\dfrac{2}{n^3}[1-(-1)^n]\right\}\sin nx(0\leqslant x<\pi)$;

$2x^2=\dfrac{2\pi^2}{3}+\displaystyle\sum_{n=1}^{\infty}\dfrac{(-1)^n 8}{n^2}\cos nx(0\leqslant x\leqslant\pi)$.

复 习 题 10

1.(1) e^2-3; (2) $R=\sqrt{3}$; (3) $(3,5]$; (4) $s-u_1$; (5) e^{-x^2};

(6) $\dfrac{1}{2}\displaystyle\sum_{n=0}^{\infty}(-1)^n(\dfrac{x-1}{2})^n(-1<x<3)$;* (7) $\dfrac{\pi^2}{2}$.

2.(1)D.   (2) C.   (3) D.   (4)D.   (5)C.   (6)D.

3.(1) 发散;(2) 绝对收敛.

4. $(1)s(x)=\begin{cases}\dfrac{1}{x(1-x)}+\dfrac{\ln(1-x)}{x}, & x\neq0,\\ 0, & x=0;\end{cases}$

(2) $R=\sqrt{2},(-\sqrt{2},\sqrt{2}),S(x)=\dfrac{2+x^2}{(2-x^2)^2}$

*5. $u(t)=\displaystyle\sum_{n=1}^{\infty}\dfrac{4E_{\mathrm{m}}}{(2n-1)\pi}\sin(2n-1)t(-\infty<t<+\infty;t\neq0,\pm\pi,\pm2\pi,\cdots)$.

第 11 章　习题答案

习题　11-1

1. $(1)\dfrac{1}{s+4}$;　$(2)\dfrac{2}{s^3}$;　$(3)\dfrac{s}{s^2+4}$;　$(4)\dfrac{2\mathrm{e}^{-4s}-1}{s}$.

2. 略.

习题　11-2

1. $(1)\dfrac{10-3s}{s^2+4}$;　$(2)\dfrac{144}{s(s^2+36)}$;　$(3)\dfrac{4}{(s-3)^3+16}$;　$(4)\dfrac{2}{(s+2)^3}$.

2. 略. 3. 略.

习题　11-3

1. $2\mathrm{e}^{3t}$.　2. $\dfrac{1}{3}\mathrm{e}^{-\frac{5}{3}t}$.　3. $\sin4t$.　4. $\dfrac{1}{6}\sin\dfrac{3}{2}t$.　5. $2\cos6t-\dfrac{4}{3}\sin6t$.

6. $\dfrac{5}{2}\mathrm{e}^{-5t}-\dfrac{3}{2}\mathrm{e}^{-3t}$.　7. $\dfrac{4}{\sqrt{6}}\mathrm{e}^{-2t}\sin\sqrt{6}t$.　8. $\delta(t)-2\mathrm{e}^{-2t}$.

习题　11-4

1. $(1)i=5(\mathrm{e}^{-3t}-\mathrm{e}^{-5t})$;　$(2)y=\sin\omega t$;　$(3)y(t)=2t-\dfrac{1}{2}\sin4t$.

2. $x(t)=\mathrm{e}^{-t}(t-\sin t)$.

复 习 题 11

1. (1) D.　(2) D.　(3) B.　(4) C.

2. $(1)\dfrac{s^2+2}{s(s^2+4)}$;　$(2)\dfrac{s^2-4s+5}{(s-1)^3}$;　$(3)\sqrt{\dfrac{\pi}{s}}$;　$(4)\dfrac{n!}{(s-k)^{n+1}}$.

3. $(1)\dfrac{t^2}{2}\mathrm{e}^{2t}$;　$(2)\mathrm{e}^{-t}(\cos\sqrt{2}t-\dfrac{3}{\sqrt{2}}\sin\sqrt{2}t)$.

4. $(1)y(t)=2-5e^t+3e^{2t}$; $(2)y(t)=-\dfrac{1}{4}e^{-t}+\dfrac{3}{8}e^t-\dfrac{1}{8}e^{-3t}$.

第 12 章 习题答案

习题 12-1

1. $(1)a^2$; $(2)-8$.

2. $(1)x=\dfrac{2}{7},y=\dfrac{9}{7}$; $(2)x=1,y=2,z=1$.

3. 略. 4. 略. 5. $(1)4$; $(2)0$; $(3)1$; $(4)-8$; $(5)-3$; $(6)160$;

$(7)a_{14}a_{23}a_{32}a_{41}$; $(8)(a+3b)(a-b)^3$

6. $(1)x_1=1,x_2=-1,x_3=-1,x_4=1$;

$(2)x_1=1,x_2=1,x_3=-1,x_4=0$.

7. $k=1,k=-2$

习题 12-2

1. $x=2,y=1,z=3$.

2. $(1)\begin{bmatrix}7&4&-1\\-6&5&-3\end{bmatrix}$; $(2)\begin{bmatrix}5&-5&4\\2&2&12\end{bmatrix}$; $(3)\begin{bmatrix}-1&3&-2\\-2&0&-6\end{bmatrix}$; $(4)\begin{bmatrix}-3&4&-3\\-2&-1&-9\end{bmatrix}$.

3. $(1)\begin{bmatrix}3&2&1\\6&4&2\\9&6&3\end{bmatrix}$. $(2)14$. $(3)\begin{bmatrix}7&-1&11\\0&1&1\end{bmatrix}$. $(4)\boldsymbol{O}$

$(5)a_{11}x_1^2+a_{12}x_2^2+a_{33}x_3^2+(a_{12}+a_{21})x_1x_2+(a_{13}+a_{31})x_1x_3+(a_{23}+a_{32})x_2x_3$.

4. 略 5. $\begin{bmatrix}3&2\\15&6\end{bmatrix}$. 6. 略. 7. 略.

8. $(1)\begin{bmatrix}-5&3\\2&-1\end{bmatrix}$; $(2)\begin{bmatrix}\dfrac{1}{3}&0&0\\0&\dfrac{1}{2}&0\\0&0&1\end{bmatrix}$; $(3)\begin{bmatrix}1&5&-7\\0&-1&2\\0&1&-1\end{bmatrix}$; $(4)\begin{bmatrix}\dfrac{2}{9}&\dfrac{2}{9}&-\dfrac{1}{9}\\\dfrac{2}{9}&-\dfrac{1}{9}&\dfrac{2}{9}\\-\dfrac{1}{9}&\dfrac{2}{9}&\dfrac{2}{9}\end{bmatrix}$.

9. $(1)\boldsymbol{X}=\begin{bmatrix}4&\dfrac{9}{2}&-\dfrac{1}{2}\\-1&-\dfrac{3}{2}&\dfrac{1}{2}\end{bmatrix}$; $(2)\boldsymbol{X}=\begin{bmatrix}11&5&-50\\10&0&-40\\-4&-2&19\end{bmatrix}$; $(3)\boldsymbol{X}=\dfrac{1}{14}\begin{bmatrix}-6&5\\4&-1\end{bmatrix}$.

10. $(1)\begin{cases}x_1=57,\\x_2=22.\end{cases}$ $(2)\begin{cases}x_1=1,\\x_2=2,\\x_3=-4.\end{cases}$

习题 12-3

1.(1) $\begin{bmatrix} 1 & -4 & -3 \\ 1 & -5 & -3 \\ -1 & 6 & 4 \end{bmatrix}$;(2) $\begin{bmatrix} -2 & -13 & -29 \\ 1 & 6 & 13 \\ 0 & -1 & -2 \end{bmatrix}$;(3) $\begin{bmatrix} 1 & -2 & 1 & 0 \\ 0 & 1 & -2 & 1 \\ 0 & 0 & 1 & -2 \\ 0 & 0 & 0 & 1 \end{bmatrix}$.

2.(1)3;(2)3 ;(3) 3.

(4) $\lambda=2$ 或 $\lambda=-4$ 时,秩为 1;$\lambda\neq 2$ 且 $\lambda\neq -4$ 时,秩为 2.

习题 12-4

1.(1)有解 ;(2)无解;(3)有解.

2.$\lambda=1$ 时,有解 $\begin{cases} x_1=c+1 \\ x_2=c \\ x_3=c \end{cases}$;$\lambda=-2$ 时,有解 $\begin{cases} x_1=c+2 \\ x_2=c+2. \\ x_3=c \end{cases}$

3.(1)$\lambda=10$;(2)$\lambda\neq 1$ 且 $\lambda\neq 10$;(3)$\lambda=1$.

4.(1) $\begin{cases} x_1=3, \\ x_2=2, \\ x_3=1; \end{cases}$ (2) $\begin{cases} x_1=-2c-1, \\ x_2=c+2, \\ x_3=c; \end{cases}$ (3) $\begin{cases} x_1=0, \\ x_2=0, \\ x_3=0, \\ x_4=0; \end{cases}$ (4) $\begin{cases} x_1=-3c_1-5c_2, \\ x_2=2c_1+3c_2, \\ x_3=c_1, \\ x_4=0, \\ x_5=c_2. \end{cases}$

复 习 题 12

1.(1)× (2)√ (3)× (4)√ (5)×

2.(1)D. (2)A. (3)D. (4)C.

3.(1)-2;(2)-4;(3) 5 , $\begin{bmatrix} 1 & -2 \\ -2 & 4 \end{bmatrix}$; (4) $\begin{bmatrix} 8 & 3 \\ -3 & -1 \end{bmatrix}$.

4. $[a+(n-1)b](a-b)^{n-1}$. 5.(1) $\begin{bmatrix} 2 & -23 \\ 0 & 8 \end{bmatrix}$; (2) $\begin{bmatrix} 3 & -1 & 0 \\ 1 & 2 & -1 \end{bmatrix}$.

6.(1) $\begin{cases} x_1=\dfrac{3}{17}c_1-\dfrac{13}{17}c_2, \\ x_2=\dfrac{19}{17}c_1-\dfrac{20}{17}c_2, \\ x_3=c_1, \\ x_4=c_2; \end{cases}$ (2)无解.

第 13 章　习题答案

习题　13-1

1.(1)$\{12,13,14,21,23,24,31,32,34,41,42,43\}$;

$(2)\{11,12,13,14,21,22,23,24,31,32,33,34,41,42,43,44\}.$

2.$(1)A\overline{B}\overline{C};(2)AB\overline{C};(3)A+B+C;(4)A\overline{B}\overline{C};(5)\overline{A}\overline{B}\overline{C}$ $(6)\overline{A}\overline{B}\overline{C}+A\overline{B}\overline{C}+\overline{A}\overline{B}C+\overline{A}B\overline{C}$;
$(7)\overline{ABC};(8)ABC+A\overline{B}C+\overline{A}BC+AB\overline{C}.$

3. $(1)\dfrac{3}{8};(2)\dfrac{9}{16};(3)\dfrac{1}{16}.$

4. $(1)\dfrac{1}{10^4};(2)\dfrac{1}{10}.$

5. $(1)\dfrac{7}{30};(2)\dfrac{14}{45}.$

习题 13-2

1. (1)0.25;(2)0.15

2. 0.8.

3. (1) 0.87; (2) 0.945 7 ; (3) 0.915 8.

4. 0.25;0.583 3;0.75.

5.$(1)\dfrac{5}{100}\times\dfrac{95}{99}\approx0.048;(2)0.8593.$

习题 13-3

1. $\dfrac{3}{5}.$

2. (1)0.42;(2)0.18;(3)0.46;(4)0.88.

3. (1)0.41;(2)0.74.

习题 13-4

1. (1)是;(2)非.

2. $F(x)=\begin{cases}0, & x<0,\\ 1-p, & 0\leqslant x<1,\\ 1, & x\geqslant1.\end{cases}$

3. (1) 2; (2) 0.4;0.75.

4. (1) 0.471 3; (2) 0.466 4; (3) 0.682 6; (4) 0.954 4.

5. 0.117 9,0.096 8.

习题 13-5

1.(1) 1.9; -3.7; 10.3; 9.5; (2) 6.69; 60.21.

2.$(1)P(X=k)=C_{100}^{k}(0.01)^k(0.99)^{100-k}(k=0,1,2,\cdots,100);(2)1;0.99.$

3. 60;1 200.

4. 甲好.

复习题 13

1. 选择题

(1) A. (2) C. (3) B、D. (4) C. (5) B. (6) D. (7) B. (8) A、B、D.

2. 判断题

(1) × (2) √ (3) × (4) × (5) √ (6) × (7) × (8) √

3. (1)0.36;(2)0.3.

4. 0.167 8.

5. (1) 0.029;(2) 0.01;(3) 0.02;(4) 0.344 8.

6. (1)0.000 786;(2)0.375 8.

7. −0.9.

8. (1)$\frac{1}{2}$; (2)$F(x)=\begin{cases}\frac{1}{2}\mathrm{e}^x, & x<0 \\ 1-\frac{1}{2}\mathrm{e}^{-x}, & x\geqslant 0.\end{cases}$;(3)$\frac{1}{2}(1-\mathrm{e}^{-1})$;(4) 0,2.

9. (1) 0; 0.308 5; 0.624 7;0.749 8;(2) 20,36.

参 考 文 献

[1] 同济大学数学教研室. 高等数学[M]. 3 版. 北京:高等教育出版社,1988.

[2] 华东师范大学数学系. 数学分析 上册[M]. 2 版. 北京:高等教育出版社,1991.

[3] 刘玉琏,傅沛仁. 数学分析讲义[M]. 3 版. 北京:高等教育出版社,1992.

[4] 侯风波. 高等数学[M]. 北京:高等教育出版社,2000.

[5] 李林曙,黎诣远. 经济数学基础——微积分[M]. 北京:高等教育出版社,2004.

[6] 方晓华. 高等数学[M]. 2 版. 北京:机械工业出版社,2007.

[7] 姜晓明. 高等数学[M]. 北京:机械工业出版社,2007.

[8] 顾相静. 经济数学基础(上,下)[M]. 北京:高等教育出版社,2004.

[9] 柳重堪. 高等数学(上册 第一分册)[M]. 中央广播电视大学出版社 1999.

[10] 李瑞. 高等数学分层教学教程[M]. 西安:西北工业大学出版社,2004.

[11] 刘萍. 大学数学(1)[M]. 北京:中国水利水电出版社,2004.

[12] 武群. 大学数学(2)[M]. 北京:中国水利水电出版社,2004.

[13] 同济大学应用数学系. 工程数学线性代数[M]. 北京:高等教育出版社,2003.

[10] 广东教育学院数学系网 http://www1.gdei.edu.cn/sxx/shuxuejia/liuhui.htm

[11] 百度百科 http//baike.baidu.com/view/22645.htm

[12] 大科普网 http://www.ikepu.com/datebase/details/scientist/17st/G_W_Leibniz_total.htm

[13] 大科普网 http://www.ikepu.com/datebase/details/scientist/17st/Newton_isaac_total.htm

[14] 学习时报网 http://www.studytimes.com.cn/txt/2007-01/08/content_7623079.htm

[15] 辽宁科技大学机械工程与自动化学院网 http://www.asust.edu.cn/jxxy/jpk/lllx/lxyd/lglr.htm

[16] 百度百科 http://baike.baidu.com/view/5864.htm

[17] 百度百科 http://baike.baidu.com/history/id=2333472

[18] 恒谦教育网 http://www.hengqian.com/html/2006/11-17/r164814705.shtml